“十四五”时期国家重点出版物出版专项规划项目

化肥和农药减施增效理论与实践丛书

丛书主编　吴孔明

RNA 干扰
从基因功能到生物农药

张文庆　王桂荣 等　编著

科 学 出 版 社
北　京

内 容 简 介

本书全面细致地介绍了RNA干扰技术的原理及其从基因功能研究到新型生物农药的发展、核心问题和应用前景。全书共分9章，包括RNA干扰简介、RNA干扰的分子机制、RNA干扰技术在害虫和害螨基因功能研究中的应用、高效安全RNA干扰抗病虫靶标基因的筛选、dsRNA的递送方式及载体、RNA干扰效率的影响因素及对策、基于RNA干扰技术的生物农药研发、RNA生物农药的生物安全评估、RNA生物农药的发展及应用前景展望。

本书由国内植物保护研究领域一线专家共同撰写，可供植物保护学等相关专业的教师和科研工作者、管理部门工作人员、技术员及学生等阅读、参考。

图书在版编目（CIP）数据

RNA干扰：从基因功能到生物农药 / 张文庆等编著. —北京：科学出版社，2021.6

（化肥和农药减施增效理论与实践丛书 / 吴孔明主编）

ISBN 978-7-03-068346-5

Ⅰ. ① R… Ⅱ. ①张… Ⅲ. ①核糖核酸－生物工程 Ⅳ. ① Q522

中国版本图书馆CIP数据核字（2021）第044973号

责任编辑：陈 新 高璐佳 / 责任校对：严 娜

责任印制：吴兆东 / 封面设计：无极书装

科学出版社 出版

北京东黄城根北街16号

邮政编码：100717

http://www.sciencep.com

北京虎彩文化传播有限公司 印刷

科学出版社发行 各地新华书店经销

*

2021年6月第 一 版 开本：787×1092 1/16

2022年7月第三次印刷 印张：16

字数：380 000

定价：218.00元

（如有印装质量问题，我社负责调换）

“化肥和农药减施增效理论与实践丛书”编委会

《RNA干扰：从基因功能到生物农药》编著者名单

（以姓名汉语拼音为序）

关若冰（河南农业大学）

贺　康（浙江大学）

刘晓健（山西大学）

马伟华（华中农业大学）

苗雪霞（中国科学院分子植物科学卓越创新中心）

牛金志（西南大学）

潘慧鹏（华南农业大学）

沈　杰（中国农业大学）

田宏刚（西北农林科技大学）

王桂荣（中国农业科学院植物保护研究所）

闫　祺（南京农业大学）

闫　硕（中国农业大学）

杨　斌（中国农业科学院植物保护研究所）

张建珍（山西大学）

张　江（湖北大学）

张文庆（中山大学）

赵春青（南京农业大学）

赵弘巍（南京农业大学）

郑薇薇（华中农业大学）

丛 书 序

我国化学肥料和农药过量施用严重，由此引起环境污染、农产品质量安全和生产成本较高等一系列问题。化肥和农药过量施用的主要原因：一是对不同区域不同种植体系肥料农药损失规律和高效利用机理缺乏深入的认识，无法建立肥料和农药的精准使用准则；二是化肥和农药的替代产品落后，施肥和施药装备差、肥料损失大，农药跑冒滴漏严重；三是缺乏针对不同种植体系肥料和农药减施增效的技术模式。因此，研究制定化肥和农药施用限量标准、发展肥料有机替代和病虫害绿色防控技术、创制新型肥料和农药产品、研发大型智能精准机具，以及加强技术集成创新与应用，对减少我国化肥和农药的使用量、促进农业绿色高质量发展意义重大。

按照2015年中央一号文件关于农业发展“转方式、调结构”的战略部署，根据国务院《关于深化中央财政科技计划（专项、基金等）管理改革的方案》的精神，科技部、国家发展改革委、财政部和农业部（现农业农村部）等部委联合组织实施了“十三五”国家重点研发计划试点专项“化学肥料和农药减施增效综合技术研发”（后简称“双减”专项）。

“双减”专项按照《到2020年化肥使用量零增长行动方案》《到2020年农药使用量零增长行动方案》《全国优势农产品区域布局规划（2008—2015年）》《特色农产品区域布局规划（2013—2020年）》，结合我国区域农业绿色发展的现实需求，综合考虑现阶段我国农业科研体系构架和资源分布情况，全面启动并实施了包括三大领域12项任务的49个项目，中央财政概算23.97亿元。项目涉及植物病理学、农业昆虫与害虫防治、农药学、植物检疫与农业生态健康、植物营养生理与遗传、植物根际营养、新型肥料与数字化施肥、养分资源再利用与污染控制、生态环境建设与资源高效利用等18个学科领域的57个国家重点实验室、236个各类省部级重点实验室和434支课题层面的研究团队，形成了上中下游无缝对接、“政产学研推”一体化的高水平研发队伍。

自2016年项目启动以来，“双减”专项以突破减施途径、创新减施产品与技术装备为抓手，聚焦主要粮食作物、经济作物、蔬菜、果树等主要农产品的生产需求，边研究、边示范、边应用，取得了一系列科研成果，实现了项目目标。

在基础研究方面，系统研究了微生物农药作用机理、天敌产品货架期调控机制及有害生物生态调控途径，建立了农药施用标准的原则和方法；初步阐明了我国不同区域和种植体系氮肥、磷肥损失规律和无效化阻控增效机理，提出了肥料养分推荐新技术体系和氮、磷施用标准；初步阐明了耕地地力与管理技术影响化肥、农药高效利用的机理，明确了不同耕地肥力下化肥、农药减施的调控途径与技术原理。

在关键技术创新方面，完善了我国新型肥药及配套智能化装备研发技术体系平台；打造了万亩方化肥减施12%、利用率提高6个百分点的示范样本；实现了智能化装备减施 10%、利用率提高 3 个百分点，其中智能化施肥效率达到人工施肥 10 倍以上的目标。农药减施关键技术亦取得了多项成果，万亩示范方农药减施 15%、新型施药技术田间效率大于 30 亩 /h，节省劳动力成本 50%。

在作物生产全程减药减肥技术体系示范推广方面，分别在水稻、小麦和玉米等粮食主产区，蔬菜、水果和茶叶等园艺作物主产区，以及油菜、棉花等经济作物主产区，大面积推广应用化肥、农药减施增效技术集成模式，形成了“产学研”一体的纵向创新体系和分区协同实施的横向联合攻关格局。示范应用区涉及 28 个省（自治区、直辖市）1022 个县，总面积超过 2.2 亿亩次。项目区氮肥利用率由 33% 提高到 43%、磷肥利用率由 24% 提高到 34%，化肥氮磷减施 20%；化学农药利用率由 35% 提高到 45%，化学农药减施 30%；农作物平均增产超过 3%，生产成本明显降低。试验示范区与产业部门划定和重点支持的示范区高度融合，平均覆盖率超过 90%，在提升区域农业科技水平和综合竞争力、保障主要农产品有效供给、推进农业绿色发展、支撑现代农业生产体系建设等方面已初显成效，为科技驱动产业发展提供了一项可参考、可复制、可推广的样板。

科学出版社始终关注和高度重视“双减”专项取得的研究成果。在他们的大力支持下，我们组织“双减”专项专家队伍，在系统梳理和总结我国“化肥和农药减施增效”研究领域所取得的基础理论、关键技术成果和示范推广经验的基础上，精心编撰了“化肥和农药减施增效理论与实践丛书”。这套丛书凝聚了“双减”专项广大科技人员的多年心血，反映了我国化肥和农药减施增效研究的最新进展，内容丰富、信息量大、学术性强。这套丛书的出版为我国农业资源利用、植物保护、作物学、园艺学和农业机械等相关学科的科研工作者、学生及农业技术推广人员提供了一套系统性强、学术水平高的专著，对于践行“绿水青山就是金山银山”的生态文明建设理念、助力乡村振兴战略有重要意义。

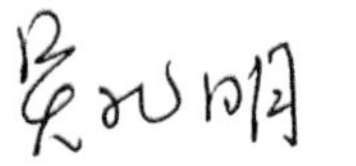

中国工程院院士

2020 年 12 月 30 日

前　言

Andrew Fire 和 Craig Mello 于 1998 年发现 RNA 干扰（RNAi）现象，并于 2006 年获得诺贝尔生理学或医学奖。RNA 干扰现象的发现具有跨时代的伟大意义，以此为基础开发的 RNA 干扰技术具有简便、高效和特异性强等优势，已广泛应用于不同类型生物的基因功能研究，取得了不少原创性的重要成果。随着对 RNA 干扰作用机制的深入研究，以 RNA 干扰为基础的应用技术逐渐在医药、农业等多个领域展现出巨大的发展潜力。通过干扰控制病虫发育或重要行为的关键基因，可实现对病虫害的精准防控。RNA 干扰的主要成分双链 RNA 在生物体内普遍存在、在环境中易降解、无毒、无残留，在生物农药研制中具有广阔的应用前景。尤其是随着全球人口数量的不断增加和生活水平的日益提高，人类对农产品数量和质量的要求也越来越高，虽然传统的化学农药仍然在农作物病虫害的防控中发挥重要作用，但是滥用及不合理地使用化学农药对环境和人类健康构成了严重威胁，因此亟须开发高效、环境友好的新型生物农药。目前，世界上首个将 RNA 干扰技术应用于害虫防治的 SmartStax Pro 转基因玉米已经获得美国农业部和环境保护署批准，即将开展商业化应用。此外，微生物表达、纳米载体递送 dsRNA 的方法增强了 dsRNA 的稳定性并提高了防治效果。这些新技术的发展充分展示出以 RNA 干扰为基础研发下一代新型生物农药的巨大潜力和价值。

本书面向教师和科研工作者、管理人员、技术员及学生等多个群体，对 RNA 干扰及其抗病虫技术的原理、发展和应用方法进行了详细的阐述，可以帮助读者更加清晰地理解什么是 RNA 干扰抗病虫技术，什么是 RNA 生物农药，以及它们的核心技术、优缺点、未来发展前景等最前沿的科学问题。全书共三部分 9 章，其中第 1 章至第 3 章为第一部分，主要介绍了 RNA 干扰技术及其在生物基因功能研究领域的应用；第 4 章至第 7 章为第二部分，主要介绍了 RNA 干扰应用于农业病虫害防控的相关核心问题；第 8 章和第 9 章为第三部分，主要介绍了 RNA 生物农药的安全性及其应用前景。每个章节之间互相关联，因此推荐没有相关背景知识的读者从头开始阅读，希望读者在阅读后能对 RNA 干扰技术、以 RNA 干扰技术为基础研发的 RNA 生物农药有一个整体的了解。

本书由国内本领域的专家撰写，其中田宏刚（西北农林科技大学）撰写第 1 章，张建珍（山西大学）和刘晓健（山西大学）撰写第 2 章，张文庆（中山大学）和牛金志（西南大学）撰写第 3 章，王桂荣（中国农业科学院植物保护研究所）、张文庆、杨斌（中国农业科学院植物保护研究所）和赵弘巍（南京农业大学）撰写第 4 章，沈杰（中国农业大学）、郑薇薇（华中农业大学）和闫硕（中国农业大学）撰写第 5 章，张建珍和赵春青（南京农业大学）撰写第 6 章，苗雪霞（中国科学院分子植物科学卓越创新中心）、王桂荣、张江（湖北大学）和赵弘巍撰写第 7 章，马伟华（华中农业大学）、潘慧鹏（华南农业大学）和闫祺（南京农业大学）撰写第 8 章，苗雪霞、贺康（浙江大学）和关若冰（河南农业大学）撰写第 9 章。陈洁（广东省农业科学院植物保护研究所）、李飞（浙江大学）、高璐（山西大学）、史学凯（山西大学）、范云鹤（山西大学）等参与撰稿。全书由张文庆和王桂荣统稿。在撰写过程中，得到了不少专家学者的支持和帮助，在此一并表示感谢。

感谢“十三五”国家重点研发计划项目（2017YFD0200900）、有害生物控制与资源利用国家重点实验室和植物病虫害生物学国家重点实验室的资助，感谢科学出版社陈新编辑等在本书出版过程中提供的帮助。

由于编著者知识水平和理解能力的限制，书中不足之处恐难避免，敬请广大读者批评指正。

编著者

2021 年 3 月

目　录

第 1 章　RNA 干扰简介

RNA 干扰（RNA interference，RNAi）技术在解析真核生物基因功能的研究中发挥了重要作用。特别是近年来随着基因组测序技术的不断进步，完成了越来越多生物的基因组测序，对这些已测序物种基因功能的研究则成为后基因组时代面临的最重要任务之一。RNAi 技术可以直接靶向靶标基因 mRNA 并使其降解，由于其具有简便、高效和特异性强等优势，从发现以来就成为研究人员探索基因功能的有力工具。

1.1　RNA 干扰现象的发现

1.1.1　植物和真菌中的 RNA 干扰现象

生物体中的 RNA 干扰现象最先于 1990 年由美国 DNA 植物技术公司的科学家 Napoli 和 Jorgensen 在研究矮牵牛（*Petunia hybrida*）的查耳酮合成酶（chalcone synthase，CHS）基因时发现。他们本想在矮牵牛的花瓣中通过转基因的方法过表达 *CHS* 基因，研究该酶是否在花色素苷（anthocyanin）生物合成中具有限速功能，因为花色素苷的生物合成在矮牵牛深紫色花瓣形成过程中起到了重要作用。与预期结果相反的是，该研究发现导入的 *CHS* 基因抑制了花色素苷的生物合成，导入 *CHS* 基因后 42% 的植株长出纯白色或者白紫色相间型的花瓣。对白色花瓣 mRNA 进行的 RNase 保护分析实验表明，虽然内源 *CHS* 基因 mRNA 转录的速率没有改变，但是转基因品系的 mRNA 水平比对照组降低了约 98%。他们将这种引入外源的与靶标基因相同的序列导致靶标基因转录水平下降的现象称为“共抑制”（cosuppression），不过当时对这种在转基因植物中产生基因“共抑制”现象的机制并不清楚。

随后意大利罗马大学的科学家 Romano 和 Macino 于 1992 年在真菌粗糙脉孢霉（*Neurospora crassa*）中也发现了类似现象。他们在粗糙脉孢霉中转入了胡萝卜素 *albino-1*（*al-1*）和 *albino-3*（*al-3*）基因，令人意外的是内源性的 *al-1* 和 *al-3* 基因表达却受到了强烈的抑制，原本应该呈现橙色的粗糙脉孢霉有 36% 表现出了白化的表型，他们将这种基因沉默现象命名为基因“压抑”（quelling）。同样，当时他们对产生这种现象的内在机制也不清楚。

1.1.2　线虫中 RNA 干扰现象诱导分子的发现

在动物中，对 RNA 干扰现象的发现始于 1995 年，其由美国康奈尔大学科学家 Guo 和 Kemphues 在研究秀丽隐杆线虫（*Caenorhabditis elegans*）的 *par-1* 基因时发现。当时反义 RNA（antisense RNA，asRNA）技术被认为是抑制生物基因表达的一种强有力方法，研究人员认为反义 RNA 可能通过与内源性同源 mRNA 形成互补的双链 RNA（double-stranded RNA，dsRNA）结构阻碍了翻译的进程或者促进了细胞内核酸酶对 mRNA 的降解从而抑制靶标基因的表达（Fire et al.，1991）。当他们向线虫注射靶向 *par-1* 的反义 RNA 时有 50% 的胚胎出现发育停滞的预期表型，令人困惑的是当线虫被注射作为阴性对照的正义 RNA（sense RNA）时也表现出类似 *par-1* 反义 RNA 引起的表型，并且导致了 *par-1* mRNA 的降解。这项研究结果促使研究人员重新思考反义 RNA 抑制基因表达的机制。

1998 年，来自美国华盛顿卡内基研究院的科学家 Fire 等在秀丽隐杆线虫中通过严格的实验证明：引起基因沉默现象的真正原因是 dsRNA，而非单链 RNA（single-stranded RNA，ssRNA）。他们发现，先前 Guo 和 Kemphues 在线虫中发现的正义 ssRNA 可以沉默靶标基因的现象，是由于在制备 ssRNA 时，因为噬菌体 RNA 聚合酶的特性从而混入了部分反义 ssRNA，形成了 dsRNA 结构而抑制了靶标基因的表达。为了进一步验证该猜想，他们重新制备并纯化了靶向 *unc-22* 基因的正义 ssRNA、反义 ssRNA 和 dsRNA，实验结果表明，靶向同一基因 mRNA 的 dsRNA 在使用剂量仅为 ssRNA 的 1/120 的情况下，注射进入线虫性腺所产生的 *unc-22* 的特异性表型是 ssRNA 的约 30 倍。这对前期在植物、真菌和线虫中发现的被称为"共抑制"或"压抑"的基因沉默现象给出了一个合理的解释。而且，dsRNA 引起的基因沉默是系统性的且可传递到子代线虫中，而 ssRNA 导入线虫体内则很快就会被降解。虽然此时 Fire 等还并不清楚 dsRNA 引起基因沉默现象的内在机制，但是他们的研究表明只有靶向 mRNA 的 dsRNA 才能引起靶标基因转录水平的降低，而靶向启动子和内含子区域的 dsRNA 并不能引起靶标基因的沉默，这初步说明了 dsRNA 引起的基因沉默发生在转录水平而非 DNA 水平。dsRNA 作为有效诱导特异性基因沉默关键分子的发现，极大地拓展了在线虫等无脊椎动物甚至脊椎动物中通过 RNAi 方法研究基因功能的技术途径。

1.2 RNA 干扰的原理

阐明 dsRNA 是真正诱导 RNAi 现象的关键分子以后，科学家陆续在昆虫、真菌、植物及脊椎动物中发现 dsRNA 可诱导基因沉默的现象是普遍存在的。大量的研究也证明了 RNAi 是研究基因功能的有力工具，随后多个研究团队对参与 RNAi 的多个关键分子和作用机制进行了阐明。现有研究已经表明，在真核生物中当 dsRNA 进入细胞后会被核酸内切酶 Dicer 切割成 21～23bp 的干扰小 RNA（small interfering RNA，siRNA），然后 siRNA 与一种由多个分子组成的 RNA 诱导沉默复合体（RNA-induced silencing complex，RISC）结合，在 ATP 提供能量的情况下，siRNA 中的反义链找到与其碱基互补的 mRNA 序列并由 RISC 中的 Argonaute 蛋白进行切割，使 mRNA 降解并最终起到降低靶标基因表达的作用。

1.2.1 RNA 干扰相关的关键分子

1.2.1.1 RNAi 诱导分子：siRNA、miRNA 和 piRNA

现有研究已经表明，在生物体内可以诱导基因沉默的 RNA 分子有三类，根据其来源方式和作用特点可以划分为 dsRNA/siRNA、微 RNA（microRNA，miRNA）和 Piwi 相互作用 RNA（Piwi-interacting RNA，piRNA）。

在植物、真菌、线虫和昆虫等生物中的 RNAi 现象是由 dsRNA 分子诱导的，这些 dsRNA 分子的长度一般在 200～600bp。在果蝇细胞中的研究表明，400bp 和 500bp 的 dsRNA 可以有效降低靶标基因 *cyclin E* 的转录水平，用 200bp 和 300bp 的 dsRNA 效果会弱一些，而 50bp 或 100bp 的 dsRNA 则基本无效（Hammond et al.，2000）。但是在哺乳动物细胞内，大于 30bp 的长链 dsRNA 分子会诱导干扰素（interferon，IFN）生成，导致对翻译过程的普遍抑制，从而产生非特异性的基因沉默（Stark et al.，1998）。随后研究人员经过仔细研究发现，在人类胚胎肾细胞和 HeLa 细胞等哺乳动物细胞中，21bp 的 siRNA 即能诱导特异性的基因沉默，而不会产生 IFN 效应，至此在哺乳动物中才建立了应用 siRNA 有效开展基因沉默实验的可靠方法（Elbashir et al.，2001a）。siRNA 一般来自生物体外源，主要用于抵御外源病毒的入侵，通常会在其 3′ 端带有 2bp 的悬挂碱基，在 RNAi 过程中仅与靶标 mRNA 序列互补的反义链参与了抑制靶标基因的表达。

miRNA 是由生物基因组编码的长度约 22bp 的内源短链的非编码 RNA（non-coding RNA，ncRNA），在真核生物中普遍保守存在，通过抑制靶标基因的表达参与了多种生物学过程调控，由 Lee 等于 1993 年在秀丽隐杆线虫中首次发现。miRNA 一般由 RNA 聚合酶 II 转录产生，通常源于编码基因的内含子区域或称为 pri-miRNA（primary miRNA）的长链非编码 RNA（long non-coding RNA，lncRNA）的基因连接区域。pri-miRNA 一般包含一个或多个发夹 RNA（hairpin RNA，hpRNA）结构，然后 pri-miRNA 的发夹结构被细胞核内的蛋白复合体 Microprocessor 识别并剪切形成 miRNA 前体（precursor miRNA，pre-miRNA），pre-miRNA 通常包含 25bp 的茎区（stem region）和 10bp 的末端环状区（terminal loop），然后其再被细胞核转出系统（nuclear export machinery）转运至细胞质中，随后 pre-miRNA 的末端环状区被 Dicer 切割成剩余约 22bp 的 dsRNA，即成熟的 miRNA（Kobayashi and Tomari，2016）。miRNA 的一条链进入由核蛋白组成的沉默复合体中，绝大多数情况下通过非完全配对的方式靶向 mRNA 的 3′ 非翻译区（3′ untranslated region，3′ UTR），极少数情况下会靶向可读框（open reading frame，ORF）区域。miRNA 往往通过结合 mRNA 抑制翻译的过程或降低 mRNA 的稳定性来同时调控上百个基因的表达；而 siRNA 则经常是通过严格的碱基配对抑制特定 mRNA 的表达（Shenoy and Blelloch，2014）。有趣的是，敲除单个 miRNA 通常不会导致严重的表型，而额外导入的 miRNA 却会驱动细胞走向特定的状态。这说明 miRNA 的功能通常是冗余的，不能通过单个的敲除实验来研究特定 miRNA 的功能（Ebert and Sharp，2012；Park et al.，2012）。

piRNA 一般是长度为 23～30bp 的非编码 RNA，主要存在于生殖系统的细胞中，由美国冷泉港实验室和洛克菲勒大学的科学家几乎同时发现（Aravin et al.，2006；Girard et al.，2006）。由于这种非编码 RNA 的生成和发挥功能均需要与 Argonaute 蛋白家族的亚家族成员 Piwi 蛋白结合，因此其被称为 Piwi-interacting RNA，即 piRNA；而 siRNA 和 miRNA 则是结合到 Argonaute 亚家族蛋白上。piRNA 主要来源于基因组中的转座子、编码基因区和基因间隔区，主要用于保护动物的生殖系统免遭有害转座子的影响从而保障基因组的完整性。Piwi 突变后的小鼠和果蝇身体组织发育正常，但是配子发育过程存在缺陷并最终导致不育。piRNA 除了在其 5′ 端第一个核苷酸存在碱基偏好性，其序列的多样性变异极大，所以无法像 miRNA 那样采用每个 miRNA 都拥有唯一名称的方式进行分类。piRNA 的生成分为两个阶段，首先是长链 RNA 前体在细胞核中被转录并运出至细胞质中，其次在细胞质中 piRNA 前体更进一步生成成熟的 piRNA 并与 Piwi 蛋白结合，从而调控靶标基因的表达、转录和转录后水平的修饰（Huang et al.，2017）。

1.2.1.2 Dicer

当 dsRNA 被导入生物体并进入细胞质之后，必须被 Dicer 加工成 21～23bp 的 siRNA 才能进一步发挥 RNAi 作用，siRNA 是诱导 RNAi 现象重要的中介分子。Dicer 由美国冷泉港实验室的 Bernstein 等（2001）在黑腹果蝇（*Drosophila melanogaster*）S2 细胞中首先发现。Dicer 属于 RNase III类的核酸内切酶，可以特异性地切割 dsRNA，在线虫、昆虫、植物、真菌和哺乳动物中均保守存在。该酶具有一个显著的特征结构，包含一个解旋酶区域（helicase domain）、两个 RNase III特征区域和一个 dsRNA 结合区域。此外，Dicer 还具有一个与 RDE1/QDE2/Argonaute 家族同源的区域，这些区域则与 RNAi 密切相关。根据进化分析可以将 Dicer

分为 Dicer1、Dicer2，在脊椎动物和线虫的 miRNA 及 siRNA 通路中仅含有一个 *Dicer* 基因，而在黑腹果蝇等节肢动物中则含有 *Dicer1* 和 *Dicer2* 两个基因。果蝇中的 Dicer1 参与了 miRNA 通路，而 Dicer2 则在 siRNA 通路中发挥了功能。现有的研究还表明，Dicer 不仅参与了形成 siRNA 和 miRNA，而且在生成细胞内的其他小 RNA（small RNA，sRNA）中也起了重要作用（Song and Rossi，2017）。

1.2.1.3 RISC

在细胞内当 dsRNA 分子被 Dicer 切割成 siRNA 后，siRNA 进入 RISC 组成基因沉默复合体从而靶向靶标基因的 mRNA。美国冷泉港实验室的 Hammond 等（2000）利用 *cyclin E* 和 *lacZ* 的 dsRNA 对黑腹果蝇 S2 细胞进行了研究，他们发现将 *cyclin E* dsRNA 与果蝇细胞共孵育后的提取物可以特异性地降解体外合成的 *cyclin E* mRNA 而不影响 *lacZ* mRNA 的表达；而 *lacZ* dsRNA 同样也只能降低 *lacZ* mRNA 的表达而不影响 *cyclin E* 的转录水平，因此他们将这种酶命名为 RISC。在果蝇中的进一步研究中发现，siRNA 中仅有一条链进入 RISC 从而靶向目标 mRNA，与 RISC 结合沉默目标 mRNA 的是与 mRNA 序列互补的 siRNA 反义链。研究发现 siRNA 反义链中 5′ 端的热稳定性通常比正义链 5′ 端弱，这决定了 siRNA 反义链能够进入 RISC 中来进一步发挥作用（Khvorova et al.，2003；Sen and Blau，2006）。RISC 中的 siRNA 反义链 5′ 端的磷酸化对于保持 RISC 的活性非常重要，靶向切割 mRNA 的 RISC 必须依赖 Mg^{2+} 才能发挥其作用（Elbashir et al.，2001b；Schwarz et al.，2004）。成熟的 RISC 中必须包含一条来自 siRNA 或 miRNA 的反义 RNA 和 Argonaute 蛋白，Argonaute 蛋白的核心结构在原核生物和真核生物中均非常保守，包含 N、PAZ、MID 和 Piwi 四个区域：N 区在靶标 mRNA 的切割和剪切链的分离中起到重要作用；PAZ 区结合在 siRNA 反义链 3′ 端保护其免遭降解；MID 区形成了一个核酸结合口袋，与反义链 5′ 端的磷酸基团相互作用，促进与靶标 mRNA 的结合；Piwi 区则具有 RNase H-like 活性，对靶标 mRNA 进行切割而导致 RNAi 效应发生（Swarts et al.，2014；Nakanishi，2016）。

1.2.1.4 RdRP

植物、真菌和线虫中的 RNAi 现象与在大多数动物中不同，仅需要少量的 dsRNA 分子即可以诱导很强的基因沉默现象，其中的一个重要原因就是这些生物细胞内存在依赖 RNA 的 RNA 聚合酶（RNA-dependent RNA polymerase，RdRP）（Mello and Conte，2004）。*RdRP* 是在大肠杆菌（*Escherichia coli*）的 RNA 噬菌体中被首先发现的，其在噬菌体中的作用是复制病毒的基因组（Haruna et al.，1963）；而在植物和粗糙脉孢霉中的 *RdRP* 被突变后会分别失去“共抑制”和“压抑”现象而出现异常表型（Mello and Conte，2004）。在 RNAi 作用过程中，*RdRP* 能以一部分 siRNA 的反义链作为引导链与靶标基因 mRNA 结合，扩增形成更多的 dsRNA 分子，这些新合成的 dsRNA 又被 Dicer 切割成 siRNA 进入 RNAi 通路中，以“放大” RNAi 效应，抑制靶标基因的表达。正是由于在植物和线虫细胞中存在 RdRP，因此在前期对矮牵牛和秀丽隐杆线虫的研究中，因 RNA 合成过程“污染”而导入的少量 dsRNA 分子即诱导了较强的基因沉默表型。而昆虫和哺乳动物基因组中目前尚未发现与 *RdRP* 同源的基因，这可能也是其细胞或活体中通常需要导入高剂量的 dsRNA 才能诱导靶标基因表达下调的原因之一。

1.2.2　细胞核中的 RNA 干扰

一般的 RNAi 效应是在细胞质中发生的转录后基因沉默，包括降解 mRNA 和抑制翻译过程的进行。然而，许多研究发现小 RNA 还可以通过细胞核 RNAi 通路调控异染色质的形成和转录水平的基因沉默（transcriptional gene silencing，TGS）。细胞核 RNAi 现象最早是在植物中被发现的，随后多项研究表明，这种现象在真菌、线虫、哺乳动物等多种真核生物中普遍存在（Wassenegger et al.，1994；Liang et al.，2003；Castel and Martienssen，2013；Avivi et al.，2017）。2008 年美国威斯康星大学 Kennedy 教授实验室的中国学者光寿红博士在研究秀丽隐杆线虫时发现，Argonaute 蛋白 NRDE-3 对于细胞核 RNAi 是必需的，NRDE-3 可以将 siRNA 从细胞质运送至细胞核并定位新生转录物（nascent transcript）从而诱导细胞核 RNAi，但是 NRDE-3 对细胞质的 RNAi 却并没有显著的作用（Guang et al.，2008）。siRNA 和 piRNA 都参与了细胞核 RNAi 过程，这种现象在植物和动物的体细胞及生殖细胞中都存在（Castel and Martienssen，2013）。在线虫中还发现细胞核 RNAi 的效果与 dsRNA 处理时期密切相关，当利用饲喂法进行 RNAi 对线虫进行研究时，发现其咽部肌肉对 RNAi 存在抗性，但是却能够在第二代线虫中诱导很强的基因沉默效果。进一步深入的分析发现，肌肉细胞中在线虫发育早期才是诱导细胞核 RNAi 的关键时间点，在线虫第二代中发现细胞核 RNAi 现象可能是由于持续的饲喂使 dsRNA 在最佳的时间点进入肌肉细胞，这项研究也为理解为何有些 RNAi 能够成功而有一些却无法成功提供了一个新的思考角度（Shiu and Hunter，2017）。细胞核 RNAi 也为研究生物体内 RNA 介导的跨代表观遗传提供了一种有效方法（Ni et al.，2018）。

1.3　RNA 干扰技术的应用

RNAi 技术由于简便、高效和特异性强，在许多生物特别是非模式动植物中取得了广泛应用，推动了对许多生物重要基因功能的研究。同时，RNAi 技术在植物病虫害防控及益虫保护新方法和人类医药健康领域也取得了重要进展，展示出 RNAi 技术在基础研究和应用研究领域的巨大潜力。

1.3.1　RNA 干扰在基因功能研究中的应用

RNAi 技术被广泛应用于生物基因功能的研究中，特别是在非模式生物中得到快速发展。利用 RNAi 技术对靶标基因的有效沉默依赖于进入特定细胞内的 dsRNA/siRNA 分子数量，所以 RNAi 的关键是要确保将这些 dsRNA/siRNA 分子递送到目标生物体的靶标细胞内。

根据不同生物体对 dsRNA/siRNA 的吸收特性和其相应的生物学特点，外源 dsRNA 递送进入生物体的方法主要包括注射法、饲喂法和浸泡法等。注射法由于可以将特定剂量的 dsRNA/siRNA 分子直接输送到动物体内，避免了通过饲喂法导入时肠道中相关核酸酶对 dsRNA/siRNA 的降解，确保了这些分子能够最大限度进入相应组织和细胞内，通常可以诱导较强的 RNAi 反应，治疗人类疾病的 siRNA 主要也是采用注射方法导入人体的，因此注射法是目前应用最广泛的一种方法。此外，还发展出了将 dsRNA/siRNA 通过动物取食方式导入的饲喂法，其优势是操作简便，而且接近实际应用时动物获取 dsRNA/siRNA 的自然状态，研究结果能够较好地为实际应用提供一定的指导作用。但是研究发现，在许多动物肠道内存在的核酸酶一定程度上降低了 dsRNA/siRNA 在肠道内的稳定性，进而限制了进入靶标细胞内的有效分子数，最终影响了 RNAi 效果。而且，一些动物如昆虫缺乏可用的人工饲料，并且一些昆虫具有特殊的生活习性，例如，寄生蜂幼虫期寄生在寄主昆虫体内，蚊子的幼虫生活在水中等，这些生物特性也一定程度上限制了利用饲喂法进行 RNAi 的应用范围。在一些动物，如线虫和日本三角涡虫（*Dugesia japonica*）中，还可以通过将虫体直接浸泡在含有 dsRNA 的溶液中来诱导 RNAi（Tabara et al.，1998；Maeda et al.，2001；Orii et al.，2003）。

昆虫是自然界中种类和数量最多的生物类群之一，其中有些昆虫对农业和人类健康等构成了严重威胁。随着越来越多昆虫的基因组序列被测定，对相关基因功能的研究显得尤为迫切。然而，在 RNAi 技术诞生之前仅有果蝇和蚊子等少数昆虫的基因功能可被研究，RNAi 技术为在种类众多的非模式昆虫中开展基因功能研究提供了有力支持。昆虫中第一个 RNAi 实验是在黑腹果蝇中进行的，研究人员通过显微注射将无翅（wingless）通路中靶向 *frizzled* 和 *frizzled2* 的 dsRNA 导入到果蝇胚胎中，成功诱导了靶标基因的沉默（Kennerdell and Carthew，1998）。随后，RNAi 技术被应用到多种昆虫，包括赤拟谷盗（*Tribolium castaneum*）、飞蝗（*Locusta migratoria*）、褐飞虱（*Nilaparvata lugens*）、豌豆蚜（*Acyrthosiphon pisum*）和冈比亚按蚊（*Anopheles gambiae*）等农业和卫生害虫中（Bucher et al.，2002；Caplen et al.，2002；Wheeler et al.，2003；Chen et al.，2010b；Wang et al.，2016；Wei et al.，2019a）。在赤拟谷盗中发现，利用 RNAi 抑制 *Tvc* 或 *Tccn* 基因的表达之后其眼色素合成缺乏，证明了这两个基因在眼色素合成中的重要作用（Lorenzen et al.，2002）。昆虫是无脊椎动物中唯一具翅的类群，许多农业和卫生重大害虫与昆虫较强的飞行能力密不可分，有些昆虫在不同的营养或环境条件下其翅型还会发生变化，形成翅多型现象，如水稻重要害虫褐飞虱。在褐飞虱中应用 RNAi 技术发现，两个胰岛素受体 InR1 和 InR2 参与决定该虫的翅型分化，在昆虫中首次解释了翅型分化的分子机制（Xu et al.，2015）。蝗虫是世界重要害虫之一，其群居型和散居型的相互转变是其对世界农业造成巨大危害的原因之一，应用注射 dsRNA 干扰靶基因的方法在飞蝗中揭示了聚群行为受到多巴胺信号通路的调控（Ma et al.，2011）。几丁质是昆虫表皮、中肠和气管的主要组成物质之一，利用 RNAi 的方法在赤拟谷盗、飞蝗、褐飞虱和甜菜夜蛾（*Spodoptera exigua*）等重要农业害虫中揭示了几丁质合成与代谢通路中相关基因的重要功能（Arakane et al.，2005；Tian et al.，2009；Yao et al.，2010；Zhu et al.，2016a；Li et al.，2017c）。许多病毒或病原微生物可以通过刺吸式口器昆虫进行传播，从而对农业生产造成重大损失，在烟粉虱（*Bemisia tabaci*）中通过 RNAi 技术发现双生病毒衣壳蛋白通过与烟粉虱卵黄原蛋白互作影响了病毒的传播行为（Wei et al.，2017）。

螨类属于节肢动物门蛛形纲，有许多种类对农业生产造成了重大危害。植物害螨通过刺吸细胞为害，不仅通过直接取食损害植物，同时还间接传播了多种植物病原菌，而且已对许多农药产生了很强的抗性。应用 RNAi 技术对许多螨类的重要基因功能进行了研究（Niu et al.，2018）。采用 RNAi 技术对螨类进行的首次研究是对二斑叶螨（*Tetranychus urticae*）*Distal-less*（*Dll*）基因功能的研究，通过注射 dsRNA 和 siRNA 的方法发现 *Dll* 基因的表达被抑制之后二斑叶螨足肢节融合在一起，确认了 *Dll* 基因在附肢形成中的保守作用，也证明了 RNAi 技术在螨类基因功能研究中的有效性（Khila and Grbic，2007）。由于螨类一般个体微小，注射法操作难度较大，后续的研究发现浸泡和饲喂 dsRNA 的方法均可以有效抑制螨类靶标基因的表达，但是对靶标基因的抑制效率根据基因而不同（Kwon et al.，2016）。

线虫是一类身体没有分节的环形动物，广泛存在于土壤、水、植物或动物之中，对人类益害并存，极大地影响了环境平衡、人与动物的健康及植物保护（Seesao et al.，2017）。RNAi

现象在线虫中首次被发现，由于 RNAi 反应诱导的简便性和高效性，秀丽隐杆线虫及其他线虫中大量与生长发育和行为相关基因的功能被广泛研究（Grishok，2005；Maule et al.，2011；Hamakawa and Hirotsu，2017；Liu et al.，2020）。在秀丽隐杆线虫中，利用大规模 RNAi 筛选的方法发现了许多参与调节重要生物学功能的关键基因。例如，在秀丽隐杆线虫中通过 RNAi 筛选发现 *gpdh-1* 和 *gpdh-2* 基因参与调节了有机渗透压甘油（organic osmolyte glycerol）的积累，进一步通过饲喂法 RNAi 的方式对约 16 000 个基因进行了研究，鉴定出 122 个基因参与引起 *gpdh-1* 表达的激活并导致甘油的积累（Lamitina et al.，2006）。虽然线虫整体对 RNAi 比较敏感，但是对于许多植物病原线虫，由于其寄生的生物学特性限制了显微注射法和饲喂法的应用，因此浸泡法 RNAi 在大多数植物病原线虫的体外实验中被广泛应用来研究相关基因的功能（Lilley et al.，2012；Dutta et al.，2014）。对线虫相关基因功能的深入研究也为许多人类疾病的治疗提供了有益的参考（Apfeld and Alper，2018）。

真菌也是一类 RNAi 现象最早被发现的真核生物之一，在研究 sRNA 分子的生物合成与功能中真菌起到了非常重要的作用。对一些酵母和丝状真菌的研究帮助我们对转录水平与转录后水平基因沉默的调控机制有了更深入的了解，这一调控机制可帮助真菌抵御病毒感染、DNA 损伤和转座子活性造成的不良影响（Villalobos-Escobedo et al.，2016）。应用 RNAi 技术对一些植物病原真菌基因功能的研究发现了多个可用作病害控制潜在靶标的基因，如对引起麦类作物产生白粉病的小麦白粉病原菌（*Blumeria graminis*）的研究及对大豆锈病病原菌（*Uromyces appendiculatus*）的研究等（Nowara et al.，2010；Cooper and Campbell，2017；Rosa et al.，2018）。虽然 RNAi 现象在许多真菌中普遍存在，但是还有一些真菌类群中缺乏激活 RNAi 的机制，这说明缺乏这项功能可能给这些真菌带来了某些选择性的优势（Nicolas and Garre，2016）。

真核生物细胞内 RNAi 机制的一个主要功能就是对抗病毒感染。已有研究认为，细胞通过基于病毒的核苷酸序列合成与病毒基因序列相对应的 dsRNA 分子，然后再靶向病毒的 RNA 序列，从而沉默病毒的基因以阻止病毒对其产生危害，因此 RNAi 被认为是一种生物体对抗外源病毒的天然免疫方式，主要包括由 siRNA 和 miRNA 介导的两种方式。利用 RNAi 来抵御植物病毒的研究要远早于 RNAi 机制被发现的时间，虽然当时研究人员对其作用机制还一无所知。早期的研究发现，受到病毒感染的植物有时候其症状会恢复正常而且会对再次感染具有免疫能力（Rosa et al.，2018）。Wingard（1928）就发现感染烟草环斑病毒（tobacco ringspot virus，TRSV）的烟草植株常能自行恢复，而且新生叶片与受 TRSV 感染的叶片相比也显得更加健康。研究证明这些现象均是植物通过 RNAi 直接靶向病毒 RNA 来抵御植物病毒的一种重要防御机制引起的，近期的研究还表明其他 RNAi 的作用方式诸如 miRNA 等也参与了对植物病原菌的抵御。病毒为了生存，在漫长的进化过程中也产生了编码抵御植物 RNAi 作用的抑制蛋白因子，通过多种方式阻碍了 RNAi 通路的正常运转，包括隔离 siRNA、阻碍 dsRNA 的降解，或者与寄主植物参与 RNAi 的相关酶类直接相互作用等方式（Cooper and Campbell，2017；Rosa et al.，2018）。这些研究表明，RNAi 是病毒和真核生物长期协同进化中细胞内形成的一种重要博弈机制，正是由于这一自然作用机制的存在，利用 RNAi 技术对生物体基因功能的研究和对有害生物的防控才得以实施。

植物作为自然界的初级生产者，通过将太阳能转化为化学能为地球上的其他生物提供能量。因此，在植物生长发育过程中必然伴随着许多生物对其的侵害，RNAi 机制在帮助植物抵御这些病原微生物中起到了重要作用。作为 RNAi 现象最先被发现的类群之一，植物中的

RNAi 机制除了具有与其他生物中类似的作用通路，还存在编码 RdRP 的基因，RdRP 可以将 RNAi 信号持续放大，从而帮助植物有效抵御病原微生物的侵害。因此，在植物中少量的 dsRNA 诱导分子通常即可诱导持续、较强的基因沉默效果。植物中诱导 RNAi 主要是通过病毒侵染、基因枪和农杆菌介导等技术在植物体内抑制靶标基因的表达（Watson et al.，2005）。利用这些方法对植物参与抵御一些生物因子压力相关基因的功能进行了研究。例如，通过转基因马铃薯（*Solanum tuberosum*）表达靶向细胞质膜局部 *Syntaxin-related 1*（*StSYR1*）基因的发夹 RNA（hairpin RNA，hpRNA），显著增强了其对马铃薯晚疫病菌（*Phytophthora infestans*）的抗性（Eschen-Lippold et al.，2012）。在猕猴桃（*Actinidia chinensis*）中通过 hpRNA 诱导的基因沉默抑制 *AcCCD8* 基因的表达，能够增加枝条数量并且延迟了两个生长季的叶片衰老（Ledger et al.，2010）。RNAi 技术不仅在验证植物的基因功能中发挥了很大作用，而且可用于抑制相关基因的表达以增强植物对病原微生物的抵御能力、改变植物的园艺性状和花期、调控花色和花香等，说明了 RNAi 技术在植物基因功能研究中的重要价值（Fang and Qi，2016；Guo et al.，2016a）。

1.3.2　RNA 干扰在植物病虫害防治和益虫保护中的应用

植物在生长发育过程中免不了受到昆虫和病原菌的侵扰，对于作为人类食物来源的农作物，大量有害昆虫和病原菌的危害极大地影响了作物的品质及产量，给农业生产带来了严重损失。因此，有效控制植物病虫害对于确保粮食的安全生产至关重要。RNAi 技术不仅能帮助人们了解生物生长发育中相关基因的功能，而且在抵御植物特别是农作物病虫害及益虫疾病控制方面展示出巨大潜力。

通过 RNAi 可以特异性地抑制靶标基因的表达，如果这个基因对于害虫的生长发育至关重要，那么人们很自然地就会想到有可能利用抑制害虫关键基因表达的方式来控制害虫。2007 年中国科学院上海生命科学研究院植物生理生态研究所和美国孟山都公司的研究人员同时发表在 *Nature Biotechnology* 上的两篇论文证实了这一猜想，展示出 RNAi 技术在害虫防治领域的巨大价值（Baum et al.，2007；Mao et al.，2007）。中国的研究人员利用转基因棉花表达靶向棉铃虫（*Helicoverpa armigera*）的 P450 基因 *CYP6AE14* 的 dsRNA，让棉铃虫取食含有该基因的棉花叶片。由于普通棉花会产生有毒物质棉酚来抵御害虫的侵害，而昆虫则利用 P450 解毒代谢酶系统降解有毒的棉酚以使自身免遭为害；但是当棉铃虫体内 *CYP6AE14* 的表达被相应 dsRNA 抑制之后，取食含有棉酚植物叶片的棉铃虫的生长发育受到了显著抑制（Mao et al.，2007）。美国研究者通过对玉米根萤叶甲（*Diabrotica virgifera virgifera*）的研究发现，该虫取食含相应基因 dsRNA 的人工饲料 5～7d 后其发育即会显著受到抑制，在取食 12d 后许多基因的 dsRNA 会对其发育造成显著影响，导致其幼虫发育停滞甚至死亡。通过对大量基因的筛选发现，靶向液泡型 H^+-ATP 酶（vacuolar-type H^+-ATPase，V-ATPase）亚基 A、D 和 E 基因及 *α-tubulin* 基因 mRNA 的 dsRNA 在剂量为 52ng/cm^2 以下时依然具有较高的活性，有些基因甚至在半致死浓度（median lethal concentration，LC_{50}）（12d 内）约为 0.52ng/cm^2 的情况下依然具有很好的效果，这表明玉米根萤叶甲对 RNAi 具有高度敏感性。研究人员随后在玉米中表达了靶向玉米根萤叶甲 *V-ATPase A* 基因的 dsRNA，实验结果显示，该虫的发育受到严重阻碍，并且玉米根部的被害情况也显著减少，表明 RNAi 在控制作物的鞘翅目害虫方面具有重要价值（Baum et al.，2007）。自从这两项突破性的研究发表以后，利用植物表达靶向昆虫基因的 dsRNA 控制害虫成为极具潜力的研究方向，已有大量研究表明 RNAi 对多种作物的不同害虫有效（Zhu and Palli，2020）。经过多年研究，近期美国孟山都公司研发的表达靶向玉米根萤叶甲 *DvSnf7* 基因 dsRNA 的玉米品种 SmartStax Pro 已经获得美国农业部（United States Department of Agriculture，USDA）和美国环境保护署（United States Environmental Protection Agency，USEPA）批准，即将开展商业化应用（Head et al.，2017）。这将是世界上首个将 RNAi 技术应用于害虫防治的商业化农作物，预示着 RNAi 技术在未来害虫控制方面拥有巨大的应用潜力。然而，虽然多项研究表明植物介导的 RNAi 可以影响昆虫的发育，但是其对许多昆虫的实际控制效果还比较弱，基因沉默效率在不同昆虫间存在较大的差异。其中的一个重要原因是昆虫肠道和血淋巴中存在的核酸酶对摄入其体内的 dsRNA 稳定性造成了一定影响，还有一个原因可能是，植物表达的靶向昆虫基因的 dsRNA 在昆虫未有效取食前，已经被植物细胞内的 Dicer 剪切成 siRNA，而 siRNA 一般在昆虫中较难通过取食诱导 RNAi 效应，因此有效摄入昆虫体内的完整 dsRNA 分子数量的减少可能在一定程度上降低了杀虫活性。为了保证昆虫取食的植物中含有足量的 dsRNA，研究人员通过叶绿体表达 dsRNA 的方式来克服这一障碍，因为植物叶绿体中缺乏 Dicer 酶，从而保证了 dsRNA 的完整性，研究结果表明，这可以极大地提升 RNAi 对马铃薯甲虫的控制效果（Zhang et al.，2015，2017b）。此外，还研发出了通过微生物表达、纳米载体递送 dsRNA 的方法，增强了 dsRNA 的稳定性并提升了杀虫效率（Tian et al.，2009；Zhu et al.，2011；He et al.，2013；Zotti et al.，2018；Zheng et al.，2019b）。这些新技术的发展充分展示出以 RNAi 技术为基础研发下一代新型生物农药的巨大潜力。

植物在生长发育的过程中不仅会受到害虫的侵扰，同时也会面临病毒、真菌和细菌等微生物带来的威胁。与害虫类似，如果通过 RNAi 抑制植物病原微生物生长发育关键基因的表达，也有可能减少其对农作物生产造成的损失。RNAi 对植物病害的控制首先应用于防治植物病毒病。20 世纪 90 年代中期，美国首次商业化种植了转基因小南瓜、木瓜和马铃薯，虽然那时研究人员还不知道是 RNAi 机制在帮助这些植物抵御病毒的侵害（Rosa et al.，2018）。RNAi 技术对抵御黄瓜和番茄的黄瓜花叶病毒（cucumber mosaic virus，CMV）具有非常好的控制作用，而且在控制小南瓜的多种病毒和马铃薯的单一病毒方面具有卓越的防效（Lübeck，2010；Rosa et al.，2018）。此后基于 RNAi 防治植物病毒又迎来了一次商业化应用，包括美国对李痘病毒（plum pox virus，PPV）和巴西对菜豆金色花叶病毒（bean golden mosaic virus，BGMV）的防治（Escobar and Dandekar，2003；Scorza et al.，2013）。番茄黄曲叶病毒（tomato yellow leaf-curl virus，TYLCV）是世界番茄生产中面临的重大威胁，烟粉虱是 TYLCV 传播的介体，由于缺乏有效的抗病毒番茄品种，目前通用的防治方法主要是通过大量化学药剂的广泛和高频率使用，但是近期研究发现，利用番茄表达 TYLCV C1 编码序列的 dsRNA 可以有效抵御病毒的侵害（Fuentes et al.，2016）。目前，已经有基于 RNAi 技术防控 7 种病毒病的 5 种植物得到商业化种植许可，这展示了 RNAi 技术在防控植物病害方面的巨大潜力，基于此项技术的针对多个缺乏有效防治方法的病害的抗病转基因植物正在开展大规模的田间试验。然而目前还尚未看到基于 RNAi 技术防控植物真菌、细菌病害和病原线虫的商业化产品（Rosa et al.，2018）。

昆虫不仅会给植物和人类的生活带来伤害，也有许多昆虫给人类的生活带来了益处。例如，蜜蜂和食蚜蝇等昆虫帮助植物传粉；家蚕的丝是重要的纺织原料，在我国古代基于以蚕丝为主要商品还建立了沟通中西方数千年的“丝绸之路”贸易，为世界经济和文明的交流做出了重要贡献（Xiang et al.，2018；Rader et al.，2020）。然而昆虫病原菌给蜜蜂等有益昆虫的生长和种群健康带来了巨大挑战。例如，在蜜蜂中蜂群衰竭失调（colony collapse disorder，CCD）给养蜂业和农业生产带来了巨大威胁，而蜜蜂种群数量的减少导致无法有效地对重要农作物进行传粉，据估计蜜蜂 CCD 已造成的相关损失达 750 亿美元。以色列急性麻痹病毒（Israeli acute paralysis virus，IAPV）被认为与蜜蜂 CCD 密切相关，研究发现饲喂蜜蜂 IAPV dsRNA 有效降低了蜂群的 IAPV 感染率，同时也阻止了蜜蜂的死亡（Maori et al.，2009）。研究人员进一步对 IAPV dsRNA 在田间自然条件下对于蜜蜂 IAPV 的控制进行了试验，包含了在美国佛罗里达州和宾夕法尼亚州两种完全不同的气候条件、季节及地理位置条件下的 160 个蜂房进行的试验。研究结果发现，IAPV dsRNA 处理之后的蜜蜂不仅其蜂群数量更大，而且蜂蜜产量也显著增加（Hunter et al.，2010）。这项研究表明，RNAi 技术在自然界对于蜜蜂病害控制方面具有重要价值，而且一次 dsRNA 的摄入还能将基因沉默信号在蜂群多代之间持久传递，时间达 3～4 个月之久（Maori et al.，2019）。此外，RNAi 技术也被证明可以用来有效控制为害蜜蜂的狄斯瓦螨（*Varroa destructor*），靶向瓦螨神经肽基因 *VdAST* 和 *VdCCH* 的 dsRNA 导致了瓦螨存活率显著降低，从而间接提升了蜜蜂的健康水平（Campbell et al.，2016）。这些研究结果充分地说明 RNAi 技术在控制益虫病虫害方面亦具有重要的应用潜力，有望成为未来保护有益昆虫的有效方法之一。

1.3.3 RNA 干扰在人类医药研发和疾病治疗中的应用

自从发现 21bp 的 siRNA 可以在哺乳动物细胞中特异性地抑制靶标基因的表达以来，RNAi 技术就展示出在治疗人类疾病方面巨大的应用潜力。特别是当 Andrew Fire 和 Craig Mello 因发现 dsRNA 是诱导 RNAi 现象的有效分子，于 2006 年获得诺贝尔生理学或医学奖以后，RNAi 技术及基于此项技术的药物研发获得了巨大的关注，大量医药公司诸如默沙东（Merck）、罗氏（Roche）、辉瑞（Pfizer）、诺华（Novartis）和阿里拉姆（Alnylam）纷纷投入到 RNAi 治疗人类疾病的研究中（Elbashir et al.，2001a；Conde and Artzi，2015）。医药公司研发的传统药物主要是小分子化合物，然而这些药物的研究往往困难重重，通常需要一个医药化学研发团队花费 5～7 年时间才能筛选到一个可进入人体临床试验的药物分子，但是与疾病相关基因中仅有 1/3 可以使用小分子靶向，其余的 2/3 属于不可成药的分子靶标。此外，进入人体临床试验的分子，最终只有不到 10% 能走向市场。而且，现在每年制药公司失去专利有效期的药物数量要远多于获批的新药，因此这些公司尝试了多种研发策略以改变这种现状，但是收效甚微。RNAi 技术为改变这些现状提供了一个新的契机，它突破了以往某些蛋白靶标不可成药的限制，可从蛋白质合成的源头对其进行阻断。理论上，一个研发团队从选择靶标到开展 RNAi 药物人体临床试验仅需 15 个月，这比传统的小分子药物研发时间平均缩短了 3/4～4/5。许多当时投入 RNAi 药物研发的公司正是看中了这一技术平台乐观诱人的前景，从而快速进入这个领域。RNAi 技术本身的特点使它看起来在制药领域拥有了无限可能，多家世界知名医药公司纷纷布局 RNAi 疗法药物。例如，默沙东公司斥资 11 亿美元收购了 Sirna Therapeutics，诺华与另一个在 RNAi 治疗领域的领导型公司阿里拉姆合作，仅在 2007 年阿里拉姆就收到罗氏和武田（Takeda）获取其 RNAi 专利的 4.31 亿美元的资金。但是在 2010 年这种热潮却突然逆转，众多医药公司纷纷宣布离场。辉瑞于当年 2 月宣布关闭其寡核苷酸治疗研发部门，罗氏则于 11 月宣布退出 RNAi 研发领域，诺华于 9 月终止了与阿里拉姆的合作而且宣布 2014 年底停止所有 RNAi 项目（Krieg，2011；Conde and Artzi，2015）。这些世界知名医药公司的退场为 RNAi 药物研发领域蒙上了一层阴云，一些人开始怀疑 RNAi 能否有效治疗人类疾病，RNAi 疗法一时跌入低谷。

原本前景无限的 RNAi 疗法为何会遭到众多制药公司纷纷抛弃？一个关键的原因就是众

多传统的 RNA 递送方法没有达到许多公司的期望（Krieg，2011；Conde and Artzi，2015）。而且，第一例基于非修饰 siRNA 开展的临床试验还导致了免疫相关的毒性作用和令人充满疑问的 RNAi 效果（Kleinman et al.，2008；DeVincenzo et al.，2010）。基于纳米材料系统递送 siRNA 的方法在临床一期试验中取得了重大进展，但也表现出依赖剂量的毒性作用和治疗效果欠佳的缺陷（Davis et al.，2010）。面对这些挑战，一些小型 RNAi 公司和研究人员从前期失败的临床试验中汲取了深刻的教训，他们继续对 RNAi 诱导分子进行改进，优化了序列选择、化学修饰和递送方法。这些坚实的研究基础再加上对疾病指标更审慎的选择、对干预通路更可靠的验证、对临床试验更佳的改进及不断提升的制造水平，最终创造了一个更安全有效的 RNAi 疗法化合物新管线（new pipeline）（Setten et al.，2019）。特别是在 RNAi 疗法处于低谷的 2010 年，阿里拉姆公司通过研究发现，利用配体结合的技术可以将 siRNA 进行靶向递送，这项研究技术使整个行业重新看到了希望，2012 年 RNAi 疗法的临床试验再次开启。2018 年 8 月 10 日，美国食品与药品监督管理局（United States Food and Drug Administration，US FDA）批准了由阿里拉姆公司研发的用于治疗遗传性转甲状腺素蛋白淀粉样变性（hATTR）患者多发性神经病（polyneuropathy）的 RNAi 药物 ONPATTRO（patisiran），这也是世界上首个获 FDA 批准的 RNAi 药物，在世界制药历史上具有划时代的意义。这种由 hATTR 引发的疾病是一种严重而致命的罕见病，患者从发现症状起存活时间一般只有 2～15 年。其原因在于细胞内编码甲状腺素运载蛋白 TTR 的基因发生突变，导致淀粉样蛋白质在人体内异常积累从而对组织和器官造成伤害。ONPATTRO 的获批不仅给过去无药可医的 hATTR 患者带来了生的希望，提高了患者的生活质量，而且意味着 RNAi 治疗领域开启了新的时代。时至今日，已经有多个靶向肝脏、肾脏和眼睛的 RNAi 药物处于临床一期、二期和三期试验之中。Setten 等（2019）预计在近两年内就会有靶向中枢神经系统和其他非肝脏组织的新药申请，在未来五年特异性和疗效增强的 RNAi 给药系统、局部与系统性的 RNAi 递送方法可能会带来突破性的 RNAi 疗法。

RNAi 在医药中重新回归的关键在于其有效递送方法的突破，脂质纳米颗粒（lipid nanoparticle，LNP）递送技术在绝大多数临床试验中应用最为广泛。由于 RNA 分子相对不稳定，纳米颗粒的药物代谢动力学优于裸露的 RNAi 递送方法，因此近年利用纳米材料递送 RNA 的临床应用快速增长，据估计，截至 2015 年全球 RNAi 药物递送的市场价值接近 240 亿美元，且以每 5 年 27.9% 的复合增长率持续增长（Conde and Artzi，2015；Bobbin and Rossi，2016）。现在已有多种纳米颗粒在临床中使用，包括 LNP、*N*-乙酰半乳糖胺（*N*-acetylgalactosamine，*N*-GalNAc）缀合物和动态多轭合物（dynamic polyconjugates，DPC）。LNP 由于其高效的 siRNA 递送效率应用最为广泛，携带 siRNA 的阳离子 LNP 在小鼠中的研究表明，注射 5min 之后其分布即可达到峰值，72h 之后快速下降，注射 56d 后分布缓慢降低。这些纳米颗粒的分布主要集中在肝脏中，但是在脾脏、食道和胃中也有分布（Christensen et al.，2014）。GalNAc 结合的 siRNA 可以被肝细胞吸收，注射 30min 之后约有 50% 的分子定位于肝脏中。由于 GalNAc 可以与肝细胞膜上的无唾液酸糖蛋白受体（asialoglycoprotein receptor，ASGPR）结合，这些 GalNAc-siRNA 分子可以定位于肝细胞中，促进胞吞作用，从而将 siRNA 分子带入细胞质内（Nair et al.，2014）。第三类已被应用于临床试验中的 DPC 是结合了屏蔽剂和靶向配体的两亲性聚合物，这些聚合物的内吞体裂解复合物有助于将 siRNA 分子释放到细胞质中。单次注射可以使基因表达降低 80%～99%，根据注射的剂量，最长可持续 7 周时间（Kanasty et al.，2013；Bobbin and Rossi，2016）。递送技术的进步极大地拓展了

RNAi 的作用靶标，许多 RNAi 疗法已将靶标扩展至眼部疾病、肝脏感染、癌症、血液疾病、病原菌感染及罕见病等疾病类型。

RNAi 在眼部疾病疗法中已展示出良好的前景，靶向眼睛血管内皮细胞生长因子（vascular endothelial growth factor，VEGF）的 RNAi 疗法已经获得批准（Morjaria and Chong，2014）。Sylentis 公司研发的治疗眼部干燥疾病的 siRNA 滴眼液 SYL1001（tivanisiran）已经开展临床三期试验，结果表明 tivanisiran 不仅显著改善了参与试验患者的眼部干燥症状，而且也降低了由干眼疾病导致的角膜损伤程度（Sylentis，2019）。Quark 公司也有两种针对眼部疾病的 siRNA 药物正处于临床试验之中。由于 LNP 和 GalNAc 介导的 siRNA 递送技术的改进，在肝脏中可以通过静脉注射的方式将 siRNA 递送至目标细胞内，肝脏已位于 RNAi 疗法靶向器官的领先位置（Bobbin and Rossi，2016）。血脂胆固醇过多症是由高胆固醇引起的，而高固醇则是导致心血管疾病的主要原因之一。阿里拉姆和麦迪逊医药（The Medicines）公司研发了一款新的降低固醇的 RNAi 药物 ALN-PCSSC（inclisiran），通过抑制固醇代谢中的关键调节蛋白 PCSK9 的表达水平来降低固醇的含量（Ray et al.，2017）。2019 年 11 月 24 日诺华已经和麦迪逊医药公司达成协议，将以 97 亿美元收购麦迪逊医药公司，将 inclisiran 纳入诺华公司的心血管疾病研发管线。inclisiran 与已经上市的 PCSK9 他汀类抑制剂相比，其疗效更为持久，患者每年仅需接受 2 次皮下注射即能维持较好的疗效（Medicines，2019）。inclisiran 不仅为心血管疾病患者带来新的疗法，而且也预示着 RNAi 疗法从罕见病治疗扩展到人类常见疾病的治疗领域，也意味着更多人将会从 RNAi 疗法中获益。癌症是导致当代人类高死亡率的主要疾病之一，因此肿瘤的治疗得到了广泛关注和大量资金的支持。现在已有多个针对肿瘤的 RNAi 疗法药物进入临床试验，包括 APN401、TKM-PLK1、FANG、MRX34 和 siG12 LODER 等（Bobbin and Rossi，2016；Setten et al.，2019）。此外，也有靶向胃肠道和皮肤组织 RNAi 疗法的报道（Bobbin and Rossi，2016）。

传染性疾病也是 RNAi 疗法关注的重点领域之一。丙肝病毒（hepatitis C virus，HCV）是常见的血液传播病毒，许多感染者会逐渐发展为慢性肝脏感染并进一步发展为肝硬化和肝癌。由于传统治疗方法经常导致严重的副作用且无法完全治愈，Benitec 公司研发了靶向 HCV 的短发夹 RNA（short-hairpin RNA，shRNA）药物 TT-034，TT-034 靶向 HCV 基因组的 3 个位点，能够有效减少细胞内病毒的释放，临床一期、二期试验也初步表明 TT-034 对患者并无明显的副作用（Bobbin and Rossi，2016）。箭头制药（Arrowhead）和强生（Johnson & Johnson）旗下的杨森（Janssen）公司于 2018 年 10 月 4 日达成了授权合作总金额达 37 亿美元的协议，他们将共同开发和推广治疗乙肝病毒的 RNAi 疗法药物 ARO-HBV，ARO-HBV 是针对乙肝病毒的皮下注射用 RNAi 药物，目前正在开展临床一期、二期试验（Arrowhead，2018）。2020 年，由新型冠状病毒（SARS-CoV-2）引发的新冠肺炎（COVID-19）肆虐全球，造成全世界多个国家逾 1 亿人感染，上百万人因此失去生命。世界上多个研究机构和制药公司努力开发可有效治疗 COVID-19 的药物，但是目前在临床试验中的表现还不尽如人意，快速研发针对这一新型病毒的有效药物是拯救人类生命的迫切需求。2020 年 5 月 4 日，Vir 生物技术公司和阿里拉姆公司联合宣布，已经筛选出一款针对 SARS-CoV-2 基因组的 RNAi 疗法 VIR-2703（ALN-COV），并且计划在 2020 年底前展开这款候选 RNAi 疗法的人体临床试验（Alnylam，2020）。这展示出 RNAi 疗法在快速应对新发传染性疾病方面也具有显著优势。

2019 年 11 月 20 日，美国 FDA 又批准了阿里拉姆公司研发的治疗成人急性肝卟啉症（acute hepatic porphyria，AHP）的 RNAi 药物 GIVLAARI ™（givosiran），临床三期试验结

果显示 givosiran 显著降低了尿液中血红素中间体氨基乙酰丙酸水平，这也是世界上第二例被 FDA 批准的 RNAi 新药（Alnylam，2019a）。目前还有多个 RNAi 药物正处于临床一期、二期、三期试验之中，估计不久之后亦有部分将走向市场。此外，阿里拉姆公司最近还开发出了可口服的 siRNA 制剂，研究人员将 GalNAc 缀合的 siRNA 与一种渗透增强剂通过口服的方式递送到小鼠体内，实验结果表明，这种口服 siRNA 制剂可以在小鼠肝脏中持续 40 多天敲低靶标基因表达，效果与皮下注射相当，3 剂口服 siRNA 可使靶标基因的表达量减少近 90%（Alnylam，2019b）。这项研究结果不仅首次证明了口服 siRNA 制剂的有效性，而且极大地拓展了 RNAi 疗法在临床应用方面的潜力。

当然，RNAi 疗法领域现在依然面临一些重要挑战，诸如如何避免 siRNA 被肾脏和网状内皮组织清除，增强外渗和组织获取，在没有高表达内部受体的细胞类型中增加吸收，以及促进内体中 siRNA 分子的逃逸等。这些问题的解决需要多学科的研究人员紧密合作，对生物体内 RNAi 的机制及相关通路开展更深入的研究（Setten et al.，2019）。挑战虽然存在，但是我们相信，20 多年来在 RNAi 治疗领域坚持不断攻克各种难关积累的丰富经验，必将帮助我们发展出新的解决这些难题的技术并带来突破性进展，进一步推动 RNAi 技术在治疗人类疾病和维护人类健康方面做出新的贡献。同时，RNAi 疗法在医学之中的发展历程，也为基于 RNAi 的动植物病虫害控制技术的发展提供了有益的启示和借鉴。相信随着全球相关领域科学家和技术公司的努力与有效合作，RNAi 技术必将从基础的基因功能研究领域迈向更广泛的人类疾病治疗及动植物病虫害控制领域，以更有效的方式维护人类和动植物健康。

第2章 RNA干扰的分子机制

2.1 RNA干扰在生物体中的通路

RNA干扰是指由双链RNA（double-stranded RNA，dsRNA）诱发的，同源mRNA高效特异性降解的现象，在进化过程中高度保守。主要有转录水平的基因沉默（transcriptional gene silencing，TGS）和转录后水平的基因沉默（post transcriptional gene silencing，PTGS）两类：TGS是指由于细胞核内DNA修饰或染色体异染色质化等，基因不能正常转录；PTGS则是启动了细胞质内靶mRNA序列特异性降解，或抑制蛋白质翻译。转录后基因沉默主要由20～50nt的短链非编码RNA（包括siRNA、miRNA、piRNA）所调控（Palazzo and Lee，2015）。这些RNA的共同特点是在生物体内不编码蛋白质，而在RNA水平上行使其各自的生物学功能。本节将着重阐述三大类短链非编码RNA的作用机制、生物学功能的研究进展。

2.1.1 miRNA通路

2.1.1.1 miRNA通路的关键蛋白及作用机制

微RNA（microRNA，miRNA），是一类长21～23nt的内源性非编码核苷酸序列，miRNA主要来源于生物自身的基因组，在基因转录后表达过程中发挥重要调控作用。miRNA的作用机制：在细胞核内，编码miRNA的基因在RNA聚合酶Ⅱ或Ⅲ（polymerase Ⅱ或Ⅲ，Pol Ⅱ或Pol Ⅲ）作用下，产生初级miRNA（primary miRNA，pri-miRNA），pri-miRNA是由数百到数万个碱基所组成的大分子RNA，具有帽子结构、poly(A)尾巴和一个或多个茎环结构，且其3′端突出2nt（Lee et al.，2002；Denli et al.，2004）。之后，RNA聚合酶Ⅲ的Drosha和辅助蛋白Pasha结合到pri-miRNA的发夹结构上，去除帽子结构和poly(A)尾巴后，将其切割为60～100nt的miRNA前体（precursor miRNA，pre-miRNA），pre-miRNA被转运蛋白Exportin-5转运出细胞核。在细胞质内，RNA聚合酶Ⅲ中的Dicer1酶识别pre-miRNA的5′端磷酸基团和3′端突出碱基而与其结合，在协同蛋白Loquacious的帮助下，pre-miRNA被剪切成21～23nt的成熟体miRNA双链（miRNA：miRNA* 双链），这种miRNA双链中的一条为成熟的miRNA链（反义链），另外一条为不完全匹配的miRNA* 互补链（正义链）。随后，miRNA：miRNA* 双链在解旋酶作用下解离，其中反义链被载入Argonaute蛋白（Ago，主要为Ago1）中，形成miRNA诱导沉默复合体（miRNA-induced silencing complex，miRISC），而正义链被降解（He and Hannon，2004）。miRISC在miRNA的引导下，通过碱基互补配对原则识别靶基因，并与靶基因5′非翻译区（5′ untranslated region，5′ UTR）、3′非翻译区（3′ untranslated region，3′ UTR）或编码区（coding sequence，CDS）相结合，对靶标mRNA进行特异性降解或抑制，进而调控基因的表达。在植物中，miRNA通常与靶基因的可读框（open reading frame，ORF）完全互补配对结合，切割靶标mRNA序列（Naqvi et al.，2012），其作用方式和功能与siRNA类似；在动物体内，miRNA与靶标mRNA的结合具有两种作用模式，当与靶基因完全互补配对时，靶向切割mRNA，当与靶基因不完全互补配对时，通常只需miRNA的种子序列（5′端2～8位核苷酸）与靶标mRNA完全配对，从而实现阻遏调节基因表达的功能（Stark et al.，2005）。

在 RNAi 过程中有多个关键因子参与，其中最为重要的是 Dicer、Ago 蛋白家族和依赖 RNA 的 RNA 聚合酶（RdRP）。Dicer 是一种核酸内切酶，属于 RNase III家族蛋白，最先在动物中被发现，之后在植物中也发现了 Dicer 的同源物，称为 Dicer-like 蛋白（DCL）。不同生物体中的 Dicer 或 Dicer-like 蛋白数量不同，动物中数量较少，如线虫和脊椎动物中仅存在 1 种 Dicer，昆虫中存在 2 种 Dicer（Dicer1 和 Dicer2）（Schauer et al.，2002；Finnegan and Matzke，2003；Catalanotto et al.，2004），而植物中数量相对较多，例如，拟南芥（*Arabidopsis thaliana*）中至少存在 4 种 DCL（DCL1～DCL4）（Margis et al.，2006）。Dicer 蛋白具有 4 个结构域，自 N 端到 C 端分别为 1 个 Helicase（RNA 解旋酶）结构域、1 个 PAZ（Piwi-Argonaute-Zwille）结构域、2 个 RNase III结构域（RNase IIIa、RNase IIIb）和 1 个 dsRBD（double-stranded RNA binding domain）结构域（图 2-1）。Helicase 结构域的功能目前仍不十分明晰，有待深入研究；PAZ 结构域主要负责锚定长链 dsRNA 或 pre-miRNA 的 3′ 端 2nt 的悬垂；RNase IIIa/RNase IIIb 结构域的主要功能是对各自结合 dsRNA 的一条链进行切割，PAZ 和 RNase III结构域的结合决定了切割长度为 21～23nt 的短双链 RNA；而 dsRBD 结构域的主要功能为结合双链 RNA（Zhang et al.，2004；Kandasamy et al.，2017）。

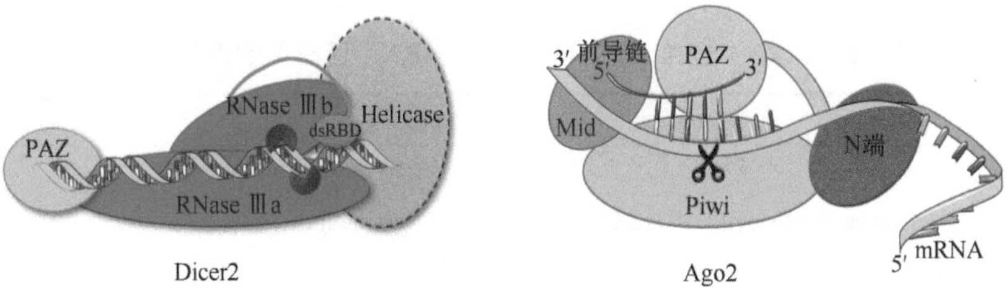

图 2-1 Dicer2 和 Ago2 二维结构示意图（修改自 Song et al.，2004；Zhang et al.，2004）

Ago 蛋白家族在不同物种中数量不同，例如，在裂殖酵母（*Schizosaccharomyces pombe*）中发现 1 个 Ago 蛋白，果蝇有 5 个 Ago 蛋白，人类有 8 个 Ago 蛋白，而线虫则有 27 个 Ago 蛋白（Carthew and Sontheimer，2009）。Ago 在进化过程中根据其功能不同可分化为 Ago 亚家族、Piwi 亚家族和 Secondary Ago（SAgo）蛋白三类：Ago 亚家族包括 Ago1 和 Ago2 蛋白，是 RISC 的主要成分，分别参与 miRNA 和 siRNA 通路；Piwi 亚家族包括 Ago3、Piwi 和 Aubergine（Aub）蛋白，主要参与 piRNA 通路；而 SAgo 蛋白主要在植物、线虫和真菌中发现，负责结合次级 siRNA，从而实现干扰过程（Tomoyasu et al.，2008）。Ago 蛋白包含 N 端结构域、PAZ 结构域、Mid（middle）结构域和 Piwi（P-element induced wimpy testis）结构域（图 2-1）。N 端结构域可协助 siRNA 的解链；PAZ 结构域负责结合 siRNA 的 3′ 端 2nt 的悬垂；Mid 结构域中有一个磷酸结合口袋，用于结合 siRNA 的 5′ 磷酸基团；而 Piwi 结构域为 RNase H 样折叠，具有催化靶标 mRNA 降解的内切酶活性（Carthew and Sontheimer，2009）。

RdRP 以 RNA 为模板合成互补链 RNA 分子，是 RNAi 的信号扩增分子，其主要存在于植物、真菌或线虫中，在昆虫等物种中不存在，如黑腹果蝇（*Drosophila melanogaster*）和赤拟谷盗（*Tribolium castaneum*）等昆虫中尚未发现 RdRP-like 蛋白（Tomoyasu et al.，2008）。RdRP 在植物和线虫中的扩增机制不同，在植物中，RdRP 利用由 Ago 切割靶标 mRNA 后形成的片段为模板、以反义 siRNA 为引物合成长的 dsRNA，然后，Dicer 酶将 dsRNA 切割成次级 siRNA，从而在短时间内产生大量 siRNA，增强了沉默反应（Vaistij et al.，2002；Xie et al.，2004）。siRNA 的 RdRP 扩增在保护植物免受病毒感染方面尤为重要（Deleris et al.，2006）。

而在秀丽隐杆线虫（*Caenorhabditis elegans*）中，存在两种 siRNA 的扩增机制，一种与植物相同，为依赖于 Dicer2 切割的 siRNA 扩增机制（Sijen et al.，2001；Yigit et al.，2006）；另外一种为不依赖于 Dicer2 切割的 siRNA 扩增机制，首先，初级 siRNA 将初级 Ago（RDE-1）引导到靶 mRNA，然后招募 RdRP，以初级 siRNA 为引物合成次级 siRNA。在秀丽隐杆线虫中次级 siRNA 有 5′-二磷酸或三磷酸，表明其通过转录产生而不依赖于 Dicer2 的切割（Aoki et al.，2007；Ghildiyal and Zamore，2009；Carthew and Sontheimer，2009），所合成的次级 siRNA 与次级 Argonaute（CSR-1）结合，降解其靶标 mRNA，以提高 RNAi 效率。

综上所述，miRNA 作用机制中的关键蛋白包括：① Drosha，RNase III家族蛋白，主要功能为在细胞核内将 pri-miRNA 切割为长度为 60～100nt 的 pre-miRNA；② Pasha/DGCR8，一种 RNA 结合蛋白，与 Drosha 相互作用，协助其切割产生 pre-miRNA；③ Dicer1 酶，在细胞质中切割 pre-miRNA，产生长度为 21～23nt 的成熟体 miRNA 双链（miRNA：miRNA* 双链）；④ Loquacious，dsRNA 结合蛋白，协助 Dicer 酶剪切 pre-miRNA；⑤ Argonaute1，miRISC 的关键蛋白，其含有与 RNase H 类似的折叠结构，具有剪切活性。miRNA 通路的关键蛋白及其功能见表 2-1。

表 2-1　miRNA 通路、siRNA 通路和 piRNA 通路关键蛋白及功能

类型	全称	功能	参考文献
miRNA 通路			
Drosha	Drosha ribonuclease type III	RNase III，切割 pri-miRNA 为 pre-miRNA	Lee et al.，2003
Pasha	partner of Drosha，DGCR8	结合 dsRNA、Drosha 的共因子	Jinek and Doudna，2009
Dicer1	Dicer1	RNase III，将 pre-miRNA 切割为成熟体 miRNA（miRNA：miRNA*）	Moazed，2009
Loqs	Loquacious	结合 dsRNA、Dicer1 的共因子	Siomi and Siomi，2009
Ago1	Argonaute1	miRISC 的核心组分	
siRNA 通路			
Dicer2	Dicer2	RNase III，切割长链 dsRNA 为 21～23nt 短双链 RNA	Carthew and Sontheimer，2009
Ago2	Argonaute2	RISC 的核心组分，切割靶标 mRNA	Moazed，2009
R2D2	R2D2	结合 dsRNA、Dicer2 的共因子	Jinek and Doudna，2009
piRNA 通路			
Piwi/Aub	Piwi/Aubergine	RISC 的核心组分	Senti and Brennecke，2010
Ago3	Argonaute3	RISC 的核心组分	
RISC 的辅助因子			
Translin/Trax	Translin/Trax	去除正义链 siRNA，促进 RISC 的激活	Liu et al.，2009
Hen1	Hen1	介导 piRNA 3′ 末端的 2′-*O*-甲基化	Saito et al.，2007
GW	Gawky	GW-bodies 的组分，与 Ago 蛋白相作用	Schneider et al.，2006
FXMR	fragile X mental retardation	S2 细胞中 RISC 的组分	Caudy et al.，2002
VIG	vasa-intronic gene	S2 细胞中 RISC 的组分	
Tudor-SN	tudor staphylococcal nuclease	S2 细胞中 RISC 的组分	Caudy et al.，2003
Belle	Belle	与 RISC 和小 RNA 相互作用	Zhou et al.，2008b
p68	p68 RNA helicase	以依赖 ATP 的方式解开短双链 dsRNA	Ishizuka et al.，2002

续表

类型	全称	功能	参考文献
Armitage	RNA helicase Armitage	依赖 ATP 的解旋酶，不同于 DEA（H/D）box 蛋白，是 RISC 成熟所需蛋白质	Tomari et al.，2004
Staufen	Staufen	mRNA 运输	Barbee et al.，2006
NSS	Neuron-specific Staufen	mRNA 运输	
StaufenC	StaufenC	结合 dsRNA，参与 dsRNA 的剪切过程	Yoon et al.，2018a
PRMT	protein arginine methyltransferase	蛋白甲基转移酶；甲基化 Piwi 蛋白的 Arg 残基	Kirino et al.，2009
Clp-1	Clp-1 cleavage complex Ⅰ	RNA 激酶，参与 siRNA 的磷酸化	Weitzer and Martinez，2007
Mael	Maelstrom	Mael 具体调控微管组织中心（MTOC）的形成，从而在果蝇卵发生过程中协调动态微管组织时发挥关键作用	Sato et al.，2011

2.1.1.2 miRNA 通路的生物学功能及研究进展

Lee 等（1993）在秀丽隐杆线虫中首次发现 miRNA *lin-4* 能够负调控 *lin-41* 的 mRNA 表达，进而影响线虫的发育进程。Reinhart 等（2000）在秀丽隐杆线虫中发现了第二个具有调控作用的 miRNA *let7*，其通过负调控 *lin-41* 和其他相关基因的表达，影响线虫从幼虫末期向成虫的发育转换。随后，多种 miRNA 在果蝇、小鼠和人类等不同生物类群中被鉴定，研究发现，miRNA 在生物体的生长发育、免疫稳态、癌症诱发等各方面发挥重要功能。在昆虫中，miRNA 可调控生物体的正常生长发育。例如，在德国小蠊（*Blattella germanica*）中发现，沉默 miRNA 合成通路中的关键酶基因 *Dicer1* 后，虫体羽化异常，不能正常蜕皮到下一龄期；在果蝇中，*Dicer1* 基因的缺失会引发卵巢生殖细胞不能完成自我更新；在小鼠中，Dicer1 蛋白缺失的胚胎会丧失干细胞，导致发育早期死亡（Bernstein et al.，2003；Jin and Xie，2007；Gomez-Orte and Belles，2009）。Ge 等（2012）发现，miRNA 还可以调控细胞增殖、分化、凋亡和能量代谢等重要的生命活动。例如，在果蝇胚胎发育过程中，*miR-6* 和 *miR-11* 均可以通过调控 *rpr*、*hid*、*grim* 和 *sickle* 基因的表达来调控细胞凋亡；Hyun 等（2009）发现，高度保守的 *miR-8* 在果蝇幼体脂肪体胰岛素信号通路中发挥了重要作用，脂肪体中 *miR-8* 可抑制 U-shaped（Ush）的表达，促进 PI3K 复合物的形成，从而刺激胰岛素信号通路，促进细胞生长。同样，Varghese 等（2010）在果蝇中发现 *miR-14* 调控胰岛素的产生和代谢，*miR-14* 突变可造成代谢缺陷。另外，miRNA 在生物体内的精密调控与免疫稳态的维持息息相关。例如，处于非感染状态下的果蝇，其体内的 *miR-8* 通过下调抗菌肽基因 *drosomycin* 和 *diptericin* 表达水平，使其一直处于较低水平，从而维持免疫的稳态（Choi and Hyun，2012）。在果蝇 S2 细胞中，20-羟基蜕皮激素（20E）可诱导上调 miRNA *let-7* 的表达，而 *let-7* 可结合到抗菌肽基因 *diptericin* 的 3′ UTR，负调控其表达水平，从而调控果蝇的先天性免疫（Sempere et al.，2003；Garbuzov and Tatar，2010）。miRNA 在癌症中的功能是当今研究热点，在许多癌变组织细胞中 miRNA 的表达量会发生异常变化，如 Ciafrè 等（2005）发现，*miR-143*/*145* 在结肠癌组织中的表达显著降低，在 B 细胞淋巴瘤中为上调表达，这些癌症相关 miRNA 可作为监测癌症发生的重要指标。

miRNA 的调控网络错综复杂，一个 miRNA 可调控多个基因的表达，而一个基因的表达也可受到不同 miRNA 的调控。因此，miRNA 的生物学功能研究是一项非常艰巨的任务，需要更多科研工作者努力探究，从而揭示 miRNA 的分子机制，使之更好地应用于昆虫生理、生化与分子生物学研究。

2.1.2　siRNA 通路

2.1.2.1　siRNA 通路的关键蛋白及作用机制

siRNA 是一类长度为 21～23nt 的非编码 RNA，siRNA 通路为高度保守的转录后基因沉默机制（Zamore et al.，2000）。根据其来源不同可分为两类：内源性 siRNA（endo-siRNA）和外源性 siRNA（exo-siRNA）。endo-siRNA 通路在生物体内相对保守，在秀丽隐杆线虫、果蝇和哺乳动物中均发现并揭示了 endo-siRNA 的功能（Ambros et al.，2003；Ghildiyal et al.，2008；Watanabe et al.，2008）。其前体 dsRNA 来源于体内转座子、顺式自然转录反义转录本、反式自然转录反义转录本和发夹 RNA（Ghildiyal and Zamore，2009）。顺式自然转录反义转录本为基因组上 DNA 双链可编码外显子的区域，其在转录时的两个转录本可以沿一个方向转录，也可以向两端分别转录。而反式自然转录反义转录本是由基因组上不同位点转录的两个转录本形成的。exo-siRNA 通路最早在线虫中被发现，之后在真菌、植物和动物中都展开了广泛研究（Fire et al.，1998；Mello and Conte，2004），exo-siRNA 主要来源于 RNA 病毒和体外合成的 dsRNA。siRNA 通路的作用机制：外源或内源产生的长链 dsRNA 在 Dicer2 酶的作用下，切割为长度为 21～23nt、5′ 端含有一个磷酸基团、3′ 端含有一个羟基并且突出 2nt 的 siRNA。siRNA 的这一结构对于 RNAi 是必要的，缺乏 5′ 端磷酸化的 siRNA 或平端 siRNA 无论在细胞内外都无法启动 RNAi（Zamore et al.，2000；Elbashir et al.，2001b）。随后，siRNA 在 Dicer2 及其协助蛋白 R2D2 的帮助下，将其传递给由 Ago2、R2D2、Hsp70-Hsp90、C3PO 和 Belle（依赖 ATP 的 RNA 解旋酶）等蛋白所形成的 siRNA 诱导的沉默复合体（siRNA-induced silencing complex，siRISC）（Liu et al.，2006）。在形成的 siRISC 中，Hsp70 系统使 Ago2 呈现“开放”活动形式，而 Hsp90 系统延长了由 Hsp70 系统启动的 Ago2 开放活动状态，使其易于接受由 Dicer2/R2D2 传递的 siRNA 双链（Tsuboyama et al.，2018）。C3PO 是一个依赖 Mg^{2+} 的 RNA 内切酶，是由 Translin 和 Trax 所组成的复合物，其通过去除正义链 siRNA 促进 RISC 的激活（Liu et al.，2009）。Belle 是 DEAD-box 家族蛋白，在果蝇中，Belle 通过与 Ago2 蛋白结合参与 siRNA 通路，推测其在 RISC 内 siRNA 双链解旋过程中发挥作用（Ulvila et al.，2006）。siRNA 在 Ago2 作用下解离为两条单链，当其中一条正义链被降解后，RISC 被激活，在反义链的引导下，通过碱基互补配对原则识别靶标 mRNA，由 Ago2 切割与靶标 mRNA 碱基互补序列，从而导致靶基因快速和持续性沉默（Liu et al.，2009）（图 2-2）。如 2.1.1 所述，在植物和线虫中均存在 RdRP，其可与 RISC 反应，以反义 siRNA 为引物，以靶标 mRNA 序列为模板，产生新的 dsRNA，然后这些新合成的 dsRNA 又被 Dicer 酶切割成次级 siRNA，形成一种放大机制（Xie et al.，2004；Ghildiyal and Zamore，2009）。在植物和线虫等系统性 RNAi 过程中，*RdRP* 基因起着重要作用（Mourrain et al.，2000；Sijen et al.，2001）。然而，目前在已测序的昆虫基因组中，尚未发现 *RdRP* 同源基因，但在赤拟谷盗和飞蝗（*Locusta migratoria*）等昆虫中，依然具有高效的系统性 RNAi，其分子机制尚待深入解析。

siRNA 通路关键蛋白主要包括核心酶 Dicer2、R2D2、Ago2 等。Dicer2 属于核糖核酸酶（ribonuclease Ⅲ，RNase Ⅲ）家族，如图 2-1 所示，其包含 Helicase 结构域、PAZ 结构域、RNase Ⅲa 结构域、RNase Ⅲb 结构域和 dsRBD 结构域等。PAZ 结构域的主要功能是锚

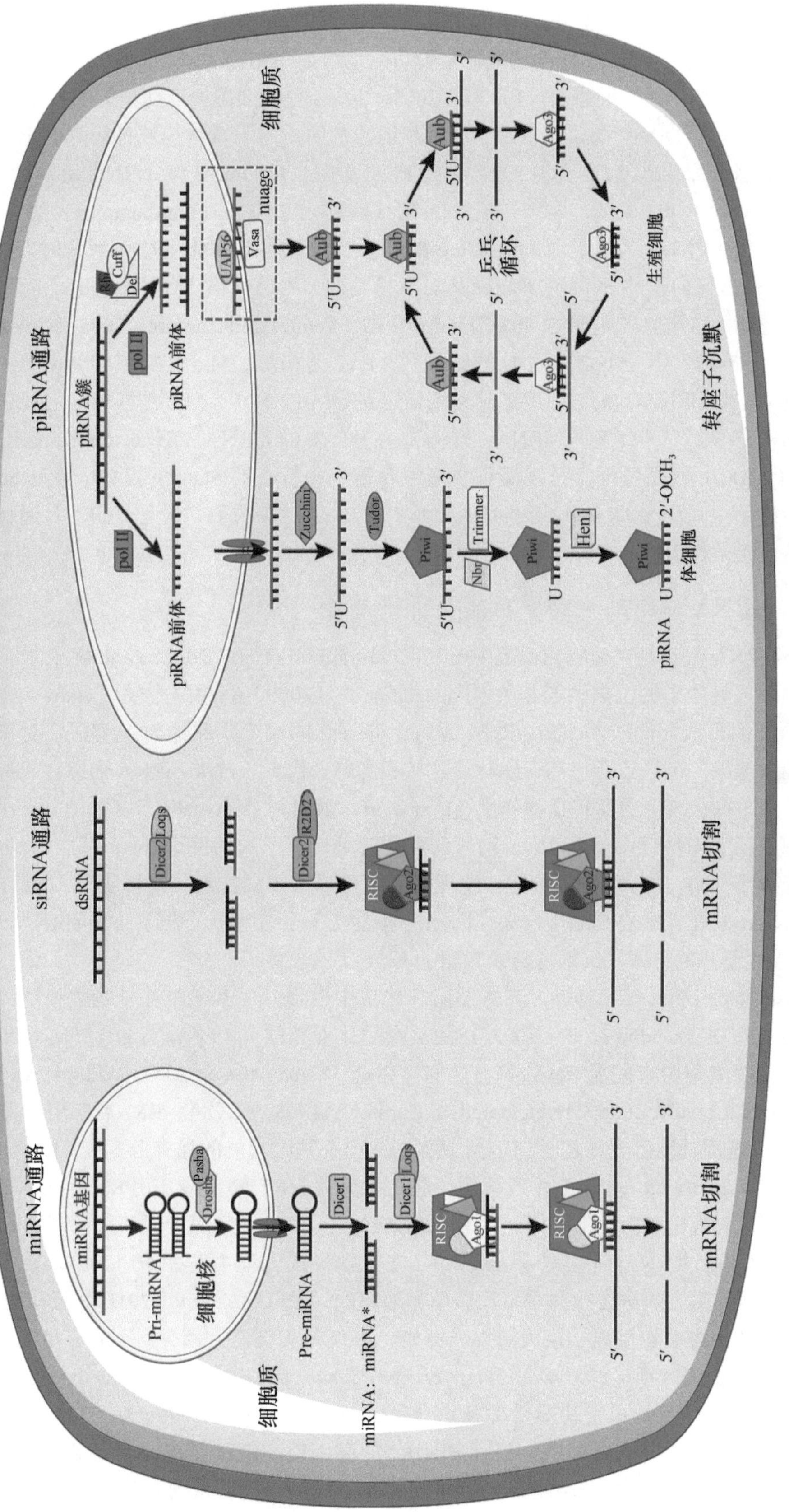

图 2-2　miRNA、siRNA 和 piRNA 通路示意图（修改自 Yang et al.，2017；Zhu and Palli，2020）

定 dsRNA 或 pre-miRNA 的 3′ 端，RNase IIIa 结构域和 RNase IIIb 结构域分别负责结合并切割 dsRNA 中的一条链，而 dsRBD 结构域的主要功能是结合 dsRNA（Zhang et al.，2004）。R2D2 在 RNAi 通路中是一种协助蛋白，Liu 等（2003）从果蝇 S2 细胞中纯化出能够产生 siRNA 的酶时，除了已知的 Dicer2 酶，还发现了一种新的蛋白质，由于其结构域包括两个 dsRBD，且与 Dicer2 相关，故将其命名为 R2D2。之后研究发现，当 Dicer2 将 dsRNA 切割后，Dicer2 和 R2D2 形成一个异二聚体，与双链 siRNA 结合后称为 RISC-loading-complex（RLC），紧接着招募 Ago2 和 VIG 等其他蛋白，形成 pre-RISC，当功能不对称的 siRNA 解链时，Dicer2 和 R2D2 异二聚体倾向于将 5′ 磷酸末端碱基对不稳定的 siRNA 单链传递给 Ago2，而另外一条 siRNA 单链随后降解，从而形成 80S 的 holo-RISC（Tomari and Zamore，2005；Nishida et al.，2013）；如图 2-1 所示，Ago2 包含 N 端结构域、PAZ 结构域、Mid 结构域和 Piwi 结构域。N 端结构域可协助 siRNA 的解链，PAZ 结构域锚定 siRNA 的 3′ 端，Mid 结构域锚定 siRNA 的 5′ 端，而 Piwi 结构域负责切割与 siRNA 完全碱基互补配对的 mRNA（Kwak and Tomari，2012）。Yoon 等（2018a）研究发现，在鞘翅目昆虫中存在一种特有的 Staufen 蛋白，称为 StaufenC，其在马铃薯甲虫（*Leptinotarsa decemlineata*）中参与 dsRNA 的剪切过程。siRNA 通路的关键蛋白及其功能见表 2-1。

2.1.2.2　siRNA 通路的生物学功能及研究进展

endo-siRNA 最初是在植物和线虫中被发现（Hamilton et al.，2002；Ambros et al.，2003），其与生物体内转座子的沉默调控相关。Fagegaltier 等（2009）在果蝇中发现 endo-siRNA 可参与异染色质的形成，同时，endo-siRNA 通路中 Dicer2 的突变体果蝇寿命缩短，对氧化、饥饿和冷应激敏感，可导致脂质和碳水化合物代谢异常。因此，endo-siRNA 通路在果蝇的代谢调节、应激防御和衰老中发挥重要作用（Lim et al.，2011）。Watanabe 等（2008）在小鼠的卵母细胞中发现 piRNA 和 endo-siRNA 均可调控逆转录转座子的活性。Chen 等（2012）通过对人类细胞中小 RNA 的深度测序分析，发现了一组可以直接调控逆转录转座子 *LINE-1* 表达的 endo-siRNA，其在乳腺癌细胞中缺失，因此，可通过在癌细胞中过表达 endo-siRNA，促进靶基因 DNA 甲基化的方式，沉默逆转录转座子 *LINE-1* 的表达。

exo-siRNA 由 Fire 等（1998）在秀丽隐杆线虫中发现，而其最早在植物中报道的功能是抗病毒免疫作用（Lindbo et al.，1993），随后在冈比亚按蚊（*Anopheles gambiae*）、果蝇和秀丽隐杆线虫等物种中也发现 RNAi 参与抗病毒免疫（Keene et al.，2004；Wilkins et al.，2005；Galiana-Arnoux et al.，2006）。Kennerdell 和 Carthew（1998）首次将 dsRNA 应用于黑腹果蝇胚胎 *frizzled* 基因功能研究，之后，RNAi 逐渐成为研究基因功能的强有力工具。Xu 等（2015）在褐飞虱（*Nilaparvata lugens*）中发现两个胰岛素受体 InR1 和 InR2，用 RNAi 技术干扰这两个受体基因后，其翅型会发生变化。Li 等（2015a）在飞蝗中发现两个几丁质酶基因 *LmCht5-1* 和 *LmCht5-2*，通过 RNAi 证明只有 *LmCht5-1* 在飞蝗蜕皮过程中发挥作用。康乐院士团队应用 RNAi 技术证明飞蝗群居行为受多巴胺信号通路的调控（Ma et al.，2011）。近年来，RNAi 技术在害虫防治方面也呈现了巨大潜力。例如，2007 年美国孟山都公司研究人员在玉米中表达可干扰玉米根萤叶甲（*Diabrotica virgifera virgifera*）*V-ATPase A* 基因的 dsRNA，喂食玉米根萤叶甲后，导致幼虫发育异常并死亡（Baum et al.，2007）。Guo 等（2015）在小菜蛾（*Plutella xylostella*）体内注射或饲喂含 *PxABCH1* 基因的高剂量 dsRNA，导致其幼虫和蛹期的高死亡率。因此，RNAi 技术有望在害虫防控领域成为一种新型的有效手段。

然而由于不同昆虫 RNAi 效率存在差异，如鞘翅目和直翅目昆虫注射 dsRNA 后可引发较高 RNAi 效率，而鳞翅目和双翅目昆虫注射 dsRNA 后 RNAi 效率很低；同时，不同 dsRNA 的导入方式其 RNAi 效率也有差异，围绕上述科学问题，RNAi 机制的研究已成为热点。有学者探索了不同昆虫 RNAi 通路关键因子的数目和表达水平与 RNAi 效率的关系，Yoon 等（2016）在马铃薯甲虫中发现两个 Dicer2（LdDicer2a 和 LdDicer2b）和两个 Ago2（LdAgo2a 和 LdAgo2b）蛋白，这是首次报道在昆虫中存在两个 Dicer2 和 Ago2 蛋白，据此推测，多个核心酶的存在是马铃薯甲虫对 RNAi 更为敏感的原因之一。Tomoyasu 等（2008）通过分析赤拟谷盗转录组数据库，发现两个 Ago2 蛋白也是其对 RNAi 敏感的主要因素之一。Boisson 等（2006）发现，在冈比亚按蚊唾液腺中核心酶基因 *Dicer* 和 *Ago* 转录本表达量低与其 RNAi 效率低呈正相关。Garbutt 和 Reynolds（2012）在对 RNAi 不敏感的烟草天蛾（*Manduca sexta*）中也发现 Dicer2、Ago2 和 Translin 在该种昆虫不同组织部位的表达量很低，推测可能是 RNAi 效率低的原因之一。Wynant 等（2012）的研究表明，沙漠蝗（*Schistocerca gregaria*）生殖系统微弱的 RNAi 与核心酶基因 *SgDicer2* 和 *SgAgo2* 在精巢及卵巢中的低表达密切相关。通过深入研究 RNAi 核心酶基因及进一步鉴定参与昆虫 siRNA 途径的关键因子，可以更加深入地阐释不同昆虫 RNAi 效率的差异机制，从而更为高效地将 RNAi 应用于害虫防控。

2.1.3　piRNA 通路

2.1.3.1　piRNA 通路的关键蛋白及作用机制

piRNA 是一类长度为 26～31nt 的非编码 RNA，最早在小鼠精巢中发现，因其主要与 Piwi 亚家族蛋白相互作用，所以被命名为 piRNA（Aravin et al., 2006）。piRNA 与 miRNA 和 siRNA 虽然同属于一类成熟体序列长度小于 200nt 的非编码 RNA，但其与 miRNA 和 siRNA 有不同之处：① piRNA 途径是动物所特有的，主要在生殖细胞中表达；② piRNA 形成成熟体的过程与 Piwi 亚家族蛋白（Ago3、Piwi、Aub）密切相关，而不依赖于 Dicer 酶的作用；③通过 piRNA 通路形成的 piRNA 在 3′ 端有甲基化修饰，但 piRNA 的作用机制尚有待深入研究。

下面以模式昆虫果蝇为例介绍 piRNA 的作用机制。在果蝇中，piRNA 的加工合成途径包括初级生成途径和次级生成途径，果蝇卵巢中初级生成途径存在于生殖细胞和体细胞中，而次级生成途径却只存在于生殖细胞中。

体细胞中初级生成途径主要为细胞核中 Pol Ⅱ蛋白进行转录，由 H3K9me3 沉积 piRNA 簇区域后，转录产生的单链 piRNA 前体输出到细胞质中进行级联酶切反应：首先，位于线粒体外膜的核酸内切酶蛋白 Zucchini（Zuc）切割未成熟 piRNA 产生 5′ 端为尿嘧啶的 piRNA。经过剪切的 piRNA 在 Tudor、Hsp90 等一系列蛋白质的帮助下，在 Yb 复合体内被传递到 Piwi 蛋白中。接着，在 Nbr 和 Trimmer 蛋白的共同作用下，将 piRNA 的 3′ 端剪切为成熟长度。最后，甲基化酶 Hen1 将 piRNA 的 3′ 端进行甲基化修饰后，成熟的 Piwi-piRISC 被导入细胞核（Yang and Xi，2017）。

生殖细胞中初级生成途径与体细胞有所差异，细胞核内 piRNA 前体是由 Pol Ⅱ蛋白对 H3K9me3 沉积的 piRNA 簇进行双向转录产生的。首先，Rhino（Rhi）、Cutoff（Cuff）和 Deadlock（Del）三个蛋白结合形成的复合物通过 Rhi 的 chromo 结构域结合到 piRNA 簇的 H3K9me3，并与 Del 相互作用。接着，RNA 聚合酶 Pol Ⅱ对 piRNA 簇进行双向转录，产生的上游转录本 3′ 端经过处理后，5′ 端与 Cuff 结合，其可防止 piRNA 前体降解，同时使 Pol Ⅱ

继续进行转录。然后，在 UAP56 的保护下，piRNA 前体被运输到核孔附近（Yang and Xi，2017）。

此外，在生殖细胞中还存在另外一种 piRNA 生成途径，称为次级生成途径。UAP56 蛋白和 Vasa 在核孔附近形成一个 piRNA 处理区（nuage），Aub 和 Ago3 蛋白等被招募到处理区附近。招募的 Aub 蛋白首先与反义 piRNA 结合形成 Aub-piRNA 复合物，然后 Aub-piRNA 根据碱基互补配对原则识别并结合到正义链的 piRNA 前体，随之具有限制酶活性的 Aub 蛋白对其碱基互补区域进行切割，产生 5′ 端为尿嘧啶的正义链次级 piRNA，Ago3 蛋白识别正义链的次级 piRNA 后，对其进行一系列加工修饰，产生成熟正义链的次级 piRNA。随后 Ago3-piRNA 复合物以相同的机制识别、结合并剪切能够与之互补配对的 piRNA 前体，从而产生新的反义链的次级 piRNA，Aub 蛋白和 piRNA 结合开始新一轮的循环，以此形成“乒乓循环”（ping-pong cycle）扩增模式（Klattenhoff and Theurkauf，2008；Hirakata and Siomi，2019）。

目前，piRNA 通路研究比较清楚的关键蛋白包含 Ago 家族中的 Piwi 亚家族蛋白 Piwi、Ago3 和 Aub。Piwi 蛋白是 piRISC 的主要成分，主要功能是在细胞核内切割与 piRNA 碱基互补配对的 mRNA 序列；Aub 和 Ago3 也是 piRISC 的主要成分，主要是在 piRNA 次级生成途径中 Aub 切割 piRNA 正义链前体、Ago3 切割 piRNA 反义链前体，从而形成次级 piRNA。除此之外，在果蝇中核酸内切酶 Zucchini 主要负责切割前体 piRNA，产生 5′ 端为 U 的 piRNA，甲基化酶 Hen1 负责 piRNA 的 3′ 端甲基化修饰。piRNA 通路的关键蛋白及 RNA 干扰通路的辅助因子见表 2-1。miRNA、siRNA 和 piRNA 三条 RNA 干扰通路作用机制的示意图见图 2-2。

2.1.3.2 piRNA 通路的生物学功能及研究进展

piRNA 通路主要在转录水平、转录后水平、翻译水平上对转座子、基因间区域和 cDNA 区域等编码的 mRNA 进行沉默，从而影响这些基因调控的相关生物学进程。piRNA 自 2006 年被发现以来，研究进展迅速，已发现其在维持生殖细胞和干细胞功能、维持种系 DNA 完整性、调节翻译和 mRNA 的稳定性、调控表观遗传学等方面发挥重要作用（Cox et al.，2000；Brower-Toland et al.，2007；Yin and Lin，2007；Rouget et al.，2010）。

在哺乳动物中 piRNA 主要在雄性性腺中表达，因此，piRNA 在雄性配子的生成和发育中发挥重要调控作用。例如，小鼠生殖细胞中存在 3 种特异性的 Piwi 家族蛋白 MILI、MIWI 和 MIWI2，其中任何一个蛋白编码基因的突变都会使精子发生过程出现异常，导致小鼠雄性不育（Kuramochi-Miyagawa et al.，2001；Aravin et al.，2007；Carmell et al.，2007）。但目前在雌性哺乳动物中并未发现 piRNA，因此，piRNA 在雌性哺乳动物性腺中的功能尚未见研究报道。近年来已有研究发现，piRNA 的表达量与人类恶性肿瘤的发生密切相关，如 Mai 等（2018）在结肠直肠癌细胞中发现 piRNA-54265 表达量上调；Law 等（2013）的研究发现在肝癌组织及细胞中 piRNA-Hep1 的表达上调，通过体外研究发现其与肝癌细胞的生长和侵袭能力密切相关。因此，深入研究 piRNA 与癌症发生之间的关系可能为癌症相关研究开辟一个新领域。

在昆虫中，piRNA 通路能抑制转座子，保护基因组免受入侵的 DNA 因子影响，从而防止 DNA 损伤、性腺发育缺陷和不孕。例如，在雄性果蝇精巢中，*Su*(*Ste*) 是 *Stellate* 的同源假基因，其产生的 piRNA 可作用于 *Stellate* 转录的成熟体 mRNA，*Su*(*Ste*) 同源基因的缺失会引起 piRNA 的缺失，导致 Stellate 蛋白的积累，使果蝇产生雄性不育现象（Aravin et al.，2004；Saito et al.，2006）。与哺乳动物不同，在果蝇和家蚕（*Bombyx mori*）等雌性昆虫体内发现了 piRNA 的存在，并且研究证明其可调控 mRNA 的稳定性。例如，Rouget 等（2010）在果蝇早期胚胎中发现 piRNA 通过结合到 Nanos 的 3′ UTR 互补特定区域使其 mRNA 降解，从而引发源于母体 mRNA 的降解，引起果蝇头部发育异常。此外，piRNA 通路还可参与性别决定。家蚕的性别决定类型为 ZW 型，Kiuchi 等（2014）研究发现，雌性家蚕 W 染色体上源于 *Feminizer*（*Fem*）基因的 piRNA 特异性表达，其可结合到来自 Z 染色体上的靶标基因 *Masc* 所编码的 mRNA，从而产生雌性特异的双性别（double sex，Bmdsx）形式，采用 RNAi 技术干扰 Piwi 蛋白家族中的 Siwi 蛋白，或用 *Fem* piRNA 反义寡核苷酸探针干扰其 piRNA 的表达时，会使雌性家蚕出现性别逆转现象。Li 等（2018a）研究发现，家蚕组蛋白甲基转移酶基因 *BmAsh2* 表达量在 *Siwi* 突变幼虫中下调，同时，利用 CRISPR/Cas9 干扰 *BmAsh2* 基因也可使雌性家蚕出现性逆转。另外，piRNA 通路可以调控异染色质的形成，从而使转座子转录受到抑制，沉默基因的表达。例如，Klattenhoff 和 Theurkauf（2008）在果蝇中将参与 piRNA 通路的关键基因 *Piwi*、*Aub* 和 *spindle E* 突变后，会破坏由中心体周围和端粒区域的异染色质扩散引起转录沉默的形式，即斑点位置效应（PEV）。因此，piRNA 可通过促进异染色质组装抑制基因表达。同样，Brower-Toland 等（2007）研究发现，果蝇中 Piwi 蛋白与异染色质蛋白 1a（heterochromatin protein 1a，HP1a）特异性相互作用，HP1a 是一种非组蛋白染色体蛋白，在染色质结构、转录、DNA 复制、染色体分离和基因组稳定性中起着多样化和关键作用。Piwi 与 HP1a 蛋白一样，本身也是一种染色质相关蛋白，两者分别结合的染色体上基因序列的部分区域存在重叠现象。

piRNA 通路和 Piwi 蛋白在真核生物中广泛存在，具保守性，主要在生物体的性腺中表达，piRNA 参与生物体多种生殖相关过程的调控。通过对该领域的深入研究发现，其与癌症的发生具有相关性。因此，对 piRNA 通路的研究不仅可以阐明多种在生殖方面未知的 piRNA 调控机制，同时，piRNA 也可作为治疗癌症的潜在靶标，为人类健康服务。

2.2　dsRNA 的胞吞及转运机制

2.2.1　dsRNA 的胞吞机制

越来越多的研究发现，外源 dsRNA 主要通过两种方式进入细胞，分别是跨膜通道蛋白 SID 介导的吸收和胞吞作用。其中，SID-1 介导的吸收作用通过被动运输将 dsRNA 递送进入细胞质中，与环境温度及能量供应无关。而 SID-2 介导的吸收过程则需要消耗能量；胞吞作用是将细胞膜外的物质主动转运至细胞质中，通过依赖于能量和温度的内吞方式，吸收细胞外环境中的液体、大分子及颗粒物质等，是细胞基本的生物学过程，以维持机体动态平衡。在细胞中存在多样化的内吞途径，不同的胞吞途径需要不同的蛋白质参与，引发各自的信号转导通路。本节将对 dsRNA 在细胞中几种主要的吸收途径进行总结概述。

2.2.1.1　SID 介导的 dsRNA 吸收

Winston 等（2002）首次通过构建秀丽隐杆线虫突变品系，发现了系统性 RNAi 缺陷基因 1（systemic RNA interference defective 1，*sid-1*），并证实 *sid-1* 编码一种具有 11 个跨膜结构域和 7 个螺旋结构的跨膜蛋白，主要分布在细胞膜表面，其 N 端位于细胞外，C 端位于细胞质内。随后，该实验室陆续发现线虫 *sid-1* 的家族基因（*sid-2*、*sid-3*、*sid-5*）均在 RNAi 过程中发挥作用。*sid-1* 在线虫全身广谱性表达，主要负责将 RNAi 沉默信号传递至所有细胞。然而，沉默信号的导入需要 *sid-1*，该过程并不依赖能量和温度，但沉默信号通过独立于 *sid-1* 的机制输出到其他组织（Feinberg and Hunter，2003；Jose et al.，2009）；*sid-2* 编码线虫肠腔膜特异表达蛋白，主要负责摄取环境中的 dsRNA，并进一步通过内吞方式进入细胞质，该过程需要消耗能量（Winston et al.，2007）；*sid-3* 编码一种保守的 ACK（activated cdc42-associated kinase）酪氨酸激酶，是有效摄入 dsRNA 所必需的（Jose et al.，2012）；*sid-5* 编码内体相关蛋白，在晚期内体［又称多囊泡体（multivesicular bodies，MVB）］中表达，促进 RNAi 沉默信号输出，实现细胞间传递（Hinas et al.，2012）。

随着对线虫中 SID 蛋白的深入探索，围绕 *sid-1* 同源基因也开展了系统研究。不同生物 *sid-1* 同源基因的数量各异，在哺乳动物羊、猪和猫中未发现 *sid-1* 基因的同源序列，但在牛、猩猩、大鼠和人类中均存在 1～3 个 *sid-1* 同源基因（徐维娜，2011）。在昆虫中，除双翅目外（Saleh et al.，2006；Li et al.，2015d），绝大多数昆虫具有 1～3 个 *sid-1* 同源基因，已有学者对其作用进行了深入研究。例如，鞘翅目马铃薯甲虫和玉米根萤叶甲均存在 2 个 *sid-1* 同源基因，半翅目昆虫褐飞虱和豌豆蚜（*Acyrthosiphon pisum*）均存在 1 个 *sid-1* 同源基因，进一步利用 RNAi of RNAi 技术证明该基因与系统性 RNAi 密切相关（Xu et al.，2013；Miyata et al.，2014；Cappelle et al.，2016；叶超，2019）。半翅目棉蚜（*Aphis gossypii*）、禾谷缢管蚜（*Rhopalosiphum padi*）和麦长管蚜（*Sitobion avenae*）均存在 1 个 *sid-1* 同源基因，其功能未知（徐维娜，2011）。但令人诧异的是，*sid-1* 同源基因并不是所有昆虫吸收 dsRNA 所必需的，例如，直翅目飞蝗和沙漠蝗均存在 1 个 *sid-1* 基因，鞘翅目赤拟谷盗和鳞翅目家蚕均具有 3 个 *sid-1* 基因，但沉默该基因后并不影响 RNAi 效率，说明 *sid-1* 并不参与这 4 种昆虫的 RNAi（Tomoyasu et al.，2008；Luo et al.，2012；Wynant et al.，2014b；Cappelle et al.，2016）。昆虫 *sid-1* 同源基因详见表 2-2。上述研究表明，某些昆虫可能以其他方式摄取 dsRNA，从而实现 RNA 干扰。

表 2-2　昆虫 *sid-1* 同源基因参与 dsRNA 吸收研究概况

物种	目	*sid-1* 同源基因数量	是否参与吸收	参考文献
黑腹果蝇（*Drosophila melanogaster*）	双翅目	0	否	Saleh et al.，2006
橘小实蝇（*Bactrocera dorsalis*）	双翅目	0	否	Li et al.，2015d
赤拟谷盗（*Tribolium castaneum*）	鞘翅目	3	否	Tomoyasu et al.，2008
马铃薯甲虫（*Leptinotarsa decemlineata*）	鞘翅目	2	是	Cappelle et al.，2016
玉米根萤叶甲（*Diabrotica virgifera virgifera*）	鞘翅目	2	是	Miyata et al.，2014
家蚕（*Bombyx mori*）	鳞翅目	3	否	Cappelle et al.，2016
沙漠蝗（*Schistocerca gregaria*）	直翅目	1	否	Wynant et al.，2014b
飞蝗（*Locusta migratoria*）	直翅目	1	否	Luo et al.，2012
褐飞虱（*Nilaparvata lugens*）	半翅目	1	是	Xu et al.，2013
豌豆蚜（*Acyrthosiphon pisum*）	半翅目	1	是	叶超，2019
棉蚜（*Aphis gossypii*）	半翅目	1	未知	徐维娜，2011
禾谷缢管蚜（*Rhopalosiphum padi*）	半翅目	1	未知	
麦长管蚜（*Sitobion avenae*）	半翅目	1	未知	

2.2.1.2　网格蛋白介导的内吞

真核细胞中广泛存在网格蛋白介导的内吞作用，该途径在细胞间的物质交流、细胞与底物的相互作用、细胞间信号转导以及细胞内稳态维持过程中均起着重要作用（Mettlen et al., 2018）。迄今为止，在多样化的内吞途径中，依赖网格蛋白的内吞作用研究得最为透彻，几乎所有类型的细胞均通过此途径内化大分子物质和纳米材料。参与该途径的蛋白主要为网格蛋白（clathrin）和衔接蛋白 AP2（adaptor protein 2），网格蛋白是由 3 个相同的网格蛋白重链和 3 个相同的网格蛋白轻链共同组成三脚架结构形成的蛋白复合体。AP2 由两个大亚基（α 和 β2 亚基）、一个中亚基（μ2）和一个小亚基（σ2）组成，α 和 β2 亚基的 C 端附属（appendage）结构域与其他蛋白质互作，参与网格蛋白介导的内吞，形成互作网格。通过电子显微镜观察分析发现，网格蛋白有被小窝（clathrin-coated pit，CCP）直径约 100nm，由上百个网格蛋白三脚架结构最终组装形成网格蛋白有被小泡（clathrin-coated vesicle，CCV）（Aguet et al., 2013）。研究者在细胞和亚细胞水平观察发现，网格蛋白有被小泡的形成过程主要分为 5 个阶段：①起始阶段；②对转运物质的筛选；③包被的组装；④剪切；⑤脱包被。首先，受体与配体结合，形成受体–配体复合物，随后，在辅助蛋白等的帮助下，数十至数百个网格蛋白组装形成五边形或六边形的笼状结构（Mcmahon and Boucrot，2011），将受体–配体复合物包裹。衔接蛋白 AP2 在细胞膜的胞质侧与网格蛋白共同作用，进一步内化受体–配体复合物进入细胞。随后，GTPase 参与内吞作用，在发动蛋白（dynamin）的作用下进行剪切，以促进囊泡释放，将囊泡与质膜解离，游离于细胞质中的囊泡在辅助蛋白（auxilin）和热激关联蛋白（HSC70）的协助下进一步脱包被，网格蛋白和衔接蛋白 AP2 与囊泡解离后释放在细胞质中，进行循环再利用（Xiao et al.，2015a）。

氯丙嗪（chlorpromazine，CPZ）可有效抑制网格蛋白在细胞膜上的组装，进而抑制网格蛋白内吞结构的形成，从而抑制大分子物质的内吞入胞。Hernaez 和 Alonso（2010）使用 CPZ 处理 vero 细胞（绿猴肾细胞），随后在细胞培养液中加入非洲猪瘟病毒（ASFV，属于 DNA 病毒），发现 ASFV 进入细胞的数量减少，ASFV 通过网格蛋白介导的内吞途径进入 vero 细胞。Fan 等（2019）同样使用 CPZ 等抑制剂进行药理实验及利用关键蛋白 siRNA 进行分子水平研究，发现 PEDV（属于 ssRNA）通过网格蛋白介导的通路进入 vero 细胞。同年，Wei 等（2019d）选用不同内吞途径抑制剂进行药理实验，发现中华绒螯蟹螺原体（*Spiroplasma eriocheiris*）利用网格蛋白介导的内吞途径进入果蝇 S2 细胞。目前，已有研究表明，外源 dsRNA 通过网格蛋白介导的内吞途径进入某些昆虫细胞内。Huvenne 和 Smagghe（2010）报道网格蛋白在受体介导 dsRNA 进入果蝇 S2 细胞的内吞过程中起作用；Xiao 等（2015a）通过使用 CPZ 进行药理实验以及 RNAi of RNAi 实验，发现外源 dsRNA 以网格蛋白介导的内吞机制进入赤拟谷盗细胞中；Yoon 等（2016）鉴定了马铃薯甲虫细胞系（Lepd-SL1）RNAi 通路关键基因，发现网格蛋白在细胞吸收 dsRNA 过程中起着一定的作用。同年，Cappelle 等（2016）通过对马铃薯甲虫分别饲喂 CPZ 和 ds*CpChc*，随后注射靶标基因，检测该基因在中肠组织的沉默效率，发现依赖网格蛋白的内吞途径参与马铃薯甲虫中肠组织对 dsRNA 的吸收过程。

2.2.1.3　小窝/脂筏介导的内吞

除网格蛋白介导的内吞途径之外，小窝/脂筏介导的内吞也被人们所熟知。小窝是一种特化的细胞质膜结构，其蛋白质成分主要包括小窝蛋白（caveolin）以及脂质锚定蛋白（GPI-锚定蛋白）等（孔东明等，2002）。小窝蛋白属于膜整合蛋白，分布于细胞膜上，是小窝的主要结构和调节成分。该途径的特点之一在于内吞小泡的形成需要胆固醇、脂筏、酪氨酸激酶及磷酸酶等的参与（Mercer et al.，2010）。大部分脂筏分布在细胞膜上，富含胆固醇和鞘脂类，具有高度动态性，是细胞外部配体通过受体向细胞内传递信号的重要平台（Patra，2008）。胞外配体与细胞膜表面受体结合后，细胞表面质膜凹陷为直径 50～100nm 的小窝结构（Thomsen et al.，2002），小窝形成的聚合物与细胞膜的内凹部分紧密结合形成脂筏结构，当小窝形成后，发动蛋白（dynamin）在细胞膜处执行剪切功能，引起小窝颈部缢缩，最终脱离质膜，形成内吞小泡进入细胞质内。

胆固醇是细胞膜脂筏结构和小窝结构的主要脂质成分，因此，许多阻断小窝/脂筏结构介导的内吞途径的抑制剂靶向扰乱细胞膜上分布的胆固醇。目前，在研究中经常使用的抑制剂包括非律平（filipin）、制霉菌素（nystatin）、甲基-β-环糊精（methyl-β-cyclodextrin，MβCD）等，其中，非律平通过结合胆固醇可有效抑制小窝蛋白/脂筏结构介导的内吞过程。制霉菌素是一种胆固醇的整合剂，可有效减少小窝蛋白/脂筏结构在细胞膜上的数量，从而抑制小窝蛋白/脂筏结构介导的内吞过程。MβCD 可移除细胞膜上的胆固醇，从而扰乱细胞膜上的小窝结构。Xiao 等（2015a）通过使用 MβCD 进行药理实验，结果表明，赤拟谷盗细胞内吞 dsRNA 过程并不依赖小窝蛋白/脂筏介导的内吞。迄今为止，关于 dsRNA 如何通过该途径进入昆虫细胞尚未见报道，有待深入研究。但已有研究显示某些病毒可通过该途径进入细胞，如 Zhang 等（2018）利用制霉菌素和 MβCD 两种抑制剂处理草鱼肾细胞，发现一种 dsRNA 病毒——草鱼呼肠孤病毒（GCRV）可利用小窝/脂筏介导的内吞作用，进入草鱼肾细胞中。Li 等（2020）利用 MβCD 处理 DF-1（鸡成纤维细胞）和 vero 细胞后，发现番鸭呼肠孤病毒（MDRV，一种 RNA 病毒）进入这两类细胞的数量显著降低。

2.2.1.4　依赖大型胞饮的内吞

大型胞饮途径被认为是真核细胞最古老的内吞方式，该途径对免疫系统的抗原呈递起重要作用，也有许多病原体利用大型胞饮途径入侵细胞，以逃避免疫系统的监控。Lewis（1931）首次通过延时成像方法，观察到随着胞外液进入巨噬细胞、肉瘤细胞和成纤维细胞，质膜内陷形成直径大于 0.2μm 的大囊泡。大型胞饮与普通胞饮作用的不同之处在于，随着肌动蛋白的聚合会在细胞膜上卷曲形成巨大的褶皱，这些褶皱在未形成大型胞饮体时可重新回到细胞膜。肌动蛋白在依赖大型胞饮的内吞过程中起着重要作用，主要负责细胞的移动和收缩（Markus and Rohan，2009）。在整个内吞过程中，还需要胆固醇和 II 型肌球蛋白（myosin II）等蛋白参与，同时伴随 Na^+/H^+ 交换的发生，Pak-1、Arf6、Rho 家族 GTP 酶 Rac1 和细胞分裂周期蛋白 42（Cdc42）等调节因子也在该途径中发挥一定作用。通常，该途径并不依赖 dynamin 介导的剪切过程。有研究显示，该途径需要羧基端结合蛋白 1/布雷非德菌素 A-ADP 核糖基化底物（C-terminal-binding protein-1/brefeldin A-ADP ribosylated substrate，CtBP1/BARS）的参与。当物质通过大型胞饮途径被摄入后，在生长因子诱导下形成巨大的空泡，随后内化膜囊泡及胞外液，CtBP1/BARS 聚集在大型胞饮体与细胞膜连接处，在 Pak1 激酶的作用下发生磷酸化，大型胞饮体质膜封闭，完成大型胞饮体与细胞膜的割裂（Liberali et al.，2008）。但也有研究表明，HIV-1 病毒通过大型胞饮途径进入细胞时，需要 dynamin、Rac1 及 Pak1 等参与（Carter et al.，2011），与质膜融合形成大型胞饮体（macropinosome）。大型胞饮体相对于内体和小窝体积较大，一般可形成 0.5～5μm 的胞饮囊泡，最大可达 10μm。大型胞饮体在胞质中运动的过程伴随自身酸化及同型、异型融合。根据细胞类型的不同，大型胞饮体最终可返回质膜或者进入早期内体。

目前研究者主要采用两种大型胞饮途径的抑制剂，分别是 5-(*N*-乙基-*N*-丙基)阿米洛利［5-(*N*-ethyl-*N*-isopropyl) amiloride，EIPA］和细胞松弛素 D（cytochalasin D，CCD）。EIPA 通过阻断 Na^+/H^+ 交换的过程，可以有效抑制大型胞饮介导的内吞过程；细胞松弛素 D 可以破坏肌动蛋白微丝的结构，通过与快速增长的肌动蛋白末端结合，阻止肌动蛋白的自身聚合，从而有效抑制大型胞饮的发生。Krieger 等（2013）一方面利用 EIPA 等不同内吞途径抑制剂阻断内吞途径，观察病毒进入细胞的数量变化；另一方面利用特异内吞途径关键蛋白的 siRNA，阻断内吞途径，最终发现埃可病毒（ECHO virus，一种 RNA 病毒）通过大型胞饮途径进入人源极性肠上皮细胞。Lee 等（2019）利用荧光显微技术发现，基孔肯亚病毒（Chikungunya virus，CHIKV，一种 RNA 病毒）与两种人源肌肉细胞（SJCRH30 和 HSMM）胞质内的 Dextra 蛋白（用于标记大型胞饮体）存在共定位，使用 EIPA 处理这两种细胞可导致 CHIKV 滴度显著降低。关于 dsRNA 如何通过该途径进入昆虫细胞已有研究报道，例如，Gillet 等（2017）为提高 dsRNA 在棉铃象甲（*Anthonomus grandis*）中的稳定性，利用嵌合蛋白 PTD-DRBD 与 dsRNA 结合，形成核糖核蛋白粒子，通过荧光显微技术追踪发现，核糖核蛋白粒子内陷进入 0.6～2μm 的囊泡内，推测核糖核蛋白粒子依赖大型胞饮途径进入棉铃象甲中肠细胞。

2.2.1.5　依赖吞噬作用的内吞

吞噬作用是一种依赖肌动蛋白的内吞机制，通过肌动蛋白聚集，将大于 0.5μm 的内吞颗粒转运到未包被的囊泡中。由于吞噬作用涉及大颗粒的吸收，因此该类细胞被称为“吞噬细胞”，以区别于其他形式的内吞作用。在哺乳动物细胞中，根据不同细胞的吞噬特性可将其分为专一吞噬细胞（如巨噬细胞、嗜中性粒细胞和树突状细胞）和非专一吞噬细胞。非专一吞噬细胞在一定条件下亦可表现出吞噬特性，这些细胞主要包括成纤维细胞、内皮细胞和上皮细胞（El-Sayed and Harashima，2013）。吞噬细胞可以通过在外源物体上表达“吃我（eat me）”信号，而直接识别异物，对于缺少这些信号的蛋白，将通过对蛋白进行修饰，以间接识别目标颗粒。将修饰后的蛋白（包括抗体或补体系统的成分）沉积在颗粒上，以促进吞噬细胞对其进行识别。有些涉及吞噬作用的受体，如高亲和性的 IgG 受体 FcγRI（又称 CD64）、C 型凝集素受体 Dectin-1、Toll 样受体已在脂筏中被发现。另外，Kannan 等（2008）通过分子实验研究表明，细胞膜表面的胆固醇参与了吞噬作用。但是，所有的吞噬体并非完全由脂筏结构域形成，在内含目标颗粒的吞噬体形成期间，脂筏开始富集，之后，吞噬体中的胆固醇消耗减少，鞘磷脂和神经酰胺富集（Magenau et al.，2011）。细胞通过吞噬作用摄入和消除病原体，对于消除凋亡细胞和维持组织稳态至关重要。

吞噬作用主要包括以下 4 个步骤：①识别目标颗粒；②激活内化信号；③吞噬体的形成；④吞噬溶酶体成熟。在吞噬过程发生时，首先，细胞膜上的受体对外源物质进行识别。当颗粒与吞噬细胞受体相互作用时，会触发一系列信号事件，以激活吞噬作用；随着细胞膜重塑和肌动蛋白细胞骨架发生变化，在细胞膜处形成膜（吞噬体）的凹陷；然后，细胞质膜环绕外源颗粒，在数分钟之内形成吞噬体，吞噬体进入细胞质；吞噬体内化后，首先内陷进入早期内体，随后早期内体进一步酸化进入晚期内体。吞噬体最终与溶酶体融合，对外源目标颗粒进行降解（Flannagan et al.，2012）。在昆虫中，吞噬作用主要存在于血细胞中，血细胞的吞噬作用是对外源病原体和寄生虫进行防御的一种重要细胞免疫应答（Lavine and Strand，

2002），执行吞噬作用的血细胞主要为浆血细胞和粒血细胞。晏容等（2010）对昆虫血细胞的免疫作用进行综述，提到血细胞接触细菌，细菌附着于细胞表面、识别、吞噬仅需几分钟时间。

氯喹（chloroquine，CLQ）是一种有效的溶酶体抑制剂，主要通过降低溶酶体的酸度抑制溶酶体的活性，从而降低其吞噬能力。Yang 等（2016b）通过氯丙嗪和氯喹这两种抑制剂以及结合分子生物学技术，发现白斑综合征病毒（一种 RNA 病毒）通过网格蛋白介导的吞噬作用进入日本对虾（*Marsupenaeus japonicus*）血细胞中，从而引起免疫应答。Rocha 等（2011）发现，同时敲除 *Eater* 和 *SR-CI* 后，抑制了 dsRNA 的吞噬作用，但不能抑制 RNAi，dsRNA 可以通过吞噬途径进入 S2 细胞并沉默靶标基因的表达；他们认为 RNAi 的系统性传播并不绝对需要游离的 dsRNA，或许含有 dsRNA 的微生物、凋亡细胞及外泌体等均可通过吞噬作用引起系统性 RNAi。

2.2.1.6 dsRNA 的其他胞吞方式

除了上述 4 种主要的胞吞方式，细胞中还存在其他类型的胞吞途径，但其是否介导昆虫细胞吸收 dsRNA 尚未见报道。

1. 依赖 Flotillin 的内吞作用

Flotillin-1 和 Flotillin-2 是细胞膜上的跨膜蛋白，研究 Flotillin 标记的阳性囊泡表明，依赖 Flotillin 的内吞囊泡与晚期内体和溶酶体存在共定位，但不与早期内体标记信号共定位，显示出该途径与网格蛋白介导的内吞途径的差异（Langhorst et al.，2008）。Riento 等（2009）研究表明，Fyn 激酶调控依赖 Flotillin 的内吞途径，通过磷酸化 Flotillin 蛋白激活该内吞途径。多聚体和脂质复合物在与细胞表面硫酸乙酰肝素蛋白聚糖结合后，通过依赖 Flotillin 的内吞作用进行内化。配体–受体复合物进入细胞后，复合物在短时间内与晚期内体共定位（Payne et al.，2007）。利用动态共定位显微镜追踪技术，发现晚期内体的转运过程，证实了上述观察结果。Vercauteren 等（2011）的研究表明，p(CBA-ABOL)/mRNA 多聚体首先聚集在富含 Flotillin 蛋白的囊泡（Flotillin-rich vesicle）中，然后转移至 Rab7 和 LAMP-1 阳性标记的溶酶体中，该结果表明多聚体通过依赖 Flotillin 的内吞进入晚期内体中，并进一步酸化进入溶酶体。Payne 等（2007）利用免疫荧光技术，发现细胞表面多糖–配体复合物通过依赖 Flotillin 的内吞方式进入 BS-C-1 细胞（猴肾细胞系）。

2. 依赖 Arf6 的内吞作用

Arf6 是 Ras 样小 GTPase 家族蛋白质成员，该家族在胞吞作用中起调节作用。该循环途径需要激活 Arf6 蛋白，肌动蛋白也参与其中。Blagoveshchenskaya 等（2002）发现，依赖 Arf6 的胞吞作用涉及主要组织相容性复合体 1 类（MHC-1）分子的组装、吸收和再循环。而 Knorr 等（2009）的研究表明，MHC-1 分子优先分布在含脂筏结构域上，其摄取高度依赖胆固醇。上述研究表明，脂筏参与了依赖 Arf6 的内吞途径，依赖 Arf6 的 MHC-1 分子摄取需要胆固醇参与。另外，CD1a 是一种向 T 细胞呈递脂质的主要组织相容性复合体（MHC）分子，其被证明以依赖 Arf6 而不依赖网格蛋白和发动蛋白的内化途径进入细胞（Barral et al.，2008）。

3. 依赖 RhoA 的内吞作用

RhoA 蛋白属于小 GTPase 家族的亚家族成员，该内吞途径需要发动蛋白剪切，并需要 RhoA GTP 酶调节。Cheng 等（2006）发现，该内吞途径的发生可导致胆固醇含量降低。此外，Rac1 及其下游 p21 活化激酶 PAK-1 和 PAK-2 调节依赖 RhoA 的内吞作用（Grassart et al.，2008）。Rac1 可调控肌动蛋白细胞骨架的变化，因此，肌动蛋白可能在该内吞途径中起一定作用。已有研究表明，肌动蛋白的伴侣 cortactin 可以促进肌动蛋白聚合，是该内吞途径所必需的成分之一（Grassart et al.，2008）。依赖 RhoA 的内吞小泡内化进入细胞质后，立即内陷入早期内体，随后进入晚期内体和溶酶体中。有研究发现，淀粉样蛋白 β 肽通过内吞作用进入细胞并大量累积，产生神经毒性，该内吞作用主要通过不依赖网格蛋白但依赖发动蛋白介导的内吞，RhoA 的调节作用对于神经毒性肽吸收至关重要（Yu et al.，2010）。同样，Gibert 等（2011）研究表明，梭菌毒素通过依赖 RhoA 途径进入细胞，毒素粒子在细胞内与 IL2-R 共定位，但不与转铁蛋白共定位。中国仓鼠卵巢细胞中白蛋白的摄取一般是由小窝介导的胞吞作用所引起的，但该吸收途径同样需要 RhoA 的参与，并与 IL2-R 存在共定位（Cheng et al.，2006）。

4. 依赖 GRAF1 的内吞作用

GPI 锚定蛋白（GPI-AP）是一类通过羧基末端的糖基化磷脂酰肌醇（GPI）结构锚定于真核细胞膜表面的蛋白。由较小的与网格蛋白无关的管状载体（CLIC）融合形成内吞囊泡，被称为 GPI-AP 富集的早期内体（GEEC），大小为 50～80nm，内吞过程需要肌动蛋白聚集，Cdc42 调控该内吞途径，胆固醇的减少也会影响该途径的内吞效率（Chadda et al.，2007）。Doherty 等（2009）报道，GRAF1 蛋白与 CLIC 的稳定性有关，提出 GRAF1 的作用是稳定由 Arf1 形成的 CLIC 小管的曲率。外源物质通过依赖 GRAF1 的内吞途径进入细胞后，CLIC 在 Rab5 和 EEA1 的作用下酸化，然后与其他 GEEC 早期内体融合，随后进入晚期内体。Nonnenmacher 和 Weber（2011）通过免疫荧光和药理实验发现，腺相关病毒 2（AAV2，一种单链 DNA 病毒）通过该途径进入 HeLa 和 HEK293T 细胞。

上述细胞不同的内吞途径及相关因子详见表 2-3 和图 2-3。

表 2-3 细胞不同内吞途径及相关因子

内吞途径	内吞形态	细胞作用因子	功能	参考文献
网格蛋白介导的内吞	囊泡结构	clathrin	形成笼形囊泡的主要蛋白	Mcmahon and Boucrot，2011
		AP2	衔接蛋白，主要衔接质膜受体和胞质蛋白	
		dynamin	剪切囊泡，使其脱离质膜	
		actin	肌动蛋白聚集引起细胞收缩	Taylor et al.，2012
		Rab5	参与内吞物质在细胞质膜到早期内体的传递	Doherty and McMahon，2009
		Rab7	参与内吞物质在细胞质中早期内体到晚期内体的传递	Xiao et al.，2015a
小窝/脂筏介导的内吞	囊泡结构	caveolin	形成小窝结构的主要蛋白	Mercer et al.，2010
		cholesterol	调节因子	
		actin	肌动蛋白聚集引起细胞收缩	
		dynamin-2	剪切囊泡，使其脱离质膜	
		Rab5	参与内吞物质在细胞质膜到早期内体的传递	

续表

内吞途径	内吞形态	细胞作用因子	功能	参考文献
依赖大型胞饮的内吞	高度褶皱	Rac1	调节因子	El-Sayed and Harashima，2013
		Cdc42	调节因子	
		Na^+/H^+ exchanger protein	调节胞质渗透压	
		actin	肌动蛋白聚集引起细胞收缩	
		Rab5	参与内吞物质在细胞质膜到早期内体的传递	
		Rab7	参与内吞物质在细胞质中早期内体到晚期内体的传递	
依赖吞噬作用的内吞	随内吞物质的形状而改变	AP2	衔接蛋白，主要衔接质膜受体和胞质蛋白	Mercer et al.，2010
		dynamin-2	剪切囊泡，使其脱离质膜	
		actin	肌动蛋白聚集引起细胞收缩	
		Rab5	参与内吞物质在细胞质膜到早期内体的传递	
		Rab7	参与内吞物质在细胞质中早期内体到晚期内体的传递	
依赖 Flotillin 的内吞	囊泡结构	Flotillin-1	细胞膜上跨膜蛋白，介导胞外物质进入细胞	Mercer et al.，2010
		Flotillin-2	细胞膜上跨膜蛋白，介导胞外物质进入细胞	El-Sayed and Harashima，2013
		Rab5	参与内吞物质在细胞质膜到早期内体的传递	Mercer et al.，2010
		Rab7	参与内吞物质在细胞质中早期内体到晚期内体的传递	El-Sayed and Harashima，2013
依赖 Arf6 的内吞	囊泡结构、管状结构	Arf6	调节因子	Mercer et al.，2010
		cholesterol	调节因子	
		actin	肌动蛋白聚集引起细胞收缩	
		Rab5	参与内吞物质在细胞质膜到早期内体的传递	
		Rab7	参与内吞物质在细胞质中早期内体到晚期内体的传递	
依赖 RhoA 的内吞	囊泡结构	RhoA	调节因子	El-Sayed and Harashima，2013
		Rac1	调节因子	
		dynamin-2	剪切囊泡，使其脱离质膜	
		actin	肌动蛋白聚集引起细胞收缩	
		Rab5	参与内吞物质在细胞质膜到早期内体的传递	Mercer et al.，2010
		Rab7	参与内吞物质在细胞质中早期内体到晚期内体的传递	
依赖 GRAF1 的内吞	囊泡结构、管状结构	GRAF1	形成囊泡的主要蛋白	El-Sayed and Harashima，2013
		Cdc42	调节因子	
		cholesterol	调节因子	
		actin	肌动蛋白聚集引起细胞收缩	Mercer et al.，2010
		Rab5	参与内吞物质在细胞质膜到早期内体的传递	

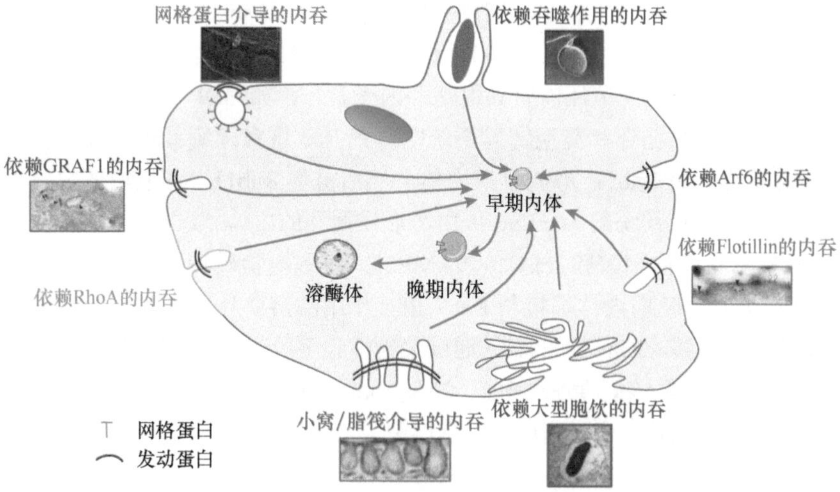

图 2-3 细胞不同内吞途径示意图（修改自 Doherty and McMahon，2009）

2.2.2 dsRNA 的转运机制

2.2.2.1 细胞内参与 dsRNA 转运的细胞器及其作用

dsRNA 进入细胞后，会经过一系列囊泡运输的复杂网络，在此过程中，液泡型 H^+-ATP 酶（V-ATPase）家族基因和 Rab 家族基因发挥着重要功能。细胞内囊泡、溶酶体、高尔基体和细胞质膜等均在 dsRNA 转运中起着重要作用。细胞内囊泡系统由初级内吞囊泡、早期内体、晚期内体和溶酶体组成。内吞物质首先内陷于早期内体（early endosome）中，在早期内体腔中不存在或仅存在少数囊泡，而晚期内体（late endosome）体积增大，并积累了多达数百个囊泡，因此晚期内体通常被称为多囊泡体（MVB）（Stoorvogel et al.，2010），最后晚期内体与溶酶体（lysosomal）发生融合，并被溶酶体降解。

V-ATPase 分布于内体膜上，是由 14 个亚基组成的超分子复合物，主要分为两个区域：膜外亲水性的 V1 区和膜内疏水性的 V0 区。V1 区由亚基 A、B、C、D、E、F、G 和 H 组成，参与 ATP 水解；V0 区由亚基 a、d、e、c 和 c″（酵母细胞还包括 c′）组成，主要负责 H^+ 的转运（Kristina et al.，2015）。V-ATPase 质子泵从细胞质中主动转运质子进入内体，随着 V-ATPase 不断将质子泵入内体，早期内体的 pH 迅速酸化至 5～6，最后，晚期内体与溶酶体融合，pH 进一步降低至 4.5，溶酶体中各种降解酶的存在可导致底物（蛋白质和核酸）的变性，未能从内体中释放出的核酸最终被降解（Pack et al.，2005；Khalil et al.，2006）。Xiao 等（2015a）分别通过沉默 V-ATPase H 亚基和使用 V-ATPase 抑制剂巴佛洛霉素 A1（Bafilomycin A1，BafA）处理赤拟谷盗，随后注射靶基因，检测靶基因沉默效率，结果表明，赤拟谷盗中 V-ATPase H 亚基（vhaSFD）参与 dsRNA 在细胞内的传递，推测 dsRNA 存在内体逃逸过程。Wynant 等（2014b）利用 RNAi of RNAi 手段进行的研究表明，沙漠蝗 V-ATPase c 亚基（vha16）可能参与 dsRNA 的逃逸。Cappelle 等（2016）利用 RNAi of RNAi 手段进行的研究发现，马铃薯甲虫 vha16 在 dsRNA 传递系统中起作用。

Rab 蛋白属于 Ras 超基因家族，主要参与细胞的内吞和外排作用，其可特异性地结合囊泡和细胞器，如内质体分泌囊泡、溶酶体、高尔基体和细胞质膜。Rab 蛋白与 GTP 结合时为活性状态，可以发挥类似衔接蛋白的功能，用于囊泡形成时辅助因子的结合。除此以外，Rab 蛋白还参与细胞支架的转运和转运囊泡与细胞膜的融合过程。Rab 蛋白与 GDP 结合时即为失活状态，分布在细胞质中。Rab 蛋白在与 GTP 和 GDP 结合转换过程中，主要依赖于内源 GTP 酶的活性，而这种酶活性的调节还需要其他辅助因子参与，如 GDP 交换因子等。细胞外物质的内吞囊泡可以在内吞再循环和囊泡转运系统中募集 Rab 蛋白，所募集的 Rab 蛋白决定了囊泡的命运。内吞囊泡募集 Rab5，形成早期内体，然后募集 Rab11，形成循环内体；循环内体通过 Rab11 募集囊泡运输系统的 Sec/Exo 蛋白，形成循环的内体–囊外复合物；随后，循环的内体–囊外复合物募集囊泡相关膜蛋白 2（VAMP2），使胞内物质转运出胞；当内吞囊泡募集 Rab7 形成晚期内体时，晚期内体募集与 Rab7 相互作用的溶酶体蛋白和溶酶体融合，最终外源物质在溶酶体中被降解。Xia 等（2018）通过荧光标记手段，发现番茄黄曲叶病毒（TYLCV）与 Rab5 蛋白存在共定位，该病毒通过粉虱（Aleyrodidae）中肠顶膜侧进入细胞，内陷进入早期内体，随后直接被运输到基底膜侧进入血淋巴中。

2.2.2.2 细胞内转运抑制剂的特性及应用

目前，细胞内转运抑制剂主要包括布雷菲德菌素 A（brefeldin A）、莫能菌素（monensin）、噻氨酯哒唑（nocodazole）和巴佛洛霉素 A1（bafilomycin A1）。brefeldin A 抑制内质网向高尔基体的转运；monensin 对高尔基体向细胞膜转运起抑制作用；nocodazole 抑制微管蛋白形成；bafilomycin A1 抑制溶酶体的酸化过程。Saleh 等（2006）使用 bafilomycin A1 抑制剂处理果蝇 S2 细胞，并对 dsRNA 进行荧光标记，通过共聚焦显微技术，发现大量 dsRNA 聚集在囊泡中，不能成功逃逸。柴桂宏（2016）研究发现，多数固体脂质颗粒被转运至 Caco-2 细胞的内质网和高尔基体中，加入 nocodazole 后，观察固体脂质纳米粒向细胞单层两侧转运的变化，发现进入高尔基体和内质网中的纳米粒发生滞留，无法进一步转运，说明微管蛋白在转运过程中起重要的作用。

2.2.2.3 影响 dsRNA 转运的因素

目前研究表明，在昆虫细胞质中 dsRNA 从内体逃逸以及内体在细胞质中的传递过程是影响 RNAi 的两大限制因素（Vélez and Fishilevich，2018）。

当外源 dsRNA 进入细胞后，dsRNA 可快速进入内吞小泡（vesicle）中，继而进入内体（endosome）。在一些核酸吸收系统中，细胞可以高效吸收核酸，但不能很好地发挥作用，这部分归咎于内体缺陷，即内体中的核酸不能成功地逃逸释放（Medina et al.，2005）。Liang 和 Lam（2012）报道，当核酸进入内体后，卓越的核酸传递能力可部分归因于内体的“质子海绵”假说（the“proton sponge”hypotheses）。在内体酸化过程中，随着 H^+ 进入，细胞内 Cl^- 被动进入内体，由于离子浓度升高，胞质中的水涌入内体，高渗透压导致内体的肿胀和破裂，使 dsRNA 成功逃逸至胞质中，这个过程称为“质子海绵效应”。因此，pH 的降低和内体/溶酶体中酶降解过程是核酸传递系统的限速步骤，内体中 dsRNA 逃逸效率对 RNAi 沉默效率有重要影响。此外，V-ATPase 在酸化内体的过程中起重要作用。Saleh 等（2006）研究发现，果蝇 V-ATPase c 亚基（vha16）在内体逃逸过程中起作用。Shukla 等（2016）发现，鞘翅目马铃薯甲虫、鳞翅目斜纹夜蛾（*Spodoptera litura*）及烟芽夜蛾（*Heliothis virescens*）RNAi 效率存在差异，推测斜纹夜蛾和烟芽夜蛾 RNAi 无效，可能是由于 dsRNA 被吸收进入细胞后不能从内体成功逃逸。

此外，研究表明多囊泡体（MVB）的形成和转运会影响昆虫 RNAi 效率。运输所需的内体分选复合体（endosomal sorting complex required for transport，ESCRT）Ⅲ直接参与 MVB 的形成，Lee 等（2009）通过突变 ESCRT 蛋白阻断 MVB 的形成，导致 RNAi 应答被抑制；在酵母细胞以及小鼠细胞中均发现 *HPS4* 同源基因在晚期内体与溶酶体的融合过程中起作用（Nguyen and Wei，2007）；然而，Lee 等（2009）发现，突变 *HPS4* 可阻断 MVB 的转运，dsRNA 介导的沉默效率提高。因此，推测多囊泡体从内体到高尔基体，以及从高尔基体到细胞膜的成功转运也是 RNAi 的一大限速步骤。

2.3　环境 RNA 干扰和系统性 RNA 干扰

RNAi 分为两种类型：细胞自主性 RNAi（cell-autonomous RNAi）和非细胞自主性 RNAi（non-cell-autonomous RNAi）。细胞自主性 RNAi 基因沉默仅限于自身产生双链 RNA（dsRNA）的细胞或直接暴露于实验引入外源 dsRNA 的细胞，其 RNAi 过程仅限于单个细胞中。非细胞自主性 RNAi，包括环境 RNAi（environmental RNAi）和系统性 RNAi（systemic RNAi），是指 dsRNA 触发 RNAi 的能力远离起始位点的细胞，通过细胞组织间的传递，实现远距离的 RNA 干扰。环境 RNAi 是指细胞从环境中吸收 dsRNA，继而发生基因沉默的现象（Whangbo and Hunter，2008）。系统性 RNAi 只发生在多细胞生物中，包括 dsRNA 被吸收进入细胞和产生的沉默信号通过细胞传递的过程，从一个细胞扩散到另一个细胞，从一类组织到另一类组织，从而使得这些细胞或者组织相继发生基因沉默现象（Joga et al.，2016）。在多细胞生物中，环境 RNAi 之后可接着发生系统性 RNAi，非细胞自主性 RNAi 之后也可接着发生细胞自主性 RNAi。

2.3.1　环境 RNA 干扰

2.3.1.1　环境 RNA 干扰的概念及作用机制

通过喂食或者浸泡的方式，使线虫或其他动物摄入 dsRNA，从而引发全身细胞 RNAi 效应（Tabara et al.，1998；Timmons and Fire，1998）。研究表明，多细胞生物通过初级细胞组织（如肠道内腔细胞）摄入 dsRNA，引发细胞自主性 RNAi，继而发生系统性 RNAi，将基因沉默效应传递给次级细胞或组织，最终导致了环境 RNAi。此外，Galvani 和 Sperling（2002）通过喂食表达 dsRNA 的大肠杆菌，导致草履虫几种不同靶基因的表型功能缺失，表明环境 RNAi 也能在单细胞生物中发生。dsRNA 被吸收进入细胞是引发环境 RNAi 的第一步，目前认为其主要有两种机制，即跨膜通道蛋白介导的 dsRNA 吸收机制和内吞途径介导的 dsRNA 吸收机制。

对秀丽隐杆线虫的研究，为深入探索 dsRNA 从环境进入生物体从而引发 RNAi 提供了思路。线虫全身被坚韧的表皮层覆盖，因此通常认为线虫是通过饲喂方式引发环境 RNAi 的。Winston 等（2002）通过诱变方法构建了线虫相关突变品系，可在体壁及咽部表达绿色荧光蛋白（GFP），同时构建了一种 GFP 的 dsRNA 质粒，该质粒仅在咽部起作用，而不能向邻近细胞扩散。但线虫被转染这种质粒时，发现咽部、体壁以及肌肉的 GFP 均被抑制，表明存在 RNAi 传播现象。从这种突变体中鉴定了 3 个系统性 RNAi 缺失相关的基因，分别命名为 *sid-1*、*sid-2* 和 *sid-3*。生物信息学分析表明，*sid-1* 基因编码 1 个包含 776 个氨基酸的疏水性蛋白，该蛋白是一种跨膜蛋白，其结构包括 1 个信号肽序列和 11 个可能的跨膜结构域。用 *GFP* 作为报告基因，发现 SID-GFP 融合蛋白主要集中在膜上，可能作为细胞吸收 dsRNA 的膜通道。研究发现，*sid-1* 突变线虫虽然不能发生系统性 RNAi，但仍具有细胞自发 RNAi 的能力。此外，Winston

等（2007）通过喂食 dsRNA 的方法，发现缺失 *sid-1* 的线虫突变体不能引发其肠内腔细胞 RNAi 的效应，从而证实 *sid-1* 对环境 RNAi 的重要性。线虫体细胞吸收外源 dsRNA 主要依赖于 SID-1 蛋白（Winston et al.，2002；Feinberg and Hunter，2003），但其并不参与将 dsRNA 运输出细胞外（Jose et al.，2009）。通过 *sid-1* 基因在线虫细胞中超表达的嵌合分析，进一步证实 SID-1 蛋白参与体细胞和生殖细胞 dsRNA 的吸收（Shih et al.，2011）。*sid-2* 在线虫中的编码产物 SID-2 蛋白，是一个包含 311 个氨基酸的膜蛋白，SID-2 主要在中肠表达，dsRNA 依赖于位于线虫肠腔顶端细胞中的 SID-2 蛋白和内体结合蛋白 SID-5 的相互配合（Winston et al.，2007；Hinas et al.，2012），依赖 SID-2 的吸收作用要求具有酸性外环境且 dsRNA 长度大于 50nt（McEwan et al.，2012）。在 *sid-2* 突变的情况下，线虫不能发生环境 RNAi，但仍可以通过注射的方法进行系统性 RNAi（Winston et al.，2007）。但是，在仅有 SID-2 的情况下，环境 RNAi 也无法发生，依靠单独的 SID-2 从肠腔中摄取 dsRNA 是不够的，由于在缺失 SID-1 的情况下，RNAi 信号被吸收到中肠细胞后不能在下游进行传递，因此 SID-1 和 SID-2 是环境 RNAi 所必需的。关于 SID-1 和 SID-2 这两种蛋白之间的关系还有待更为深入的研究。Jose 等（2012）研究发现，属于酪氨酸激酶家族的 SID-3 也参与细胞吸收外源 dsRNA 的过程，但详细的作用机制尚不清楚。

模式昆虫果蝇不具有明显的系统性 RNAi，目前尚未发现 *sid* 的同源基因，但其细胞能够响应环境 RNAi。Ulvila 等（2006）发现，dsRNA 通过清道夫受体（scavenger receptor）介导的内吞作用进入果蝇 S2 细胞。在核酸传递系统中，许多内吞途径参与核酸的吸收，包括网格蛋白（clathrin）介导的内吞、小窝/脂筏（caveolae/lipid raft）介导的内吞、大型胞饮（macropinocytosis）以及吞噬（phagocytosis）等，载体的多样性可导致内吞途径有所差异（Morille et al.，2008）。Wynant 等（2014b）发现，沙漠蝗体内细胞膜上清道夫受体介导的网格蛋白内吞有助于 dsRNA 进入细胞。在人气管上皮细胞中，外源 dsRNA 也是通过清道夫受体进入细胞的（Dieudonne et al.，2012）。Huvenne 和 Smagghe（2010）报道，网格蛋白基因在受体介导 dsRNA 进入细胞的内吞过程中起作用。Xiao 等（2015a）报道，外源 dsRNA 通过网格蛋白介导的内吞机制进入赤拟谷盗细胞中。Cappelle 等（2016）研究发现，马铃薯甲虫存在 *sid-1* 同源基因 *silA*、*silC* 及网格蛋白，首次在昆虫中报道 dsRNA 可通过两种途径被吸收进入细胞。受体介导的 dsRNA 进入细胞后，由网格蛋白包被囊泡进行转运，网格蛋白在囊泡周围形成脚手架结构，但不能直接与囊泡结合，需要衔接蛋白 50（adaptor protein 50，TcAP50）识别，并将其连接到细胞质膜，进而形成网格蛋白包被囊泡（Xiao et al.，2015a）。

2.3.1.2 环境 RNA 干扰的研究现状及生物学意义

环境 RNAi 提供了一种廉价且技术简单的 dsRNA 传递方法。特别是该方法革新了大规模的 RNAi 筛选，为农业害虫防治提供了新的途径。目前环境 RNAi 在害虫治理中的应用主要包括喷洒、饲喂、浸泡以及点滴 dsRNA 等方法。

对于昆虫，直接喷洒 dsRNA 的方法简便、快捷。该方法是将包含 dsRNA 的制剂喷洒在昆虫或植物叶片表面，dsRNA 可直接通过昆虫体表进入体内，或者 dsRNA 被植物叶片吸收后通过维管束运输，昆虫通过取食植物叶片使 dsRNA 进入体内，最终抑制靶标基因表达，达到害虫防控的目的。直接喷洒 dsRNA 可同时以多个基因为靶标，以提高昆虫的致死效率，但昆虫坚硬的外骨骼会影响 dsRNA 的渗透效率，以及 dsRNA 在环境中存在时间短等问题均需要解决。

饲喂 dsRNA 是昆虫取食过程中最为自然的摄入方式。目前主要有 3 种饲喂 dsRNA 方法：①微生物表达 dsRNA，通过喂食微生物实现 RNAi；②在体外合成 dsRNA 后将其混在食物或溶液里，直接饲喂昆虫；③用表达 dsRNA 的转基因植物饲喂昆虫。将靶标基因 dsRNA 的重组载体转入细菌、真菌等微生物饲喂昆虫是广泛应用于昆虫中的环境 RNAi 方法（Palli，2014）。目前在甜菜夜蛾（*Spodoptera exigua*）、马铃薯甲虫和橘小实蝇等多个昆虫中证实了微生物饲喂法的有效性（Tian et al.，2009；Li et al.，2011；Zhu et al.，2011）。直接饲喂法是在体外人工合成 dsRNA，再将其混进昆虫的食物中或者制备成含 dsRNA 的液滴，用于昆虫的饲喂，也可抑制靶基因的表达。直接饲喂法在赤拟谷盗、豌豆蚜、烟草天蛾、马铃薯甲虫、苹淡褐卷蛾和小菜蛾（Turner et al.，2006；Bautista et al.，2009；Whyard et al.，2009；Swevers et al.，2013a）等害虫中均有成功报道。此外，也可以将 dsRNA 包裹在壳聚糖内部形成纳米粒子，直接饲喂昆虫。纳米粒子既可大规模生产，也可使 dsRNA 在进入昆虫体内时更稳定，因此，能够提高 RNA 干扰效率（He et al.，2013；Zhang et al.，2015d）。第 3 种饲喂法是通过培育表达昆虫基因 dsRNA 的转基因植物，提高植物的抗虫性。Mao 等（2007）以及 Baum 等（2007）首次同时报道，昆虫取食表达害虫靶标基因 dsRNA 的转基因植物后，可导致虫体死亡，为植保领域害虫绿色防控提供了新的思路和方法。目前，利用转基因植物抑制昆虫基因表达已在鳞翅目、鞘翅目和半翅目昆虫中得以成功实现（Baum et al.，2007；Pitino et al.，2011；Zha et al.，2011；Xiong et al.，2013）。转基因植物一般选用模式植物，如水稻（*Oryza sativa*）（Zha et al.，2011）、烟草（*Nicotiana tabacum*）（Mao et al.，2007；Thakur et al.，2014）、拟南芥和陆地棉（*Gossypium hirsutum*）（Mao et al.，2011）。一般认为，植物的叶绿体不具备 RNAi 机制，最新的研究表明，利用叶绿体表达昆虫 dsRNA，可避免 dsRNA 被植物本身的 Dicer 剪切，转基因马铃薯的叶绿体持续产生马铃薯甲虫 *β-actin* 基因的 dsRNA，可导致取食马铃薯叶片的马铃薯甲虫幼虫在 5d 内的死亡率高达 100%（Zhang et al.，2015b）。此外，研究者发现，可通过根吸收或注射来将 dsRNA 转入植物，而植食性昆虫可以通过吸吮或咀嚼从植物中自然获得 dsRNA，这是一种很好的 dsRNA 传递方法（Li et al.，2015b；Dalakouras et al.，2018）。Hunter 等（2012）首次提出了一种高度特异性的依赖植物自身传递 dsRNA 的害虫防治策略，将柑橘和葡萄的树苗通过根浸泡以及树干注射的方式暴露在 dsRNA 中，处理 7 周后在树苗内仍能检测到 dsRNA，木虱和叶蝉取食了上述植物后，其体内也可检测到 dsRNA 的存在。这些结果支持了将 RNAi 方法应用于害虫控制的可能性，该研究也是在农业生产实践中对 dsRNA 的递送方式和稳定性进行的开创性研究。尽管通过植物吸收和传递 dsRNA 目前已经被证明是切实可行的，但将其应用在农业生产实践中还有很多问题需要考虑。例如，Dubelman 等（2014）报道了 dsRNA 在土壤中的存在期很短，在 2～3d 内即迅速分解。因此，dsRNA 在土壤中的稳定性仍然是尚待解决的问题。通过饲喂法使昆虫摄入 dsRNA，具有省力、省时和易操作的优点，特别是对个体比较小的昆虫，如蚜虫和小龄期的害虫幼/若虫，饲喂法可避免对虫体造成机械伤害。但饲喂法并不适用于所有的昆虫，例如，在飞蝗中，注射 dsRNA 干扰效率很高，而饲喂 dsRNA 则不能诱导 RNA 干扰。中肠是 dsRNA 被吸收的场所，饲喂法的成功与否，与中肠内环境有关，已有研究表明，中肠中存在可降解 dsRNA 的核酸酶是影响 RNAi 效率的关键（Song et al.，2017）。

将实验材料直接浸泡在含有 dsRNA 的溶液中而引发 RNA 干扰是环境 RNAi 的典型方法。首例浸泡法实验是在线虫中完成的，直接将线虫浸泡在 dsRNA 溶液中，即可使其发生 RNA 干扰（Tabara et al.，1998）。浸泡法适用于容易从溶液中吸收 dsRNA 的特殊昆虫细胞组织和昆虫特定的发育阶段，所以，其研究和应用报道较少。由于昆虫虫体外表皮的阻隔，浸泡法主要在昆虫细胞株系中实施。首株成功进行浸泡实验的细胞是果蝇 S2 细胞系，将 dsRNA 加入到细胞培养基中，可抑制相关基因的表达（Clemens et al.，2000）。浸泡法较为方便和易操作，因此，可运用于高通量 RNA 干扰的筛选（Perrimon and Mathey-Prevot，2007），以及表型特征基因组分析的研究（Sugimoto，2004）。

点滴法是指利用点滴仪或移液器将 dsRNA 制剂点滴至昆虫表皮，外源 dsRNA 可通过表皮渗透至虫体内，而导致靶标基因的沉默。该方法目前仍局限于少数昆虫种类，Pridgeon 等（2008）首次采用点滴法，将埃及伊蚊（*Aedes aegypti*）凋亡蛋白相关基因的 dsRNA 溶于丙酮中，点滴到雌蚊背腹部，获得很好的 RNAi 致死效果。但该方法面临与喷洒法同样的问题，即 dsRNA 如何穿过昆虫坚硬的表皮进入其体内。目前，点滴法还只限于实验室研究。

2.3.1.3　环境 RNA 干扰在植物保护领域的应用前景

目前，由孟山都公司研发的表达昆虫 dsRNA 的转基因玉米（MON87411）已经获得美国农业部（USDA）和环保署（EPA）批准（Head et al.，2017），是世界上农业植物保护领域第一个即将商业化的转基因产品。这种转基因玉米表达了一种昆虫 *Snf7* dsRNA，Snf7 属于运输所需的内体分选复合体III中囊泡分选蛋白 E 类的一员，可通过跨膜蛋白的内化、转运、分选和溶酶体降解发挥重要的作用（Ramaseshadri et al.，2013）。实验表明，这种转基因玉米不仅可以有效杀死玉米根萤叶甲，而且对西方蜜蜂（*Apis mellifera*）等非靶标生物没有明显的毒性作用（Tan et al.，2016）。这是将环境 RNA 干扰技术应用于植物保护领域的成功实例。此外，应用喷洒或根部灌溉等环境 RNAi 方法控制害虫是一种很便捷的方式，但需要大量的 dsRNA，直接通过试剂盒体外合成 dsRNA 显然过于昂贵，因此，需要找到一种能降低成本的 dsRNA 生产方式。共生菌介导的 RNA 干扰（symbiont-mediated RNA interference，SMR）可在虫体内持续分泌 dsRNA，从而实现对害虫靶标基因的干扰，在控制农作物虫害方面极具潜力。Whitten 等（2016）在长红锥蝽（*Rhodnius prolixus*）和西花蓟马（*Frankliniella occidentalis*）的共生菌中表达针对靶标基因 *Nitrophorin* 的 dsRNA（ds*NP*），持续合成 dsRNA，改造后的共生菌感染猎蝽后会与正常的共生菌竞争，在宿主体内引起系统性的靶标基因下调从而导致害虫死亡。通过酵母发酵生成大量 dsRNA，也可以作为一种 dsRNA 的传递系统用于进行 RNA 干扰（Murphy et al.，2016）。这种利用微生物表达 dsRNA 的方法，可以通过将生物制剂直接喷洒在植物叶片上或土壤中，以持续繁殖产生 dsRNA，从而进行害虫防治，为利用该技术进行害虫绿色防控提供了新思路。

2.3.2　系统性 RNA 干扰

RNAi 具有两个显著的特点，首先是高特异性，其次是系统性。RNAi 效果如何，很重要的一点就是 RNAi 信号在生物体内的传播效率。在植物和线虫中 RNAi 能够实现系统性传播以沉默远离摄入位点的靶基因，在大多数昆虫中也存在系统性 RNAi 现象，但 RNAi 信号转导能力在不同昆虫类群中存在差异。

2.3.2.1　系统性 RNA 干扰的发现及作用机制

系统性 RNAi 指 RNAi 信号从一个细胞传递到另外一个细胞，或从一种组织传递到同一个体的另外一种组织。RNAi 效应的系统性传播首先发现于植物，植物系统性 RNAi 的主要功能被认为是能在整个植物体转移病毒抗性，以阻断病毒进一步感染（Palauqui et al.，1997）。用 dsRNA 处理昆虫后，能够在一定时间内检测到相应的 RNAi 效果，说明大多数昆虫中也存在系统性 RNAi 现象，但 RNAi 信号转导能力不同。例如，直接将 dsRNA 注射到赤拟谷盗血腔中，可以引起远距离组织、不同发育时期甚至子代基因的沉默（Bucher et al.，2002）。有关系统性 RNAi 作用机制的报道还较少，沉默信号可能涉及多种基因及转运机制。

要想实现系统性 RNAi，鉴定 dsRNA 在细胞间传递的关键因子是至关重要的一个环节。线虫是系统性 RNAi 机制研究得最为透彻的物种，在线虫中 dsRNA 效应能扩散到未直接导入 dsRNA 的组织中（Winston et al.，2002）。研究表明，参与线虫系统性 RNAi 的主要是 SID 蛋白，SID-1 对线虫系统性 RNAi 具有重要作用，能够将 dsRNA 信号传递到生物体各个不同的组织细胞（Winston et al.，2002；Feinberg and Hunter，2003），但其并不参与将 dsRNA 运输出细胞外（Jose et al.，2009）。此外，SID-5 对 dsRNA 在线虫细胞间的扩散也起到重要作用（Hinas et al.，2012）。Tijsterman 等（2004）通过遗传突变的方法，在线虫中筛选到 30 个与系统性 RNAi 有关的突变体，将这些突变体命名为 *rsd*，即 RNAi 传播缺失（RNAi spreading defective，*rsd*），并将其分为 5 个互补群。*rsd* 突变体包括 *rsd-2*、*rsd-3*、*rsd-4*、*rsd-6* 和 *rsd-8*。*rsd* 突变体可以分为两种表型：① I 类（class I），对喂食针对生殖细胞基因和体细胞基因的 dsRNA 具有抗性作用（*rsd-4* 和 *rsd-8*）；② II 类（class II），对喂食针对生殖细胞基因的 dsRNA 具有抗性作用，但对体细胞基因的 dsRNA 敏感（*rsd-2*、*rsd-3* 和 *rsd-6*）。I 类突变体缺失从环境中摄入 dsRNA 和系统性传导基因信号沉默的作用，印证了 Tijsterman 等（2004）所提到的关于 *rsd-4* 与 *sid-1* 是等位基因的假说。通过基因图谱定位技术发现 *rsd-4* 可能与 *sid-1* 是等位基因。而 II 类所包含的 3 个基因可能具有将信号从肠道传递至生殖细胞的作用，表明组织之间基因沉默信号的传导还有另一种特殊的存在方式。进一步研究发现，*rsd-3* 与人的 *Enthoprotin* 基因是同源基因，而 *Enthoprotin* 基因家族在真核生物中具有高度保守性，是依赖网格蛋白发生胞吞作用而引起细胞内陷的必需蛋白。Tomoyasu 等（2008）在赤拟谷盗中也发现存在线虫 *rsd-3* 的同源基因，但其作用机制尚待深入研究，推测其可能与内吞作用相关。这一发现表明，*rsd-3* 对通过细胞的胞吞作用来摄入或传导信号具有重要作用。

在昆虫中虽然也有 *sid* 同源基因的报道，但已报道的昆虫中，*sid* 基因与线虫 *tag-130* 基因高度同源，而 *tag-130* 并不是线虫 RNAi 所必需的基因（Valdes et al.，2012）。例如，在鳞翅目家蚕中虽然发现了 3 个 *sid-1* 同源基因，但其没有强烈的系统性 RNAi 现象（Tomoyasu et al.，2008）。有研究表明，SID-1 蛋白调节 dsRNA 进入家蚕细胞，并可以增强对家蚕细胞基因的沉默效果（Kobayashi et al.，2012；Mon et al.，2012）。在半翅目棉蚜中也发现了一个 *sid-1* 同源基因，但其在摄取 dsRNA 中的作用还需要进一步研究（Xu and Han，2008）。膜翅目蜜蜂 *sid-1* 同源基因的表达量在其靶标基因下降之前提高了，推测 *sid-1* 同源基因参与了 dsRNA 的摄取（Aronstein et al.，2006）。目前在双翅目果蝇中还没有发现 *sid-1* 同源基因，推测可能是在长期的自然进化中双翅目昆虫丢失了 *sid-1* 同源基因（Saleh et al.，2006）。鞘翅目赤拟谷盗和直翅目飞蝗中存在系统性 RNAi 现象，但研究发现，*sid-1* 并不是这两种昆虫系统性 RNAi 所必需的（Tomoyasu et al.，2008；Luo et al.，2012）。此外，昆虫 *sid-2*、*sid-3* 和 *sid-5* 基因功能研究鲜有报道，甚至在已测序的昆虫基因组中还尚未找到 *sid-2* 和 *sid-5* 的同源基因。

如 2.1.1 所述，在植物和线虫中均存在系统性 RNAi 效应的重要组件 RdRP（Mourrain et al.，2000；Sijen et al.，2001；Price and Gatehouse，2008），然而，在已测序的昆虫基因组中，尚未发现 RdRP-like 基因，但赤拟谷盗和沙漠蝗等昆虫中依然具有高效的系统性 RNAi，因此推测赤拟谷盗和沙漠蝗体内可能存在高效的细胞自主性 RNAi 或可替代 RdRP 依赖的 dsRNA 扩增机制（Wynant et al.，2014b），但其分子机制尚未得到深入解析。在昆虫中是什么基因负责 dsRNA 的胞外运输和细胞间的传递？是否如同线虫一样，昆虫不同组织之间 dsRNA 的传递也有不同的基因参与？这是人们饶有兴趣的科学问题。

2.3.2.2　系统性 RNA 干扰的研究现状及生物学意义

系统性 RNAi 由于具有高效和特异性的特点，成为新型分子靶标筛选中研究最活跃的技术之一。利用昆虫细胞、胚胎、幼虫（若虫）和成虫 RNAi 技术在昆虫细胞或个体中直接沉默靶标基因，可以从分子水平寻找新的靶标。利用系统性 RNAi 技术可以在整个基因组水平上实现快速、大规模和高通量的筛选，发现许多以前未曾注意到或很难得到的一些潜在靶标。例如，研究人员利用大规模 RNAi 筛选的方法，在果蝇和赤拟谷盗中鉴定了一批与昆虫胚胎发育、胚后发育、生理学与细胞生物学相关的重要功能基因（Bai et al.，2011；Schmitt-Engel et al.，2015；Liu et al.，2016c；Hassan et al.，2018；Schultheis et al.，2019），并获得了多个可用于害虫防治的新靶标基因（Knorr et al.，2013；Dönitz et al.，2015；Ulrich et al.，2015）。

在绝大多数昆虫 RNAi 研究中，首选的 dsRNA 递送方法是通过显微注射，利用微量注射仪将 dsRNA 注入目标生物体内。该方法能够直接迅速地将 dsRNA 运送到目的组织或血淋巴中，突破了外表皮、肠道上皮细胞等障碍。注射法能够将定量的 dsRNA 注射到昆虫体内，随后，RNAi 沉默信号可传递至其他组织，从而实现系统性 RNAi。赤拟谷盗属于鞘翅目，是研究系统性 RNAi 的模式昆虫，昆虫系统性 RNAi 现象首先在赤拟谷盗中被发现，将 *ASH*（一种果蝇感觉刚毛形成基因的同系物）基因 dsRNA 注射进入幼虫体内导致整个虫体表皮出现“刚毛丢失”的表型（Tomoyasu and Denell，2004）。几丁质合成酶基因 1 和 2（*CHS1* 和 *CHS2*）主要在表皮及中肠高表达，Arakane 等（2004）将赤拟谷盗几丁质合成酶基因的 dsRNA 注射至昆虫体腔后，发现 *CHS1* 在表皮的表达量显著减少，干扰幼虫—幼虫、幼虫—蛹和蛹—成虫的蜕皮；而 *CHS2* 在中肠的表达量亦显著降低，但对昆虫蜕皮则没有影响，却可以引起昆虫取食量的减少，从而导致昆虫死亡。飞蝗和沙漠蝗等直翅目昆虫对 dsRNA 也很敏感，山西大学张建珍教授课题组的系列研究表明，飞蝗发育相关基因的 dsRNA 注射入飞蝗血腔后均可引起系统性 RNAi，并导致高死亡率，这些基因包括蜕皮激素和保幼激素信号通路相关基因，如蜕皮激素受体基因 *EcR*（Liu et al.，2018a）、核受体基因 *HR3*（Zhao et al.，2018b）和 *HR39*（Zhao et al.，2019b）等；表皮脂代谢关键基因，如表皮碳氢化合物合成相关基因 *CYP4G102*（Yu et al.，2016c）、参与表皮脂转运的基因 *ABCH-9C*（Yu et al.，2017）等；几丁质代谢及排布关键基因，如几丁质合成酶 1 基因（Zhang et al.，2010a）、几丁质酶 5 基因（Li et al.，2015a）、几丁质脱乙酰基酶基因（Yu et al.，2016a）等；表皮蛋白基因，如 *ACP7*（Zhao et al.，2019a）等。大部分鳞翅目昆虫 RNA 干扰效率不高（Swevers et al.，2011；Terenius et al.，2011），相关研究较为成功的物种为家蚕和烟草天蛾（Terenius et al.，2011）。对膜翅目西方蜜蜂注射 dsRNA，也可抑制相关基因的表达（Farooqui et al.，2003；Gatehouse et al.，2004；Aronstein and Saldivar，2005）。除了上述昆虫，显微注射也可以应用于其他有害生物中，引起 RNA 干扰。成功的研究实例包括豌豆蚜（Sapountzis et al.，2014）、德国小蠊（Lin et al.，2014）、地中海蟋蟀（*Gryllus bimaculatus*）（Uryu et al.，2013）、肩突硬蜱（*Ixodes scapularis*）（Karim et al.，2010）和二斑叶螨（*Tetranychus urticae*）（Grbić et al.，2011）等。总之，系统性 RNAi 在昆虫基因功能解析和害虫防治新靶标的发现中发挥着重要作用。

2.3.2.3　系统性 RNA 干扰在病虫害防治中的应用前景

由于 RNAi 诱导基因沉默具有高效性、特异性以及快速简便性，因此其在害虫防治领域具有极大的潜力。应用于防治害虫的主要是非细胞自主性 RNAi，即通过昆虫取食或者喷洒等方式来内化靶标基因的 dsRNA（环境 RNAi），而被干涉的靶基因沉默信号能通过细胞或组织进行传播，起到 RNAi 的效果（系统性 RNAi）。RNAi 的应用方法很多，目前已知，通过注射、饲喂和喷洒等多种方法均可在多种害虫中达到致死效果，但 RNAi 技术在不同的昆虫中存在显著差异，没有一种方法可适用于所有害虫类群；此外，昆虫中系统性 RNAi 的信号扩增机制，冗余基因的弥补功能引起的表型不明显，外界环境因素的影响，以及系统性 RNAi 的传递效率等问题都有待进一步深入研究。相信随着对 RNAi 机制的深入研究和 dsRNA 转运效率的提高，RNAi 将会更加高效地运用于害虫防治实践中。

第 3 章　RNA 干扰技术在害虫和害螨基因功能研究中的应用

鉴定某个基因的功能，常常需要敲除该基因或下调该基因的表达，有时还需要过表达该基因。在模式昆虫如黑腹果蝇（*Drosophila melanogaster*）中，基因敲除和过表达技术比较成熟，应用也很广泛。在农业害虫或害螨中，利用 RNA 干扰技术下调基因表达来研究基因功能，迅速提升了基因功能研究的水平（Bellés，2010）。虽然近年来利用 CRISPR/Cas9 技术研究害虫基因功能的报道逐渐增多，但 RNA 干扰技术在害虫和害螨基因功能研究中的作用仍不可替代。

3.1　利用 RNA 干扰技术研究害虫的基因功能

近年来，利用 RNA 干扰技术研究害虫的基因功能取得了不少进展，以下重点阐述昆虫胚胎发育、几丁质代谢、取食、生殖、翅型分化，以及蚊虫免疫与传病等方面一些重要基因的功能。

3.1.1　胚胎发育基因

胚胎发育是昆虫生命周期的第一步，也是最基本的过程。在昆虫早期胚胎分化的过程中，只有部分细胞形成胚盘细胞，称为胚原基，其进一步发育成胚带，进而发育成为胚胎，而胚盘外的其他细胞将发育形成胚外组织。按照胚原基与卵的大小比例，昆虫可分为以下三类：只有很小的胚原基的昆虫，称为短胚带昆虫（如飞蝗）；胚原基占卵的 1/3～1/2 大小的昆虫，称为中胚带昆虫（如褐飞虱）；胚原基占据整个卵体积的昆虫，称为长胚带昆虫（如果蝇）。黑腹果蝇作为一种模式生物，其胚胎发育及基因调控网络已很清楚（Lawrence and Struhl，1996）。其他昆虫的胚胎发育研究很多是参照果蝇的结果来开展的。但是，由于昆虫胚胎发育的多样性，其他昆虫的胚胎发育与果蝇有很多不同之处。近年来，利用 RNAi 技术在其他昆虫胚胎发育基因功能的研究中也取得了不少重要结果。

赤拟谷盗（*Tribolium castaneum*）对 RNAi 极为敏感，可在任意生长发育阶段对靶标基因实现系统且持续的沉默。早在 1999 年就发现，通过直接向赤拟谷盗胚胎注射 dsRNA，就可引起 RNAi 效应而使目的基因的表达受到抑制（Brown et al.，1999）。将 dsRNA 注入赤拟谷盗母体的血腔中，发现处理后赤拟谷盗后代胚胎合子的相应基因也被沉默了，这表明 RNAi 效应能够影响下一代的生长发育（Bucher et al.，2002）。目前，赤拟谷盗的 RNAi 表型等信息已包含在数据库 iBeetle-Base 中，该数据库经过不断更新，目前已包括基因组中 50% 以上基因的 RNAi 信息（Dönitz et al.，2018）。此外，特异性地干扰非编码区序列可获得新的表型（Thümecke and Schröder，2018）。

昆虫胚胎发育的最重要一步是建立前后轴极性。如果这个过程不能完成，昆虫胚胎将可能发育为“双腹部”。Ansari 等（2018）利用注射法 RNAi 降低了赤拟谷盗的胚胎和 5 龄幼虫生殖细胞缺失基因 *Tc-germ cell-less*（*Tc-gcl*）的 mRNA 表达量后，产卵量均无明显变化，说明 *Tc-gcl* 可能是生殖细胞发育的非必需基因。将 ds*Tc-gcl* 注射到早期胚胎中并没有出现致死现象和表皮变化，说明 *Tc-gcl* 的母系功能占主导地位。干扰 *Tc-gcl* 后，Wnt 信号通路的关键因子 *Tc-axin*、*Tc-pan* 或 *Tc-hbn* 的表达量显著下降甚至不表达；相反，干扰 Wnt 信号通路的关键因子 *Tc-axin* 后，*Tc-pan* 或 *Tc-hbn*、*Tc-gcl* 的表达没有变化。干扰 *Tc-gcl* 或者同时干扰前端合

子基因 *Tc-homeobrain*（*Tc-hbn*）和 *Tc-zen1* 导致产生双腹部表型，而干扰 *Tc-caudal* 和 Wnt 信号因子造成双前端表型，说明合子基因活性和 Wnt 信号转导有助于形成前后轴胚胎极性。

在赤拟谷盗胚胎中通过母源 RNA 干扰同源域转录因子 *caudal*（*cad*）的正调控因子 *legless*（*Tc-lgs*）和 Wnt 通路的效应子 *pangolin*（*Tc-pan*）后，降低了 *cad* 梯度，诱导中胚带昆虫向短胚带模式发育。干扰 Wnt 通路的负调控因子 *axin*（*Tc-axin*）后，*cad* 梯度不会经历回缩，从而诱导中胚带昆虫向长胚带模式发育，表明 *cad* 梯度调节影响前后轴胚胎极性及由胚盘到胚带的转变（Zhu et al.，2017）。在家蚕（*Bombyx mori*）的二化性品系中，胚胎滞育是跨代诱导的。Sato 等（2014）发现在胚胎期干扰 *BmTrpA1* 可调节幼虫—成虫期的滞育激素释放。

3.1.2　几丁质代谢基因

几丁质是自然界中储存量仅次于纤维素的第二大天然多糖，广泛存在于真菌、昆虫和甲壳动物中，但不存在于植物和脊椎动物中。几丁质是昆虫表皮（外骨骼）的主要成分，也是其中肠围食膜的重要成分。几丁质约占昆虫虫蜕干物质的 40%。几丁质代谢对于昆虫生长发育和蜕皮变态至关重要（张文庆等，2011；Zhu et al.，2016a），一直是害虫控制的理想靶标。蜕皮是线虫和昆虫等动物所特有的生理现象，其几丁质的外表皮一旦硬化，便不能再生长，只有通过蜕去旧皮、长出新表皮才能长大。几丁质的代谢伴随着蜕皮过程，包括几丁质的合成和降解，众多基因参与调控了这一生理过程，如几丁质合成酶、几丁质酶以及激素信号转导通路上的蜕皮激素受体等。利用 RNAi 技术研究这些基因的功能，对我们了解及阐明几丁质的代谢机制至关重要。

3.1.2.1　几丁质合成酶

多数昆虫拥有两个几丁质合成酶基因，即 *CHSA*（*CHS1*）和 *CHSB*（*CHS2*）。*CHSA* 主要在昆虫表皮和气管中表达，而 *CHSB* 主要在中肠围食膜表达。与此相对应，前者主要负责表皮和气管几丁质的合成，而后者则负责中肠围食膜的几丁质合成。少数昆虫（如褐飞虱）只有一个几丁质合成酶基因。利用 RNAi 技术已阐明甜菜夜蛾（*Spodoptera exigua*）、赤拟谷盗、中华稻蝗（*Oxya chinensis*）、褐飞虱（*Nilaparvata lugens*）等多种昆虫几丁质合成酶基因的功能。利用注射法和饲喂法干扰甜菜夜蛾 *SeCHSA* 后，其生长发育受到抑制，出现蜕皮障碍、表皮几丁质层不能正常形成（图 3-1）、气管发育畸形和所谓的“双头”等表型（图 3-2）（Tian et al.，2009）。而在半翅目昆虫褐飞虱中，对 3 龄若虫持续饲喂含有 ds*NlCHS1* 的人工饲料，发现其存活率与几丁质含量显著下降，并且出现蜕皮变态相关的畸形表型。同时对成虫 1d 的褐飞虱注射 dsRNA，其卵粒的孵化率与对照相比显著下降，仅为 9.32%，这表明 *NlCHS1* 在控制害虫后代数量上是有应用潜力的 RNAi 靶基因（Li et al.，2017c）。

3.1.2.2　几丁质酶

几丁质酶是降解几丁质的专一水解酶。几丁质酶家族存在多个几丁质酶或类几丁质酶蛋白，但是每个成员在昆虫体内的功能不尽相同，产生的效应和表型也存在差异。赤拟谷盗拥有 23 个几丁质酶和类几丁质酶基因，可以分为五大类（Zhu et al.，2008a）。选择每一类的代表性基因用于 RNAi 研究：Ⅰ类的基因 *TcCHT5*，Ⅱ类的基因 *TcCHT10*，Ⅲ类的基因 *TcCHT7*，Ⅳ类的基因 *TcCHT2*、*TcCHT6*、*TcCHT8*、*TcCHT14* 和 *TcCHT16*，Ⅴ类的基因 *TcIDGF2*、

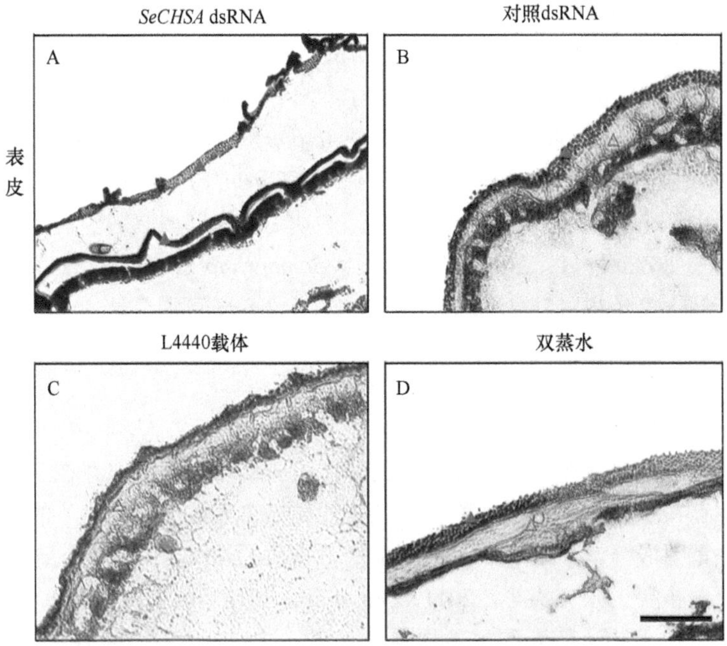

图 3-1　饲喂 *SeCHSA* 的 dsRNA 后甜菜夜蛾表皮的电镜观察（Tian et al.，2009）

A. 处理组；B～D. 对照组。红色实心三角指外表皮，红色空心三角指内表皮。标尺为 50μm

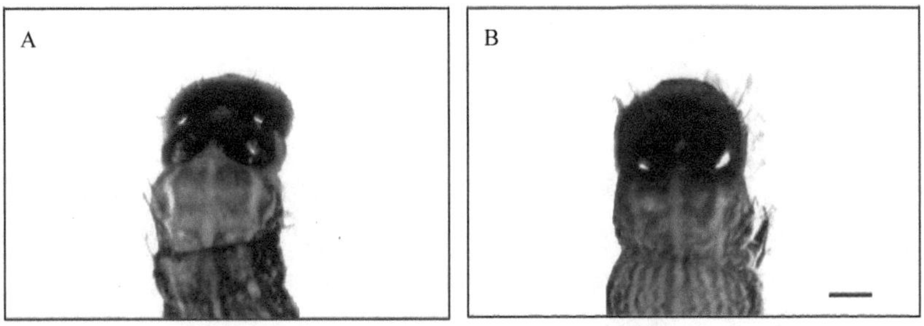

图 3-2　饲喂 *SeCHSA* 的 dsRNA 后的“双头”现象（Tian et al.，2009）

A. 处理组；B. 对照组。标尺为 0.4mm

TcIDGF4。结果表明，*TcCHT5* 仅在蛹—成虫蜕皮时是必需的；*TcCHT10* 在卵的孵化、幼虫蜕皮、化蛹、成虫变态等方面均有重要作用；*TcCHT7* 在化蛹后的腹部收缩和成虫翅发育方面是必需的；*TcIDGF4* 没有几丁质酶活性但有助于成虫羽化；而其他类几丁质酶蛋白没有导致明显的表型（Zhu et al.，2008b）。在褐飞虱中，通过注射几丁质酶特异性的 dsRNA，发现有 5 个几丁质酶成员能够产生致死表型：*NlCht1*、*NlCht5*、*NlCht7*、*NlCht9* 和 *NlCht10*（Xi et al.，2014）。Noh 等（2018）在赤拟谷盗中注射含有两个催化结构域的表皮内切几丁质酶 *TcCHT7* 的 dsRNA，*TcCHT7* 的 mRNA 和蛋白表达量显著下降。干扰末龄幼虫后，虽然对幼虫发育和蛹的蜕皮无影响，但出现羽化后的翅和足变小、难以直立、角质层变薄以及背腹部表皮皮层结构异常等现象，表明 *TcCHT7* 是所有发育阶段新生表皮中含几丁质结构的组织所必需的，并对软硬层状表皮的形成起至关重要的作用。在甜菜夜蛾中，通过注射两种不同家族的几丁质酶基因（*SeChi*）的 dsRNA，发现 ds*SeChi* 处理组的甜菜夜蛾只在羽化阶段出现了蜕皮障碍的现象（Zhang et al.，2012a），表明几丁质酶基因对几丁质的代谢具有时间特异

性。此外，飞蝗几丁质合成酶基因 *CHS1* 和几丁质酶基因 *CHT10* 分别是 miR-71 和 miR-263 的靶基因（Yang et al.，2016a）。

几丁质酶降解昆虫的几丁质，必须区分新合成的几丁质以及叠加在其上的旧几丁质。在赤拟谷盗中发现 Knickkopf（TcKnk）蛋白保护新的表皮不被几丁质酶降解，该蛋白在新表皮中与几丁质共表达，并使几丁质呈现出薄层结构。RNAi 下调 *TcKnk* 基因表达量导致几丁质含量降低、蜕皮畸形以及死亡。由于 TcKnk 蛋白在昆虫纲、甲壳纲和线虫中的保守性，推测其在无脊椎动物的薄层结构和外骨骼几丁质保护中均有重要作用（Chaudhari et al.，2011）。进一步研究发现赤拟谷盗中存在 3 个类 *Knk* 基因：*TcKnk*、*TcKnk2* 和 *TcKnk3*（包括 3 个可变剪接 *TcKnk3-FL*、*TcKnk3-5'* 和 *TcKnk3-3'*）。下调 *TcKnk* 的表达导致每一次蜕皮都出现畸形，而干扰 *TcKnk2* 和 *TcKnk3-3'* 则只导致在隐成虫阶段出现蜕皮畸形（Chaudhari et al.，2014）。

3.1.2.3 其他参与几丁质代谢的基因

除了上述两类几丁质代谢的重要基因，还有几丁质合成通路上的相关酶也参与了几丁质的代谢，如研究较多的海藻糖酶（trehalase，Tre）和 UDP-*N*-乙酰氨基葡萄糖焦磷酸化酶（UDP-*N*-nacetylglucosamine pyrophosphorylase，UAP）。海藻糖酶是几丁质合成通路上的第一个酶，近年来，对赤拟谷盗、甜菜夜蛾、褐飞虱、马铃薯甲虫等多种昆虫的几丁质调控通路的研究结果均表明，Tre 对几丁质的合成与分解具有一定的调控作用（Chen et al.，2010a；Shukla et al.，2015；Yang et al.，2017）。对甜菜夜蛾可溶性 *SeTre-1* 和膜结合型 *SeTre-2* 两个海藻糖酶基因进行 RNAi，结果显示 *SeTre-1* 和 *SeTre-2* 调控不同部位及不同时期的几丁质合成，即 *SeTre-1* 对幼虫—蛹阶段和几丁质合成酶基因 *CHS1* 的影响较大，而 *SeTre-2* 则对蛹—成虫

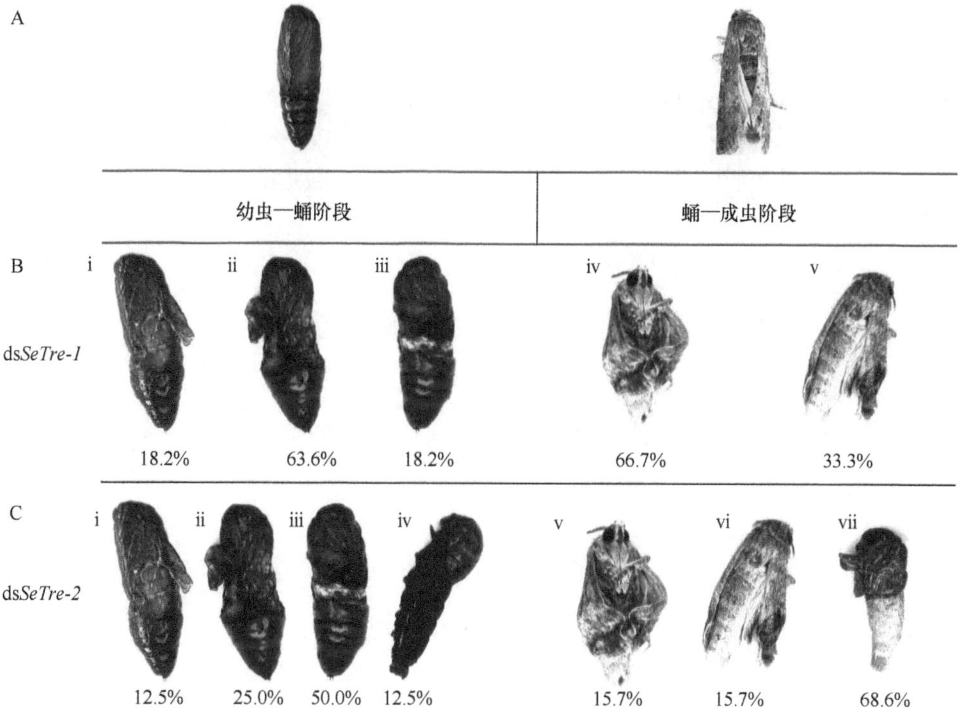

图 3-3 注射 ds*SeTre-1* 和 ds*SeTre-2* 后甜菜夜蛾的畸形统计（Chen et al.，2010a）

A. 对照组的正常蛹和成虫；B. ds*SeTre-1* 处理组的畸形蛹（i～iii）和成虫（iv 和 v）；
C. ds*SeTre-2* 处理组的畸形蛹（i～iv）和成虫（v～vii）

阶段和 *CHS2* 的影响较大（Chen et al.，2010a）（图 3-3）。此外，干扰 *SeTre-1* 和 *SeTre-2* 均会降低表皮中的几丁质含量，但干扰 *SeTre-1* 的效果更为明显；而只有干扰 *SeTre-2* 才会降低中肠中的几丁质含量。几丁质合成通路上的另一个酶 UAP 对昆虫的表皮组织、气管组织的形成以及蛋白的糖基化必不可少。目前发现的节肢动物除飞蝗和赤拟谷盗具有 2 个 *UAP* 基因，其他物种都只有 1 个 *UAP* 基因。在赤拟谷盗中，*TcUAP1* 基因沉默会影响赤拟谷盗表皮和围食膜的几丁质合成，而 *TcUAP2* 则可能影响蛋白质的糖基化和次生代谢产物的合成（Arakane et al.，2011）。这些功能在东亚飞蝗体内也得到了验证（Liu et al.，2013）。而在鳞翅目昆虫甜菜夜蛾中，通过注射 *UAP* 的 dsRNA，发现 UAP 可以影响几丁质合成通路的下游基因 *CHS2*，并对甜菜夜蛾幼虫—蛹期的生长发育起一定作用（陈洁等，2014）。

昆虫的蜕皮伴随着几丁质的代谢，这些生理活动都受到蜕皮激素的精确调控，而蜕皮激素受体（EcR）与 20E 结合，随后激活诱导一系列早期应答基因，如 *E74*、*E75* 和 *Broad* 的表达，精确调控几丁质合成通路基因，以调节完成蜕皮反应过程（Yao et al.，2010）。此外，*EcR* 基因作为节肢动物的特有基因，因为具有较高的特异性，一直是生物防治理想的靶标选择。借助转基因 RNAi，选取褐飞虱 *NlEcR* 基因保守片段构建表达该片段的 dsRNA 的转基因水稻，通过饲喂实验，发现能有效降低褐飞虱 *NlEcR* 基因的转录水平，还能显著减少褐飞虱的繁殖后代数，证明了通过转基因水稻介导的 RNAi 能诱发刺吸式口器昆虫褐飞虱的干扰效应，为生物防治提供了新的思路（Yu et al.，2014b）。此外，对褐飞虱 135 个表皮蛋白基因进行 RNA 干扰后，发现 15 个基因是高致死基因且有表型，4 类表型中有两类与蜕皮有关（Pan et al.，2018）。上述各种酶及蛋白质形成一个复杂的网络，共同调控昆虫的几丁质代谢（图 3-4）。

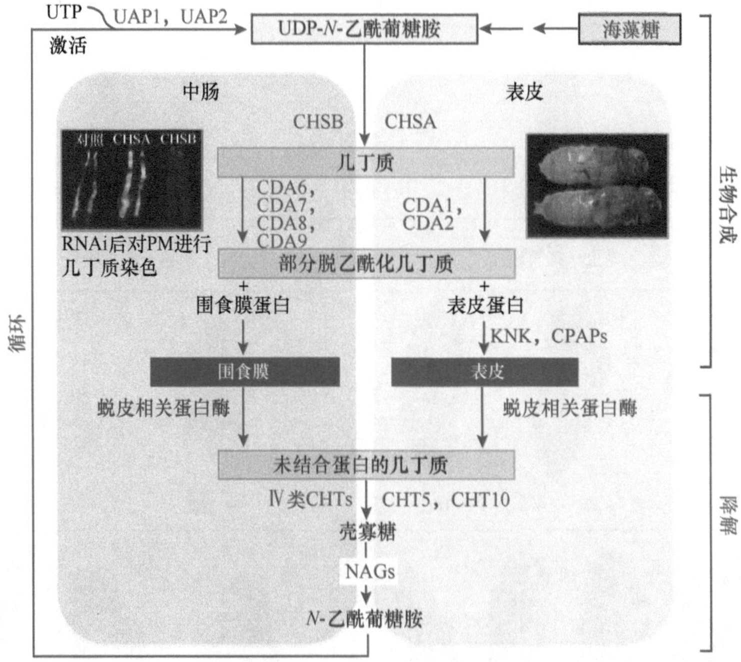

图 3-4　参与昆虫几丁质合成和降解的主要过程及其关键酶和蛋白质（Zhu et al.，2016a）

UTP：尿苷三磷酸；CHSA 和 CHSB：几丁质合成酶 A 和 B；CDA：几丁质脱乙酰酶；KNK：几丁质结合蛋白 Knickkopf；CPAPs：类围食膜表皮蛋白；CHT：几丁质酶；NAGs：β-*N*-乙酰氨基葡糖苷酶；UAP：UDP-*N*-乙酰氨基葡萄糖焦磷酸化酶

3.1.3　取食相关基因

取食是昆虫生存的基础，对农业和卫生害虫来说，取食量的多少直接关系到害虫对作物或人类危害的严重程度。昆虫主要利用寄主的挥发性化合物寻找食物、定位交配对象和产卵场所等，而寄主产生的非挥发性化合物决定了昆虫的取食量。在寻找食物和取食过程中，昆虫嗅觉系统、味觉系统，以及寄主防御相关基因等起到了关键作用。昆虫的嗅觉识别过程是非常复杂的，多种蛋白参与了这一过程，包括化学感受蛋白（CSP）、气味结合蛋白（OBP）、气味降解酶（ODE）、气味受体（OR）、离子型受体（IR）和感觉神经元膜蛋白（SNMP）等（图 3-5）。鉴定害虫识别或感受植物挥发物的关键嗅觉基因，有助于更好地发展“推–拉”技术控制害虫为害；鉴定识别植物非挥发性化合物的味觉受体，则有利于抗虫作物品种的培育。

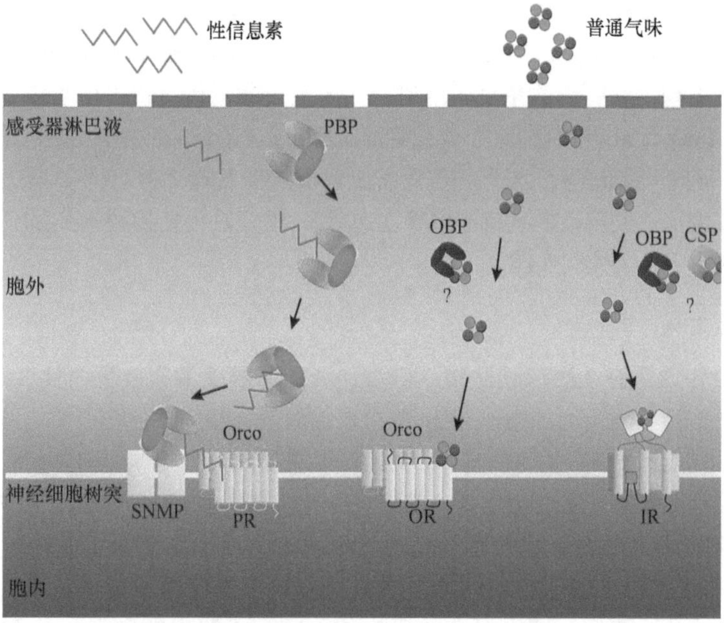

图 3-5　昆虫外周嗅觉识别分子模型（王桂荣提供）

PBP：性信息素结合蛋白；OBP：气味结合蛋白；CSP：化学感受蛋白；Orco：气味共受体；SNMP：感觉神经元膜蛋白；PR：性信息素受体；OR：气味受体；IR：离子型受体

3.1.3.1　气味受体

在昆虫通过气味发现其寄主或交配对象的过程中，气味受体（OR）发挥着核心作用。每种昆虫通常有几十个气味受体蛋白，其中黑腹果蝇 62 个，烟青虫（*Helicoverpa assulta*）63 个，棉铃虫（*Helicoverpa armigera*）65 个。在鳞翅目昆虫中，气味受体可分为性信息素受体和普通气味受体两类，目前对前者的研究较多。已经鉴定了超过 60 种蛾类的性信息素受体基因，对 30 多种蛾类的性信息素受体基因的功能进行了研究。例如，我国重要农业害虫棉铃虫基因组中包含 7 个性信息素受体的编码基因，通过功能研究鉴定了其中 4 个性信息素受体的配体，OR13 识别棉铃虫主要的性信息素成分 Z11-16:Ald，对于棉铃虫正常交配不可或缺，而气味受体 OR16 的配体 Z11-16:OH 是棉铃虫交配的拮抗剂，通过 CRISPR/Cas9 技术证明了该基因参与调控棉铃虫最优交配时间（Chang et al.，2017）。除此之外，对非鳞翅目昆虫识别特异信息素的受体也进行了鉴定和功能研究。例如，Zhang 等（2017）通过比较基因组学和功能研究，从豌豆蚜（*Acyrthosiphon pisum*）基因组编码的 79 个气味受体基因家族中，鉴定了特异性感受报警信息素的受体（ApOR5），在蚜虫体内 RNA 干扰 *ApOR5* 结合行为学测定也证明了该基因是介导蚜虫报警行为的关键基因。进一步，以 ApOR5 为靶标高通量筛选获得的配体分子对蚜虫具有明显的驱避作用，初步阐明了蚜虫外周嗅觉系统感受报警信息素的信号转导通路，建立了气味受体介导昆虫行为的模型（Zhang et al.，2017c）。

普通气味受体感受植物挥发物的研究近年来也取得了不少进展。早期研究发现，桑叶挥发性物质——顺式茉莉酮能特异性地吸引家蚕幼虫，其引起的行为反应与幼虫对桑叶的行为反应类似。体外功能研究进一步证明了 BmOR56 是顺式茉莉酮的特异性受体，推测其为家蚕幼虫特异性识别桑叶的关键蛋白（Tanaka et al.，2009）。在斜纹夜蛾（*Spodoptera litura*）、绿盲蝽（*Apolygus lucorum*）、烟青虫等农业害虫中，利用非洲爪蟾卵母细胞表达技术鉴定了多个气味受体的配体（Cui et al.，2018）。对棉贪夜蛾（*Spodoptera littoralis*）的 35 个气味受体进行的详细研究发现，在挥发物浓度较低时，大多数气味受体可精确地响应普遍存在的植物挥发物（de Fouchier et al.，2017）。在麦长管蚜（*Sitobion avenae*）中，利用 RNA 干扰技术下调气味共受体 *SaOrco* 的 mRNA 水平，导致蚜虫对植物挥发物 *Z*-3-己烯-1-醇、水杨酸甲酯和 *E*-β-法呢烯的触角电位反应减弱（Fan et al.，2015）。但是，还需要进一步加强将害虫气味受体的研究结果应用于害虫控制实践。

3.1.3.2 味觉受体

昆虫味觉受体通常有 7 次跨膜结构，但与经典的跨膜受体家族蛋白偶联受体不同的是，味觉受体在拓扑结构上表现为胞内 N 端和胞外 C 端的倒置结构。目前已鉴定味觉受体家族的昆虫，通常有几十或上百个味觉受体基因，其中黑腹果蝇 68 个、棉铃虫 197 个、褐飞虱 32 个，这可能与昆虫的食性有关。昆虫味觉受体基因主要包括糖受体、CO_2 受体、苦味受体等类别。

钙离子成像技术、非洲爪蟾卵母细胞表达技术等常用于鉴定味觉受体的配体。最初的工作是在果蝇中完成的。2003 年，钙离子成像技术被首先应用于果蝇味觉受体 DmGr5a 的配体鉴定（海藻糖）。随后，越来越多的研究使用该技术鉴定味觉受体的配体，如棉铃虫 HarmGr9、柑橘凤蝶（*Papilio xuthus*）PxutGr1 等。果蝇 DmGr66a 是苦味物质咖啡因的主要受体（Moon et al.，2006），但果蝇趋避咖啡因并不仅仅需要 DmGr66a，DmGr33a 和 DmGr93a 在识别咖啡因上也有一定作用。迄今为止，糖受体的配体鉴定比较容易（因为可购买多种糖的标准品），但其他类别味觉受体（特别是苦味受体）的配体鉴定还有较大困难，主要是配体的来源广，工作量大。

昆虫味觉受体不仅影响昆虫的取食行为，还能对有害物质或激素进行感知，进而影响昆虫的趋避、交配或产卵行为。在模式生物，如利用果蝇突变体的研究发现，DmGr66a、DmGr33a 和 DmGr93a 这三种味觉受体在果蝇对有毒物质香豆素的趋避行为中起重要作用（Poudel and Lee，2016）。苦味受体 DmGr66a 被敲除后，降低了对信息素 7-二十三烯（7-tricosene）的抑制作用，但增加了雄性的求偶行为（Lacaille et al.，2007）；在家蚕中，敲除 BmGr66 后，幼虫表现出不同的摄食活性，失去了对桑叶的特异性取食行为，能取食多种植物，甚至能取食水果和粮食作物种子等，说明单一味觉受体能够显著影响昆虫的取食偏好性（Zhang et al.，2019d）。而在非模式昆虫中，味觉受体的功能研究很少，主要是缺乏突变体技术。利用 RNAi 技术，在柑橘凤蝶中发现味觉受体 PxutGr1 能够特异性地感知脱氧肾上腺素

（synephrine），从而对其宿主进行选择并影响其产卵行为，说明该味觉受体是影响柑橘凤蝶寄主特异性的重要因子（Ozaki et al.，2011）。利用 RNAi 技术发现 *AaGr1* 和 *AaGr3* 基因被干扰后都能够影响埃及伊蚊对 CO_2 的敏感度，而干扰 *AaGr2* 却没有影响，推测 *AaGr2* 有其他未知功能（Erdelyan et al.，2012）。

利用体外表达载体在 Sf9 细胞中表达水稻害虫褐飞虱的两个糖受体 NlGr10 和 NlGr11，显微镜观察以及膜提取后蛋白质印迹（Western blotting）实验表明这两个味觉受体都在细胞膜上表达，与其被预测为跨膜结构的结果相符合。通过钙离子成像技术，鉴定了 NlGr11 的配体为果糖、半乳糖和阿拉伯糖（Chen et al.，2019）；NlGr10a 的配体为果糖和纤维二糖，NlGr10b 的配体为阿拉伯糖（Chen et al.，2020）。利用注射法 RNAi 技术，发现 NlGr11 能促进褐飞虱卵黄原蛋白 NlVg 和卵黄原蛋白受体 NlVgR 的表达，进而导致产卵量增加。进一步研究发现，NlGr11 能通过依赖 AMP 的蛋白激酶（AMPK）和蛋白激酶 B（AKT）所调控的信号通路来提高褐飞虱的繁殖力（图 3-6）。这是昆虫味觉受体参与调节繁殖力的首次报道（Chen et al.，2019）。

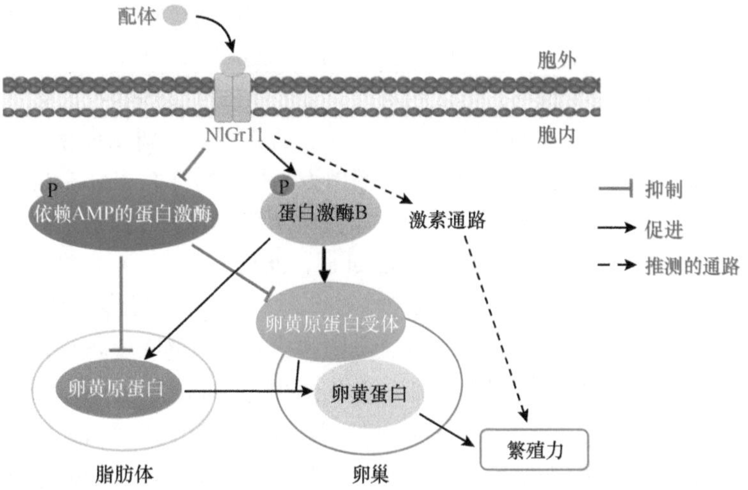

图 3-6　褐飞虱味觉受体 NlGr11 通过 AKT 和 AMPK 提高繁殖力的模式图（Chen et al.，2019）

3.1.3.3　害虫对抗虫作物的取食与致害

害虫为害作物造成的产量损失常常超过 10%。抗虫作物品种的培育和应用是控制害虫危害的有效措施之一。但是，随着抗虫作物品种使用时间的延长，害虫能逐渐适应抗虫品种，主要表现为其在抗虫作物上的取食量增加和致害力增强。例如，自国际水稻研究所推广应用第 1 个抗褐飞虱水稻品种 IR26（含抗虫基因 *Bph1*）以来，不断出现新品种抗性下降乃至抗性完全丧失的现象。这样，一方面产生新的致害性害虫种群，另一方面导致抗虫品种的使用寿命缩短，已成为害虫高效治理的主要障碍之一。概而言之，害虫适应抗虫作物的策略包括被动适应和主动调节两类，害虫有时候会同时利用两种策略对付寄主植物的防御体系，以减轻植物防御对害虫的不利影响。被动适应的方式包括减少摄入植物防御化合物、增强对化合物的代谢能力，或将化合物尽量排泄出去，以及降低害虫靶标对化合物的敏感性等。主动调节方式主要是通过害虫唾液腺分泌一些物质进入寄主植物细胞，通过干扰植物防御化合物的合成等途径来抑制植物防御能力（Kant et al.，2015）。

在害虫被动适应抗虫作物的过程中，害虫的解毒酶系（包括羧酸酯酶、细胞色素 P450、谷胱甘肽 S-转移酶等）和保护酶系（包括超氧化物歧化酶、过氧化物酶等）发挥了重要作用。

例如，在抗虫水稻品种上取食时，稻飞虱体内的大多数解毒酶和保护酶的活性升高。在抗虫水稻品种 YHY15（含抗褐飞虱基因 *Bph15*）上取食后，褐飞虱 3 个 P450 基因（*CYP4C61*、*CYP6AX1* 和 *CYP6AY1*）的表达量上调，RNAi 结果表明：*CYP4C61* 可促进褐飞虱在 YHY15 上取食（Peng et al.，2017）。谷胱甘肽 S-转移酶也被证实参与褐飞虱对寄主植物的适应（Sun et al.，2013）。为探索害虫适应抗虫作物的潜在新基因，转录组学等组学技术的应用不断增多。Zhang 等（2019a）利用敏感水稻品种日本晴和 *Bph6* 转基因抗虫水稻品种以及最新的测序技术，鉴定出 1893 个差异表达基因，其中细胞凋亡和自噬以及解毒等基因在取食抗虫水稻品种的褐飞虱中上调。通过比较褐飞虱 TN1 种群和抗性适应种群的脂肪体转录组，鉴定出差异表达基因达 7860 个，涉及代谢和免疫等信号通路；其中抗性适应种群可能通过调节氨基酸代谢来适应抗虫水稻品种（Yu et al.，2014a）。后续，可利用 RNAi 技术验证相关调控基因。此外，害虫对植物毒素的靶标不敏感的报道很少（Agrawal et al.，2012）。

刺吸式口器害虫对抗虫作物防御反应的主动调节主要是通过害虫唾液腺及其分泌物实现的。在飞虱、叶蝉、蚜虫和粉虱等取食植物韧皮部营养物质的过程中，唾液腺分泌两种唾液（凝胶唾液和水溶性唾液）进入植物细胞。凝胶唾液迅速凝固在口针周围形成唾液鞘，对口针起保护作用，还可疏松植物细胞。唾液鞘对蚜虫等昆虫的取食和繁殖很重要。在大麦中表达麦长管蚜（*Sitobion avenae*）的唾液鞘蛋白基因 *shp* 的 dsRNA，蚜虫取食大麦后其 *shp* 基因的 mRNA 水平降低，相应地，蚜虫的存活率、繁殖力等指标均降低（Abdellatef et al.，2015）；褐飞虱的 *shp* 基因有 2 个可变剪接，利用 RNA 干扰技术下调其表达抑制了褐飞虱唾液鞘的形成和取食行为，导致取食时间显著减少（Huang et al.，2015）。

而水溶性唾液包含可能的效应子，如酶类、Ca^{2+} 结合蛋白，以及其他促进昆虫取食或抑制植物防御的活性成分。例如，褐飞虱 *NlEG1* 基因（一种细胞壁降解酶基因）在唾液腺和中肠高表达，RNA 干扰该基因抑制了褐飞虱口针抵达水稻韧皮部的能力，从而减少了取食量（Ji et al.，2017）。较早被鉴定出功能的豌豆蚜唾液腺效应子 ApC002 主要由主唾液腺分泌到植物细胞中。RNA 干扰 *ApC002* 的表达后，通过刺吸电位图谱（electrical penetration graph，EPG）技术发现，豌豆蚜对食物的搜索和取食被抑制，并且在韧皮部刺吸的时间减少，说明 ApC002 可促进豌豆蚜在寄主植物上的取食（Mutti et al.，2008）。随后在桃蚜（*Myzus persicae*）的研究中证明，MpC002 还可影响桃蚜在寄主植物上的繁殖力（Bos et al.，2010）。豌豆蚜唾液中的血管紧张素转化酶（ACE）在基因组中共有 3 个基因：*ApACE1*、*ApACE2* 和 *ApACE3*。通过预测信号肽发现，ApACE1 和 ApACE2 属于分泌蛋白，ApACE3 属于非分泌蛋白。ApACE1 和 ApACE2 在唾液腺中的表达量显著高于其他组织，而 ApACE3 在卵巢中的表达量最高。与取食人工饲料相比，蚜虫取食植物时需要更多的 ApACE2。在豌豆蚜中分别干扰不同的 *ApACE* 基因，对豌豆蚜在寄主植物上的取食行为和生存都没有影响，但同时干扰 *ApACE1* 和 *ApACE2* 基因，豌豆蚜在寄主植物上的取食时间增加，刺探时间缩短，存活率显著降低（Wang et al.，2015b）。

关于唾液腺中其他效应子的研究，近年来也取得了不少进展，包括 Me10、Me23、Me47、Mp1、Mp2、Mp55、Bt56 等。其中，棉蚜（*Aphis gossypii*）的效应子 Me10 通过与番茄 TFT7 蛋白互作发挥作用，在番茄中抑制 TFT7 的表达，延长了蚜虫的寿命并提高了其繁殖力；波斯菊长管蚜（*Macrosiphum persicae*）效应子 Mp1 与植物 VPS52 蛋白结合后促进蚜虫取食和为害（Jiang et al.，2019b）。最近，浙江大学王晓伟教授团队发现烟粉虱（*Bemisia tabaci*）唾液蛋白 Bt56 与烟草中的转录因子 NTH202 结合，通过植物水杨酸（SA）–茉莉酸（JA）通路的互作下调 JA 防御通路，从而促进烟粉虱的取食和为害。利用 Western blotting 可在烟粉虱侵染的植物叶片中检测到唾液蛋白 Bt56，但在未侵染的叶片中检测不到，说明烟粉虱 Bt56 是通过取食进入植物细胞的。利用饲喂法 RNAi 技术下调 *Bt56* 基因的表达，刺吸电位图谱结果显示：被干扰的烟粉虱在韧皮部的取食被抑制（Xu et al.，2019a）。此外，蚜虫水溶性唾液分泌的 Ca^{2+} 结合蛋白也可作为效应子阻止筛管细胞的闭塞。Armet 是一种经由蚜虫分泌到植物中的 Ca^{2+} 结合蛋白。对豌豆蚜唾液腺的研究发现，利用 RNA 干扰抑制 *ApArmet* 的表达，可影响豌豆蚜的取食，导致豌豆蚜在寄主植物上的存活率降低，但是取食人工饲料的豌豆蚜的存活率不受影响，说明 ApArmet 在蚜虫取食寄主植物过程中发挥重要作用。刺吸电位图谱结果显示，当 *ApArmet* 受到 RNA 干扰抑制后，蚜虫被动取食的时间明显减少，刺探细胞的时间显著增加（Wang et al.，2015a）。褐飞虱 Ca^{2+} 结合蛋白 NlSEF1 可抑制水稻细胞中 Ca^{2+} 积累，从而增加害虫的取食（Ye et al.，2017a）。蚜虫巨噬细胞移动抑制因子（macrophage migration inhibitory factor，MIF）在叶片组织中的异位表达可抑制植物主要的免疫反应，如防御相关基因的表达、胼胝质沉积和超敏细胞死亡。体内功能的互补分析表明，MIF1 通过抑制植物的防御而协助蚜虫利用寄主植物。EPG 结果表明，对蚜虫 *MIF* 的干扰并不影响蚜虫穿刺植物组织的能力，但影响了蚜虫取食植物韧皮部汁液的能力。这些结果说明：*MIF* 基因对蚜虫的取食、生存和繁殖均很重要（Naessens et al.，2015）。

总之，尽管蚜虫主动调节寄主植物防御系统的报道不少，但在其他害虫中的相关研究不多，蚜虫中的相关基因在其他害虫中是否有类似功能值得探索。此外，也需要加强害虫适应抗虫作物的基因与作物育种相联系的研究。

3.1.4 生殖相关基因

影响昆虫繁殖力的因素很多，主要包括内源性和外源性因素两大类。其中，内源性因素包括繁殖力相关基因和受体、保幼激素和蜕皮激素等；外源性因素包括寄主植物种类、气候条件和害虫控制措施（如杀虫剂）等。

3.1.4.1 卵黄原蛋白调控网络

卵黄原蛋白（Vg）常作为昆虫繁殖力的分子标记。影响 Vg 的信号通路主要有 4 条：生长通路（胰岛素信号通路）、激素通路、营养通路和能量通路，它们共同构成一个 Vg 网络（图 3-7）。有趣的是，植物病毒也会利用媒介昆虫（如烟粉虱）的 Vg 把病毒传播至下一代（Wei et al.，2017）。

激素类信号通路在昆虫中研究最多的是保幼激素和蜕皮激素两种。除了调节 Vg 的生物合成，保幼激素还促进卵巢对 Vg 的吸收和卵的成熟（Sheng et al.，2011）。蜕皮激素也是昆虫生殖过程所必需的。果蝇蜕皮激素受体突变体不能生成卵子和产卵。在蚊虫［特别是埃及伊蚊（*Aedes aegypti*）］中，卵黄生成需要营养刺激和蜕皮激素的共同作用。埃及伊蚊取食后诱发卵巢蜕化类固醇激素（OEH）和胰岛素样肽（ILP），然后激活一系列过程，最后生成卵黄。Vogel 等（2015）在埃及伊蚊中鉴定了 OEH 的受体——酪氨酸激酶受体，该受体由 *AAEL001915* 基因编码。该基因的 RNAi 阻断了 OEH 介导的卵形成，但没有阻断 ILP3 介导的卵形成。营养相关的雷帕霉素靶蛋白（TOR）通路调节昆虫卵黄原蛋白的合成和繁殖周期。利用 RNAi 技术下调 TOR 通路中谷氨酰胺合成酶（GS）等的基因的表达量，显著降低了褐飞虱和埃及伊蚊的繁殖力（Hansen et al.，2005；Zhai et al.，2013）。褐飞虱转录因子 FoxA 正调

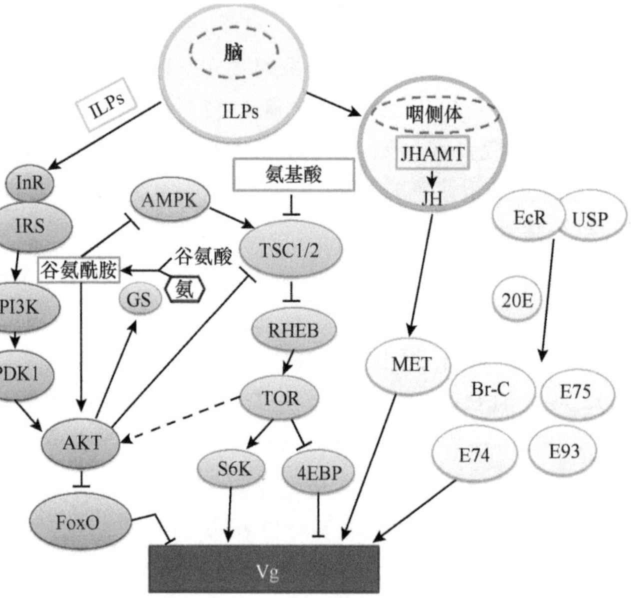

图 3-7　影响昆虫卵黄原蛋白（Vg）的基因网络（Vg 网络）简图（Qiu et al.，2016）

ILPs：胰岛素样肽；InR：胰岛素受体；IRS：胰岛素受体底物；PI3K：磷脂酰肌醇-3-羟激酶；PDK1：丙酮酸脱氢酶激酶；AKT：蛋白激酶 B；FoxO：转录因子 Forkhead box O；AMPK：依赖 AMP 的蛋白激酶；GS：谷氨酰胺合成酶；TSC：结节性硬化复合物；RHEB：脑富集的 Ras 同源物（Ras homolog enriched in brain）；TOR：雷帕霉素靶蛋白；S6K：核糖体 S6 蛋白激酶；4EBP：真核启动因子 4E 结合蛋白；JHAMT：保幼激素甲基转移酶；JH：保幼激素；MET：保幼激素受体；EcR/USP：蜕皮激素受体复合物；20E：20-羟基蜕皮激素；Br-C：转录因子 Broad complex；E74、E75 和 E93：均为转录因子

控 Vg 的生物合成，并影响褐飞虱的繁殖力（Dong et al.，2011）。

神经肽是重要的信号分子，参与调控昆虫行为、发育和生理。类速激肽（Natalisin）是节肢动物特有的神经肽，在黑腹果蝇、赤拟谷盗和家蚕中，Natalisin 在第 3～4 对脑神经元中表达。在赤拟谷盗 4～5 龄幼虫期和初蛹阶段注射 dsRNA，干扰类速激肽信号基因 *Natalisin*（*Tc-NTL*），然后单雌单雄配对，产卵量仅为对照的 25%～50%，且与干扰个体的性别无关，揭示了 *Tc-NTL* 可调控赤拟谷盗的繁殖力。而且，与黑腹果蝇不同的是，赤拟谷盗繁殖力的降低并不是由交配行为异常造成的（Jiang et al.，2013）。在赤拟谷盗成虫中，通过注射远端缺失基因 *Distal-less*（*Tc-Dll*）和类锌指转录因子 *Tc-SP8* 在 5′ 非编码区、编码区以及 3′ 非编码区的 dsRNA（NOF），即 *Tc-Dll-NOF1*、*Tc-Dll-NOF2*、*Tc-Dll-NOF3*、*Tc-SP8-NOF1*、*Tc-SP8-NOF2* 和 *Tc-SP8-NOF3*，发现在干扰 *Tc-Dll-NOF1*、*Tc-Dll-NOF2*、*Tc-Dll-NOF3* 的后代幼虫中出现足变短、附肢消失、触角数目减少等不同强度的表型变化，且只有在干扰 *Tc-Dll-NOF3* 后出现触角向足转变的表型。此外，在对成虫干扰 *Tc-SP8-NOF1* 孵化的卵中出现极明显的空卵现象，干扰 *Tc-SP8-NOF2* 的成虫后代附肢缩短、足基节消失，干扰 *Tc-SP8-NOF3* 的雌成虫则产生不育现象。这些结果表明，*Tc-Dll* 和 *Tc-SP8* 的 UTR 序列调控附肢发育和产卵功能（Thümecke and Schröder，2018）。

3.1.4.2　褐飞虱繁殖力相关基因

褐飞虱对 RNAi 表现出极为敏感的反应（Chen et al.，2010b），而且其基因组已发表（Xue et al.，2014），很有可能成为半翅目的一个模式昆虫。通过田间多点采集褐飞虱，在室内单雌单雄饲养，每次均选择繁殖力最高和较低的个体继续筛选，经过多次筛选获得了褐飞虱高繁殖力和低繁殖力种群。比较研究两个种群 5 龄 2d 若虫的转录组，发现 2831 个差异表达基因，其中 1639 个在高繁殖力种群中上调；比较雌成虫 2d 的转录组，发现差异表达基因共 18 444 个，其中在高繁殖力种群中上调的有 7408 个；在若虫和成虫阶段同时上调的基因共 414 个。选择褐飞虱成虫 3d 和 6d 的雌虫，运用 2D 电泳结合质谱技术，分析了这两个种群腹部组织蛋白的差异。在成虫 3d 种群共发现 54 个蛋白差异点，其中有 23 个上调蛋白和 31 个下调蛋白；在成虫 6d 种群共发现 75 个蛋白差异点，其中有 48 个上调蛋白和 27 个下调蛋白。将上述转录组和蛋白质组数据进行整合分析，发现其中 5 个蛋白/基因在两类数据中均上调，它们是卵黄原蛋白（Vg）、丙酮酸脱氢酶、谷氨酰胺合成酶（GS）、热休克蛋白 70 和 90（Zhai et al.，2013）。

利用 RNAi 技术干扰 *GS* 基因后，褐飞虱的繁殖力下降了 64.6%，降低了 *Vg* 基因的表达，并影响了卵巢的正常发育，这说明 *GS* 可以通过调控 *Vg* 的表达而影响褐飞虱繁殖力（Zhai et al.，2013）。进一步的研究表明：GS 通过 AKT 正调控和 AMPK 负调控两条途径影响 TOR 通路，从而影响 *Vg* 的表达。在干扰了褐飞虱 *TOR* 基因后，发现 *Vg* 表达明显下调，其繁殖力下降了 71.2%，进一步确认了 *TOR* 可以调控 *Vg* 的表达。接着通过饲喂和注射两种干扰方法，在干扰 *GS* 基因后，S6K 蛋白的磷酸化水平、*Vg* 的表达量显著下调，而在注射谷氨酰胺（Gln）后，二者水平又明显上调；在干扰 *AKT* 基因后，*GS* 表达量略有下调，但其酶活下调 60.7%，而在注入 Gln 后，AKT 的酶活上调了 37.8%；在干扰 *GS* 基因后，AMPK 的酶活上调了 9.6%，而在注射了 Gln 后，AMPK 的酶活下调了 31.4%。总之，褐飞虱谷氨酰胺合成酶可以通过调节谷氨酰胺的含量来调控 TOR 信号通路，并将 TOR 通路上游的生长因子、营养和能量 3 条通路结合起来，阐明了谷氨酰胺合成酶调控褐飞虱繁殖力的分子机制（Zhai et al.，2015）。此外，还发现褐飞虱 *GS* 基因是 miR-4868b 的靶基因，miR-4868b 负调控 GS 蛋白的表达（Fu et al.，2015）。

为了鉴定褐飞虱繁殖力新基因，基于高繁殖力和低繁殖力种群的转录组及蛋白质组，选择了 115 个基因进行规模化 RNAi 研究。饲喂法的结果表明：91.21% 的基因参与了 *Vg* 基因的表达调控，从而可能影响褐飞虱繁殖力。通过注射法 RNAi，发现了 3 个繁殖力相关新基因（*Nl18617*、*Nl23867* 和 *Nl13189*），并在褐飞虱中证实了 12 个繁殖力基因。在 1 日龄的短翅褐飞虱成虫中注射 C 端结合蛋白基因 *CtBP* 的 dsRNA 后，导致 Vg 减少，成虫的产卵前期延长，卵巢发育延迟，日产卵量减少 39.09%～76.50%（Qiu et al.，2016）。为了研究繁殖力相关新基因 *Nl23867* 如何调节褐飞虱繁殖力，对 RNAi 后的褐飞虱样品进行了转录组测序和定量蛋白质组测序，通过对两类数据进行综合分析，发现了 4 个共同的上调基因、7 个共同的下调基因及 29 条共同的信号通路，包括脂肪酸代谢通路和脂肪酸链延长通路等；还发现棕榈酰蛋白硫酯酶（PPT）基因的 mRNA 水平在 *Nl23867* 干扰后显著降低，而且该基因直接参与棕榈酸的合成。因此，推测 *Nl23867* 通过影响脂质合成来调节褐飞虱的繁殖力。进一步检测褐飞虱总脂质、棕榈酸、油酸等含量，获得了 *Nl23867* 调节褐飞虱繁殖力的途径（图 3-8）：*Nl23867* 首先调控 *PPT* 基因的表达，然后影响棕榈酸和总脂质的含量，进而通过卵母细胞调节繁殖力（Pang et al.，2017）。

通过比较 25 个繁殖力相关基因在高、低繁殖力种群若虫 5 龄 2d 和雌成虫 2d 的表达差异，鉴定出 7 个在高繁殖力种群两个时间点的基因表达量都显著高于低繁殖力种群的基因，分别是 3-羟基-3-甲基戊二酰辅酶 A 还原酶基因、血管紧张素转换酶基因 *ACE*、*Fizzy*、载脂蛋白受体基因、*sex-lethal*、卵黄原蛋白基因 *Vg* 和卵黄原蛋白受体基因 *VgR*。从高、低繁殖力

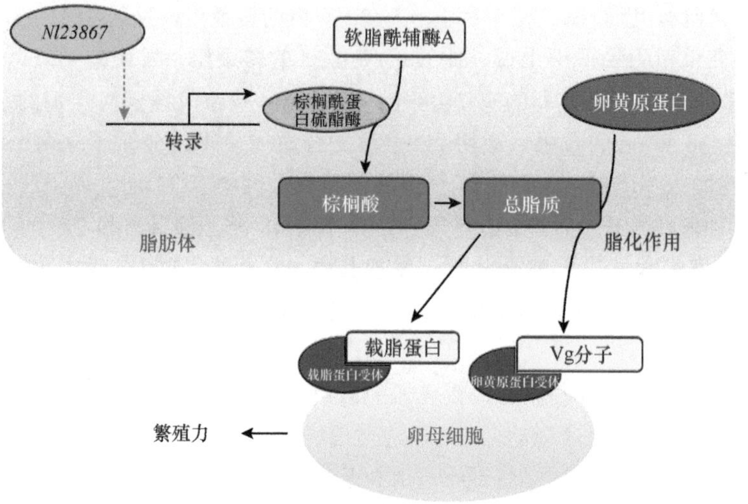

图 3-8　*Nl23867* 调节褐飞虱繁殖力的途径（Pang et al.，2017）

种群中分别随机选取 10 头褐飞虱雌成虫，通过分段克隆 7 个基因的序列并在两个种群中进行比对，最终获得了 1033 个单核苷酸多态性（SNP），其中 333 个位于 7 个基因的启动子区，700 个位于 cDNA 区。根据 SNP 在高、低繁殖力种群中的频率差、启动子区中的 SNP 位于转录因子的结合域和 cDNA 中的 SNP 位于保守功能域，或者 SNP 突变引起错义突变等筛选指标，从 1033 个 SNP 中遴选出 121 个用于大样本 SNP 分型和关联分析。通过种群结构分析、连锁不平衡分析以及相关性分析等步骤，获得了 7 个与褐飞虱繁殖力显著相关的 SNP，并利用 2 个 SNP 位点（ACE_{-862} 和 VgR_{-816}）建立了褐飞虱繁殖力预测模型，预测准确性达 84.35%～92.39%（Sun et al.，2015）。

此外，考虑到褐飞虱具有亲本 RNAi 效应，据此对褐飞虱中在卵巢或胚胎时期高表达的 68 个表皮蛋白基因进行 RNA 干扰，结果表明：其中的 20 个基因对产卵量和卵孵化率很重要。干扰 3 个基因（*NlugCpr15*、*NlugCpr47* 和 *NlugCPAP1-H*）后，其产卵量显著降低；干扰 19 个基因后，1 个基因（*NlugCPAP3-B*）导致卵孵化率为 0，5 个基因（*NlugCpr3*、*NlugCpr51*、*NlugCpr52*、*NlugCpr58* 和 *NlugCPAP3-D1*）导致卵孵化率小于 10%，2 个基因（*NlugCpr47* 和 *NlugCPAP1-H*）导致产卵量和孵化率均降低（Pan et al.，2018）。这些基因也可作为 RNAi 靶基因。

3.1.4.3　昆虫不育相关基因

害虫不育技术（SIT）主要用于检疫性害虫和媒介昆虫，其中需要大量释放不育雄虫。该技术成功的关键之一是释放的不育雄虫与野生雄虫的交配竞争力。利用辐射方法获得不育雄虫是经典的方法，利用沃尔巴克氏体（*Wolbachia*）生产不育雄虫的方法也已经小范围试验成功。2016～2017 年，研究人员把辐射不育技术与 *Wolbachia* 的胞质不相容技术相结合，在广州市沙仔岛和大刀沙岛大量释放不育的白纹伊蚊（*Aedes albopictus*）雄蚊。在蚊子的繁育季节，每周每公顷释放 16 万只既感染了 *Wolbachia* 又受过辐射的白纹伊蚊不育雄蚊，结果表明，野生蚊子的数量减少了约 90%（Zheng et al.，2019a）。

Thailayil 等（2011）利用 RNAi 技术获得无精子的冈比亚按蚊（*Anopheles gambiae*）雄虫。干扰 *zpg*（*zero population growth*）基因不影响雄虫生殖腺的功能，这些雄虫能够与雌性成虫正常交配，而且产卵量没有显著减少，但卵不能孵化，从而为冈比亚按蚊 SIT 的应用提供了一种新方法。利用 RNAi 技术筛选获得了影响橘小实蝇雄性生殖力的 5 个靶标基因（*Boul*、*zpg*、*dsxM*、*Tssk1* 和 *Tektin1*），RNA 干扰这些基因后害虫的卵孵化率降低了 60%～75%。选择其中 3 个靶基因的 dsRNA 进行不同组合，可显著提升雄性不育效果，其中 *Boul* 和 *zpg* 的 dsRNA 组合效果最好；使用 1000ng/μL 的 dsRNA 喂食 1 日龄雄虫 6h，卵孵化率降低 86%，达到了与以往国际上惯用的基于辐照法的雄性不育技术类似的不育效果（Ali et al.，2017b）。

3.1.5　翅型分化基因

很多昆虫如蚜虫、飞虱、蟋蟀等的若虫在不同环境条件下会选择性地发育成为长（有）翅型或短（无）翅型成虫。系统发育的证据表明：长（有）翅型个体是最早出现的，而短（无）翅型个体的出现是随着生态环境的变化而逐步出现的。大多数具有翅型二态性的昆虫存在着飞行能力与繁殖能力的权衡。

影响昆虫翅型分化的因素很多，可分为外在因素和内在因素。外在因素包括光照、群体密度、营养条件等。例如，短光照易增加白背飞虱（*Sogatella furcifera*）短翅型个体的比例，长光照易增加长翅型个体比例；增加群体密度易增加绝大多数蚜虫长翅型个体比例；增加水稻中葡萄糖浓度导致褐飞虱长翅型比例升高（Lin et al.，2018）。近年来，关于昆虫翅型分化内在因素的研究越来越深入，主要是从基因、通路和代谢等层次来阐明昆虫翅型分化的机制。在全变态昆虫中，基于黑腹果蝇、家蚕等昆虫的翅发育通路研究已比较清楚（Deng et al.，2012），也有一些翅型分化方面的报道（如蚁类）（Abouheif and Wray，2002）。在半变态昆虫中，研究重点是翅型分化。不少研究表明，保幼激素和蜕皮激素在昆虫翅型分化方面发挥着重要作用。例如，施用保幼激素类似物使褐飞虱从长翅型向短翅型转化，并加快了卵巢的发育进程，但施用蜕皮激素的效果则相反。分析表明，蚜虫蜕皮激素相关的基因表达模式与诱导有翅子代产生的蜕皮激素途径的下调保持一致，推测抑制蜕皮激素信号转导可能导致更多有翅后代的产生。研究发现，通过注射蜕皮激素或其类似物可显著降低子代有翅率；反之，使用蜕皮激素受体拮抗剂干扰蜕皮激素信号转导或 RNA 干扰蜕皮激素受体基因则使子代有翅率增加。因此，蜕皮激素在调控由环境拥挤而致使产生有翅子代的这一过程中起着关键作用（Vellichirammal et al.，2017）。

3.1.5.1　褐飞虱

褐飞虱是水稻的重要害虫，具有长翅型和短翅型。褐飞虱是较早引入组学分析来研究翅型分化的物种，通过比较将要分化为长翅或短翅的褐飞虱若虫的差异表达基因，筛选出 1000 多个差异基因，其中包含了两个与翅发育相关的信号通路：*Notch* 和 *Wnt/Wingless*（Hu et al.，2013）。考虑到褐飞虱长翅型个体常出现于水稻黄熟期，而胰岛素信号通路能够感受糖类和氨基酸浓度的变化，推测长翅型的发生可能与胰岛素信号通路有关。进一步的研究发现，褐飞虱两个胰岛素受体（InR1 和 InR2）在长短翅分化中起着开关作用。在褐飞虱若虫中激活 InR1，长翅型成虫比例显著增加，利用 RNAi 技术下调 *InR1* 的 mRNA 水平，短翅型成虫比例达 90% 以上；InR2 的作用则与 InR1 相反，从而查明了调控褐飞虱翅型分化的关键基因（Xu et al.，2015）。这一里程碑式的研究结果也在另外两种水稻重要害虫白背飞虱（*S. furcifera*）和灰飞虱（*Laodelphax striatellus*）中得到验证。胰岛素信号通路其他相关基因 *FoxO*、*Chico*、*Akt* 对褐飞虱翅型分化也有一定的调节作用，注射 *NlFoxO* 基因的 dsRNA 后，100% 的个体为长翅型；而且，FoxO 可作为胰岛素信号通路和伤诱导翅型分化之间的桥梁（Xu et al.，2015；

Lin et al.，2016b）。此外，干扰褐飞虱 *c-Jun* NH_2*-terminal* 激酶基因，导致雌性个体均转化为短翅型，但是对雄性个体的翅型却没有影响（Lin et al.，2016a）。干扰褐飞虱 *Nldpp* 基因，在短翅品系中引起前翅伸长，但在长翅品系中导致前翅和后翅畸形，而且该基因受 2 个胰岛素受体基因的调控（Li et al.，2019d）。最近，在褐飞虱中鉴定了一些新的 miRNA，并发现 *NlInR1* 是 miR34 的靶基因，miRNA 作为激素通路和胰岛素信号通路之间的桥梁，共同调控褐飞虱长短翅的形成（图 3-9）（Ye et al.，2019c）。

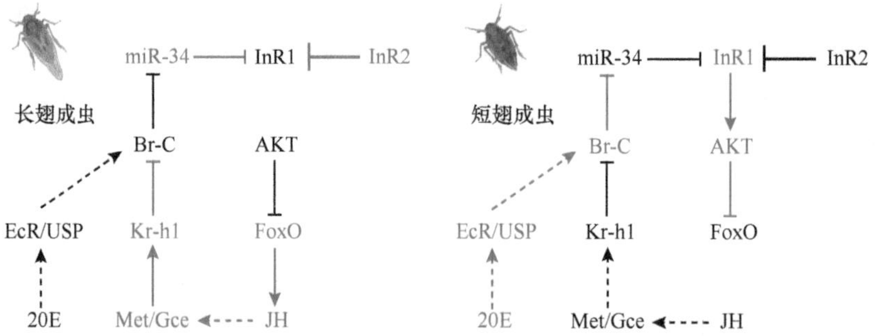

图 3-9　miRNA、胰岛素信号通路和昆虫激素共同调控褐飞虱翅型分化的模式图（Ye et al.，2019c）

JH：保幼激素；20E：20-羟基蜕皮激素；AKT：蛋白激酶 B；FoxO：转录因子 Forkhead box O；Kr-h1：转录因子 Krüppel homolog 1；Br-C：转录因子 Broad complex；Met/Gce：保幼激素受体；EcR/USP：蜕皮激素受体复合物

3.1.5.2　蚜虫

蚜虫是全球重要的农业害虫，在田间具有很明显的翅型二态性（有翅和无翅）。利用转录组技术获得了桃蚜（*Myzus persicae*）、棉蚜（*Aphis gossypii*）、豌豆蚜（*Acyrthosiphon pisum*）等多种蚜虫两种翅型的差异表达基因，其中母体基因的差异影响着豌豆蚜的翅形成（Vellichirammal et al.，2016）。雄性豌豆蚜的翅是由位于 X 染色体上的基因座 *aphicarus*（*api*）决定的，而且 *api* 的不同基因型也引起后代有翅个体比例的变化（Braendle et al.，2005）。利用 RNAi 技术干扰章鱼胺合成通路中的关键基因——β-羟基氧化酪氨酸（tyramine β-hydroxylation）基因 *TβH*，导致“可产有翅后代的母本（winged-offspring producers）”数目的明显下降，最终导致后代有翅个体比例下降，这说明章鱼胺信号通路参与蚜虫翅的形成（Wang et al.，2016c）。豌豆蚜拥有 2 个源于红苹果蚜（*Dysaphis plantaginea*）细小病毒（parvovirus）的水平转移基因 *Apns-1* 和 *Apns-2*，可响应蚜虫所处的拥挤环境，继而诱导产生有翅子代。*Apns-1* 和 *Apns-2* 仅在“拥挤高度诱导型”的豌豆蚜受到拥挤诱导时才响应上调，利用 RNA 干扰抑制基因表达量，可显著降低子代有翅率，从而明确了协同选择病毒基因的新功能（Parker and Brisson，2019）。以褐色橘蚜（*Aphis citricidus*）和豌豆蚜为研究对象（图 3-10），发现在翅型分化和翅发育过程中唯一下调的 miRNA（miR-9b），利用 RNAi 等技术证明 miR-9b 靶向调控 ATP 结合盒式转运蛋白 G4（ATP-binding cassette transporters G4，ABCG4），并通过调节胰岛素信号通路活性，进而影响蚜虫的翅型分化（Shang et al.，2020b）。

3.1.6　蚊虫免疫与传病相关基因

全世界已知有 3500 多种蚊类，其中按蚊、伊蚊和库蚊属中的许多物种因通过吸血传播疾病而著名，传播的疾病主要包括疟疾、登革热、流行性乙型脑炎、西尼罗热、丝虫病、黄热病等。其中，疟疾就是由雌性按蚊通过叮人吸血传播的，全世界每年有 3 亿～5 亿人感染疟疾，

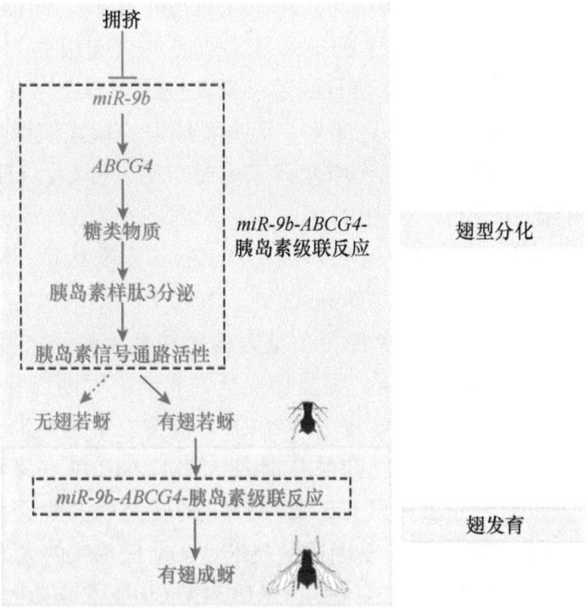

图 3-10　*miR-9b-ABCG4*-胰岛素信号通路调节蚜虫翅型分化及发育的模式图（Shang et al.，2020b）

蚜虫在拥挤状态下诱导了“*miR-9b-ABCG4*-胰岛素级联反应”，导致翅型分化，并在有翅型蚜虫中“*miR-9b-ABCG4*-胰岛素级联反应”继续调控翅发育

死亡人数近百万。登革热则由伊蚊雌蚊传播，在我国海南和广东等地每年均有发生。当前对媒介蚊虫的控制主要依赖于化学杀虫剂，但蚊虫已对杀虫剂产生了抗性，加上疟原虫等耐药性问题的出现和抗疟疫苗的缺乏，急需发展新的绿色可持续的方法和策略用于蚊媒传染病的防控。

昆虫拥有强大的先天免疫系统，相关的信号通路主要有 4 条：Janus 激酶/信号转导与转录激活因子（JAK-STAT）、Toll 样受体、免疫缺陷（IMD）和氨基末端激酶（JNK）。按蚊的先天免疫系统参与了疟原虫侵染的多个阶段，但每个阶段起关键作用的信号通路可能不同，例如，在动合子阶段，IMD 通路最关键（Garver et al.，2012）。目前，已报道的抗疟效应基因主要包括以下 4 类（魏舸和王四宝，2017）：①杀伤疟原虫，包括昆虫先天免疫系统效应分子，如防御素和天蚕素抗菌肽。②与疟原虫互作并阻断其发育。例如，疟原虫烯醇化酶–血纤维蛋白溶酶原相互作用多肽（EPIP），能够通过抑制血纤维蛋白溶酶原与动合子表面结合来抑制疟原虫侵入按蚊中肠（Ghosh et al.，2011）。疟原虫 Pfs47 蛋白能使疟原虫成功逃避冈比亚按蚊的免疫系统。该蛋白在世界各地至少有 42 个单倍型，在疟原虫中替换一个单倍型就足够使疟原虫成功寄生于不同的按蚊物种，说明 Pfs47 蛋白有可能成为阻断疟疾传播的靶标（Molina-Cruz et al.，2015）。③与蚊虫中肠或唾液腺上皮细胞互作。例如，一个由 12 个氨基酸组成的多肽 SM1 通过结合按蚊中肠和唾液腺上皮细胞上的相关受体，从而阻止动合子和子孢子的入侵。④调节按蚊免疫系统。免疫反应通常由信号级联介导，其中会激活多个转录因子，包括 STAT、Rel1、Rel2、Jun/Fos 等。过表达斯氏按蚊（*Anopheles stephensi*）的转录因子 Rel2，能够增强按蚊抵抗疟原虫和细菌感染的能力。在冈比亚按蚊中，中肠特异性转录因子 Caudal 是 IMD 信号通路的负调控因子。利用 RNAi 技术下调 *Caudal* 基因的表达，增强了按蚊对细菌侵染的抵抗力以及关键免疫效应基因的转录水平，延长了按蚊的寿命，因此靶向

Caudal 基因有助于抑制疟原虫在按蚊中肠的发育（Clayton et al.，2013）。尽管 IMD 通路中的多个因子与抗疟防御相关，单独干扰 *caspar* 基因就足够引起很强的抗疟反应（Garver et al.，2012），但是，疟原虫诱导的 JNK 信号缩短了斯氏按蚊的寿命，并增加了对疟原虫侵染的敏感性（Souvannaseng et al.，2018）。此外，免疫系统中的模式识别受体 Dscam 拥有多达 31 000 个可变剪接，在蚊虫–病原体互作中发挥了重要作用，例如，可影响疟原虫对蚊子中肠的侵染力。进一步的研究表明，利用 RNAi 技术干扰冈比亚按蚊模式识别受体 AgDscam 的第 7 个外显子，按蚊对疟原虫的敏感性增加了 2.8 倍；而剪接因子 Caper 和 IRSF1 调控 AgDscam 的剪接以及抗防御的特异性（Dong et al.，2012）。

多年来，一些实验室已利用蚊虫免疫相关基因构建转基因蚊子来降低蚊子的传病能力。但是转基因蚊子还面临技术难度大、转基因生物安全等问题，短期内难以推向实际应用。调控蚊虫体内的共生菌也许更加可行。Wang 等（2012c）以按蚊常见共生菌成团泛菌（*Pantoea agglomerans*）为模型，通过转基因手段获得分别表达 SM1、EPIP 等多种抗疟效应分子的转基因共生菌，能够显著抑制疟原虫的发育，其中后者的转基因共生菌组的卵囊抑制率高达 98% 以上。近年来，已报道多例蚊子的基因驱动技术。在斯氏按蚊的犬尿氨酸羟化酶基因 kh^{w}（*kynurenine hydroxylase*^{white}）的基因座中，利用 CRISPR/Cas9 技术成功构建了含有抗疟疾效应基因 *m2A10* 与 *m1C3* 的基因驱动系统，转基因杂合个体靶位点特异性基因转化率达 99.5% 以上（Gantz et al.，2015）。以冈比亚按蚊 3 个隐性雌性不育基因为靶标，利用 CRISPR/Cas9 技术成功构建了基因驱动系统，期望实现含驱动组件的杂合体群体对野生群体的替换，达到害虫控制的目的。在多代的笼罩实验中发现，杂合个体的传播效率仍保持高的水平，多代整体驱动效率达 87.3%～99.3%（Hammond et al.，2016）。

总之，RNAi 技术在促进昆虫基因功能研究以及探索昆虫发育与生物学行为的分子机制等方面发挥了重要作用。除上述介绍的昆虫胚胎发育、几丁质代谢、取食、生殖、翅型分化、蚊虫免疫与传病等方面的一些重要基因功能外，在昆虫蜕皮变态、飞蝗型变等方面的研究也取得了突破性进展，发现飞蝗聚群行为受多巴胺信号通路调控（Ma et al.，2011），蛋白激酶 C delta 可以磷酸化棉铃虫（*Helicoverpa armigera*）蜕皮激素 20E 的细胞核受体，从而促进了幼虫到蛹的发育过程（Chen et al.，2017）。

3.2 利用 RNA 干扰技术研究害螨的基因功能

叶螨属节肢动物门（Arthropoda）蜱螨亚纲（Acarina）叶螨科（Tetranychidae）的植食性害螨，在世界各地农林作物上造成严重的危害。其寄主非常广泛，已报道 3808 种寄主植物。叶螨由于体型小、繁殖力强、世代短，同时具有两性生殖与孤雌生殖，在条件适宜的情况下，可短期形成大种群，严重时呈毁灭性暴发。由于长期大量使用化学农药防治，叶螨的抗药性发展迅速（如二斑叶螨是抗药性发展最严重的节肢动物），严重影响了农业经济的发展，研究叶螨暴发的分子机制及寻找潜在的靶标有助于实现其绿色可持续防控。自 2010 年二斑叶螨基因组发表以来，RNAi 技术在叶螨中得到大量使用，为揭示叶螨基因功能及 RNAi 靶标的发掘奠定了基础。在 dsRNA 递送中，虽然显微注射靶标基因 dsRNA 成功干扰二斑叶螨胚胎中 *Dll* 基因的表达，但由于螨类体型小，直接注射极易造成大量死亡，且操作难度较大，目前主要以饲喂法递送 dsRNA 为主开展基因功能研究。例如，可以采用寄主植物吸收 dsRNA 后螨可取食到 dsRNA 的方法（叶片介导法和茎叶介导法，图 3-11A 和 C）（Niu et al.，2018）。另外，利用浸泡法能有效沉默二斑叶螨 *TuVATPase*（图 3-11B）；而蜜蜂取食含有 dsRNA 的食物后，这些 dsRNA 可通过体液传递到寄生于其上的瓦螨，并干扰害螨靶标基因（图 3-11D）。

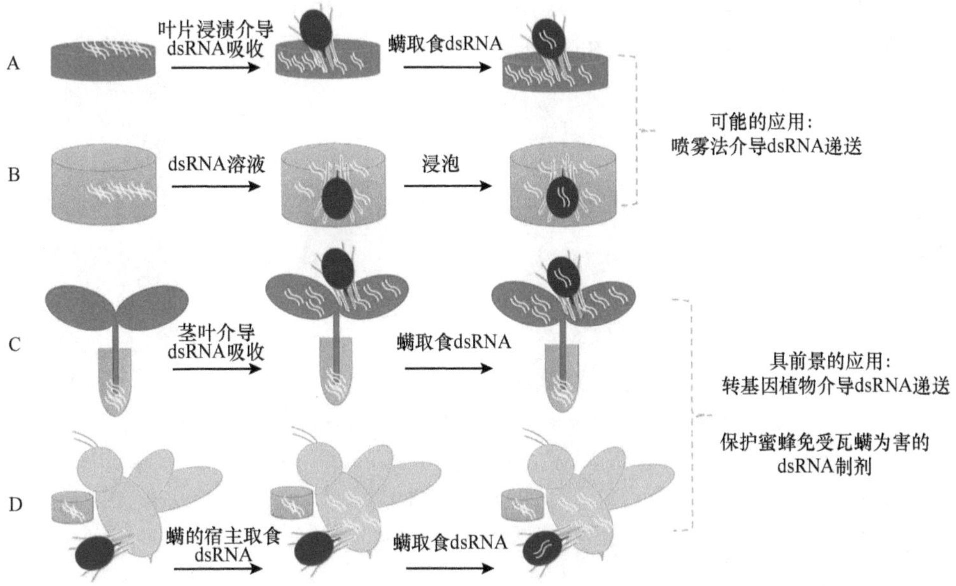

图 3-11　螨类 RNA 干扰常用的方法以及应用前景示意图（Niu et al.，2018）

A. 叶片介导；B. 浸泡；C. 茎叶介导；D. 宿主吸收传导 dsRNA

3.2.1　叶螨生长发育相关基因

和昆虫一样，叶螨的生长发育也伴随着蜕皮过程。以柑橘全爪螨（*Panonychus citri*）为例，其生活史包含卵、幼螨、前若螨、后若螨和成螨 5 个发育阶段，共经历 3 次蜕皮。昆虫的蜕皮、变态和繁殖受到蜕皮激素的调控。蜕皮激素作用于通过蜕皮激素受体（EcR）和超气门蛋白（USP）组成的二聚体，并与 EcR/USP 作用启动蜕皮级联反应过程；另外，几丁质又是昆虫表皮和围食膜的重要组成成分，在其生长、发育的各个时期都需要一定量的几丁质。RNAi 技术一方面可以验证叶螨与昆虫中生长发育同源的基因，另一方面可以基于组学技术发掘新的基因，在叶螨中开展相关的功能研究。

在二斑叶螨（*Tetranychus urticae*）和柑橘全爪螨基因组中未发现昆虫蜕皮激素合成酶 CYP316A1 的存在，这暗示了叶螨体内无法合成 20-羟基蜕皮激素，通过高效液相色谱法–酶联免疫测定和液相色谱/质谱测定发现，二斑叶螨可能以百日青蜕皮酮 A（ponasterone A）作为蜕皮激素物质。进而推测，叶螨以百日青蜕皮酮 A 而非 20-羟基蜕皮激素作为蜕皮激素活性物质。对柑橘全爪螨前若螨分别饲喂蜕皮激素合成酶基因 *PcSpo* 或几丁质酶基因 *PcCht1* 的 dsRNA（ds*PcSpo* 或 ds*PcCht1*），发现对柑橘全爪螨蜕皮过程有显著的影响，能够抑制前若螨发育至后若螨的蜕皮过程，造成其不能正常蜕皮而被困在旧表皮中造成死亡（图 3-12A）。饲喂百日青蜕皮激素 A 和 ds*PcSpo* 的前若螨能够正常蜕皮至后若螨阶段，而饲喂蜕皮激素类似物 20-羟基蜕皮激素和 ds*PcSpo* 的前若螨则出现蜕皮延迟现象，说明百日青蜕皮酮 A 可以拯救 ds*PcSpo* 对柑橘全爪螨造成的抑制作用，表明百日青蜕皮酮 A 可能是柑橘全爪螨体内替代 20-羟基蜕皮激素的蜕皮激素活性物质（Li et al.，2017a）。蜕皮激素信号传递主要是蜕皮激素与其受体复合体 EcR/RXR 结合，诱导下游核受体基因和转录因子基因的陆续表达，从而产生信号应答。朱砂叶螨（*Tetranychus cinnabarinus*）在幼螨期 *TcEcR* 表达量最高，而利用 RNAi 抑制 *TcEcR* 表达，约 73.1% 的幼螨死亡，远高于对照组的 13.3%，这一现象也在干扰（利用 ds*Met*）保幼激素受体（Met）后观察到（图 3-12B），这表明叶螨发育相关的激素受体可作为一种潜在的 RNAi 防控叶螨的靶标（Shen et al.，2019）。

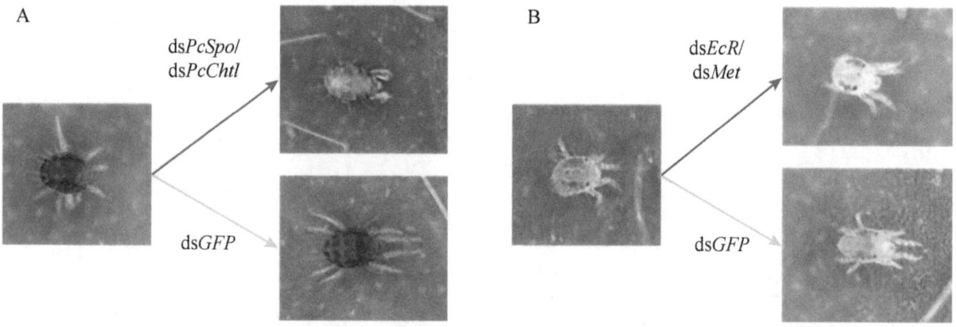

图 3-12　沉默叶螨与蜕皮相关的靶基因对其生长发育影响的示意图

A. 沉默蜕皮激素合成酶基因 *PcSpo*（利用 ds*PcSpo*）或几丁质酶基因 *PcCht1*（利用 ds*PcCht1*）后，可导致柑橘全爪螨的幼螨或若螨不能正常蜕皮而死亡（Xia et al.，2016；Li et al.，2017a）；B. 沉默靶基因蜕皮激素受体基因 *EcR*（利用 ds*EcR*）或保幼激素受体基因 *Met*（利用 ds*Met*）后，可导致朱砂叶螨的幼螨或若螨不能正常蜕皮（Yoon et al.，2018b；Shen et al.，2019）

叶螨是否和昆虫一样受蜕皮激素与保幼激素协同作用，二者共同调节其生长发育？通过研究与昆虫同源的二斑叶螨蜕皮激素及保幼激素合成相关基因，发现蜕皮激素合成基因在不同发育阶段的表达呈锯齿状，蜕皮后 8h 达到高峰，进入每个静止期后 8h 开始下降；而保幼激素合成基因的表达呈负锯齿状，在进入每个静止期后 8h 达到峰值，在每次蜕皮后 8h 出现下降。这种相反的表达模式意味着蜕皮激素和保幼激素在叶螨蜕皮发育转变过程中起着协调作用。同时，通过 RNAi，也进一步解析了二斑叶螨蜕皮激素与保幼激素合成通路基因 *TuSpo* 和 *TuHGMS* 参与调节蜕皮过程（Li et al.，2019b）。同样，饲喂二斑叶螨的保幼激素和蜕皮激素相关基因 *Met* 的 dsRNA，可导致 35%～56% 的死亡率。利用转基因烟草产生靶标基因 *Met* 的发夹状结构 dsRNA 片段，发现取食可表达 ds*Met* 烟草的二斑叶螨死亡率约为 48%（Yoon et al.，2018b）。

基于昆虫的相关研究，可以预期在叶螨发育过程中，几丁质合成酶和几丁质酶在几丁质结构重建中发挥着关键作用。柑橘全爪螨的几丁质合成酶基因 *PcCHS1* 在卵中的表达量最高，在成螨中的表达量最低。利用除虫脲处理成螨后，*PcCHS1* 的表达上调，且随外源物质除虫脲浓度升高，其表达量呈上升趋势。几丁质合成酶基因 *PcCHS1* 与几丁质酶基因 *PcCht1* 主要在幼螨期表达，推测几丁质的合成与降解可能同时进行。饲喂柑橘全爪螨幼螨 ds*PcCht1* 后，幼螨的 *PcCht1* 表达量下降了 59.7%，89% 幼螨不能正常蜕皮，其中 60.9% 幼螨死亡（Xia et al.，2014，2016）。

卵黄原蛋白（Vg）的合成在叶螨的生殖过程中起着至关重要的作用。对柑橘全爪螨的雌成螨分别饲喂 *PcVg* 和 Vg 受体基因 *PcVgR* 的 dsRNA，可使其产卵量分别下降 48% 和 40.94%；同时饲喂 *PcVg* 和 *PcVgR* 的 dsRNA，柑橘全爪螨的累计产卵量减少 60%。在前若螨与后若螨阶段同时饲喂 *PcVg* 和 *PcVgR* 的 dsRNA，可致其产卵量分别减少 70% 和 67%（Ali et al.，2017a）。该研究结果表明，RNAi 靶向 *Vg* 或 *VgR* 均具有潜在的控制叶螨生殖力的作用，且对若螨和成螨均有较好的作用效果。

3.2.2 叶螨解毒代谢相关基因

叶螨作为抗药性最为严重的节肢动物类群之一，有大量关于杀螨剂靶标抗性的机制研究，而近年来由于 RNAi 作为基因功能研究手段在叶螨中的大量应用，代谢抗性机制的研究发展迅速（Niu et al.，2018）。RNAi 在叶螨解毒代谢机制研究中涉及的酶主要有三大解毒酶系，包括细胞色素 P450（CYP）、酯酶（CarE）和谷胱甘肽 S-转移酶（GST），以及近年来在叶螨中发现的其他解毒代谢相关酶，如内环裂解双加氧酶（ID-RCD）和 UDP-糖基转移酶（UGT）。其主要实验设计：利用叶片介导法 RNAi 抑制候选解毒酶基因，测定叶螨对杀螨剂敏感性的变化，来解释该基因是否与叶螨对杀螨剂的代谢抗性有关。

1. 细胞色素 P450 基因

在甲氰菊酯抗性品系的朱砂叶螨中筛选了 6 个具有甲氰菊酯诱导活性有关的 P450 基因，对其进行干扰，可导致朱砂叶螨对药剂耐受力的显著降低（Shi et al.，2016b）。还有研究表明，基于 RNAi 技术抑制同时参与丁氟螨酯和哒螨酮抗性的 *CYP389C16* 的表达量，可导致朱砂叶螨对丁氟螨酯和哒螨酮的交互抗性明显减弱（Feng et al.，2020）。这表明细胞色素 P450 作为重要的解毒酶的确参与了叶螨抗药性的发展，并介导了一定的交互抗性。

2. 酯酶基因

通过细胞毒性测试发现，柑橘全爪螨酯酶基因 *PcE1*、*PcE7* 和 *PcE9* 的异源表达可显著提高细胞对甲氰菊酯的耐受性，基于 RNA 干扰研究发现，分别抑制 3 个基因的表达量均可导致甲氰菊酯处理后柑橘全爪螨的死亡率升高（Shen et al.，2016）。在朱砂叶螨的研究中发现，除了甲氰菊酯，酯酶还与丁氟螨酯和阿维菌素的抗性有关（Shi et al.，2016a；Wei et al.，2019b，2019c）。此外，利用 RNA 干扰分别抑制 *TcCCE12* 和 *TcCCE23* 的表达，可导致朱砂叶螨对丁氟螨酯的耐受性上升，说明部分酯酶基因可通过下调来参与叶螨对丁氟螨酯的抗性（Wei et al.，2019b）。

3. 谷胱甘肽 S-转移酶

谷胱甘肽 S-转移酶是一类催化还原型谷胱甘肽与各种亲电化合物亲核加成反应的酶，参与多种农药的代谢。利用 RNA 干扰技术抑制柑橘全爪螨 *PcGSTm5* 的表达，导致其对阿维菌素的耐受性降低，并推测 *PcGSTm5* 可能通过抗氧化保护等通路来参与对阿维菌素的代谢（Liao et al.，2016）。类似地，通过 RNAi 抑制朱砂叶螨 *TcGSTm4* 的表达，可增加该螨对丁氟螨酯的敏感性，同时 *TcGSTm4* 受到 tci-miR-1-3p 的负向调控，二者共同参与朱砂叶螨对丁氟螨酯的抗性（Zhang et al.，2018）。

4. 解毒代谢相关平行转移基因

除了传统的三大解毒酶系，近年来在叶螨中还发现了其他参与解毒代谢的基因，其中包括两个平行转移基因：ID-RCD 和 UDP-糖基转移酶（UGT）。ID-RCD 能够断裂芳香环而催化植物代谢物芳香烃物质的分解代谢（Schlachter et al.，2019）。UGT 主要通过把脂溶性物质转化为水溶性物质以促进外源物质的代谢（Ahn et al.，2014）。基于 RNA 干扰抑制朱砂叶螨 *TcID-RCD1* 和 *UGT201D3* 的表达，可有效增强朱砂叶螨对阿维菌素的药剂敏感性，暗示这两种基因在朱砂叶螨中都参与了阿维菌素抗性（Wang et al.，2018b；Xu et al.，2019b）。

目前，叶螨与昆虫解毒代谢相关基因的研究相比，还存在一定的局限性，主要表现在以下几个方面：①在昆虫（特别是模式昆虫及体型稍大的昆虫）的研究中，干扰靶标基因后，对基因表型的研究技术（层次）较丰富，如基因表达定位、蛋白水平分析、解毒代谢组织的研究等，可提供更多的 RNAi 表型结果，有利于综合分析目的基因参与解毒代谢的功能；② RNA 干扰在解析昆虫解毒代谢分子机制中已经从 mRNA 水平拓展到其他 RNA，如 microRNA、lncRNA、环状 RNA（circular RNA）等的调控水平，但在叶螨中的研究极少；③ RNAi 技术还主要局限在二斑叶螨、朱砂叶螨和柑橘全爪螨这 3 种叶螨的研究中，需在对其他重要害螨的研究中进一步推广。同时，随着组学技术的快速发展，越来越多的基因被发掘，在未来的研究中，应该对叶螨中既介导了杀螨剂抗性又与植物寄主适应相关的基因开展研究，通过 RNAi 技术，快速筛选出有效的基因靶标，为田间害螨的绿色防控方法和新型杀螨剂的研发提供思路。

第 4 章　高效安全 RNA 干扰抗病虫靶标基因的筛选

RNA 干扰抗病虫技术是利用 RNA 干扰技术沉默控制病虫发育或重要行为的关键基因，阻碍有害生物正常的生长发育和繁殖，甚至直接导致有害生物死亡，从而有效控制病虫为害的技术。该技术的最大特点是靶标专一性强，对天敌等有益生物风险小，不改变病虫的基因组，对生态系统相对安全。其主要成分双链 RNA 在生物中普遍存在，在自然环境中易降解，因此无毒、残留时间短，是一种绿色环保的抗病虫技术，对作物病虫害防控展现了巨大的应用前景。

RNA 干扰抗病虫技术最主要的应用方法包括：①研制 dsRNA 制剂直接喷洒；②培育出 RNAi 抗病虫作物。无论采用哪种方法，选择合适的 RNAi 靶标基因是有效防控病虫为害的关键。在实际的操作过程中，选择 RNAi 靶标基因的方法有很多，例如，根据基因编码蛋白质所参与的生物过程来决定其是否可能作为有效的靶标基因。此外，致害性相关的基因通常也被认为是候选的靶标。然而，某个生物过程与致害性相关或是与生长发育相关没有明确的界限，而且某些生物过程既可能直接又可能间接地参与致害过程。因此单一地根据某个基因所参与的生物过程来决定其是否是理想的 RNAi 靶标基因不具有普遍科学意义。目前已报道的 RNAi 防治对象包括病毒、细菌、真菌、线虫、昆虫、寄生植物等。所选取的 RNAi 靶标基因在不同防治对象上既有相似之处，又有区别。根据 RNAi 技术在不同防治对象上如何选择靶标基因进行比较和总结，对科学合理地利用 RNAi 技术防治病虫为害具有重要的科学意义与实践价值。

4.1　抗病虫靶标基因的特征及筛选方法

4.1.1　抗病虫靶标基因的特征

RNAi 技术被广泛应用于植物、昆虫、微生物等生物重要基因的功能研究，在多种病虫害防控方面也进行了有益的尝试。科学合理地选择 RNAi 靶标基因是病虫害防治成功的关键，也是 RNAi 防治技术能够达到应用和推广的关键。筛选 RNAi 靶标基因普遍需遵循以下几个原则。

4.1.1.1　靶标基因被 RNAi 沉默后需对病虫害具有较高的负面影响

选择靶标基因的首要因素是靶标基因被 RNAi 沉默后会对有害生物产生负面影响。最常见的负面影响是当病虫的靶标基因被 dsRNA 沉默后，其正常的生长和发育受到阻碍并最终导致死亡。此外，在昆虫中，某些基因调控了昆虫的生理和行为，当它们被 dsRNA 沉默后，昆虫表现为不交配、不取食，甚至可能出现自杀等行为，进而影响害虫的虫口密度，最终达到害虫防控的目的。针对病原微生物，通过 RNAi 沉默某些靶标基因可以降低病原物的侵染力，使其无法侵染作物，减少病害传播与扩散，降低作物被危害的程度，这类靶标基因也是很好的研究材料。

靶标基因被 RNAi 沉默后，对病虫害产生负面影响的程度是基因 RNAi 抗病虫效果好坏的评判标准。若靶标基因被 RNAi 沉默后表现为病虫死亡，死亡率就是评判其抗病虫效果好坏的标准，造成较高致死率的基因是更好的选择。这类基因通常为害虫生长发育过程中必需的关键基因，包括持家基因、能量代谢基因，以及参与昆虫诸如蜕皮、化蛹、羽化等发育过程的重要基因。此类基因的表达异常可以直接导致害虫死亡或畸形，从而直接减少害虫的种群数量。此外，某些基因被沉默后虽然不致死，但害虫的生理或生殖状态受到显著影响，如影响害虫化学感受的气味受体基因、味觉受体基因等基因家族，影响害虫物理感受的温湿度受体基因、机械感受基因等基因家族。此类基因的评判标准可依据对害虫生理或生殖状态的影响程度进行判断。针对病原微生物，除了被沉默后导致病原物死亡的靶标基因，与病原物侵染能力、毒力相关的基因，以及作物中抗病原物侵染的基因都是比较好的抗病靶标，基因是否适合作为靶标基因的评判标准就是基因被 RNAi 沉默后对病原物侵染和致病性的降低程度，影响越大的越适宜。

4.1.1.2 靶标基因需要对非靶标生物具有较高的安全性

靶标基因在具有较高效 RNAi 抗病虫能力的同时，也需要对非靶标生物不存在潜在的安全性风险。因此，对靶标基因的安全性进行评价，是 RNAi 靶标基因筛选的另一个重点任务。合格的靶标基因必须对非靶标生物安全，即对人类、哺乳动物、鸟类、鱼类、两栖类、天敌昆虫以及其他非靶标生物安全。对靶标基因的安全性进行评价主要包括以下几个方面：第一，RNAi 靶标基因对人类不具有潜在的毒性和过敏性，选取的靶标基因片段不能与已知对人类有毒性或致敏性的基因具有过高的同源性；第二，RNAi 靶标基因需要具有较高的特异性，其序列片段要与人类以及其他非靶标生物的基因序列存在较大的差异，以防止出现脱靶现象，对非靶标生物造成负面影响；第三，RNAi 靶标基因需要具有一定的遗传稳定性。靶标基因的遗传稳定性可以保证病虫害的防控效果可以存在较长的时间，并且降低由非靶标生物同源基因突变产生脱靶的概率。值得注意的是，若某个基因在不同害虫中较保守，同源相似度较高，可以针对这个基因设计筛选出具有广谱抗虫性的 RNAi 靶标基因，但保守的基因在天敌昆虫或非靶标生物中也可能同样保守，如何选取基因序列片段，使其既具有广谱抗虫性又不对非靶标生物产生危害，是需要谨慎而细致的斟酌的。

4.1.1.3 RNAi 靶标基因需要具有较高的剂量敏感度

在利用 RNA 干扰技术进行作物的病虫害防控的过程中，一个好的靶标基因需要在低浓度 dsRNA 下即可实现好的 RNAi 效果。因此，靶标基因的剂量敏感度也是重要的考虑因素。剂量敏感度较高的靶标基因受剂量的影响大，仅发生细微的剂量变化就可以对病虫造成较大的影响。因此，在沉默靶标基因时，仅需要少量的 dsRNA 即可获得较好的病虫害防控效果。在相同的 dsRNA 合成成本下，同样合成 1g dsRNA，剂量敏感度较高的靶标基因可以防控更大面积的作物，这在 RNA 干扰技术的实际应用中具有重要的意义。

4.1.2 病虫 RNA 干扰靶标基因序列的选择

4.1.2.1 病虫 RNAi 靶标基因序列长度的选择

选取病虫 RNAi 靶标基因合成 dsRNA 时，不同的序列长度对 RNAi 效果存在一定的影响，如何确定最佳的序列长度仍然是一个需要研究的问题。通常，研究人员会优先选择相对较长的靶标基因片段来合成 dsRNA，这是因为 dsRNA 在 Dicer 处理的过程中会生成一个 siRNA 短序列库，而较长的 dsRNA 生成的 siRNA 库可以覆盖更长的靶标基因 mRNA 序列，从而使基因被沉默的可能性增加。在果蝇 RNAi 的研究中，dsRNA 的序列长度在约 200bp 和 600bp 时获得了最高的沉默效果（Saleh et al.，2006），而在蚜虫、粉虱等昆虫中，长度只有约 20bp 的 siRNA 也可以获得不错的靶标基因抑制效果（Mutti et al.，2006；Upadhyay et al.，2011）。因此，不同物种间达到同样致死效果的基因，其序列长度很可能不同，这在 RNAi 抗虫技术的应用研究中仍然具有不确定性，需要针对不同物种的不同基因进行实验证明。根据以往的研究数据，要想获得较好的基因沉默效果，dsRNA 的设计长度普遍在 200bp 以上，使用频率较高的序列长度为 200～700bp。

4.1.2.2　病虫 RNAi 靶标基因序列的片段选择

针对同一基因，选择不同的基因片段设计合成 dsRNA 对靶标基因的沉默效果可能不同。病虫 RNAi 靶标基因片段的选择主要需要考虑两个方面：第一，序列片段是否具有较高的基因沉默效果。例如，在以绿盲蝽（*Apolygus lucorum*）为靶标的 RNAi 抗虫研究中，为了证明根据靶标基因的不同序列片段设计的 dsRNA 是否存在 RNA 干扰的效果差异，靶标基因 *JHEH* 的序列从 5′ 端到 3′ 端被分为 3 个片段，研究结果表明，靠近 5′ 端的片段具有相对较好的基因沉默效果和致死率（Tusun et al.，2017）。在埃及伊蚊（*Aedes aegypti*）的 RNAi 抗虫研究中，靠近 *IAP* 基因 3′ 端的片段反而获得了更好的致死效果（Pridgeon et al.，2008）。此外，在豌豆蚜（*Acyrthosiphon pisum*）中，沉默 *hunchback* 基因的不同序列片段所获得的致死效果并没有显著差异（Mao and Zeng，2012）。由此可见，针对不同基因的不同片段设计 dsRNA 可以导致不同的 RNAi 沉默效果。第二，序列片段是否存在潜在的脱靶可能性。保守的基因在不同物种中的相似度可能较高，因此同一个基因片段可能对多种害虫存在广谱的 RNAi 抗虫性，这是病虫 RNAi 靶标基因序列片段选择需要考虑的一个方面。同时，基因保守的片段可能在天敌等非靶标生物中同样保守，所以在选择的时候要验证这个序列片段在天敌昆虫或其他生物中的同源相似度。比较理想的序列片段是在保留靶标基因广谱 RNAi 抗虫性的同时，具有较低的非害虫脱靶可能性的基因序列。综上所述，在选择靶标基因的基因片段时，要综合考虑靶标基因的 RNAi 沉默效果以及基因的广谱性和特异性，从而获得更适宜的靶标基因片段。

4.1.3　抗病虫靶标基因的筛选方法

4.1.3.1　同源搜索法

同源搜索法是查找抗病虫靶标基因的常规基础方法，通过搜集公开文献获得已经报道的 RNAi 靶标基因，再使用 BLAST 将这些基因与测序得到的靶标害虫基因进行比对，通过同源搜索获得有害生物潜在的 RNAi 靶标基因，然后通过生物测定试验对新鉴定到的有害生物靶标基因进行抗病虫效果的验证。同源搜索法可以很容易地找到有害生物的 RNAi 活性基因，但使用这种方法无法获得新的抗病虫靶标基因，只能验证现有文献中已报道的 RNAi 靶标基因是否在这一物种中具有相同或类似的抗病虫活性。尽管如此，因为农业害虫的基因功能研究远远落后于果蝇等模式物种，同源搜索法是查找 RNAi 靶标基因最有效和最便捷的方法。尤其是针对一些“明星”基因，如 *β-actin* 基因、*Snf7* 基因等（Harborth et al.，2001；Bolognesi et al.，2012），这些基因的功能已经在很多个物种中被深入地研究过，因此在筛选 RNAi 抗病虫靶标基因的时候，很多研究人员会优先筛选这些基因进行 RNAi 抗病虫效果测试。

4.1.3.2　KEGG 通路法

KEGG（Kyoto Encyclopedia of Genes and Genomes）的中文名是京都基因与基因组百科

全书，它是整合了基因组、化学和系统功能信息的一个数据库（Kanehisa and Sato，2019）。KEGG 通路数据库储存了计算机模拟计算的生物学信息，如代谢通路、信号传递、膜转运等。通过 KEGG 通路分析，可以将靶标害虫转录组或基因组中的重要基因及其所在的功能通路注释出来。根据基因注释结果，可以把重要通路中的基因，以及涉及多个通路的重要基因家族鉴定出来。KEGG 通路法可以高通量地筛选靶标基因，在发现重要新靶标的过程中发挥了巨大的作用。但是，KEGG 通路法仍然有一定的缺陷，它只能鉴定出数据库中通路已知的基因，一些仍然未知的基因或基因家族无法被注释出来，还需要其他分析方法加以补充。

4.1.3.3　样本胁迫分析法

昆虫不同的生理及行为受一系列基因调控，不同状态下昆虫的基因表达模式可能不同。简单的转录组测序只能获得相关样本的全部基因信息，但其中基因数庞大，即使经过注释分析筛选到的潜在靶标基因仍然过多。因此，可以对昆虫的某一种生活状态进行人工胁迫，并收集该胁迫状态下的昆虫组织进行测序，将测序结果与野生型进行比较，基因表达出现明显差异的基因可能与被胁迫的状态相关，可以作为潜在 RNAi 的靶标基因。但样本胁迫分析法受样本和被胁迫的方式制约，只能对特定的生理或行为状态进行胁迫。例如，对害虫进行低毒化合物处理，被低毒化合物胁迫的害虫种群中有部分基因的表达显著增高，那么这些基因可能与害虫的抗药性相关，因此把这些基因作为 RNAi 靶标基因，可以降低害虫对抗虫物质的抗性，提高害虫对抗虫物质的敏感性，也可以提高对害虫的防控效果（Mao et al.，2007）。

4.1.3.4　基因网络穷举法

基因与基因之间的表达和调控存在相关性，即基因之间在一定意义上可能存在上下游关系。下游基因的表达可能会受到上游基因的影响，然而上游基因可能同时作用于不同的基因通路，从而影响不同通路中的下游基因，形成了一个复杂的基因关系网。基于这种基因关系，通过基因网络穷举法绘制基因网络关系图，可以找到调控多个通路的核心基因。根据表达模式，可以从中筛选出可作为 RNAi 靶标基因的基因。

4.2　害虫的 RNA 干扰靶标基因

有害生物控制既要效果好，又要安全性好，其策略也是从广谱性到选择性再到专一性。RNAi 技术可实现对有害生物的专一性控制，应用前景广阔。目前已报道一些具有应用潜力的 RNA 干扰靶标基因（蛋白），包括几丁质合成酶、海藻糖合成酶、几丁质酶、蜕皮激素受体、保幼激素受体、抑咽侧体神经肽（allatostatin）、促咽侧体神经肽（allatotropin）、HSP90、Snf7、氨肽酶、色氨酸加氧酶、精氨酸激酶、酪氨酸羟化酶、V-ATPase、卵黄原蛋白、丝氨酸蛋白酶、乙酰胆碱酯酶、细胞色素 P450、谷胱甘肽 S-转移酶、过氧化氢酶、3-羟基-3-甲基戊二酰辅酶 A 还原酶等的相关基因（Kola et al.，2015；Petrick et al.，2016）。这些靶标基因主要可分成三类：①昆虫特有的靶标基因（如几丁质合成酶基因），这类基因的安全性较好，需要重点寻找防治效果好的基因片段；②高效安全的持家基因（如 *V-ATPase* 基因），需要遴选合适的靶标基因片段来保障其安全性；③提高农药防效的靶标基因（如细胞色素 P450 基因），期望在 RNA 干扰此类靶标基因后能提高农药的防治效果，进而减少农药用量。明确了防治效果好的靶标基因后，还要阐明靶标基因的作用机制，这样才能确保其安全性。有时候，需要在防治效果和安全性之间寻找平衡点。需要指出的是，RNAi 靶标基因的效果与昆虫物种密切相关。例如，赤拟谷盗（*Tribolium castaneum*）*HSP90* 基因的 RNA 干扰效果很好，但在若虫期豌豆蚜的 *HSP90* 基因被 RNA 干扰后，其却能正常发育至成虫。

4.2.1　昆虫特有的靶标基因

昆虫特有的靶标基因大多也是昆虫生长调节剂的靶标基因。昆虫生长调节剂作用于昆虫生长发育的关键阶段，阻碍昆虫的发育进程。其作用靶标是昆虫所特有的蜕皮、变态等发育过程，因而具有很高的选择性，毒性低、污染少、对其他生物影响小，有助于农业的可持续发展。根据昆虫生长调节剂的作用方式及化学结构，主要将其分为几丁质合成抑制剂、蜕皮激素类似物、保幼激素类似物三大类。几丁质合成抑制剂作用于昆虫几丁质合成过程。表皮形成是昆虫生长发育所独有的生化过程，其中几丁质的合成很重要。如果这个生化过程被扰乱，势必造成昆虫表皮形成受阻。因此，这个过程成为一个具有高度选择性的作用靶标。从 20 世纪 70 年代荷兰杜发公司成功开发第一个商品化的制剂敌灭灵（Dimilin），到目前为止申报为专利的此类化合物有几千个，已经商品化生产的种类主要包括除虫脲、灭幼脲、氟虫脲、氟啶脲、氟铃脲、杀铃脲、氟苯脲、噻嗪酮、灭蝇胺等。蜕皮激素类似物和保幼激素类似物作用于昆虫变态过程。昆虫变态受控于大脑分泌的一些激素，其中最主要的是保幼激素和蜕皮激素。两种激素的类似物可破坏昆虫体内的激素平衡，达到杀虫的目的。已开发为商品制剂的主要有抑食肼（RH-5849）、虫酰肼等。

昆虫生长调节剂已在害虫控制实践中应用超过半个世纪，取得了很好的效果。因此，首先考虑的 RNAi 潜在靶标基因就是昆虫生长调节剂作用的靶标基因，主要包括昆虫几丁质合成和降解的关键基因，以及蜕皮激素受体基因、保幼激素受体基因等。这类基因的安全性较好，需要重点寻找防治效果好的基因片段。也可考虑与其他靶标基因联合使用。

4.2.1.1　昆虫几丁质合成酶基因 A

昆虫通常有 2 个几丁质合成酶基因，其中几丁质合成酶基因 A 拥有交替外显子。例如，甜菜夜蛾（*Spodoptera exigua*）几丁质合成酶基因 A（*SeCHSA*）包括 21 个外显子和 20 个内含子，其中第 17 外显子是一个交替外显子（图 4-1）。由于该基因不存在于高等生物中，因此理论上其作为 RNAi 靶标基因的安全性较好，但这方面的实验证据仍然缺乏。此外，几丁质合成酶基因 A 是非中肠基因，确定其能否作为 RNAi 靶标基因，需要首先证明饲喂该基因的 dsRNA 可成功下调靶标基因的表达量。Tian 等（2009）首次证实非中肠基因 *SeCHSA* 可作为 RNAi 靶标基因，为同类研究奠定了基础。

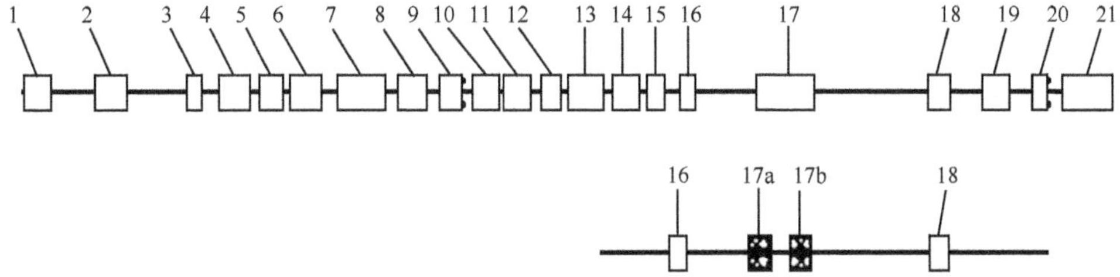

图 4-1　甜菜夜蛾几丁质合成酶基因 A 的 21 个外显子（Chen et al.，2007）

目前，几丁质合成酶基因 A 已在十几种害虫中成功实现 RNA 干扰，发现干扰后不仅可导致蜕皮畸形及死亡，而且成虫的繁殖力降低，卵孵化率很低（表 4-1）。在本书 4.1.1.3 中提到，一个好的靶标基因需要在低浓度 dsRNA 下即可实现好的 RNAi 效果。但在这些报道中，大部分只检测了一个浓度 dsRNA 的效果，而且通常是一个较高的浓度。Wang 等（2012b）在褐飞虱（*Nilaparvata lugens*）5 龄 1d 若虫中注射 3 种浓度 dsRNA（10ng/头、1ng/头和 0.1ng/头），结果表明，在 10ng/头浓度时，88% 的个体在蜕皮前死亡，8% 的个体在蜕皮后死亡，只有 4% 的存活；在 1ng/头和 0.1ng/头浓度时，蜕皮前的死亡率分别为 84% 和 53%，蜕皮后的死亡率分别为 6% 和 27%，存活率分别为 10% 和 20%，说明在低浓度下仍有很高的死亡率。在豌豆蚜中，在 4 龄若虫中注射 4 种浓度的 dsRNA（60ng/头、120ng/头、300ng/头和 600ng/头），前 2 个浓度均未导致靶基因表达量显著降低，只有后 2 个浓度的 dsRNA 使靶基因表达量降低约 45%，可见豌豆蚜对几丁质合成酶基因 A 的 dsRNA 不是很敏感（Ye et al.，2019b）。在烟草叶绿体中表达棉铃虫（*Helicoverpa armigera*）的 *HaCHSA* 基因的 dsRNA，饲喂棉铃虫幼虫 4d 后，其化蛹率只有 46.7%（Jin et al.，2015）。把麦长管蚜（*Sitobion avenae*）*SaCHSA* 基因的 550bp 片段转入小麦，在相对隔离的田间评估其控害效果。2016 年种植 Tb10-3 转基因株系（T_4 代）后，麦长管蚜的数量与对照相比减少了 25.2%，2017 年种植后蚜虫数量减少更多，达 56.2%（Zhao et al.，2018a）。在马铃薯块茎蛾（*Phthorimaea operculella*）*PoCHSA* 的 5′ UTR、编码区和 3′ UTR 分别选择了一段靶序列（5′-dsRNA、Mid-dsRNA 和 3′-dsRNA），检测了 3 个 dsRNA 浓度（50ng/头、100ng/头和 200ng/头）下的 RNAi 效果，发现 5′-dsRNA 的效果最好，在高浓度时的幼虫死亡率达 71.7%（Mohammed et al.，2017）。这些研究结果说明，几丁质合成酶基因 A 是一个很有潜力的 RNAi 靶标基因，但不是对所有害虫都有效。而且，需要选择最优的目标序列，以增强 RNAi 效果，并保证其安全性。

表 4-1　部分害虫几丁质合成酶基因 A 的 RNA 干扰效果比较

害虫	干扰的虫态	dsRNA 导入方式	死亡率 /%	繁殖力 /%	卵孵化率 /%	文献
赤拟谷盗 *T. castaneum*	幼虫	注射	—	—	—	Arakane et al.，2005
甜菜夜蛾 *S. exigua*	幼虫	注射	—	—	—	Chen et al.，2008
赤拟谷盗 *T. castaneum*	成虫	注射	—	0	0	Arakane et al.，2008
甜菜夜蛾 *S. exigua*	幼虫	饲喂	37	—	—	Tian et al.，2009
飞蝗 *L. migratoria*	若虫	注射	95	—	—	Zhang et al.，2010a
褐飞虱 *N. lugens*	若虫	注射	96	—	—	Wang et al.，2012b
长红锥蝽 *Rhodnius prolixus*	若虫 成虫	注射	—	40	～13	Mansur et al.，2014
棉铃虫 *H. armigera*	幼虫	转基因烟草	53	—	—	Jin et al.，2015
马铃薯甲虫 *L. decemlineata*	幼虫	饲喂	～90	—	—	Shi et al.，2016a
马铃薯块茎蛾 *P. operculella*	幼虫	注射	～70	—	—	Mohammed et al.，2017

续表

害虫	干扰的虫态	dsRNA 导入方式	死亡率 /%	繁殖力 /%	卵孵化率 /%	文献
褐飞虱 *N. lugens*	幼虫 成虫	饲喂	61	100	10	Li et al.，2017c
麦长管蚜 *S. avenae*	若虫	转基因小麦	56	43.8～84.5	—	Zhao et al.，2018a
豌豆蚜 *A. pisum*	若虫	注射 饲喂	45	～70	—	Ye et al.，2019b
棉蚜 *Aphis gossypii*	若虫	饲喂	59	48	—	Ullah et al.，2020

注：死亡率（%），即某 dsRNA 浓度的最高死亡率；繁殖力（%），即占对照繁殖力的百分比；“－”表示无相关数据

4.2.1.2　几丁质酶基因

相对于几丁质合成酶基因，昆虫几丁质酶基因的数量较多，例如，赤拟谷盗有五类共计 23 个几丁质酶和类几丁质酶基因。其中，有 2 个几丁质酶基因（*TcCht5* 和 *TcCht10*）在害虫蜕皮变态中发挥重要作用，但这两个基因导致害虫死亡的死亡率并没有被统计（Zhu et al.，2008b）。在褐飞虱幼虫中注射 50ng/头的 dsRNA，几丁质酶基因 *NlCht1*、*NlCht7*、*NlCht9* 和 *NlCht10* 的表达量显著降低，害虫的死亡率均超过 90%；进一步的浓度梯度（0.01ng/头、0.1ng/头、1ng/头和 10ng/头）试验结果表明，前 3 个几丁质酶基因在较低浓度下仍然可以导致较高的死亡率，特别是 *NlCht1* 在注射后第 7 天的死亡率仍接近 80%（Xi et al.，2014）。在小菜蛾（*Plutella xylostella*）中，*PxCht5* 和 *PxCht10* 被干扰后，第 3 天的害虫存活率分别为 56% 和 53%；在成虫阶段实施对 *PxCht5*、*PxCht7* 和 *PxCht10* 的 RNA 干扰，其正常羽化率分别为 75%、63% 和 62%（Zhu et al.，2019）。在二化螟（*Chilo suppressalis*）中，在蛹期注射 3 个几丁质酶基因（*CsCht5*、*CsCht6* 和 *CsCht8*）的 siRNA，只有约 55% 的害虫可羽化为成虫；*CsCht10* 被干扰后，对害虫发育没有显著影响，但却提高了白僵菌（*Beauveria bassiana*）对害虫的致死率，RNA 干扰与白僵菌联合施用的致死率达 92.3%，而单独施用白僵菌的致死率仅为 51.9%（Zhao et al.，2018b）。这说明，干扰 *CsCht10* 有助于白僵菌穿透害虫表皮，从而提高防治效果。

尽管利用注射法鉴定到一些靶标基因具有良好的 RNAi 抗虫效果，但在实际田间应用中其效果如何需要加以检验。Mamta 等（2016）把棉铃虫几丁质酶基因 *HaCHI*（AY326455）的 144bp 片段转入烟草和番茄中，利用植株连续饲喂棉铃虫 2～6 龄幼虫，在 4 株烟草上的害虫死亡率分别为 7%～27%（第 6 天）、17%～42%（第 8 天）和 21%～52%（第 16 天）；相似地，在 4 株番茄上的害虫死亡率分别为 12%～29%（第 6 天）、22%～53%（第 8 天）和 28%～56%（第 16 天）。此外，害虫的发育变慢、成虫出现畸形、体重减轻等，表现出较好的控害效果。而且，在选择 144bp 片段时考虑了序列特异性，与天敌昆虫和棉铃虫其他基因没有连续 21bp 的相同序列，因此理论上其安全性较好。

4.2.1.3　海藻糖合成酶基因

海藻糖是昆虫血淋巴中的主要糖类（占 80%～90%）和能量物质。昆虫摄取食物后血液中葡萄糖的浓度会暂时升高，随即葡萄糖在海藻糖合成酶的作用下合成为海藻糖。海藻糖存在于植物、细菌、真菌、线虫及无脊椎动物中，但并未在脊椎动物中发现。昆虫海藻糖合成酶基因 *TPS* 与在脂肪体中合成海藻糖相关，在几丁质代谢、抗逆等方面具有重要作用。

在农业害虫中，利用 RNAi 技术下调 *TPS* 基因的表达，导致海藻糖含量降低以及几丁质合成通路中多个基因的表达量降低；而且，在第 2 天即可发现海藻糖合成酶活力和害虫存活率均显著降低（Xiong et al.，2016）。在甜菜夜蛾幼虫中注射 *TPS* 基因的 dsRNA 后，第 2 天的害虫存活率仅为 49.06%（Tang et al.，2010a）。利用饲喂法干扰褐飞虱的 *NlTPS* 基因，第 2 天的存活率即显著降低，而随后几天的存活率降低幅度约为 30%（与 ds*GFP* 比较）（图 4-2）。此外，检测 3 个浓度 dsRNA（0.02μg/μL、0.1μg/μL、0.5μg/μL）的 RNAi 效果后，发现只有 0.5μg/μL 的 dsRNA 能有效下调靶标基因的表达量（Chen et al.，2010b）。这些研究结果表明，*TPS* 基因应与其他 RNAi 靶标基因联合使用，才能实现较好的害虫控制效果。

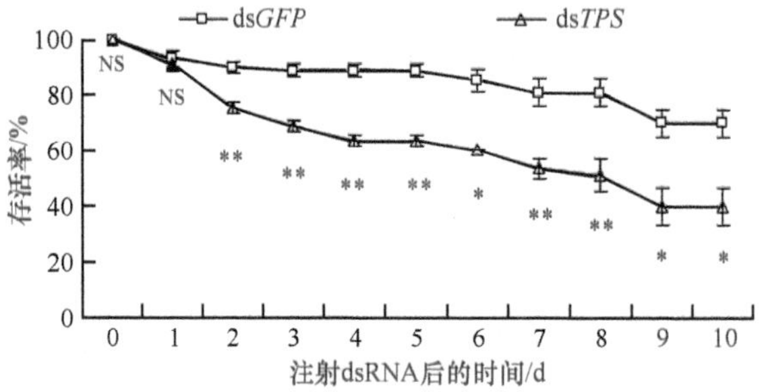

图 4-2　褐飞虱从 3 龄若虫开始取食 *NlTPS* dsRNA 后的存活率（Chen et al.，2010b）

ds*TPS* 指饲喂 0.5μg/μL *NlTPS* dsRNA 组若虫，ds*GFP* 指饲喂 0.5μg/μL *GFP* dsRNA 组若虫。

NS 表示处理组与对照组之间无显著差异，* 表示差异显著（$P < 0.05$），** 表示差异极显著（$P < 0.01$）

4.2.1.4　蜕皮激素受体基因

昆虫蜕皮激素 20E 对昆虫发育、变态及繁殖等生命过程的调控是通过与其对应的核受体相结合来得以完成的。核受体通常以同源或异源二聚体形式与配体结合。研究表明，蜕皮激素作用靶标为蜕皮激素受体（EcR）及超气门蛋白所组成的异源二聚体。在黑腹果蝇（*Drosophila melanogaster*）中，*EcR* 基因编码 3 种同工型：*EcR-A*、*EcR-B1* 和 *EcR-B2*。

在甜菜夜蛾幼虫中注射 *SeEcR-A* 和 *SeEcR-B1* 共同片段的 dsRNA，导致害虫的取食量显著减少，发育历期延长，从幼虫至成虫的存活率仅为 5% 左右。在褐飞虱若虫的人工饲料中添加 *NlEcR-A* 和 *NlEcR-B* 共同片段的 dsRNA，低浓度 dsRNA（0.1μg/μL）饲喂 2d 后的若虫存活率仅为 70% 左右，高浓度 dsRNA（0.5μg/μL）饲喂 2d 后的存活率更低（40% 左右），而且繁殖力显著降低。褐飞虱取食表达上述 dsRNA 的转基因水稻后其 *NlEcR* 基因的表达水平显著降低，害虫繁殖力降低 22.78%～77.83%，但害虫存活率没有显著变化（Yu et al.，2014b）。在烟草中表达棉铃虫 *HaEcR* 基因的 dsRNA 后，发现棉铃虫在转基因烟草上的取食量显著降低，害虫畸形率达 40% 左右（对照组约为 10%）。由于选择的干扰片段（482bp）在甜菜夜蛾 *SeEcR* 基因中存在连续 21bp 相同的序列，因此该转基因烟草对甜菜夜蛾也有一定的控制作用（Zhu et al.，2012）。此外，表达马铃薯甲虫（*Leptinotarsa decemlineata*）*LdEcR* 基因 dsRNA 的马铃薯具有良好的抗虫效果。利用两个马铃薯转基因品种的 8 个品系的叶片饲喂马铃薯甲虫 1 龄幼虫，第 1 天、第 2 天和第 3 天的死亡率分别为 5%～20%、15%～30% 和 20%～80%；饲喂 2 龄幼虫第 1 天、第 2 天和第 3 天的死亡率分别为 0%、0%～20% 和 15%～40%；饲喂 3 龄幼虫第 1 天、第 2 天和第 3 天的死亡率分别为 0%、0%～20% 和 25%～60%。尤其是 Lady Olympia 品种的 L02 和 L04 品系对马铃薯甲虫 1 龄至 3 龄幼虫的累计死亡率达 91%，具有较高的抗虫效果（Hussain et al.，2019）。

4.2.2 高效安全的持家基因

昆虫的持家基因很多，但其保守性相对较高，在筛选时需要针对不同基因选择特异性较高的靶标基因片段。关于这类基因的研究很多，包括 *HSP90*、*Snf7*、氨肽酶基因、色氨酸加氧酶基因、精氨酸激酶基因、酪氨酸羟化酶基因、*V-ATPase* 基因、卵黄原蛋白基因等。

4.2.2.1 *Snf7* 基因

Snf7 是一个持家基因，广泛存在于酵母、线虫、果蝇、拟南芥、小鼠等真核生物及人类。Snf7 蛋白由 226 个氨基酸组成，是运输所需的内体分选复合体III（ESCRT-III）的一个组成部分。ESCRT-III的主要功能是促进被泛素标记的膜蛋白的降解，在跨膜蛋白的内化、转运、分选和溶酶体降解过程中有重要作用。作为 RNAi 靶标基因的一个经典案例，玉米根萤叶甲（*Diabrotica virgifera virgifera*）的 *DvSnf7* 基因的研究较为全面，包括干扰片段的选择、RNAi 效果、作用机制、安全性评价以及产业化等。

第一，通过生物信息学分析选择一段特异性片段（240bp），最大限度地降低其对非靶标生物的影响。第二，通过饲喂不同浓度的 dsRNA，发现 *DvSnf7* 基因对玉米根萤叶甲很有效，在人工饲料中添加的 dsRNA 的 LC_{50} 仅为 $1.2ng/cm^2$（Baum et al.，2007）；当 dsRNA 浓度为 50ng/mL 饲料时，该害虫的幼虫在包含 dsRNA 的饲料上连续取食 24h，12d 的死亡率即达 90% 以上；由于序列一致性较高，*DvSnf7* 的 dsRNA 对同属的南方玉米根萤叶甲（*Diabrotica undecimpunctata howardi*）也有效（Bolognesi et al.，2012）。第三，阐明了 *DvSnf7* 基因的 RNAi 作用机制。研究发现，240bp 的 dsRNA 进入叶甲中肠后可被中肠细胞摄取，而且 24h 内即可传播至其他组织，从而显著降低靶标基因的表达量及蛋白水平（Bolognesi et al.，2012）；而 DvSnf7 蛋白的降解导致泛素化蛋白累积并干扰自噬，最终引起害虫死亡（Ramaseshadri et al.，2013；Koci et al.，2014）。第四，对 *DvSnf7* 基因的 dsRNA 进行了比较全面的安全性评价。通过测试 dsRNA 对 4 目（鞘翅目、鳞翅目、膜翅目和半翅目）10 科 12 种昆虫生长发育的影响，发现饲料中 dsRNA 的 LC_{50} 均大于 500ng/mL 或 500ng/g，说明其对非靶标昆虫的影响很小。而且，*DvSnf7* 的杀虫谱很窄，仅对同一亚科（萤叶甲亚科）的昆虫有杀虫活性（Bachman et al.，2013）。也未发现 *DvSnf7* 对蜜蜂和哺乳动物有不利影响。进一步在不同的环境中开展田间试验，结果表明，表达 *DvSnf7* 和 *Cry3Bb1* dsRNA 的转基因玉米（品系 MON87411）对非靶标节肢动物没有不利影响（Ahmad et al.，2016）。*DvSnf7* dsRNA 在土壤中的可检测时间小于 48h。第五，在产业化方面充分借鉴了现代农业生物技术的已有成果。已大规模产业化的转 *Bt* 基因作物，依靠 Bt 毒蛋白主要用于控制鳞翅目害虫和个别鞘翅目害虫（包括玉米根萤叶甲）。而 *DvSnf7* dsRNA 对玉米根萤叶甲有很好的控制效果，而且作用机制不同（不是依靠毒性），但比 Bt 蛋白致死更慢。因此，两者联合使用的效果应该更好。在美国 40 个玉米种植地的试验结果表明，转基因玉米在 82% 的试验地显著降低了玉米根萤叶甲对玉米根部的危害程度（与非抗虫玉米相比），SmartStax 玉米（Bt 玉米，包括 *Cry3Bb1*、*Cry34Ab1*/*Cry35Ab1*）在 65% 的试验地比 MON87411 的效果好，而 SmartStax Pro 玉米（表达 *DvSnf7* dsRNA 和 *Cry3Bb1*、*Cry34Ab1*/*Cry35Ab1*）比 SmartStax 玉米更具优势，玉米根萤叶甲成虫的发生程度降低了 80%～95%（Head et al.，2017）。SmartStax Pro 玉米已经获得美国环保署批准，近期有望开展商业化应用。

此外，埃及伊蚊、非洲甘薯象鼻虫（*Cylas brunneus*）、茄二十八星瓢虫（*Henosepilachna*

vigintioctopunctata)、褐飞虱等害虫 *Snf7* 基因的 dsRNA 也被证实对害虫具有较高的致死率，不过距离产业化应用还有很多工作要做。

4.2.2.2 *V-ATPase* 基因

V-ATPase 是一个进化上保守的酶家族，在真核生物中具有多种功能。V-ATPase 包括两个结构域：V0 和 V1，其中 V1 由 8 个亚基组成，分别称为 A、B、C、D、E、F、G 和 H。亚基 A 是 V1 结构域的催化位点，负责 ATP 的水解。抑制亚基 A 的表达可能引起致死效果。

2007 年，Baum 等利用生物测定方法从 290 个基因中筛选获得了一批对玉米根萤叶甲幼虫有致死效果的基因，其中 *V-ATPase A* 基因的效果排在第 6 位，其 dsRNA 的 LC_{50} 仅为 1.82ng/cm^2。*V-ATPase A* 基因的 dsRNA 不仅对玉米根萤叶甲幼虫致死率高，对南方玉米根萤叶甲和马铃薯甲虫的幼虫也有效。但是，玉米根萤叶甲 *V-ATPase A* 基因的 dsRNA 对马铃薯甲虫幼虫的 LC_{50}（> 52ng/cm^2）远高于马铃薯甲虫 *V-ATPase A* 基因的 dsRNA 对马铃薯甲虫幼虫的 LC_{50}（5.2ng/cm^2）。更为重要的是，在玉米中表达玉米根萤叶甲 *V-ATPase A* 基因的 dsRNA，饲喂玉米根萤叶甲后，幼虫对玉米根的危害显著降低，为利用 dsRNA 防治害虫奠定了基础。随后，在转基因烟草中表达多种害虫 *V-ATPase* 基因的 dsRNA，均显著提高了对害虫的致死率。使用转 *V-ATPase* 基因烟草防控烟粉虱（*Bemisia tabaci*）并通过 3 种方法评价了防控效果：①在培养皿中利用叶片进行生物测定，在检测的 T_1 代 12 个株系中，株系 7 的防治效果最好，在第 2 天、第 4 天和第 6 天对烟粉虱成虫的致死率分别为 38.06%、57.42% 和 83.58%；②利用植株进行生物测定，4 个株系的防治效果比较一致，第 5 天、第 10 天和第 15 天的害虫种群数量分别减少约 40%、70% 和 90%；③利用植株中提取的小 RNA 进行生物测定，害虫在第 6 天的死亡率在 48%～62%（Thakur et al.，2014）。利用表达棉铃虫 *V-ATPase* 基因 dsRNA 的转基因烟草饲喂棉铃虫幼虫，部分害虫运动迟缓甚至停止取食，最后不能化蛹，化蛹率仅为 56.7%（Jin et al.，2015）。扶桑绵粉蚧（*Phenacoccus solenopsis*）取食表达粉蚧 *V-ATPase* 基因 dsRNA 的转基因烟草后，校正死亡率约为 30%（Khan et al.，2018）。

通过选择物种特异性的 dsRNA，可保障 dsRNA 对非靶标生物的安全性。例如，针对 4 个物种（赤拟谷盗、豌豆蚜、烟草天蛾和黑腹果蝇），选择 *V-ATPase* 基因物种特异性的 dsRNA 和非物种特异性的 dsRNA，评估其对非靶标节肢动物的影响。结果表明，物种特异性的 dsRNA 只对该物种有效（Whyard et al.，2009）。进一步的研究表明，玉米根萤叶甲 *V-ATPase A* 基因的 dsRNA 对蜜蜂也是安全的。

在尝试把 *V-ATPase* 基因的 dsRNA 与 Bt 作物联合使用时，发现 *V-ATPase* 基因的下调可降低部分转 *Bt* 基因（*Cry1Ca* 和 *Cry2Aa*）水稻对二化螟的控制作用，说明同时使用 2 个或 2 个以上基因时，需要预先研究其交互作用（Qiu et al.，2019）。

4.2.3 提高农药防效的靶标基因

由于化学农药的大量使用，不少害虫对农药产生了抗药性，有些抗性倍数甚至高达几千倍。抗药性相关基因（包括羧酸酯酶、细胞色素 P450、谷胱甘肽 S-转移酶等）的高表达是导致害虫抗药性增强的重要原因之一。如果下调羧酸酯酶、细胞色素 P450、谷胱甘肽 S-转移酶等基因的表达量，则害虫对农药的抗性降低，导致其死亡率升高。因此，对 P450 等解毒酶基因进行 RNA 干扰，可提高农药的防治效果，从而减少农药用量。蛋白酶是维持生物体正常生命活动不可或缺的，主要分为 4 类：丝氨酸蛋白酶、半胱氨酸蛋白酶、金属蛋白酶和天冬氨酸蛋白酶。丝氨酸蛋白酶及其同源蛋白是蛋白酶中的一个超家族，其成员包括胰蛋白酶、胰凝乳蛋白酶和弹性蛋白酶，数量约占全部蛋白酶的 1/3。丝氨酸蛋白酶可把蛋白质催化为氨基酸，从而为昆虫生长发育提供能量；还参与昆虫先天免疫以及昆虫肠道中的有毒蛋白失活等功能。因此，RNA 干扰蛋白酶基因类似于蛋白酶抑制剂的作用。此外，干扰害虫的免疫相关基因，可对害虫致死或降低害虫免疫力，也会提高农药的防治效果。

4.2.3.1　P450 基因

在很多害虫种类中，P450 基因的表达量升高会导致对杀虫剂抗性的增强。例如，褐飞虱 *CYP6ER1* 和 *CYP6AY1* 基因在害虫对吡虫啉的抗药性中发挥了重要作用，干扰 *CYP6ER1* 后，吡虫啉对褐飞虱成虫的致死率比 ds*GFP* 提高了 34.42%（Pang et al.，2016）；斜纹夜蛾 *CYP321B1* 基因被干扰后，毒死蜱和溴氰菊酯两种农药对害虫的致死率分别提高了 25.6% 和 38.9%（Wang et al.，2017b）；在飞蝗（*L. migratoria*）中干扰 *CYP9A3* 基因，溴氰菊酯和苄氯菊酯对若虫的死亡率分别提高了 27.7%～77.7% 和 27.7%～58.3%；而干扰 *CYP9AQ1* 后，氟胺氰菊酯对若虫的致死率提高了 29.8%～53.0%（Zhu et al.，2016b）。

早在 2007 年，在烟草中表达棉铃虫 *CYP6AE14* 基因后的生物测定结果表明：取食这些烟草后棉铃虫 *CYP6AE14* 基因的表达量降低，且对棉酚的耐受性减弱（Mao et al.，2007）。在拟南芥中表达棉铃虫 *CYP9A14* 基因，获得高表达的株系 ds-8 用于生物测定。棉铃虫 3 龄幼虫在 ds-8 和对照植物上取食 3d 后转移至含有溴氰菊酯的人工饲料上饲喂 1d，结果表明，取食 ds-8 的幼虫的 *CYP9A14* 表达量显著降低，溴氰菊酯对这些害虫的 LD_{50} 降低了约 35%（Tao et al.，2012）。利用表达棉铃虫 P450 基因 dsRNA 的转基因烟草饲喂 3 龄幼虫 3d，然后转移至含有棉酚的人工饲料上饲养 4d，幼虫的化蛹率降低约 30%（Jin et al.，2015）。这些研究结果表明，干扰 P450 基因可提高农药对害虫的致死率，从而可以减少化学农药的使用量。

4.2.3.2　胰蛋白酶基因

关于 RNA 干扰蛋白酶基因的报道不多。2016 年，Guan 等从亚洲玉米螟（*Ostrinia furnacalis*）克隆获得了 7 个糜蛋白酶基因（*CTP*），在亚洲玉米螟人工饲料中添加 *CTP* 基因的 dsRNA，害虫死亡率升高，其中 1 龄幼虫的死亡率为 42.11%～89.65%。只有 *CTP8*、*CTP16* 和 *CTP17* 三个基因的 dsRNA 导致 4 龄幼虫的死亡率升高，其中 *CTP8* 导致的死亡率最高（5d 后的死亡率超过 60%）。把 dsRNA 与 Bt 毒素联合使用时，4 个基因（*CTP6*、*CTP11*、*CTP16* 和 *CTP17*）的 dsRNA 能提高 Bt 在第 5 天的防治效果；其中 *CTP16* 的效果最好，在第 1 天、第 3 天和第 5 天的防治效果均比单独施用 Bt 毒素提高约 50%，第 5 天的致死率达 100%。更为重要的是，几乎所有基因的 dsRNA 均加快亚洲玉米螟幼虫的死亡（图 4-3）。这些结果表明，干扰亚洲玉米螟的 *CTP* 基因，可提高 Bt 毒素对害虫的致死率，从而可减少杀虫剂的使用量。不过，在草地贪夜蛾（*Spodoptera frugiperda*）中，干扰类胰蛋白酶基因 *SfT6* 的 dsRNA，*Cry1Ca1* 原毒素对害虫的生长抑制率降低了约 30%（Rodriguez-Cabrera et al.，2010），说明对不同害虫种类或基因可能会导致不同的结果。

害虫的 RNA 干扰靶标基因主要可分成三类：昆虫特有的靶标基因、高效安全的持家基因，以及能提高农药防效的靶标基因。大多数第一类靶标基因的杀虫速度较慢，但持效期较长，在预防害虫暴发方面可发挥重要作用。第二类基因应用前景最广，其中 *Snf7* 很可能成为第一个产业化的 RNA 干扰靶标基因，将其与 Bt 结合的转基因玉米已经获得美国环保署批准。第三类靶标基因常常与现有化学防治措施相结合，用于提高农药的防治效果。

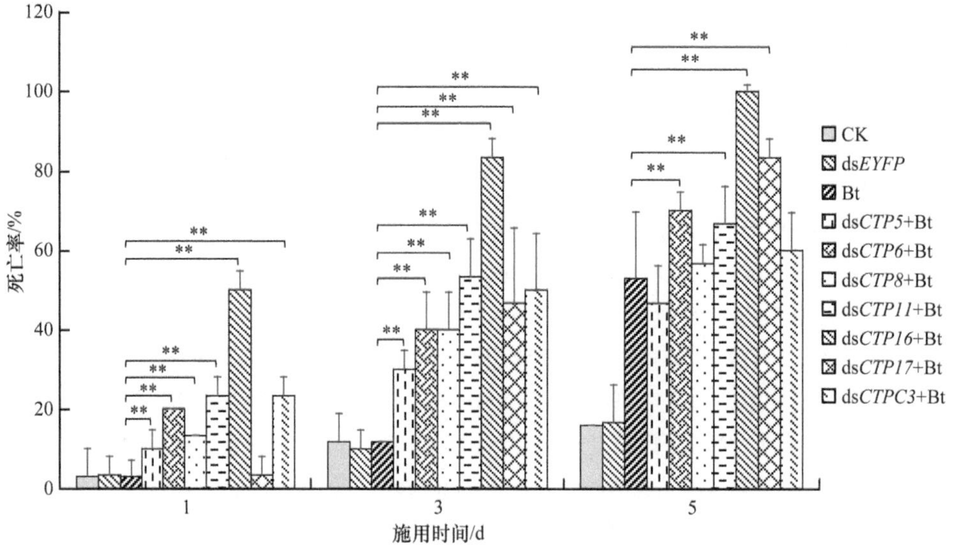

图 4-3　亚洲玉米螟 *CTP* 基因的 dsRNA 与 Bt 毒素联合使用的防治效果（Guan et al.，2017）

CK：对照；*EYFP*：增强型黄色荧光蛋白基因；Bt：苏云金芽孢杆菌；*CTP5*，*CTP6*，*CTP8*，*CTP11*，*CTP16*，*CTP17*，*CTPC3*：亚洲玉米螟糜蛋白酶基因；** 表示在 0.01 水平差异显著（ANOVA）

4.3　病原微生物的 RNA 干扰靶标基因

4.3.1　病原微生物的 RNA 干扰靶标基因选择原则

除了环境和宿主植物等方面的因素，作物病害严重程度主要取决于两个方面：病原微生物的为害能力及其抑制作物防御反应的能力。病原微生物的为害能力是病原微生物生活力和致病能力的综合表现。生活力通常包括结构完整性、遗传物质稳定性、细胞生理或能量代谢是否正常等多个方面；而致病能力包括病原微生物的侵染性、致病性、传播能力等。因此所有限制病原微生物生活能力或致病能力的因素，或者是增强宿主植物抗病能力的因素，都能直接或间接地减轻病害或用于防治病害，是病原微生物 RNAi 防治的理想靶标。病原微生物抑制宿主植物防御反应主要由分泌到细胞间隙或宿主植物细胞内的效应因子实现。这些效应因子通过改造、修饰或破坏宿主植物的重要防卫反应元件，导致防卫反应减弱或丧失。因此有针对性地使用 RNAi 手段抑制病原微生物效应因子的产生或活性，也可以起到病害防治的目的。

针对以上现象，目前病原微生物 RNAi 防治的靶标基因大体可以分为以下几大类：①以影响病原微生物生活力为目的，主要针对其基本生物过程，如转录、逆转录、关键蛋白质合成、能量代谢等，或是针对其细胞结构完整性；②以抑制病原微生物致病性为目的，主要针对其致病性相关的基因；③以抑制病原微生物“反防御”能力为目标，主要针对其效应因子编码基因。在过去的十余年中，上述靶标基因的选择策略都取得了良好的应用效果。

4.3.2 靶标病原微生物的重要生物过程

病原微生物的生活力与其致病力直接相关。有些情况下，病原微生物将主要的资源优先应用在生长、发育、生殖等过程，有相当多的致病因子只有当病原微生物与植物发生接触甚至在侵染发生后的不同时期才开始表达（Wang et al.，2011a）。在另外一些情况下，生活力和致病力本身就是一致的过程，例如，侵入水稻细胞的稻瘟病菌入侵菌丝（invasive hyphae），在生长的同时也在植物细胞内扩展或者侵入相邻的细胞。因此，有针对性地靶定病原微生物的重要生物过程，可以起到有效地抑制病原微生物的致病能力，达到病害防治的目标。并且在病害防治策略上，在潜伏期对病害进行及时的防治能起到事半功倍的效果。因此对重要生物过程进行 RNAi 防治是一种重要的病害防治策略。

4.3.2.1 与复制、转录和翻译相关基因

遗传物质的复制、转录，以及蛋白质的合成是生物生长和繁殖的必要过程，是病原微生物 RNAi 防治的理想靶标。当以菜豆金色花叶病毒（bean golden mosaic virus，BGMV）（Bonfim et al.，2007）或 CMV（cucumber mosaic virus）（Ntui et al.，2014）的复制酶（replicase）基因，或香蕉束顶病毒（banana bunchy top virus，BBTV）的复制起始因子基因（*ProRep*）（Shekhawat et al.，2012）为靶标基因时，转基因植株对病毒接种呈现完全抗病性。无论是表达南方根结线虫（*Meloidogyne incognita*）剪接因子和整合酶（integrase）基因的烟草（Yadav et al.，2006），还是表达大豆孢囊线虫（*Heterodera glycines*）剪接体内 *SR* 基因的转基因大豆（Klink et al.，2009），都表现出对相应防治对象明显的抗性。以甜菜孢囊线虫（*Heterodtra schachtii*）的泛素样蛋白（4G06）、纤维素结合蛋白（3B05）、锌指蛋白（10A06）和 spk1 样蛋白（8H07）基因（Sindhu et al.，2009），或者以大豆孢囊线虫（*Heterodera glycines*）的核糖体 3a、核糖体 4 等基因（Klink et al.，2009）为 RNAi 靶标基因的防治也取得了明显效果，证明了以复制、转录和翻译相关基因为 RNAi 靶标可以有效地控制病害。

4.3.2.2 生长发育相关基因

病原微生物本身的生长和活性也是影响病情的因素。因此和病原微生物的生长、发育、代谢相关的基因也是 RNAi 防治的理想靶标。小麦白粉病原菌是一种影响谷类作物的真菌，防治难度大，导致产量损失严重。如果以白粉病原菌的葡糖苷转移酶（glucanosyltransferase）基因为靶标，病原微生物细胞内催化活化糖基连接到不同受体分子如蛋白质、核酸、寡糖、脂和小分子的过程就会受到影响，减弱白粉病原菌的生活力，使转基因大麦和小麦的白粉病症状明显减轻（Nowara et al.，2010）。其他的重要生物过程如与甾醇类激素合成相关的细胞色素 P450 基因（*CYP51*）（Koch et al.，2013），以及和细胞壁合成相关的几丁质合成酶基因（*CHS*）（Cheng et al.，2015）等都是理想的靶标。表达上述基因片段 dsRNA 的转基因大麦和小麦分别表现出对赤霉病（Koch et al.，2013）及苗枯病的明显抗性（Cheng et al.，2015）。

4.3.2.3 生殖发育相关基因

与其他的病原微生物相比，生殖和发育是影响线虫致病性的特有现象，因此以生殖发育相关基因为 RNAi 防治靶标主要应用于线虫病害防治。以大豆囊肿线虫的主要精子蛋白基因作为沉默的靶标基因，不仅使其存活的卵细胞生殖能力显著受损，单位根组织的卵细胞数也减

少 68%（Steeves et al.，2006）。在转基因植物中组合表达与大豆囊肿线虫繁殖或适应度相关的 3 个基因（*Cpn-1*、*Y25* 和 *Prp-17*）片段的 hpRNA 导致虫卵数量明显减少（Li et al.，2010）。考虑到线虫以卵在病组织里存在或以幼虫在土壤中越冬，并且在病土和病肥中存在的幼虫是来年发病主要来源，与生殖相关的基因是线虫病害 RNAi 防治的重要靶标。

4.3.2.4 重要的细胞结构基因

衣壳是病毒的蛋白质外壳，是由病毒衣壳蛋白亚基所形成的寡聚体。绝大部分病毒的正常功能依赖于衣壳，有些衣壳蛋白甚至还是抑制宿主免疫的工具（Csorba et al.，2015）。因此衣壳蛋白的编码基因是理想的 RNAi 靶标基因。表达番茄斑萎毒病（tomato spotted wilt virus，TSWV）衣壳蛋白基因的转基因莴苣植株对 TSWV 感染免疫（Pang et al.，1996）。表达李痘病毒（plum pox virus，PPV）衣壳基因（*PPV-CP*）的李树转基因幼苗对 PPV 感染具有抗性（Scorza et al.，2001）。根据甜菜坏死黄脉病毒（beet necrotic yellow vein virus，BNYVV）衣壳蛋白编码序列设计的 RNAi 构建、转化本氏烟后，其叶片组织对 BNYVV 表现出较高的抗性（Andika et al.，2005）。针对衣壳蛋白基因进行 RNAi 防治最广泛的应用是以番木瓜环斑病毒 W 型（papaya ringspot virus type W，PRSV-W）衣壳蛋白基因为靶标的转基因木瓜，其对 PRSV-W 感染的抗性明显增强（Krubphachaya et al.，2007）。例如，美国夏威夷州是木瓜的主要产地，当地目前转基因木瓜产量约占总产量的 96%。

4.3.3 靶标病原微生物的致病相关基因

经过长期的协同进化，病原微生物和宿主植物之间已经进化形成了一种相互适应、相互制约的致病和防御机制。病原微生物之所以能在植物上生长并形成一个平衡的态势，甚至有时候能够克服植物的抗病性而导致病害，主要是因为病原微生物能够编码一系列的致病因子，抑制植物的抗病性，使得致病和防御之间的平衡向有利于病原微生物的方向移动。根据这一原理，有针对性地以病原微生物的致病相关基因为靶标是 RNAi 防治的理想策略。

病原微生物基因组可以编码很多和致病性相关的致病因子，直接或间接地参与病原微生物对宿主植物的致病性。这些致病因子中有很多是转录因子，通过调控致病相关的基因或通路增强致病性。以这些转录因子编码基因为 RNAi 靶标的防治技术可以非常有效地抑制同一个表达通路的一个或多个调控对象的表达，达到有效的防治效果。例如，大麦尖孢镰孢菌（*Fusarium oxysporum* f. sp. *cubense*，*Foc*）编码一种重要的转录因子 *Fusarium* transcription factor 1（*ftf1*），其表达与致病性有关。使用 hpRNA 载体表达该基因的部分序列（hpRNA-*ftf1*）后，香蕉转基因株系没有任何 *Foc* 的外部和内部症状（Ghag et al.，2014）。这种策略在线虫病害防治中也得到了应用。线虫的寄生基因（*16D10*）编码一种通过与植物 *SCARECROW-like* 转录因子相互作用而介导植物感染和寄生的分泌肽段，刺激根结形成。表达 *16D10* 序列 dsRNA 的转基因拟南芥根结显著减少，伴随着南方根结线虫（*M. incognita*）的繁殖力下降（Huang et al.，2006）。还有一些致病因子是信号通路调控元件，以这些基因为 RNAi 靶标可以在源头上抑制致病信号通路，有效地防治病害。例如，Panwar 等（2013）利用病毒诱导的基因沉默（virus-induced gene silencing，VIGS）技术沉默小麦叶锈菌（*Puccinia triticina*）的丝裂原激活蛋白激酶 1（PtMAPK1）、亲环蛋白（PtCYC1）和钙调蛋白 B（PtCNB）基因。表达这些基因 hpRNA 的小麦叶片对茎锈病或条锈病有明显的抗性。

细菌没有真核生物那样的 RNAi 机制，因此不能直接使用 RNAi 技术来控制植物细菌病害。但唯一的例外是通过沉默在细菌中产生但是随后转移到宿主细胞中的基因来抑制病原细菌。利用 RNAi 技术控制细菌性病害的一个经典例子是冠瘿病。冠瘿病是由发根农杆菌（*Agrobacterium rhizogenes*）侵染植物引起的。发根农杆菌将含有色氨酸-2-单加氧酶基因（*iaaM*）、吲哚-3-乙酰胺水解酶基因（*iaaH*）和异戊基转移酶基因（*ipt*）的大型 Ti 质粒中的 T-DNA 片段转移到植物基因组。这些基因负责生长素和细胞分裂素的从头合成，共同诱导不受控制的植物细胞生长，导致冠瘿瘤的形成。Escobar 和 Dandekar（2003）在 RNAi 构建中插入 *iaaM* 和 *ipt* 基因的自互补序列，转基因拟南芥和番茄植株表现出对冠瘿病的抗性。

4.3.4 靶标抑制宿主植物抗性的相关基因

4.3.4.1 效应因子基因

效应因子是病原微生物向宿主植物细胞释放的一种小分子，多为蛋白质。效应因子通常在植物细胞内执行修饰或改变某些抗病相关元件的功能，减弱或抑制植物细胞生理功能或能力，最终导致植物发病。细菌、真菌、疫霉和线虫都可以编码效应因子。限制效应因子就是限制病原微生物的进攻武器。因此效应因子编码基因是理想的 RNAi 靶标。

以病原微生物效应因子基因为 RNAi 靶标的防治策略在多种植物病害上已经有成功应用的案例。马铃薯孢囊线虫（*Globodera pallida*）的超可变细胞外效应体（hyper-variable extracellular effector，HYP）是由线虫分泌到植物中的一类效应因子，是保证其成功感染的必需因子。该基因家族的变异性和模块化结构可导致产生大量效应蛋白。当使用 RNAi 技术靶标 *HYP* 基因的保守区域时，就能够沉默所有的 *HYP* 基因，并为转基因马铃薯提供抗性（Akker et al.，2014）。奇氏根结线虫（*M. chitwoodi*）效应因子 16D10L 可以有效地抑制马铃薯的抗病性，增加线虫侵染和定殖的成功率。表达 *Mc16D10L* dsRNA 的转基因马铃薯可以明显降低线虫的生殖力和致病性，能够连续几代抵抗奇氏根结线虫感染（Dinh et al.，2014）。在病原真菌中，利用 RNAi 技术沉默大麦尖孢镰孢菌（*Fusarium oxysporum* f. sp. *cubense*，*Foc*）突变株 *Mla10* 中的效应基因 *Avra10* 后，该突变株的致病性明显减弱（Nowara et al.，2010）。上述应用证明，病原微生物的效应因子编码基因也是一个重要的 RNAi 靶标。

4.3.4.2 VSR、BSR 和 PSR 的基因

RNAi 是植物防御病毒攻击的主要手段。病毒基因组不编码效应因子，但是在协同进化的过程中，病毒进化出了一种反防御机制，通过合成特定的病毒 RNAi 沉默抑制因子（viral suppressors of RNA silencing，VSR），抑制植物的基因沉默过程，促进病毒的侵染和增殖（Pumplin and Voinnet，2013）。VSR 可以是外壳蛋白、复制酶、运动蛋白、病毒传播辅助蛋白或转录调节因子，或是这些基因可读框的片段（Voinnet et al.，2000）。RNA 和 DNA 植物病毒都可以产生 VSR 来对抗植物的 RNAi 防御机制。这些 VSR 的作用位点是多方面的，包括病毒识别、Dicer 蛋白功能、siRNA 的产生和稳定性、RISC 形成，以及 siRNA 扩增等（Csorba et al.，2015）。由此可见，VSR 可以作为防治植物病毒的理想 RNAi 靶点。Ai 等（2011）在转基因烟草植株表达马铃薯 Y 病毒（potato virus Y，PVY）的沉默抑制因子 HC-Pro 和马铃薯 X 病毒（potato virus X，PVX）的 TGBp1/p25(p25) 后，其表现出对 PVY 和 PVX 的显著抗性。与此相仿，在转基因植物中分别表达靶向黄瓜花叶病毒（cucumber mosaic virus，CMV）的沉默抑制因子 2b、芜菁黄花叶病毒（turnip yellow mosaic virus，TYMV）的 P69 和芜菁花叶病毒（turnip mosaic virus，TMV）的 HC-Pro 的人工 miRNA 时，转基因植物表现出对各自病毒的特

异性抗性（Niu et al.，2006；Qu et al.，2007）。

在随后的研究中，在细菌和疫霉中也发现了这种抑制宿主植物基因沉默的因子，在细菌中将其称为 BSR（bacterial suppressors of RNA silencing），包括 Hop-T1、6b、AvrPto 等。这些 BSR 以 Argonaute 蛋白为靶点，从而沉默 siRNA 或 miRNA 活性（Mosher and Baulcombe，2008；Navarro et al.，2008；Wang et al.，2011b）。在大豆疫霉菌中也鉴定到了沉默抑制因子 PSR（*Phytophthora* suppressors of RNA silencing），如 PSR1、PSR2 等（Qiao et al.，2013）。虽然针对这些沉默抑制因子的 RNAi 技术在细菌和疫霉防治中还没有报道，但是针对 VSR 的成功案例将为该方法在细菌和疫霉中的应用提供极其宝贵的经验。

综上所述，利用 RNAi 技术在防治植物病毒、细菌、真菌、疫霉、线虫等方面都进行了有益的尝试，在部分病害上已经取得了明显的效果。并且随着对植物和病原微生物基因功能的进一步挖掘，还会发现更多在植物与病原微生物互作中起关键作用的基因，RNAi 在病害防治方面的应用也会随之得到进一步发展。对病原微生物 RNAi 靶标基因进行科学合理的归纳和分析，将为我们有效地挖掘特异的靶标基因、建立高效的靶标组合提供科学指导。选定合适的靶标基因后，dsRNA 递送载体和 dsRNA 工业化生产技术的研发也是利用 RNA 干扰技术进行作物病虫害防控的关键环节，这两方面的研究进展请参考第 5 章和第 7 章。

第 5 章　dsRNA 的递送方式及载体

外源 dsRNA 导入细胞后，可以引起同源 mRNA 的降解，从而抑制靶标蛋白的表达。虽然 RNAi 并不能完全敲除靶标基因，但是仍然能够在很大程度上抑制靶标基因的表达。在一些特定的物种中，RNAi 对靶标基因的干扰效率甚至能够达到 95% 以上。由于该技术具有高效性和便捷性，因此其在基因功能研究、高通量靶标基因筛选、基因治疗、药物靶标预测和农业病虫害防治等领域均有广泛应用。在实际研究与应用中，如何提升 RNAi 的基因沉默效率是科学家长期以来的关注热点。以昆虫为例，昆虫的免疫系统会阻止外源 dsRNA 进入自身细胞并将其降解，对一些重要的鳞翅目和半翅目农业害虫的 RNAi 效率低，稳定性差，严重制约了关键基因的功能解析及以 RNAi 为核心的病虫害防控技术的发展。为进一步提升不同生物的 RNAi 效率，科学家们研发了不同的 dsRNA 递送方式，并结合不同的 dsRNA 递送载体，可以达到提升基因干扰效率的目的，并获得明显的基因缺陷表型。本章结合最新的国内外研究成果，重点介绍了 dsRNA 的递送方式及载体。

5.1　dsRNA 的递送方式

在真核生物中，不同物种对 RNAi 的敏感性普遍存在差异。因此，dsRNA 的递送成为 RNAi 的关键环节。在不同物种中进行 RNAi 实验时，往往使用不同的 dsRNA 递送方式。目前 dsRNA 递送方式主要包括显微注射、饲喂、喷洒、浸泡和点滴等。

5.1.1　显微注射法

5.1.1.1　显微注射法 dsRNA 吸收方式

1998 年，Fire 等将 dsRNA 从秀丽隐杆线虫（*Caenorhabditis elegans*）头部和尾部注入体腔中，发现 dsRNA 对各种靶基因都可以产生有效的特异性干扰，只需要将几个 dsRNA 分子导入就可以导致具有几千个 mRNA 拷贝的细胞产生特异性的抑制（Fire et al.，1998；Montgomery and Fire，1998）。注射增强型绿色荧光蛋白（enhanced green fluorescent protein，EGFP）基因的 dsRNA 可以成功沉默转基因线虫的 EGFP 表达。这一现象被命名为 RNA 干扰。至此，显微注射 dsRNA 成为基因功能研究的重要工具。

显微注射法是利用玻璃微量注射针和微量注射仪在显微镜下将 dsRNA 注入目标生物体内的一种基因功能研究的方法。体腔中的 dsRNA 需要进入细胞才能被 Dicer 酶特异性识别并剪切为 siRNA，引起核酸酶降解 mRNA。目前已知的 dsRNA 吸收方式主要包括如下两种。

1. 跨膜通道介导的 dsRNA 吸收机制

秀丽隐杆线虫中发现并鉴定了多个参与 dsRNA 转运的蛋白，包括 SID-1、SID-2、SID-3、SID-5 等（Winston et al.，2002，2007；Hinas et al.，2012；Jose et al.，2012）。目前，线虫 SID-2、SID-3、SID-5 同源蛋白尚未在昆虫中鉴定到。然而，线虫 *sid-1* 同源基因已在多种昆虫中鉴定，包括鳞翅目家蚕（*Bombyx mori*），膜翅目西方蜜蜂（*Apis mellifera*），鞘翅目赤拟谷盗（*Tribolium castaneum*）、玉米根萤叶甲（*Diabrotica virgifera virgifera*），半翅目褐飞虱（*Nilaparvata lugens*），直翅目飞蝗（*Locusta migratoria*）等（Aronstein et al.，2006；Tomoyasu et al.，2008；Xu et al.，2013；Miyata et al.，2014）。

值得注意的是，在一些物种中 SID-1 并不是其系统性 RNAi 所必需的。尽管赤拟谷盗基因组中鉴定到 3 个与线虫相似的 *sid-1-like* 基因（*sid-1-like A*、*sid-1-like B*、*sid-1-like C*），但是这 3 个基因与线虫 *tag-130* 基因同源性最高，而 *tag-130* 在线虫中并不参与 dsRNA 吸收；并且将赤拟谷盗 3 个 *sid-1-like* 基因沉默之后，并不影响 RNAi 效应。类似的，中国科学院动物学研究所康乐院士课题组研究发现飞蝗 *sid-1-like* 基因并不是其系统性 RNAi 所必需的（Luo et al.，2012）。由此可见，可能存在其他机制参与这些物种中 dsRNA 的吸收过程。

2. 胞吞作用介导的 dsRNA 吸收机制

与秀丽隐杆线虫不同，在模式生物黑腹果蝇（*Drosophila melanogaster*）等不含 *sid* 同源基因的物种中，胞吞作用是其细胞吸收 dsRNA 的主要机制。Xiao 等（2015a）研究证明赤拟谷盗网格蛋白介导的胞吞作用是 dsRNA 吸收的主要机制，胞吞作用抑制剂氯丙嗪和巴佛洛霉素可以有效阻止赤拟谷盗细胞吸收 dsRNA，进而影响其靶标基因沉默效率。由此可见，胞吞作用也是介导细胞吸收 dsRNA 及引起系统性 RNAi 效应的重要机制。

5.1.1.2　显微注射法在不同昆虫中的应用

注射法在双翅目黑腹果蝇和鞘翅目赤拟谷盗等模式物种中应用较为广泛，主要用于基因功能研究。Misquitta 和 Paterson（1999）通过绒毛膜将 dsRNA 注入果蝇胚胎，研究 *nautilus* 基因的功能。此外，他们利用一组覆盖果蝇大部分发育时期的基因验证 RNAi 的特异性，包括 *daughterless*、*S59*、*DMEF2*、*engrailed*、*twist* 和 *white*，结果证明，在果蝇发育过程中任何基因或者基因组合的功能都可以通过注射相应的 dsRNA 来进行研究。除胚胎注射以外，Dzitoyeva 等（2001）建立了从麻醉的果蝇成虫腹部将 dsRNA 注入体腔从而实现 RNAi 的方法，通过对表达细菌 *lacZ* 基因的转基因果蝇注射相应 dsRNA，实现了 *lacZ* 基因的沉默。因此，通过腹部注射相应的 dsRNA 可以沉默果蝇中的外源基因和内源性基因。鞘翅目赤拟谷盗对注射法 RNAi 非常敏感。Schroder（2003）利用胚胎注射沉默了赤拟谷盗 *orthodenticle-1*（*otd-1*）和 *hunchback*（*hb*），发现 *otd-1* mRNA 是由母体遗传的，干扰 *otd-1* 会导致无头胚胎的产生；*hb* 与后颚和胸的发育有关，同时干扰 *otd-1* 和 *hb* 会导致胚胎的头部、胸部和前腹部无法发育。此外，在表达绿色荧光蛋白（GFP）的赤拟谷盗幼虫品系体腔中注入 GFP 的 dsRNA 可以抑制 GFP 蛋白的表达，并且抑制效果可以一直持续到蛹和成虫阶段。沉默幼虫 *Tc-achaete-scute-homolog*（*TcASH*）基因，可以导致成虫整体的形态缺陷，并且该效应并不局限于注射部位附近（Tomoyasu and Denell，2004）。由此可见，注射法在赤拟谷盗等昆虫中可以实现系统性 RNAi，并且该效应可遗传至子代。

显微注射法 RNAi 在双翅目其他昆虫中也有大量应用，包括公共卫生害虫冈比亚按蚊（*Anopheles gambiae*）、埃及伊蚊（*Aedes aegypti*）和世界检疫性果蔬害虫橘小实蝇（*Bactrocera dorsalis*）等。Blandin 等（2002）通过将肠道内编码防御素基因的 dsRNA 注入冈比亚按蚊成虫胸腔内，对靶基因实现了有效、可重复的沉默，发现该基因在对抗革兰氏阳性菌中起着重要作用。此外，通过在冈比亚按蚊唾液腺中注入比沉默血细胞或者肠道基因所需剂量大 5～30 倍的 dsRNA，成功地沉默了唾液腺中的基因，并且可用于基因功能分析（Boisson et al.，2006）。华中农业大学张宏宇团队针对毁灭性果蔬害虫橘小实蝇，利用显微注射法 RNAi 研究了一系列关键基因的功能，包括生殖发育相关基因 *csn3*、*csn5*、*pts*、*Rab40*（吴方玉，2016；吴芃，2018；张静，2018；Zhang et al.，2019b），免疫调控基因 *noa*、*PLA*（Dong et al.，2016；

Li et al.，2017b），肠道稳态维持基因 *Duox*、*PGRP-LB*、*PGRP-SB*（王爱琳，2015；Yao et al.，2016）等，为橘小实蝇绿色可持续治理提供了大量分子靶标。

褐飞虱等半翅目昆虫中也有应用显微注射法实施 RNAi 的大量实例。Liu 等（2010）研究发现褐飞虱前胸和中胸的连接处为最佳注射位点，能够降低机械损伤引起的死亡率。此外，他们还选择了 3 个不同表达模式的基因来评估 RNAi 的效率，包括组成性表达的钙网蛋白（calreticulin）、肠道特异性表达的组织蛋白酶 B（cathepsin B-like protease）和中枢神经系统特异性表达的烟碱型乙酰胆碱受体 β2 亚基（Nlβ2）的基因。其中钙网蛋白和组织蛋白酶 B 基因的表达量在注射后第 4 天降低了 40%，而烟碱型乙酰胆碱受体 β2 亚基基因的表达量在注射后第 5 天只降低了 25%，在第一次注射后 24h 进行第二次注射可以显著提高 *Nlβ2* 的沉默效率，这表明通过调整注射位点、注射剂量等可以改善 RNAi 效果。浙江大学张传溪团队利用显微注射法 RNAi 揭示了褐飞虱翅型分化的分子机制，发现褐飞虱中的两个胰岛素受体 *InR1* 和 *InR2* 通过调节 *FoxO* 的活性控制长翅和短翅的分化。沉默 *NlInR1* 会产生短翅型，干扰 *NlInR2* 可以促进长翅型的产生（Xu et al.，2015）。他们通过向若虫和初羽化成虫注射 135 个表皮蛋白（cuticular protein）编码基因的 dsRNA，发现其中有 32 个表皮蛋白编码基因在褐飞虱发育和产卵过程中发挥了重要作用（Pan et al.，2018）。

此外，该法也成功地应用于直翅目飞蝗（*Locusta migratoria*）等昆虫的基因功能研究中。沉默飞蝗 *hunchback* 基因，发现 *hunchback* 在蝗虫中能够控制前区胚带形态发生和分隔，是后胚带正常生长发育所必需的，还有可能在包括颚和胸部在内的广泛区域内起到间隔（gap）基因的作用（He et al.，2006）。由此可见，显微注射法目前已在大部分昆虫中成功应用，已成为基因功能研究的重要手段。

5.1.1.3 显微注射法的优点与缺点

显微注射法的优点是 dsRNA 注入虫体的过程较为直观，能够可靠地将大量 dsRNA 分子导入到昆虫体内，因此产生表型的可能性较大。与饲喂法和浸泡法相比，该法所需的 dsRNA 量较少，能够在昆虫无法进食的卵期、蛹期进行 RNAi。然而，该法需要手动注射，难以进行高通量 RNAi 分析，且显微注射针会对虫体产生机械损伤。虽然显微注射法简单易学，但是，如果技术不熟练，虫体的死亡率会较高。另外，对于不同的昆虫和基因，所需 dsRNA 的量也各不相同。用于注射的 dsRNA 通常使用 T7 RNA 聚合酶体外合成，具有较高的纯度，合成快速，能同时制备大量的 dsRNA 样品，但费用较为昂贵。综上，显微注射法更适合实验室分子生物学研究，不适用于大田应用。

5.1.2 饲喂法

5.1.2.1 饲喂法 dsRNA 的吸收方式

饲喂法 RNAi 最早是在秀丽隐杆线虫中发现的。Timmons 和 Fire（1998）利用喂食表达 dsRNA 的大肠杆菌 HT115 菌株成功沉默了转绿色荧光蛋白基因线虫品系中 *GFP* 基因的表达。这一发现提供了一个显微注射以外的更加便捷的 dsRNA 导入方法。

饲喂法 RNAi 技术主要是昆虫通过取食来内化靶标基因的 dsRNA，即非细胞自主性 RNAi，此过程又包括环境 RNAi（environmental RNAi）和系统性 RNAi（systemic RNAi）。当昆虫取食 dsRNA 后，肠腔中 dsRNA 被吸收到肠细胞内，此时称为环境 RNAi；肠细胞中 dsRNA 经细胞扩散到指定靶组织，此时称为系统性 RNAi。系统性 RNAi 只能发生于多细胞生物，因为它包含沉默信号在细胞或者组织间的转移过程，而环境 RNAi 既可以发生于单细胞生物，又可以发生在多细胞生物中。一般，dsRNA 进入细胞后才能诱导 RNA 干扰反应。因此，肠细胞对 dsRNA 的吸收和转运是影响饲喂法 RNAi 最主要的因素。与注射法 dsRNA 吸收机制类似，喂食 dsRNA 后，昆虫肠细胞主要通过 SID-1 跨膜通道介导的吸收（参见第 2 章及本章显微注射法 dsRNA 吸收方式）及胞吞作用介导的吸收机制实现 RNAi。

已有研究表明，胞吞作用在双翅目等昆虫吸收 dsRNA 的过程中发挥了重要作用。果蝇中难以通过直接饲喂 dsRNA 实现靶基因沉默。华中农业大学张宏宇团队率先在世界检疫性果蔬害虫橘小实蝇中实现了饲喂法 RNAi，并发现橘小实蝇主要依赖胞吞机制摄取 dsRNA，而非 SID-1 跨膜蛋白介导的主动运输（Li et al.，2011，2015e）。利用亮蓝（FD&C Blue）染色的大肠杆菌 HT115 菌株喂食橘小实蝇后，表达 dsRNA 的大肠杆菌可以被橘小实蝇摄取并积累于中肠（图 5-1）。当用胞吞作用抑制剂巴佛洛霉素（Baf）处理橘小实蝇中肠后，发现 dsRNA 的正常摄取受到了阻断（图 5-2），表明橘小实蝇依赖胞吞机制摄取 dsRNA（Li et al.，2015e）。

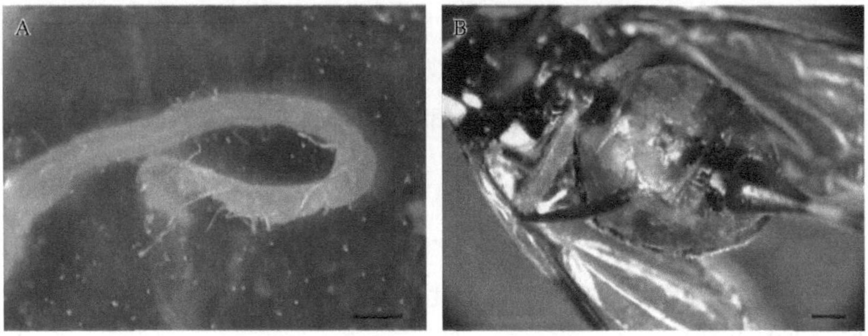

图 5-1　亮蓝染色的大肠杆菌积累于橘小实蝇肠道（Li et al.，2011）

A. 喂食亮蓝染色大肠杆菌 3d 后橘小实蝇中肠解剖图；B. 喂食亮蓝染色大肠杆菌 3d 后橘小实蝇腹部图。标尺为 0.5mm

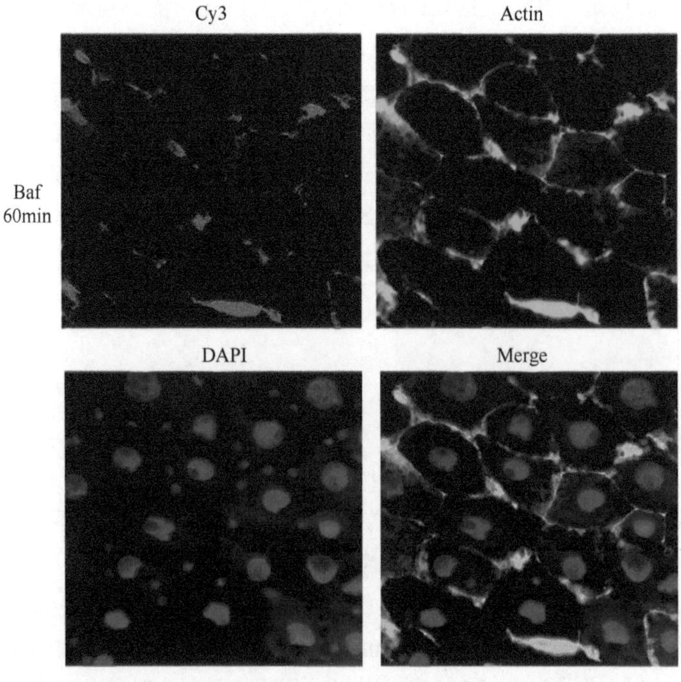

图 5-2　巴佛洛霉素处理后 dsRNA 在橘小实蝇中肠细胞的定位（Li et al.，2015e）

红色：Cy3 标记 dsRNA；绿色：鬼笔环肽染色 F-Actin；蓝色：DAPI 染色细胞核；Merge：前面三图的叠合

5.1.2.2　饲喂法的方式及其在昆虫中的应用

近年来，饲喂法作为一种 RNA 干扰的普遍手段，已经在多种昆虫中得到了成功应用，为 RNAi 的研究提供了一种有效方法，也为农作物害虫和公共卫生害虫的防治工作提供了强有力的理论基础。关于 dsRNA 的喂食，目前主要有 3 种手段：第一种是体外合成 dsRNA，然后将 dsRNA 混在食物或溶液中直接饲喂昆虫；第二种是喂食能够表达 dsRNA 的转基因植物；第三种是借助工程菌表达 dsRNA，直接饲喂菌液，此方法将在本章 5.2 节进行介绍。

1. 体外合成 dsRNA 饲喂法及其在昆虫中的应用

饲喂法中第一种手段是通过酶促逆转录或者化学合成 dsRNA 后，再添加至昆虫的食物中进行喂食，也称直接饲喂法。用滴管把 dsRNA 溶液滴在人工食物表面制取含有 dsRNA 的固体食物，或者将 dsRNA 以需要的浓度溶解于液体食物中等。

目前该方法已在鳞翅目、双翅目、半翅目和等翅目等多种昆虫中成功应用，成为基因功能研究和靶标基因筛选的重要手段。Bautista 等（2009）以参与小菜蛾（*Plutella xylostella*）氯氰菊酯抗性的细胞色素 P450 家族基因 *CYP6BG1* 为靶标，体外合成其 dsRNA 并喂食幼虫，不仅实现了靶标基因 *CYP6BG1* 表达量下调，而且显著降低了小菜蛾对杀虫剂氯氰菊酯的抗性。Turner 等（2006）通过直接饲喂体外合成 dsRNA 的方法沉默了苹淡褐卷蛾（*Epiphyas postvittana*）触角中的信息素结合蛋白，证明了系统性 RNAi 的存在。喂食含有豌豆蚜（*Acyrthosiphon pisum*）水通道蛋白基因 *ApAQP1* 的 dsRNA 的人工饲料后引起靶标基因的下调表达，显著提高了豌豆蚜血淋巴的渗透压（Shakesby et al.，2009）。同样，在北美散白蚁（*Reticulitermes flavipes*）中以纤维素酶、储存蛋白为靶基因，通过体外合成 dsRNA 也成功实现了 RNAi，降低了其种群的适应性，与保幼激素共同作用阻碍其蜕皮，并导致昆虫死亡（Zhou et al.，2008a）。

使用细菌表达 dsRNA 及体外合成 dsRNA 喂食昆虫不仅普遍用于基因功能研究，而且广泛应用于控害靶标基因的筛选中。马铃薯甲虫（*Leptinotarsa decemlineata*）是重要的世界检疫性害虫，主要为害马铃薯，也可为害番茄、茄子等茄科植物。Zhu 等（2011）饲喂其 5 个靶基因的 dsRNA，包括 β 肌动蛋白（β-Actin）编码基因、蛋白转运蛋白 sec23 基因、V-ATPase 亚基 E 基因、V-ATPase 亚基 B 基因及外被体 β 亚基（coatomer subunit beta）基因，观察到处理组甲虫体重增加减缓和死亡率显著上升。Ali 等（2017b）利用该方法在橘小实蝇中筛选到雄性不育基因 *boul* 和 *zpg*，混合喂食两个靶基因的 dsRNA 后导致精子数量和活力显著下降，子代孵化率降低了 85.40%，为研发基于 RNAi 的雄性不育技术奠定了基础。Upadhyay 等（2011）选取烟粉虱（*Bemisia tabaci*）5 个不同的靶基因，包括肌动蛋白基因（*actin*）、ADP/ATP 转位酶（ADP/ATP translocase）基因、α-微管蛋白（alpha-tubulin）基因、核糖体蛋白 L9 基因和 V-ATPase 亚基 A 基因，体外合成其 dsRNA/siRNA 并添加至饲料，发现用含有核糖体蛋白 L9 基因和 V-ATPase 亚基 A 基因的 dsRNA/siRNA 饲料喂食 6d 后导致烟粉虱死亡，因此确定这两个基因为烟粉虱防治的关键靶标基因。由此可见，饲喂法已被成功用于筛选控制害虫重要生理过程的靶基因，有望进一步在更多昆虫中应用。

2. 转基因植物表达 dsRNA 及其在昆虫中的应用

饲喂法的第二种手段是以昆虫关键功能基因作为靶标，培育表达 dsRNA 的转基因植物，进而提升植物对靶标害虫的抗性。开发转基因植物最常见的策略之一为根癌农杆菌

（*Agrobacterium tumefaciens*）转化。对于表达 dsRNA 的转基因植物，首先将反向重复序列克隆到质粒载体上，然后将其引入根癌农杆菌中，随后用根癌农杆菌侵染靶标植物，并将一部分质粒载体整合到植物基因组中。转基因植物一般选用模式植物，如水稻（*Oryza sativa*）、烟草（*Nicotiana tabacum*）、棉花（*Gossypium* spp.）和拟南芥（*Arabidopsis thaliana*）等。

目前已开发了防治鳞翅目、鞘翅目和半翅目等害虫的 dsRNA 转基因植物，并获得了显著的 RNAi 效应。中国科学院院士陈晓亚团队在国际上率先构建了靶向棉铃虫（*Helicoverpa armigera*）的转基因作物（Mao et al.，2007）。他们以表达棉酚解毒基因，即细胞色素 P450 基因 *CYP6AE14* dsRNA 的转基因植物喂食棉铃虫后，棉铃虫 *CYP6AE14* 的表达量显著降低，对棉酚的耐受性大大减弱，当取食含有棉酚的棉花叶片后，幼虫生长缓慢，甚至出现死亡。同年，Baum 等（2007）构建了靶向鞘翅目玉米根萤叶甲的转基因玉米（*Zea mays*）。他们发现玉米根萤叶甲对表达 *V-ATPase A* 基因 dsRNA 的转基因玉米的危害相较于对照组明显减轻。从此，开辟了培育转基因作物防控害虫的新时代。

在转基因水稻的研究中，Zha 等（2011）以表达抗羧肽酶（Nlcar）、类胰蛋白酶的丝氨酸蛋白酶（Nltry）和己糖转运蛋白（NIHT）3 个重要基因 dsRNA 的转基因水稻喂食褐飞虱，结果发现靶基因转录水平降低 40%～70%。此外，Zhu 等（2012）利用转基因烟草表达棉铃虫蜕皮激素受体（ecdysone receptor，EcR）基因的 dsRNA，显著降低了棉铃虫对烟草的为害；单独用表达 *EcR* dsRNA 的烟草叶片喂食棉铃虫时，导致蜕皮缺陷及幼虫死亡。转基因烟草也有效地降低了桃蚜（*Myzus persicae*）的繁殖能力，极大地减少了蚜虫的种群数量（Mao and Zeng，2014）。Zhang 等（2015b）建立了一种更为新颖的转基因作物，他们将 β-肌动蛋白基因的 dsRNA 表达于马铃薯植株的叶绿体，然后用这种转基因植株喂食马铃薯甲虫，导致害虫死亡率达到 100%。该方法为转基因抗虫作物的开发提供了一种新策略。由此可见，转基因植物表达 dsRNA 也是递送 dsRNA 进而实现系统性 RNAi 的重要手段之一，尤其在植物保护中具有重要的应用价值。

5.1.2.3　饲喂法 RNAi 在应用中的优点与缺点

利用饲喂法在昆虫中开展 RNAi 的优点是不需要专门的设备，操作简便，具有省力、省时、易操作等优势。对于高通量基因的筛选，特别是害虫的防治，饲喂法的应用性更强（Kamath et al.，2001）。此外，对于个体较小的昆虫，如蚜虫，相对于注射法，饲喂法不容易对虫体造成机械伤害。然而饲喂法也有局限性。一般，饲喂法需要大量的 dsRNA 来激发 RNAi 效应，有时即使是同种昆虫也有很大的效应差异。此外，昆虫肠道的 pH、核酸酶等因素会影响 dsRNA 的吸收及其在组织中的分布；肠道微生物菌群也可能通过影响肠道 pH，分泌降解 dsRNA 或干扰肠道细胞吸收 dsRNA 的核酸酶，导致 RNAi 效果较差。昆虫食物中存在的 dsRNA 酶也会导致 dsRNA 发生一定水平的降解。近年来涌现的纳米材料有望为增加 dsRNA 的稳定性，从而提高 RNAi 的干扰效率提供技术保障。再者，饲喂法的作用效果慢，且在卵期和蛹期等昆虫无法取食的时期不能进行。由此可见，简单地通过饲喂含有 dsRNA 的食物或菌液来实现基因沉默在目前更适合实验室研究，而不是大田应用。转基因植物介导的 dsRNA 递送虽然有望在田间应用，然而该法费时费力，成本相对较高，不适于大面积推广。

5.1.3 喷洒法

5.1.3.1 喷洒法 dsRNA 的吸收方式

基于喷洒法的 RNAi 是将 dsRNA 的水溶性制剂喷洒在叶片表面，dsRNA 可以直接进入植物细胞内或通过昆虫体表进入虫体，降低靶标基因表达量，从而达到防控病虫害的目的；也可以是 dsRNA 被植物叶片吸收，通过维管束运输，然后通过害虫的取食进入体内，起到控害的作用（Cagliari et al.，2019）。

5.1.3.2 喷洒法 RNAi 在植物病虫害防控中的应用

近年来，许多报道证实了基于喷洒法的 RNAi 技术在植物病虫害防控中应用的可能性。中国科学院上海生命科学研究院植物生理生态研究所苗雪霞团队首次利用喷洒法在昆虫中实现了 RNAi（Wang et al.，2011c）。他们将基因 *DS10*（chymotrypsin-like serine protease）和 *DS28*（an unknown protein）的 dsRNA（50ng/μl）直接喷洒在亚洲玉米螟（*Ostrinia furnacalis*）初孵幼虫体表，导致 40%～50% 的幼虫死亡。荧光标记技术证明 dsRNA 能够穿透幼虫的体壁，进入体腔内的血淋巴，从而使靶标基因的表达受到抑制。Miguel 和 Scott（2016）在马铃薯叶甲中成功实施了喷洒法 RNAi，有效控制了马铃薯叶甲为害，并且发现肌动蛋白 *actin* 基因的 dsRNA 在温室条件下 28d 后依然稳定存在于叶片，证实了 dsRNA 的叶面喷洒是一种有效的害虫控制策略。除鳞翅目和鞘翅目昆虫以外，喷洒法 RNAi 也在半翅目柑橘木虱（*Diaphorina citri*）、桃蚜及二斑叶螨（*Tetranychus urticae*）等害螨中成功应用，并已证实 dsRNA 溶液能被叶片吸收并运输到未被处理的其他叶片上（Hunter et al.，2012；Anupam et al.，2017）。

然而，对于在植物内部取食的昆虫，用普通的叶片表面喷雾 dsRNA 溶液的方法没有效果，需要采用其他有效措施。研究发现，可以通过根部灌溉和枝干注射的方法，利用维管束传递 dsRNA 溶液，有效地防治一些内食性昆虫。Li 等（2015b）发现，当用含有靶基因 *actin* dsRNA 的溶液实施了根部灌溉的水稻或玉米分别饲喂褐飞虱或亚洲玉米螟后，其死亡率显著提高。由此可见，植物韧皮部系统能够将 dsRNA 传递到植物所有组织，该方法有利于控制以植物组织及其汁液为食的昆虫。

除了应用于害虫防控，该法也在植物病害防控中广泛使用。Gan 等（2010）在大肠杆菌 HT115 中诱导表达甘蔗花叶病毒（sugarcane mosaic virus，SCMV）外壳蛋白（coat protein，CP）基因的 dsRNA，将菌液喷雾于玉米植株叶片上，有效地控制了病毒的感染。孙润泽（2014）通过在大肠杆菌 M-JM1091acY 菌株中原核表达水稻黑条矮缩病毒（Rice black-streaked dwarf virus，RBSDV）和水稻条纹病毒（rice stripe virus，RSV）的外壳蛋白基因的 dsRNA，在传毒介体飞虱迁飞时期，即秧田期，用表达菌株细胞破碎液喷施水稻幼苗，有力地抑制了病毒的传播，保护了农业生产的健康发展。Koch 等（2019）利用喷洒法在大麦（*Hordeum vulgare*）中导入 *CYP3* 基因的 dsRNA（针对两个甾醇 14α-去甲基化酶基因 *FgCYP51A*、*FgCYP51B* 及真菌毒力因子 *FgCYP51C* 而设计的 dsRNA），显著抑制了禾谷镰刀菌（*Fusarium graminearum*）的生长。

5.1.3.3 喷洒法在应用中的优点与缺点

基于喷洒法的 RNAi 简便、快捷，能够针对不同害虫、不同的发育时期设计特定的 dsRNA，而且能够同时以多个基因为靶标，混合应用或者交替应用，从而提高基因干扰和致死的效率。此外，基于喷洒法的 RNAi 可以规避植物转化的技术限制和公众对转基因植物的担忧。与化学杀虫剂相比，dsRNA 制剂的半衰期是可预期的且较短，因此基于喷洒法的 RNAi 的生物防治产品将是化学农药的一种环境友好型替代品。但其田间应用中，dsRNA 降解率、RNAi 效率、环境风险评估、抗性演变等问题仍然有待研究与解决。

5.1.4 其他 dsRNA 递送方式

5.1.4.1 浸泡法

基于浸泡法的 RNAi，是指将生物体或者组织直接浸泡到 dsRNA 溶液中以诱导生物的 RNAi 机制。秀丽隐杆线虫是首个利用浸泡法递送 dsRNA 以诱导 RNAi 效应的物种（Tabara et al.，1998）。在昆虫中，浸泡法介导 RNAi 更多的是用于细胞系研究［转染（transfection）法］。黑腹果蝇 S2 细胞系是首次采用浸泡法进行 RNAi 的昆虫细胞系（Clemens et al.，2000），随后，浸泡法成为诱导 S2 细胞中 RNAi 的最常用方法。该法也被广泛用于许多其他昆虫细胞系的 RNAi 实验，包括草地贪夜蛾（*Spodoptera frugiperda*）卵巢 Sf21 细胞系、棉铃虫表皮细胞系 HaEpi 等（Sivakumar et al.，2007；Zheng et al.，2010）。除细胞系以外，浸泡法 RNAi 也在少数虫体中成功应用。Wang 等（2011c）将亚洲玉米螟虫卵浸泡在浓度为 50ng/uL 的 dsRNA 溶液中 2h，卵孵化率较对照组明显下降。

浸泡法介导的 RNAi 的主要优点是操作简单，缺点是细胞吸收外源 dsRNA 大分子能力有限，干扰效率普遍偏低，尤其在细胞系实施 RNAi 时需要加入脂质体，有助于 dsRNA 顺利进入细胞，又称转染法。此外，对于大部分细胞膜上不具备 dsRNA 转运蛋白的细胞系，以及体壁特化变厚的昆虫活体，浸泡法干扰效果较差，因此该法大部分局限于细胞系实验中。

5.1.4.2 点滴法

点滴法是指利用分配器将 dsRNA 滴至昆虫表皮，外源 dsRNA 通过表皮渗透至虫体内诱导 RNAi 机制。埃及伊蚊是最早应用点滴法介导 RNAi 的昆虫，Pridgeon 等（2008）将埃及伊蚊细胞凋亡抑制蛋白（inhibitor of apoptosis）的基因 dsRNA 点滴至雌成虫前胸背板，能够有效杀死雌蚊。随后，Wang 等（2011c）向亚洲玉米螟幼虫点滴糜蛋白酶样丝氨酸蛋白酶 C3（DS10）的 dsRNA，引起 40%～50% 的死亡率，荧光标记 dsRNA 结果确认 dsRNA 能够穿透体壁并在体腔内传导，证实了点滴法介导昆虫 RNAi 的可行性。

半翅目的柑橘木虱是最早应用点滴法实现 RNAi 的昆虫。Killiny 和 Kishk（2017）利用分配器（Hamilton Co.，USA）将 5 个杀虫剂抗性相关基因 *CYP4* 家族基因 dsRNA 点滴至柑橘木虱成虫胸部腹面，发现 dsRNA 可穿透其表皮并显著降低了靶基因表达量，致死率明显升高，杀虫剂抗性显著降低。最近，西南大学王进军团队首次在蚜虫中利用该方法实现了 RNAi（Niu et al.，2019）。如图 5-3 所示，他们首先在豌豆蚜中以 *Aphunchback* 基因为靶标，将其 dsRNA

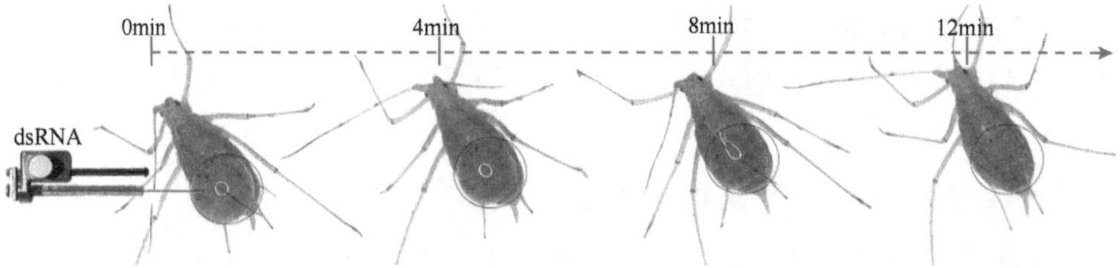

图 5-3 豌豆蚜点滴法递送 dsRNA 示意图（Niu et al.，2019）

利用 Hamilton PB600-1 分配器点滴至成虫腹部背面，发现 dsRNA 可在点滴后 12min 内被虫体完全吸收，且当注射剂量为 540ng 时基因沉默效率高达 99.38%，点滴 96h 后仍可维持 90% 的干扰效率。

点滴法解决了显微注射法对虫体的损伤以及饲喂法所需 dsRNA 用量大的局限性问题，能够使 dsRNA 滴液集中应用到最适合的区域，且能更好地控制用量，提高 dsRNA 的传递效率。然而，该法目前仍局限于少数昆虫种类，后续有望在更多昆虫中推广应用，为害虫绿色可持续治理奠定基础。

5.2　dsRNA 的递送载体

在生理条件下，递送的 dsRNA 主链上的磷酸根基团和细胞膜表面均呈负电性，核酸很难与细胞膜结合并转染进入细胞。同时，被细胞摄入的外源核酸易被核酸酶降解，导致外源核酸在生物体内半衰期短（Allen and Walker III，2012；Christiaens et al.，2014；Wang et al.，2016a）。可喷洒型 RNA 生物农药的研发很大程度上依赖于转染技术的发展，这种转染介质需要在效率上是可控的，并且是安全和可重复的。目前研究发现，可以运用多种核酸载体或外源表达系统实现高效的 RNAi。

5.2.1　纳米材料介导的 dsRNA 递送系统

5.2.1.1　纳米材料及其特性

自纳米技术在微电子学、半导体工业、生物医药领域中成功应用之后，它在农业领域发展迅猛，为现代农业科学提供了全新的科学方法论，推动了传统农业在交叉学科领域的不断深化发展。纳米粒子是指粒径在 1～100nm 的超细颗粒，当达到纳米级尺寸时，粒子将在物质的结构和性能上发生改变：①小尺寸效应。由于当粒子尺寸与传导电子的德布罗意波相当或比后者更小时，纳米粒子的波动性不明显，粒子波动行为的周期性边界条件被破坏，粒子会展现出独特的光学、磁学、力学、热力学特性。②表面效应。随着尺寸不断减小，纳米粒子表面的原子数与总原子数的比例不断增大，由于表面原子的周围缺乏相邻原子，导致大量不饱和键的产生，因而提高了原子的表面能。能量越高越不稳定，纳米粒子将通过吸附周围其他分子的方式降低表面能，从而提高自身的稳定性。③宏观量子隧道效应。由于具有波粒二象性，电子具有隧道效应。纳米粒子存在分立能级，此能级中的电子亦具有波动性，因此纳米粒子也具有隧道效应。④量子尺寸效应。量子尺寸效应指粒子粒径下降到一定程度时，费米能级附近的电子能级由准连续变为离散能级或者能隙变宽的现象。由于此分立或离散能级中的电子具有较强的波动性，纳米粒子表现出常规材料不具备的特殊的磁、光、声、热、超导特性。⑤介电限域效应。当介质的折射率与粒子折射率相差较大时，会产生折射率边界，导致粒子表面和内部的场强比入射场强明显增加。纳米粒子分散在异介质中也将引起介电增强的现象。基于以上特性，纳米粒子具有小尺寸、比表面积大、可修饰性强、水溶液分散性好、黏附性强、光催化降解等特点（Gleiter，2000；Buzea et al.，2007；何碧程等，2013）。

5.2.1.2　纳米材料的分类及作用

纳米材料可按照其维数、组成材料的材质及用途进行不同的分类。根据其组成成分可以将纳米材料分为天然纳米材料和人工合成纳米材料。天然纳米材料如黏土、海洋沉积物、壳聚糖、硅化物和膨润土等，具有良好的环境安全性、生物相容性、生物可降解性等特点；人工合成纳米材料如碳纳米管、CuO、ZnO 和 TiO_2 等，具有表面缺陷、量子隧穿和介体限域效应等特殊的理化性质，可被人工设计改造为理想的功能性纳米材料以符合生产实际需求（王嘉琪，2018）。由于纳米材料具备对生物细胞低毒安全、高转染效率及对外源核酸的保护效应等优势，以纳米材料为载体高效携带外源核酸，诱导基因转化和实现高效 RNAi 已成为国内外研究的热点。目前应用较为成熟的核酸纳米载体包括壳聚糖（chitosan，CS）、脂质体（liposome）、聚乙烯亚胺（polyethylenimine，PEI）、聚酰胺–胺树枝状聚合物（polyamidoamine，PAMAM）和层状双氢氧化物（layered double hydroxide，LDH）等。

CS 又称脱乙酰甲壳素，是由甲壳素去乙酰化后得到的 *N*-乙酰-D-葡萄糖胺的多糖聚合物，也是天然多糖中唯一一种碱性多糖。CS 具有纳米尺寸、低毒、生物相容性好、可化学修饰、可被微生物降解等优良特性。CS 分子中存在带正电荷葡糖氨基，可与带负电荷核酸产生静电吸附作用，形成多聚复合物，已广泛应用于 dsRNA 和 siRNA 的递送（Howard et al.，2006）。CS 可以与冈比亚按蚊（*Anopheles gambiae*）几丁质合成酶 *AgCHS1* 基因的 dsRNA 稳定结合，包裹 dsRNA 得到纳米微粒级复合体，通过饲喂的方法，幼虫靶标基因表达下调了 62.8%，几丁质含量降低了 33.8%，提高了幼虫对二氟脲、增白剂、二硫苏糖醇的敏感性，这些结果表明，CS 作为一种核酸载体能够应用于基因功能鉴定和害虫防治（Zhang et al.，2010b）。但是，CS 递送系统的细胞转染效率和基因干扰效率还有待进一步提升，对 CS 进行表面修饰可以起到提升核酸保护能力、降低材料毒性和提高转染效率的作用（Kim et al.，2013；Ragelle et al.，2014；Dhandapani et al.，2019）。

脂质体是由卵磷脂和神经酰胺等制备得到的，其双分子层结构与细胞膜结构相同，一般分为中性脂质体、阳离子脂质体或致融类脂、聚乙二醇（PEG）–脂质体。脂质体作为载体进入细胞后，其包裹的致融类脂或 pH 敏感的肽类可以使内涵体膜去稳定化，从而将核酸释放到细胞质中发挥作用（赵晓乐等，2016）。张旭等（2012）的研究表明，阳离子脂质体可以高效结合质粒 DNA 或 siRNA，在较低 siRNA 浓度下，高效干扰荧光素酶基因表达，siRNA 转染细胞对细胞活性的影响很小。作为靶向药物的载体，脂质体被广泛应用于肿瘤治疗领域，脂质体给药系统可以精准地识别治疗靶点，且不会引起副作用（Zimmermann et al.，2006；Li et al.，2013c）。利用脂质体结合 siRNA 注射小鼠的实验表明，复合体在低浓度下具有更高的 RNAi 效率，且无毒性反应（Ma et al.，2005）。利用阳离子脂质体作为载体，搭载鱼精蛋白与 *STAT3* 基因的 siRNA 复合物，可以显著抑制 *STAT3* 基因在黑色素瘤细胞 B16 中的表达，抑制肿瘤细胞异常增殖，促进肿瘤细胞凋亡，且复合体稳定性好，毒性低（邹瑞和彭正松，2019）。关于橘小实蝇（*Bactrocera dorsalis*）的研究也表明，添加脂质体可以显著提升 *Actin-2*、*CarE-6* 和 *Natalisin* 基因的干扰效率（胡浩，2017）。

PEI 是一种聚胺高分子，是电荷密度最高的高分子化合物之一，广泛应用于基因工程等方面的研究和生产应用。PEI 可高效结合并压缩带负电荷的核酸，促进其穿过细胞膜进入溶酶体，最终从溶酶体逃逸并发挥作用。宋瑜等（2009）证实了 PEI 具有高效的植物细胞转染能力，其在对外源核酸的保护以及转染效率等方面均优于 CS。但 PEI 作为核酸载体还存在一定的缺陷，其中最主要的是细胞毒性问题，PEI 在体内质子化后带正电荷，容易吸附到红细胞膜表面，进而引起细胞聚集，导致溶血（梁劲康等，2016），通过选用聚已内酯（PCL）或聚乙丙交酯（PLGA）等生物相容性好的聚合材料对 PEI 进行修饰，可降低其细胞毒性（Liang et al.，2011；Liu et al.，2016b）。

PAMAM 是一类以乙二胺为起始分子经过逐级聚合反应最终形成的树枝状结构的高聚物，其末端的—NH_2 可以完全质子化成为—NH_3^+，使其具有较高的表面电荷密度，在体内外均可获得高水平的核酸转运效率，其内部的氨基与 PEI 类似，具有对抗溶酶体降解的作用，可在酸性条件下释放外源核酸达到高效转染。目前 PAMAM 已经商业化生产，除具有分子粒径小、高效结合、转染效率高等特点，还具备修饰性强的特点，可以进一步增强靶向性。以促黄体素释放素作为卵巢癌的靶向配体制备的 siRNA 复合体实验表明，相比无修饰的复合体，经修饰的 PAMAM-siRNA 复合体能显著下调靶标基因表达，抑制目的蛋白的表达，其抑制率是无靶向作用复合体的 4.5 倍（Patil et al.，2009）。PAMAM 可以携带表达绿色荧光蛋白基因的质粒进入植物细胞，成功表达绿色荧光蛋白，转染效率较高（Pasupathy et al.，2008）。

LDH 属于阴离子型插层材料，是水滑石和类水滑石化合物的统称，是一种具有典型层状结构的无机材料，其二维板层结构稳定、自组装性强、安全性高，拥有良好的生物相容性、热稳定性及机械性能，目前已经作为药物载体材料、电极材料、吸附材料等被广泛研究和应用（梁良等，2017）。LDH 可以稳定结合 dsRNA 并起到保护、运输、缓释等功能，烟草叶面喷洒 dsRNA/LDH 复合体后 30d 仍能检测到 dsRNA，一次喷洒可使植物产生稳定可持续的 RNAi，防治植物病毒病至少 20d，具有良好的研究前景和应用价值（Mitter et al.，2017a）。

近年来，研究者开始探索利用低毒高效的荧光壳核型纳米材料携带外源 dsRNA 进入昆虫或植物细胞，干扰害虫的发育或行为（陈敏等，2015）。通过共价键连接、包埋等方式将具有高量子产率和长发光寿命的荧光发色团引入无机或有机纳米粒子中，形成的荧光纳米粒子可以用作稳定、灵敏的生物芯片，应用于免疫分析和生物示踪（Xu et al.，2014b）。如图 5-4 所示，作为阳离子聚合物，以苝酰亚胺（perylene diimide，PDI）为荧光核合成的周围携带正电荷的树枝状大分子星聚物可以通过静电作用结合负电性的核酸，形成稳定的复合体，携带并保护外源核酸，通过细胞的内吞作用跨越细胞膜进入细胞内，转运进入内吞体，经过内吞体逃逸，释放核酸至细胞质中（He et al.，2013；Xu et al.，2014b）。PDI 荧光纳米载体能够迅速进入离体培养的黑腹果蝇（*Drosophila melanogaster*）和玉米螟（*Ostrinia nubilalis*）的活体组织，显示出较强的组织吸收率，同时，利用 PDI 荧光纳米载体建立的高效递送系统可以打破昆虫体内的器官基底膜、细胞膜和肠道围食膜等屏障，起到良好的基因干扰效果（Shen et al.，2014a；Ye et al.，2017b）。

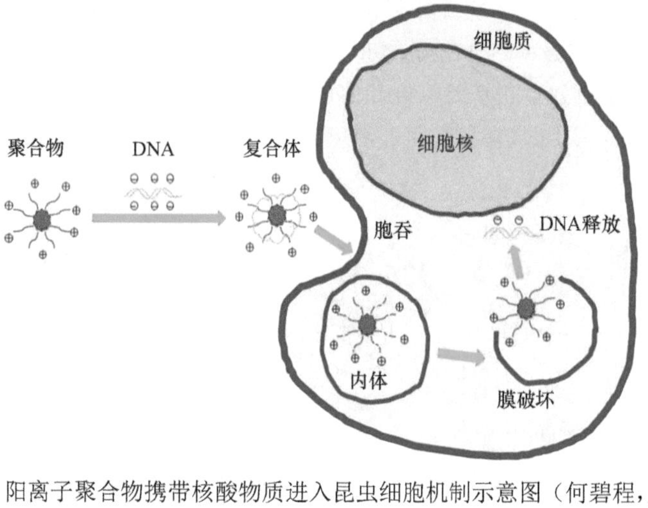

图 5-4　阳离子聚合物携带核酸物质进入昆虫细胞机制示意图（何碧程，2014）

为了进一步降低纳米载体的合成成本，Li 等（2019d）以季戊四醇为合成起始物，通过与二甲氨基乙酯聚合，合成了一种星状阳离子聚合物纳米载体 SPc。与利用氧化铝柱或沉淀纯化相比，SPc 的纯化利用透析的方法，这种纯化策略不仅提高了 SPc 的纯度，而且简化了操作步骤。同时，该合成方法减少了化学试剂的使用，从而大幅降低了纳米载体的合成成本，目前实验室内合成成本可以降低到 11 元 /g。SPc 侧链的氨基带正电荷，可以稳定结合负电性的核酸，形成稳定的复合体，具有良好的细胞转染性能，同时显示出良好的细胞相容性。利用 SPc 结合小地老虎（*Agrotis ypsilon*）*V-ATPase* 基因的 dsRNA，通过饲喂和注射的方法，可以提升 RNAi 效率，抑制小地老虎的正常发育。由于其生产成本低廉，新一代农田应用型纳米材料 SPc 有望应用于虫害的可持续治理。

5.2.1.3　各种纳米载体基因干扰效率或昆虫致死效果比较

由于纳米材料成本较高且安全性存在一定争议，其作为载体携带 dsRNA 防治病虫害的研究相对较少，更没有以纳米材料为载体的商业化 RNA 生物农药问世。目前，相较植物病害防控，纳米载体携带 dsRNA 更容易在防控害虫方面进行效果评价，因此纳米载体在害虫防控中的研究稍多一些。Das 等（2015）利用 CS 递送 *SNF7* 基因的 dsRNA，饲喂埃及伊蚊（*Aedes aegypti*）幼虫，基因干扰效率可达 62%，致死率达 46.67%；Zhang 等（2015d）利用 CS 递送 *Sema1a* 基因的 dsRNA，饲喂埃及伊蚊幼虫，基因干扰效率达到 32%，造成了幼虫和蛹的缺陷；Wang 等（2019b）分别利用 CS 和脂质体递送甘油醛-3-磷酸脱氢酶（glyceraldehyde-3-phosphate dehydrogenase，GAPDH 或 G3PDH）基因的 dsRNA，饲喂二化螟（*Chilo suppressalis*）幼虫，中肠组织中基因干扰效率分别达到 55% 和 53%，致死率分别达到 55% 和 32%；通过饲喂的方式，脂质体可以提升对英雄美洲蝽（*Euschistus heros*）*V-ATPase A* 和 *muscle actin* 基因的干扰效率，致死率分别达到 45% 和 42%（Castellanos et al.，2019）；利用脂质体携带 *V-ATPase E* 基因的 dsRNA，通过浸泡和饲喂黑腹果蝇（*Drosophila melanogaster*）幼虫的方法，基因干扰效率达到 56.2%，致死率可达 65%（Whyard et al.，2009）。通过饲喂的方法，He 等（2013）利用荧光壳核型纳米载体（FNP）递送 dsRNA 进入玉米螟活体，干扰几丁质酶基因的正常表达，导致害虫发育迟缓、停止蜕皮，甚至死亡（图 5-5）。考虑到饲喂技术的限制，Zheng 等（2019b）利用荧光壳核型纳米载体在大豆蚜（*Aphis glycines*）上建立了一种 dsRNA 体壁渗透技术（图 5-6），纳米材料可以结合并携带外源 dsRNA 快速穿透蚜虫体壁，进入活体细胞（＜ 1h），48h 后 *hemocytin* 基因干扰效率达 95.4%，5d 后种群抑制效果达 80.5%。Yan 等（2020a）进一步在大豆蚜中克隆筛选了高效致死基因，利用 SPc 携带并保护 dsRNA 高效穿透蚜虫体壁，背板点滴 3d 致死率达 81.67%，通过简单的喷雾法，3d 致死率达 78.50%，起到了良好的种群控制效果。

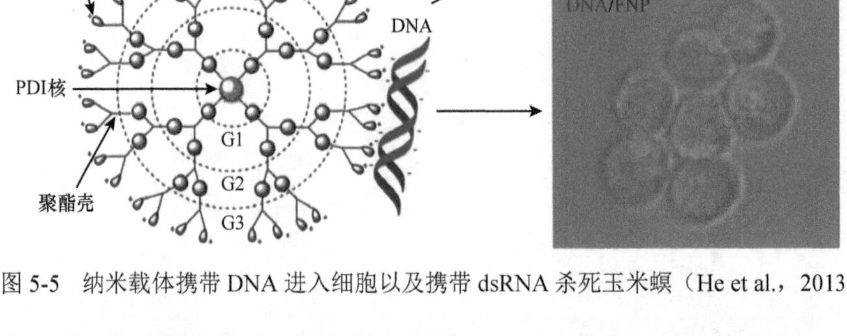

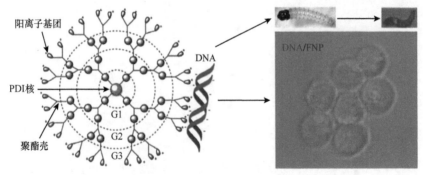

图 5-5　纳米载体携带 DNA 进入细胞以及携带 dsRNA 杀死玉米螟（He et al.，2013）

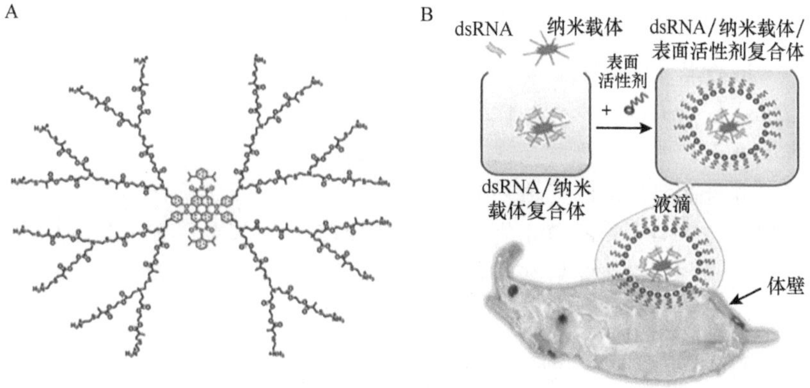

图 5-6 纳米载体介导的 dsRNA 体壁渗透系统示意图（Zheng et al.，2019b）

A. 荧光纳米材料；B. 体壁渗透系统

5.2.1.4 纳米载体发展方向和要求

随着分子生物学和基因工程技术的发展，大量与害虫生长发育、免疫、抗性、代谢、生殖、化学感应等生命活动相关的基因不断被发现，为害虫的遗传学控制提供了丰富的靶标（Wang et al.，2011c，2014；张传溪，2015；周行和沈杰，2017）。纳米材料介导的 RNAi 提供了一种全新的 dsRNA 递送平台，突破了 dsRNA 体壁渗透的技术瓶颈，其操作简便，试虫机械损伤小，基因干扰效率高，将促进昆虫的基因功能解析与 RNA 制剂的研发。对于在植物保护领域的应用，纳米载体的发展应满足以下几个条件：①具备良好和稳定的 dsRNA 结合能力，可以保护 dsRNA 免受环境因子影响，起到良好的基因干扰效果。②合成成本低廉，可以满足田间大范围推广使用。③具备良好的生物相容性，对非靶标安全。关于纳米材料对非靶标的毒性问题，大量实验已经证实了纳米材料在细胞水平和活体水平上的安全性（Xu et al.，2014b；You et al.，2014；Gao et al.，2016），但纳米材料对环境的安全性分析仍然需要进一步验证（Kookana et al.，2014；Walker et al.，2018）。纳米材料在进入环境介质后，在多种环境因素的综合作用下可能会发生物理、化学和生物转化，从而使其物理化学性质发生显著性改变，这些变化均会影响纳米材料的毒性，尤其是纳米材料在生态系统中的潜在累积毒性，可通过多种途径进入生物体内，造成潜在的危害。④具备结合不同类型杀虫因子的能力，实现多功能化。例如，开发可以同时携带杀虫剂、杀虫蛋白、dsRNA 的纳米载体，进一步提升杀虫效率，满足田间实际生产的需求。⑤具备 dsRNA 结合的可调节能力，即纳米载体可以在一定外界环境调节或刺激下结合外源 dsRNA，进而发挥作用。例如，研发光敏型、热敏型纳米载体，外界光环境和温度作为一种调节开关，控制纳米载体与 dsRNA 的结合和递送。智慧型纳米载体也是研发的一个方向，将更加安全、高效地发挥递送外源杀虫因子的作用。

5.2.2 转基因植物介导的 dsRNA 表达系统

5.2.2.1 植物基因工程

植物基因工程（plant genetic engineering）指利用基因工程理论技术，从供体分离克隆的外源基因，在体外与载体 DNA 重组后，经遗传转化导入受体植物基因组中，并获得有效表达及稳定遗传的工程技术（王关林和方宏筠，2014）。植物基因工程包括目的基因的分离克隆、工程载体的构建、目的基因的转化、转基因植物的检测及遗传特性和安全性评价。随着植物基因工程的深入研究和高速发展，植物基因工程技术已广泛应用于提高植物品质、改善植物性状、增强植物抗病虫等抗逆性方面。在遗传育种方面，传统作物育种通常采用复杂的杂交、回交等育种方法，种植资源有限、育种周期长、改良效果不定向且有限，这些问题均严重制约着育种研究的深入开展，植物转基因技术可以克服不同物种间的生殖隔离，扩展植物可利用的基因资源，并且能够精准改善植物的目的性状，从而培育优质、高产、符合生产实际需求的新品种，但由转基因作物的商业化种植导致的潜在生态安全问题不容忽视，如外源基因漂移可能引发超级杂草、导致非转基因种子纯度下降、野生近缘种灭绝等问题，同时，公众往往将注意力集中于转基因食品安全，尤其是负面报道上，所以在一定程度上限制了转基因作物的推广和应用（Yan et al.，2015，2018，2020b；郭利磊等，2019）。目前的转基因作物主要为转 *Bt* 基因抗虫作物或抗除草剂作物，随着转 *Bt* 基因作物的商业化种植，害虫抗性问题和次要害虫暴发问题突显，急需挖掘新的抗虫基因资源。根据植物害虫、致病菌或病毒的某一关键基因序列设计 dsRNA，构建高效 dsRNA 表达载体，导入植物体，将提升作物对植物病虫害的抗性。

常用的 RNA 沉默技术按引起 RNA 沉默持续时间的不同可分为瞬时性的 RNA 沉默和持久性的 RNA 沉默。瞬时性的 RNA 沉默一般借助基因枪轰击法和病毒侵染法实现；持久性的 RNA 沉默指在植物中表达 dsRNA，实现持久的 RNAi，一般借助农杆菌侵染法实现，其技术成熟、操作简便、应用最广。利用植物持续高效表达靶标基因的 dsRNA 流程一般包括（图 5-7）：①筛选靶标基因。筛选克隆得到新性状的靶标基因，包括改良作物产量品质、提升抗逆境或抗病虫能力的基因。②体外构建 RNA 干扰表达载体。将合成的 dsRNA 与表达载体重组，得到表达 dsRNA 的高效载体。③转化受体植物。使用农杆菌介导、植物病毒载体介导等方法，将 RNA 干扰载体导入受体植物细胞，使得 dsRNA 在受体植物中高效表达。④筛选成功的转化受体。通过 PCR 检测、抗体检测、性状鉴定等方法筛选转化成功的受体植株。

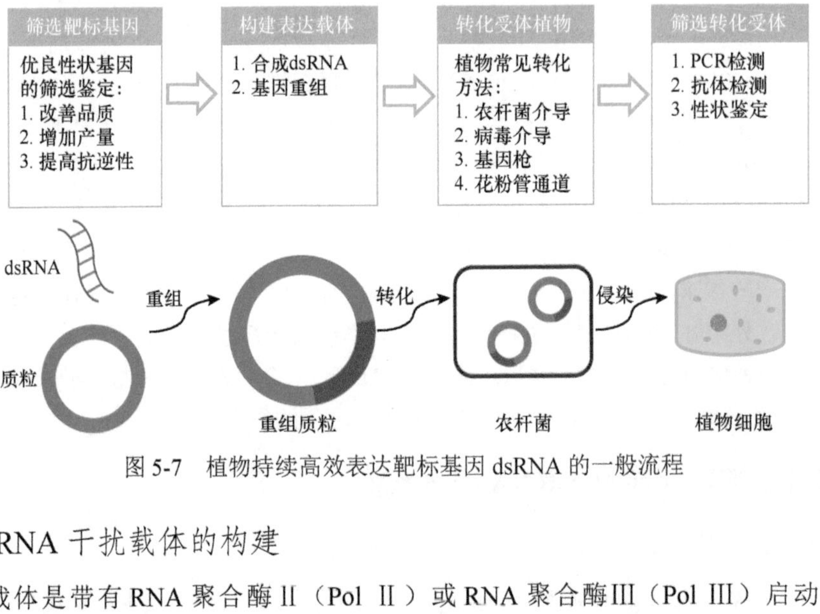

图 5-7　植物持续高效表达靶标基因 dsRNA 的一般流程

5.2.2.2　RNA 干扰载体的构建

质粒载体是带有 RNA 聚合酶 II（Pol II）或 RNA 聚合酶III（Pol III）启动子的质粒 DNA，其用途是转录 RNA 产物。Pol II 启动子适合于转录长片段的 dsRNA 分子，应用带有 Pol II 启动子的质粒载体转录出长片段的 RNA 茎环结构，在细胞内 Dicer 的酶切作用下形成 dsRNA，从而启动 RNAi，这种表达系统适用于低等生物或植物细胞（图 5-8）。Pol III启动子适合直接表达短片段的 siRNA（图 5-9），Pol Ⅲ启动子不会在 RNA 产物的 5′ 端加帽，也不会在 3′ 端加尾，同时识别 polyT 为终止信号，避免产生错码的 siRNA。这种表达载体一般会在中间携带有目的基因的小发卡 RNA 结构，从而转录成茎环结构，或者是正义和反义的 siRNA 分别为不同的启动子所控制形成 dsRNA，它们的抑制效果是一致的（王关林和方宏筠，2014）。

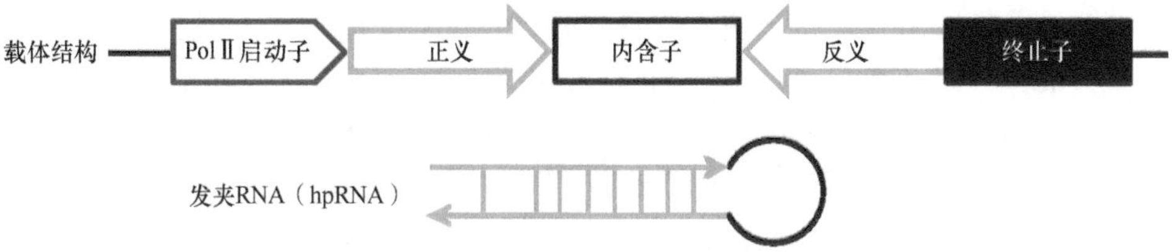

图 5-8　转录长片段 RNA 茎环的载体结构

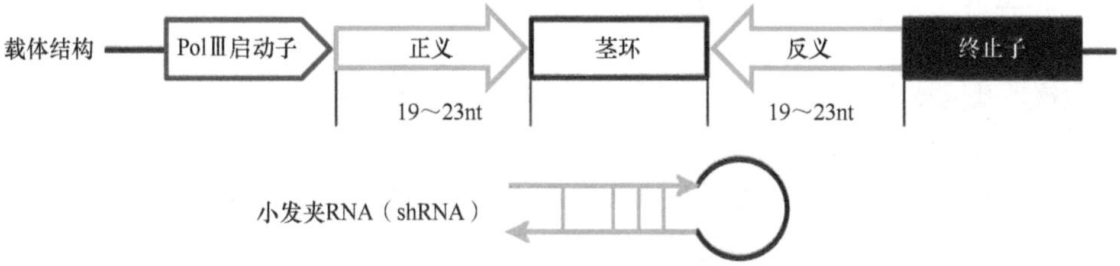

图 5-9　转录 siRNA 的载体结构

5.2.2.3　受体植物转化及外源 dsRNA 的表达

成功的外源基因转化依赖于稳定、良好的植物受体系统。植物基因转化受体系统指用于转化的外植体通过组织培养途径或其他非组织培养途径，能高效、稳定地再生无性系，并能接受外源 DNA 整合，对转化选择性抗生素敏感的再生系统（王关林和方宏筠，2014）。目前，植物基因转化的方法包括：根癌农杆菌转化法、发根农杆菌转化法、植物病毒转化法、DNA 直接导入法、植物种质系统转化法、植物质体转化法等。第一批转基因植物是借助根癌农杆菌介导转化完成的，迄今为止，80% 以上的转基因植物是通过根癌农杆菌转化系统培育的。农杆菌与受体植物可以通过一些化学物质分子发生作用，侵染起始于受伤植物细胞分泌的一些酚类物质，农杆菌被这些化学信号所吸引，进而附着在植物细胞表面，这些化学物质进一步进入农杆菌诱导质粒基因的表达，外源基因整合入植物核 DNA，进而高效表达目的基因。最终通过标记或报告基因的表达检测、外源基因的整合和表达检测、转基因植物的生物学特性检测等明确转基因是否成功。

转基因植物中外源 dsRNA 的表达不仅可以改善作物品质，还大幅提升了作物抵抗病虫危害的能力。在改善作物品质方面，利用 RNA 沉默技术进行的棉籽油成分改良的研究表明，转基因植物介导的 RNAi 成功抑制靶标基因的表达，分别将硬脂酸占总脂肪酸比例从非转基因的 2%～3% 提高到 40%，油酸占总脂肪酸比例从 15% 提高到 77%，通过上述后代的杂交可获得同时提高硬脂酸和油酸的植株（Liu et al.，2002b）。Ogita 等（2003）利用 RNA 沉默技术抑制咖啡中编码可可碱合成酶基因的表达，获得的转化受体中可可碱含量下降了 30%～80%，咖啡因含量下降 50%～70%，缓解了其对咖啡因敏感人群的刺激，减轻或缓解了所致心悸、高血压、失眠等症状。番茄红素是类胡萝卜素中活性最强的抗氧化剂，有延缓衰老的作用，可以预防和缓解多种疾病，万群（2007）构建了番茄红素环化酶基因 siRNA 表达质粒，将其导入番茄（*Solanum lycopersicum*）中，获得了番茄红素含量提高 2.1 倍的转化体植株。在提升抗病虫能力方面，Bucher 等（2006）构建了表达 4 种番茄病毒基因 dsRNA 的质粒，转化的转基因番茄对 4 种植物病毒均有良好的抗性。体外构建表达黄瓜绿斑驳病毒衣壳蛋白基因 dsRNA 的质粒，用农杆菌介导的方法转入烟草植株，在转化的转基因品系中可以检测到衣壳蛋白 siRNA，转基因烟草表现出较强的病毒抗性（Kamachi et al.，2007），借助相似手段培育的转基因作物均对靶标植物病毒显示出抗性（Park et al.，2005；Schwind et al.，2009；Vanderschuren et al.，2009）。Mao 等（2007）以陆地棉（*Gossypium hirsutum*）和棉铃虫（*Helicoverpa armigera*）为研究系统，分离、克隆得到了棉铃虫参与棉酚解毒的 P450 基因 *CYP6AE14*，用表达该基因 dsRNA 的转基因植物饲喂后，棉铃虫该基因的表达量显著下调，对棉酚的耐受能力大幅减弱，甚至死亡。Baum 等（2007）以玉米和玉米根萤叶甲（*Diabrotica virgifera virgifera*）为研究系统，构建了玉米根萤叶甲关键酶基因的 dsRNA 表达载体，转入玉米，转基因玉米根部遭受破坏比对照处理少 50%。

细胞核转基因技术合成的 dsRNA 会进入植物细胞质中，由于受到植物自身 RNAi 系统的影响，基因干扰效率有限。为克服这一问题，科学家利用了叶绿体转基因技术，将构建的质粒直接转化进入植物叶绿体中，生成的 dsRNA 可以在叶绿体中积累，免受植物自身 RNAi 系统的影响，可以大幅提升对害虫基因的 RNAi 效率（Zhang et al.，2015b，2017b；Bally et al.，2016）。由于叶绿体是母系遗传，也避免了基因漂移所带来的潜在风险。但目前叶绿体转化技术只在少量作物中实现，不同作物的叶绿体转化技术还有待进一步建立。

5.2.3　微生物介导的 dsRNA 表达递送系统

5.2.3.1　昆虫病毒载体

昆虫病毒是递送 dsRNA 的有效载体，可以应用于昆虫基因功能解析和害虫防控。通过构建重组病毒并侵染昆虫，表达靶标基因的 dsRNA，可以起到良好的 RNAi 效果。昆虫病毒可以分为 DNA 病毒和 RNA 病毒，DNA 病毒的复制和转录一般在细胞核中进行，且 dsRNA 的表达只能发生于转录阶段。常见的 DNA 病毒包括杆状病毒、浓核病毒、植物双生病毒等。RNA 病毒的复制和转录都在细胞质中，且两个过程均可合成 dsRNA。根据结构，可将 RNA 病毒分为单链 RNA 病毒和双链 RNA 病毒，根据病毒特性可具体分为昆虫病毒、虫媒病毒、植物病毒，其中，虫媒病毒在昆虫体内是一种持续的、不致病的感染；植物病毒一般不在昆虫体内复制。对于 DNA 病毒，可以在启动子下游插入反向互补序列，在病毒感染过程中形成 RNA 发卡结构和 dsRNA（Kennerdell and Carthew，2000）；对于单链 RNA 病毒，单链的序列插入病毒的基因组就可以在复制过程中变为双链（Gammon and Mello，2015）；对于双链 RNA 病毒，病毒基因组或复制的中间产物均可以触发 RNAi（Zografidis et al.，2015）。

杆状病毒和浓核病毒是使用较广的 DNA 病毒载体。大部分杆状病毒具有致病性，在一定程度上会掩盖 RNAi 的效果。利用重组的家蚕核型多角体病毒（BmNPV）递送玉米钻心虫（*Sesamia nonagrioides*）*JHER* 基因的 dsRNA，虽然 NPV 专一性较强，但仍然出现了很多非特异性的表型，干扰了表型观察（Kontogiannatos et al.，2013）。为了解决这一问题，可以改造杆状病毒，使侵染过程中的关键基因功能丧失，进而降低致病性。重组浓核病毒介导的 RNAi 在蚊子中成功应用（Gu et al.，2011），在 *NS1* 和 *GFP* 基因中间插入内含子，用于表达 *V-ATPase*

基因的 shRNA，病毒启动子会驱动转录产生前体 mRNA，后经剪切形成具有功能的 NS1-GFP 蛋白和内含子表达元件，起到 siRNA 的作用（图 5-10）。当白纹伊蚊（*Aedes albopictus*）感染重组病毒后，靶标基因表达下调近 70%，并伴有明显致死现象。昆虫浓核病毒种类较多，覆盖较广，蚊类的浓核病毒特异性强，目前并未发现其对哺乳动物有毒（Carlson et al.，2006；Jiang et al.，2007）。

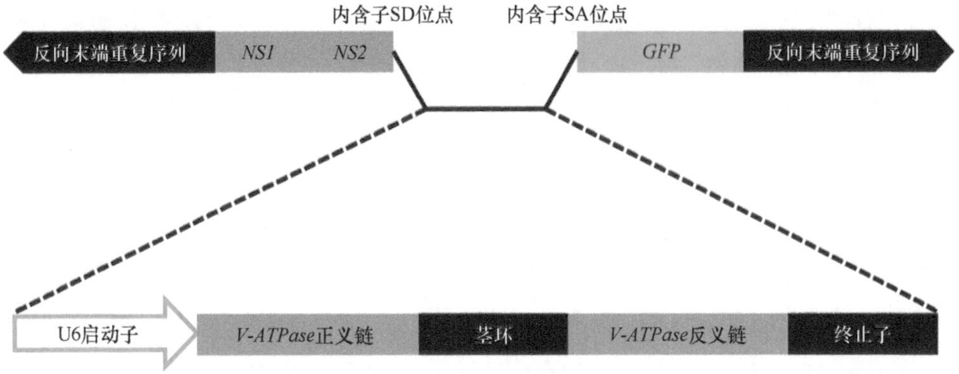

图 5-10　重组浓核病毒介导的 RNAi

RNA 病毒可以被改造设计，成为表达 dsRNA 的载体，用于感染昆虫引起 RNAi。辛德毕斯病毒（Sindbis virus）表达系统就是一个很好的例子，被改造的辛德毕斯病毒包含第二个次级基因组的 RNA 启动子，可以用于蛋白质或反义 RNA 的表达，改造的辛德毕斯病毒已成功应用于家蚕和蚊子 RNAi 的研究（Adelman et al.，2001；Uhlirova et al.，2003）。如图 5-11 所示，重组的辛德毕斯病毒在第二个次级基因组的 RNA 启动子后插入一个靶标基因的 RNA 序列，在病毒侵染过程中，生成不同的转录本以实现 RNAi。通过表达 ds*BR-C* 的重组病毒侵染家蚕，成功地沉默了 *BR-C* 基因的表达，导致家蚕不能正常化蛹和羽化，并影响成虫复眼、足和翅的形成（Uhlirova et al.，2003）。逆转录病毒也可以作为基因载体，与其他 RNA 病毒不同，逆转录病毒的 RNA 不进行自我复制，进入宿主细胞后，RNA 经逆转录酶合成双链 DNA，双链 DNA 被整合酶整合至宿主细胞染色体 DNA 上，逆转录病毒载体与 RNA 发卡结构相连，可以在感染细胞中持续表达 dsRNA（Kolliopoulou et al.，2017）。

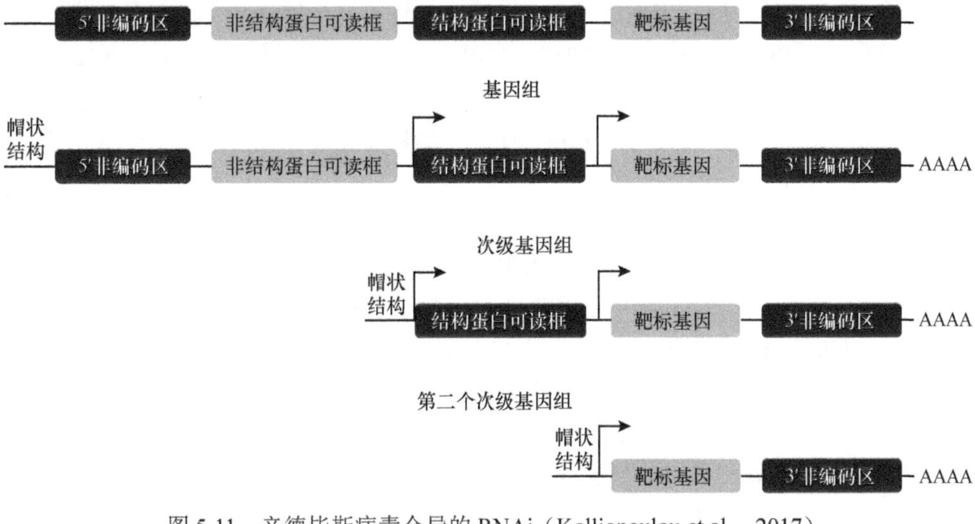

图 5-11　辛德毕斯病毒介导的 RNAi（Kolliopoulou et al.，2017）

重组病毒的使用可能会引起潜在的生态风险。在害虫防治领域，首先应该明确重组病毒的靶标特异性。有研究表明，昆虫杆状病毒对天敌或鳞翅目外的益虫无致病能力，因此昆虫杆状病毒被认为是一种安全的害虫防控措施（Kroemer et al.，2015）。而野田村病毒科 FHV 可以侵染多种昆虫细胞，并在其中进行复制（Dasgupta et al.，2003，2007）。用于递送 dsRNA 的 FHV 应该加强管理，如果用于害虫防治可能会导致潜在的生态风险。在重组病毒与野生病毒竞争力方面，在病毒基因组中插入外源核酸会降低重组病毒的复制效率，影响核酸被包裹的效率，以及其在宿主细胞间短距离或长距离的运输。同时，携带害虫 dsRNA 的重组病毒会加速害虫的死亡，重组病毒在这一过程中也难以幸存，因此其适生性下降，在环境中不利于重组病毒的存活（Kolliopoulou et al.，2017）。同时，重组病毒中的外源基因有可能会漂移至其他物种，尤其是近缘病毒。在病毒中，重组是一个非常普遍的现象，在病毒的进化中发挥着重要作用。病毒的重组可能会导致寄主范围扩大、改变传播的特异性、产生新的病毒、提升毒力和致病力、提升逃避寄主免疫的能力、提升抗病毒药物抗性（Martin et al.，2011；Simon-Loriere and Holmes，2011）。

5.2.3.2　工程菌介导的 dsRNA 递送系统

大肠杆菌 HT115（DE3）菌株是一类特殊的 RNase III缺陷型菌株，通过在编码 RNase III 酶基因 *rnc* 内部插入 Tn10 转座子使其无法正常表达 RNase III，从而避免了 dsRNA 的降解，该菌株可以在 LB 或 2YT 培养基中正常生长，Tn10 转座子的存在使其具有四环素抗性，该菌株染色体整合了 λ 噬菌体 DE3 区，该区含有 T7 噬菌体 RNA 聚合酶，在异丙基-β-D-硫代半乳糖苷（IPTG）存在时可诱导 T7 RNA 聚合酶的大量表达，进而启动 dsRNA 的表达，最初应用于秀丽隐杆线虫（*Caenorhabditis elegans*）的 RNAi（Timmons et al.，2001）。利用大肠杆菌 HT115（DE3）菌株合成目的基因的 dsRNA，可以简化合成步骤，大幅降低合成成本。在害虫防治领域，在确定害虫关键致死基因后，可以设计该基因的 RNAi 载体，导入大肠杆菌 HT115（DE3）菌株，就可以不断得到大量靶标基因的 dsRNA。值得注意的是，利用工程菌合成 dsRNA 后，提取的工程菌总 RNA 中不仅含有靶标基因的 dsRNA，还含有一些核糖体 RNA，在加入 RNase A 进行处理后能在一定程度上提高 dsRNA 的纯度。利用转基因生防菌直接合成和递送 dsRNA 也是一个不错的选择，昆虫生防菌与化学杀虫剂类似，可以通过表皮入侵寄主昆虫，起到良好的控制害虫效果，但相关研究较少，具体机制及技术有待进一步深入研究（Hu and Wu，2016）。Chen 等（2015）利用玫烟色棒束孢（*Isaria fumosorosea*）表达烟粉虱（*Bemisia tabaci*）*TLR7* 基因的 dsRNA，受转基因生防菌感染的烟粉虱 *TLR7* 基因表达下调，约为空白对照的 15%，致死中浓度和致死中时均显著下降，该技术进一步提升了生防菌的害虫控制效果，田间应用前景乐观。

目前，细菌饲喂法是广泛应用于昆虫中的一种 RNA 干扰方法，通常利用具有双 T7 启动子的 L4440 载体表达靶基因 dsRNA。中山大学张文庆团队率先在昆虫中开展了表达 dsRNA 的菌株喂食实验（Tian et al.，2009）。将 PCR 获得的甜菜夜蛾几丁质合成酶 A 基因（*SeCHSA*）片段克隆至 L4440 载体，大肠杆菌体外表达 *SeCHSA* dsRNA，将其混在人工饲料后喂食甜菜夜蛾幼虫，可成功将 dsRNA 递送到幼虫的中肠。与对照组相比，取食表达 *SeCHSA* dsRNA 的大肠杆菌的甜菜夜蛾幼虫生长发育受到抑制、蜕皮受到干扰，导致其生长异常、死亡率显著提高。*SeCHSA* 主要在昆虫的外表皮和气管中表达，并非中肠的基因，然而通过中肠对 dsRNA 的消化和吸收，可成功沉默几丁质合成酶的表达，表明通过喂食表达 dsRNA 的菌液也能诱导系统性 RNAi 效应。Li 等（2011）利用相同方法合成了橘小实蝇（*Bactrocera dorsalis*）4 个关键基因的 dsRNA，通过饲喂的方法，基因干扰效率在 35%～100%，并获得了相应的表型。Zhang 等（2012a）利用相同方法合成了二点螟（*Chilo infuscatellus*）蜕皮关键基因 dsRNA，通过饲喂的方法，工程菌与试剂盒合成的 dsRNA 基因干扰效率接近（高达 90% 以上），导致幼虫体重下降，25% 3 龄幼虫无法正常蜕皮，20% 5 龄幼虫不能化蛹。此外，该法在鳞翅目美国白蛾（*Hyphantria cunea*）、棉铃虫（*Helicoverpa armigera*），鞘翅目马铃薯甲虫，膜翅目佛罗里达弓背蚁（*Camponotus floridanus*），以及双翅目橘小实蝇等多种昆虫中成功应用。利用表达美国白蛾几丁质酶基因 dsRNA 的菌液持续喂食美国白蛾幼虫，靶基因相对表达量显著下降，降低了 76.7%～90.3%，幼虫生长发育迟缓，体重增长量与对照相比显著减小，降低了 40.7%（王越等，2019）。

为了进一步提高工程菌合成 dsRNA 的效率，中国农业大学沈杰教授团队建立了一种工程菌表达 dsRNA 的新方法（图 5-12），利用 CRISPR/Cas9 技术成功敲除了大肠杆菌 BL21（DE3）菌株的 *Rnc* 基因，获得了 RNase Ⅲ缺陷型菌株，将体外构建的表达异色瓢虫 *vestigial*（*vg*）基因 dsRNA 的 pET28a 载体转化入该菌株，实现了 dsRNA 的大批量、低成本合成，dsRNA 合成效率是 L4440-HT115（DE3）表达系统的 3 倍，通过注射法，工程菌合成的 dsRNA 可以高效干扰异色瓢虫 *vestigial* 基因的表达，获得翅缺陷型异色瓢虫（Ma et al.，2020）。该技术的建立有望进一步提高 dsRNA 合成效率，降低 dsRNA 的生产成本，以期满足田间生产实际需求。

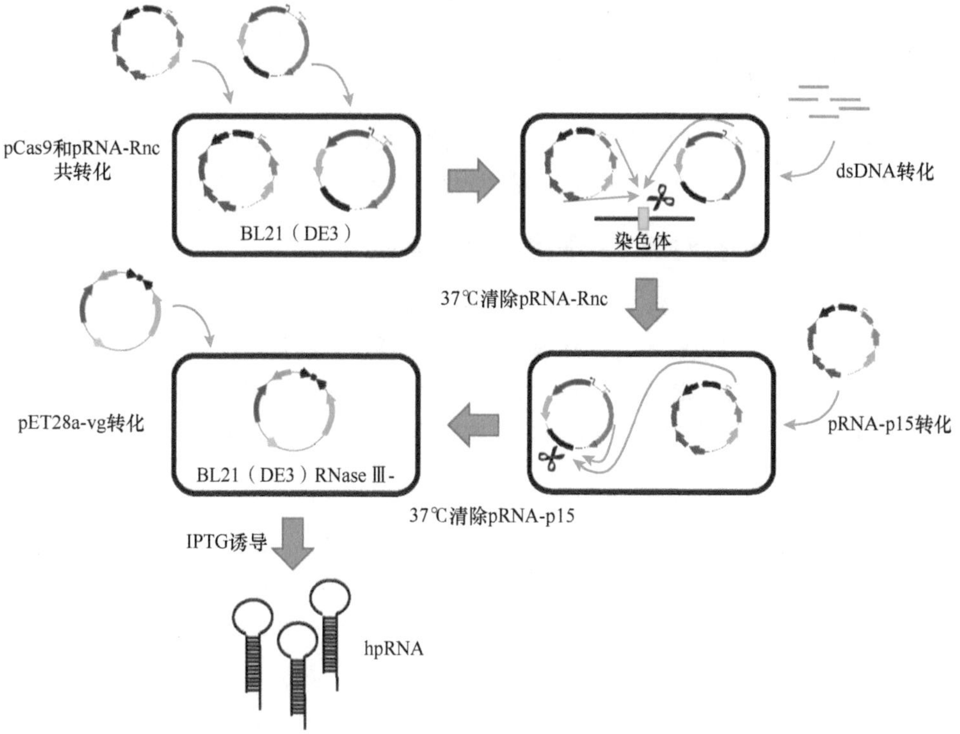

图 5-12　利用改造的工程菌合成 dsRNA 干扰异色瓢虫翅发育（Ma et al.，2020）

第 6 章　RNA 干扰效率的影响因素及对策

RNA 干扰的作用机制正逐步揭晓，但应用该技术对昆虫进行高效的基因沉默并非易事，RNA 干扰效率就是其中的关键问题之一。概括来讲，影响 RNA 干扰效率的因素：①靶标基因种类；② dsRNA 片段长度；③ dsRNA 浓度；④核苷酸序列；⑤沉默效应的持续性；⑥靶标昆虫的发育时期；等等（Huvenne and Smagghe，2010）。不同靶标基因及同一靶标基因的不同片段都会导致 RNA 干扰效率的差异，因此，需要对靶标基因种类、干扰片段的最适长度和浓度进行筛选优化，以防止脱靶效应，保障 RNA 干扰的高效性；此外，不同种类和不同发育阶段的昆虫对 RNA 干扰的敏感性差异显著，例如，鞘翅目和直翅目昆虫对 RNA 干扰最为敏感，而鳞翅目昆虫则较难实现 RNA 干扰；昆虫的不同发育阶段 RNA 干扰效率也存在差异，一般，卵期和低龄期昆虫容易实现靶基因的沉默，而对高龄期幼虫/若虫和成虫进行 RNA 干扰则较为困难。在 RNA 干扰研究和应用中，需要针对研究对象和目的基因，选择合适的发育阶段和 dsRNA 干扰片段，并采用最适的 dsRNA 递送方式，以获得较好的 RNA 干扰效果。dsRNA 在昆虫体内的稳定性、胞吞和转运效率等因素也影响着 RNA 干扰的效率。研究过程中应采用相应的对策，通过抑制核酸酶的活性和用载体包裹 dsRNA、持续干扰及增加剂量、选择高效靶标基因片段等方式提高 RNA 干扰的效率。

6.1　靶标基因及片段对 RNA 干扰效率的影响

靶标基因及片段的选择是影响 RNA 干扰效率的重要因素，本节主要阐述靶标基因的种类，以及 dsRNA 片段的位置、长度、浓度及碱基序列对 RNA 干扰效率的影响。

6.1.1　靶标基因的种类对 RNA 干扰效率的影响

一般情况下，可基于对靶标基因 mRNA 序列二级结构的预测来设计具有高效干扰作用的 dsRNA 片段。由于不同昆虫种类的靶标基因具有核苷酸序列的特异性、时空表达的专一性和表达丰度的差异性，因此，根据不同昆虫种类靶标基因所设计的 dsRNA，其干扰效率也有差异。本小节将着重总结管家基因，与免疫、生殖发育、代谢等相关基因对 dsRNA 干扰的应答及其对干扰效率的影响。

6.1.1.1　管家基因

管家基因，又称持家基因或内参基因，理论上是指在所有细胞中均稳定表达的一类基因，其蛋白产物是维持细胞基本生命活动所必需的。管家基因始终保持着低水平的甲基化，并一直处于活性转录状态。在基因表达分析中，由于管家基因表达的稳定性，其一般被筛选用作内参基因。常用的管家基因包括 18S rRNA、28S rRNA、核糖体蛋白（ribosomal protein）、甘油醛-3-磷酸脱氢酶（glyceraldehyde-3-phosphate dehydrogenase，GAPDH 或 G3PDH）、β-肌动蛋白（β-actin）、延伸因子-1α（elongation factors 1 alpha，EF-1α）、微管蛋白（tubulin）等的基因，在特定的实验条件下筛选的稳定内参基因见表 6-1。

表 6-1 在特定的实验条件下筛选的稳定内参基因

基因简称	中文全称	内参基因
18S rRNA	18S 核糖体 RNA	① *18S rRNA* 可以作为不同发育历期的丝光绿蝇的内参基因（Bagnall and Kotze，2010） ② *18S rRNA* 适合作为长红锥蝽不同组织、器官研究的内参基因（Majerowicz et al.，2011） ③病毒感染后 *UBI*、*18S rRNA* 和 *ACT* 在飞虱体内表达稳定（Maroniche et al.，2011）
28S rRNA	28S 核糖体 RNA	*28S rRNA*、*GST1*、*β-TUB* 和 *RPLPO* 适合作为丝光绿蝇不同发育历期的内参基因（Bagnall and Kotze，2010）
GAPDH	甘油醛-3-磷酸脱氢酶	① *GAPDH* 和 *UCCR* 在斜纹夜蛾不同发育历期表达稳定（Lu et al.，2013） ② *RPS*、*GAPDH* 和 *α-TUB* 在花绒寄甲中表达稳定（宋旺等，2015） ③ *GAPDH* 可作为丽蝇不同发育历期的内参基因（Cardoso et al.，2014） ④ *GAPDH* 可作为长红锥蝽唾液腺和体腔内研究的内参基因（Paim et al.，2012） ⑤ *GAPDH*、*RPL27* 和 *TUB* 组合适合作为棉铃虫感染核型多角体病毒研究的内参基因（Zhang et al.，2015c）
β-actin	β-肌动蛋白	① *β-actin* 在蓖麻蚕的 4 个虫态期表达稳定（陈芳和陆永跃，2014） ② *β-actin* 可作为金纹细蛾各虫态的内参基因（郭长宁，2014）
EF-1α	延伸因子-1α	① *EF-1α* 在白蜡窄吉丁虫组织中表达稳定（Rajarapu et al.，2012） ② *EF-1α* 可以作为长红锥蝽不同组织、器官研究的内参基因（Majerowicz et al.，2011） ③ *RPL10*、*AK* 和 *EF-1α* 适合作为斜纹夜蛾不同组织研究的内参基因（Lu et al.，2013）
rspL40	核糖体蛋白 L40	① *rspL40*、*BTF3* 在白纹伊蚊不同组织中表达最稳定（吴家红等，2011） ② *rspL40*、*rsp5* 在白纹伊蚊吸血不同时相表达最稳定（吴家红等，2011）
BTF3	通用转录因子 3	*rspL40* 和 *BTF3* 适合作为白纹伊蚊不同组织研究的内参基因（吴家红等，2011）
α-TUB	α-微管蛋白	① *α-TUB* 在棉粉蚧 2 龄若虫和 3 龄若虫期表达稳定（陈芳和陆永跃，2014） ② *RPS*、*GAPDH* 和 *α-TUB* 在花绒寄甲中表达稳定（宋旺等，2015） ③ *ACTB* 和 *α-TUB* 适合作为东方实蝇组织研究的内参基因（Shen et al.，2010） ④ *α-TUB* 可作为长红锥蝽唾液腺和体腔内研究的内参基因（Paim et al.，2012） ⑤甲氰菊酯胁迫二斑叶螨后 *α-TUB* 表达稳定（高新菊和沈慧敏，2011）
β-TUB	β-微管蛋白	*β-TUB* 可作为金纹细蛾各虫态的内参基因（郭长宁，2014）
UBC	泛素	*UBC*、*α-TUB* 和 *TBP* 适合作为家蚕脂肪体研究的内参基因，而 *UBC*、*α-TUB* 和 *ACT3* 适合作为家蚕马氏管研究的内参基因（彭然，2012）
RPS3	核糖体蛋白 S3	① *RPS3*、*RPS6*、*RPS18* 和 *RPL13* 组合适合作为赤拟谷盗不同发育时期的内参基因（Toutges et al.，2010） ②真菌感染后 *RPS3*、*RPS18* 和 *RPL13* 在赤拟谷盗体内表达稳定（Lord et al.，2010）
RPS11	核糖体蛋白 S11	*RPS11*、*RPS15*、*α-TUB* 和 *EF-1α* 组合适合作为褐飞虱不同发育历期的内参基因（Yuan et al.，2014）
RPS15	核糖体蛋白 S15	*RPS15* 和 *RPL28* 组合适合作为温度胁迫棉铃虫研究的内参基因（Shakeel et al.，2015）
RPS18	核糖体蛋白 S18	*RPS18* 和 *α-TUB* 组合是朱砂叶螨 4 个不同发育历期的最佳参考基因（Sun et al.，2010）
RPL13	核糖体蛋白 L13	*RPL13* 和 *RPS15* 适合作为棉铃虫幼虫组织的内参基因（Zhang et al.，2015c）
RPL18	核糖体蛋白 L18	*RPL18* 适合作为温带臭虫不同发育历期的内参基因（Mamidala et al.，2011）
RPL32	核糖体蛋白 L32	*RPL32* 在柑橘大实蝇不同发育历期表达稳定（Lü et al.，2014）
TBP	TATA 盒结合蛋白	*TBP* 在大豆蚜的不同发育历期表达稳定（Bansal et al.，2012）
GST	谷胱甘肽 S-转移酶	① *GST*、*GAPDH* 和 *UBQ* 可作为柑橘大实蝇各虫态期的内参基因（王佳等，2014） ② *GST*、*GAPDH* 和 *TUB* 适合作为柑橘大实蝇成虫组织研究的内参基因（王佳等，2014）

值得注意的是，昆虫虫态或发育阶段、不同组织及实验条件等的变化都会在一定程度上影响管家基因的表达，所以选择合适的管家基因对实验结果的准确性尤为重要（Van Hiel et al.，2009；Rajarapu et al.，2012）。在不同的实验条件下，对西花蓟马（*Frankliniella occidentalis*）的 7 个管家基因（*actin*、*18S rRNA*、*H3*、*tubulin*、*GAPDH*、*EF-1* 和 *RPL32*）进行评估，结果表明，*EF-1* 和 *RPL32* 在不同发育历期表达最稳定，*RPL32* 和 *GAPDH* 在高温下表达最稳定，而 *18S rRNA* 和 *EF-1* 在低温下表达最稳定（Zheng et al.，2014）。在不同的实验条件下，对棉铃虫（*Helicoverpa armigera*）12 个候选管家基因的表达稳定性进行评估，利用硫氧还蛋白（thioredoxin，TRX）和铜/锌超氧化物歧化酶（Cu/Zn superoxide dismutase，Cu/Zn SOD）作为靶标基因来验证管家基因的效果，结果表明，*28S rRNA* 和 *RPS15* 在各个发育阶段表达最为稳定；*RPS15* 和 *RPL13* 最适合作为幼虫组织的管家基因；*EF-1* 和 *RPL27* 最适合作为成虫组织的管家基因；*GAPDH*、*RPL27* 和 *β-TUB* 适合于多角体病毒感染处理；*RPS15* 和 *RPL32* 适合于杀虫剂处理；*RPS15* 和 *RPL27* 适合于温度处理；*RPL32*、*RPS15* 和 *RPL27* 不易被沉默，在各种条件下都能较为稳定地表达（Zhang et al.，2015c）。在对褐飞虱（*Nilaparvata lugens*）8 个候选管家基因的稳定性进行评估时发现，*18S rRNA* 在任何情况下均不稳定，容易发生基因沉默，不适合作为褐飞虱的管家基因；*ACT* 和 *MACT* 的表达水平在不同处理之间差异大，因此，不建议将 *ACT* 和 *MACT* 用作褐飞虱在某些特定处理下的管家基因；*RPS11* 和 *RPS15* 在大多数实验条件下均能稳定地表达，是理想的管家基因（Yuan et al.，2014）。此外，核糖体蛋白在昆虫的各种条件下处理时均显示出高稳定性，如核糖体蛋白 S 基因（*RPS3*、*RPS11*、*RPS15* 和 *RPS18*）在家蝇（*Musca domestica*）（Zhong et al.，2013）、褐飞虱（Yuan et al.，2014）、大螟（*Sesamia inferens*）（Lu et al.，2015b）、七星瓢虫（*Coccinella septempunctata*）（Yang et al.，2015）和棉铃虫（Zhang et al.，2015c）中均能稳定表达；核糖体蛋白 L 基因（*RPL10*、*RPL18*、*RPL29*、*RPL32* 和 *RPL49*）在斜纹夜蛾（*Spodoptera litura*）、红火蚁（*Solenopsis invicta*）、烟粉虱（*Bemisia tabaci*）、飞蝗（*Locusta migratoria*）和二化螟（*Chilo suppressalis*）中也能稳定表达。综上所述，管家基因的选择不能盲目套用，而需要在特定的实验条件下进行筛选，或选择多个管家基因作为参照才更为科学严谨。

基于其高稳定性，管家基因除了被用作基因表达研究的内参标准，还用于测定不同递送材料或递送方式对 dsRNA 递送效率及 RNA 干扰效率的研究，从而避免试虫的发育阶段和饲养环境等因素对 RNA 干扰结果造成影响。例如，在检测 3 种纳米材料对 dsRNA 的递送增效实验中，将管家基因 *G3PDH* 与纳米材料［壳聚糖（chitosan）、碳量子点（carbon quantum dot）和脂质体（lipofectamine 2000）］混合后处理二化螟，可以很好地抑制 *G3PDH* 的表达（Wang et al.，2019b）。用封装在脂质体中的微管蛋白基因（*γTub23C*）dsRNA 饲喂 4 种不同的果蝇品系（*Drosophila melanogaster*、*D. sechellia*、*D. yakuba* 和 *D. pseudoobscura*），RNA 干扰效果显著，4 种果蝇品系均出现高死亡率；而经裸露的 dsRNA 处理后，则无 RNA 干扰效果（Whyard et al.，2009）。

总之，管家基因的稳定表达特性具有重要的生理意义。一般情况下，管家基因均容易被沉默，在 RNA 干扰研究方面，管家基因的选择对于精确测定靶标基因 mRNA 表达水平及其变化具有重要作用，由于并不是所有的管家基因在不同龄期、不同组织部位或在不同的处理条件下都恒定表达，因此研究人员需要针对具体实验设计筛选合适的管家基因，用于靶标基因沉默效率的检测，这对 RNA 干扰效率的研究具有重要影响。

6.1.1.2　免疫相关基因

免疫反应是生物体古老而高度保守的先天防御系统，是多细胞动物的第一道防线，也是绝大多数多细胞动物唯一可识别的免疫系统。昆虫免疫相关基因往往参与对外界应激反应产生的自我保护机制，其主要在脂肪体、血淋巴及肠道组织中表达，且表达量受到内外源物质刺激的影响。在长期进化过程中，昆虫形成了强大的天然免疫防御系统，主要包括体液免疫反应和细胞免疫反应。近几年，伴随着“TOP1000 昆虫基因组计划”和“5000 种昆虫全基因组测序计划（i5K）”的开展，昆虫基因组学快速发展。通过生物信息学方法从昆虫基因组数据中已鉴定到大量免疫相关基因，对这些基因的研究加深了人们对昆虫天然免疫分子机制的认知。根据基因功能，免疫相关基因可分为识别分子、信号转导、信号调制、效应分子、黑化反应、RNA 干扰和其他基因等 7 类，这些基因通过互作来调控体液免疫反应和细胞免疫反应（刘小民和袁明龙，2018）。其中，体液免疫反应主要包括 Toll、IMD 和 JAK/STAT 等 3 条信号通路，通过信号转导及免疫途径调控免疫相关基因的表达，诱导产生抗菌肽和其他效应分子；细胞免疫反应由血细胞介导，主要完成对病原物的包裹、吞噬和形成结节等（刘小民和袁明龙，2018）。

免疫相关基因对 RNA 干扰较为敏感，而且干扰效率较高。利用全基因组 RNA 干扰对果蝇先天性免疫反应基因进行功能分类，发现了许多免疫报告因子的抑制剂和激活因子（Foley and O’Farrell，2004），而多数免疫相关基因在昆虫受到特定刺激时才会在体内大量表达，所以在利用 RNA 干扰技术研究这类基因时，大多需要给予试虫一定的外界刺激，以激活昆虫体内的免疫反应。例如，昆虫病原真菌可以通过调控 IMD 通路转录因子 REL2，进而调控免疫反应。利用 RNA 干扰技术干扰参与体液免疫的基因时，除了引发目的基因沉默，参与免疫应答的其他基因的表达也会受到不同程度的影响。肽聚糖识别蛋白（PGRP）是先天免疫中重要的模式识别受体，对昆虫免疫系统的细菌识别和防御至关重要。沉默小菜蛾（*Plutella xylostella*）4 龄幼虫 *PGRP-SA* 基因，可显著降低小菜蛾脂肪体中 *cecropin*、*moricin*-2、*lysozyme* 和 *defensin* 等 4 个抗菌肽基因及 *dorsal* 和 *Spätzle* 基因的 mRNA 转录水平，从而抑制小菜蛾体内的免疫反应；沉默橘小实蝇（*Bactrocera dorsalis*）的 *PGRP-LB* 和 *PGRP-SB* 基因，在通过注射或喂食感染大肠杆菌后，其抗菌肽基因的表达量与对照组相比均显著上调，免疫反应增强且免疫反应持续时间延长，表明 *PGRP-LB* 和 *PGRP-SB* 基因主要起到免疫负调控作用，而下调家蝇幼虫 *PGRP-SC* 也会使免疫反应增强。*BmPGRP2-1* 与二氨基戊二酸（DAP）型肽聚糖（PGN）结合，激活 IMD 通路；敲除 *BmPGRP2-2* 基因降低了家蚕（*Bombyx mori*）核型多角体病毒（nucleopolyhedrosis virus，NPV）在细胞系和家蚕幼虫中的增殖率及死亡率，而其过表达则增加了病毒的复制（Jiang et al.，2019a）。

在体液免疫 RNA 干扰研究中，通过基因沉默方法处理西方蜜蜂（*Apis mellifera*）的幼虫和成虫，都可以成功降低其靶标基因的表达（Mutti et al.，2011；Wang et al.，2012a）。经单独或混合注射 *dorsal* 基因相关 dsRNA，经幼虫芽孢杆菌（*Paenibacillus larvae*）处理的蜜蜂，*dorsal* 基因的表达量显著减少，直接影响 Toll 通路中抗菌肽 abaecin、蜜蜂抗菌肽 apidaecin 和防御素 defensin-1 的调控（Lourenço et al.，2017）。对赤拟谷盗（*Tribolium castaneum*）Toll 通路中的相关基因进行 RNA 注射干扰实验，结果发现，对各发育阶段试虫进行 *cact* 和 *cactin* 的 RNA 干扰后，虫体全部死亡；*fus* 干扰导致了发育阶段特异性死亡，在幼虫时注射 ds*fus* 导致了预蛹的生长停滞和死亡，缺失 *fus* 的蛹具有严重的生理缺陷，导致成虫羽化期间或羽化后都会出现死亡，而沉默 *fus* 基因对成虫没有致死作用；其他基因均未在 RNA 干扰后引发强致死效应。这一结果表明，与体液免疫相关的部分基因具有很高的 RNA 干扰效率，此类基因的沉默影响着下游基因的表达，导致赤拟谷盗免疫作用发生改变，甚至可直接导致死亡（Bingsohn et al.，2017）。在果蝇中，利用 RNA 干扰抑制 *Dnr1* 的表达，可激活免疫应答，当 Dnr1 失去活性，脱离 Dnr1 抑制的 Dredd 会作用于 Relish，使其活化并进入细胞核内，进一步激活抗菌基因的转录，发挥抗病原体的作用（Foley and O'Farrell，2004）。然而，并不是所有免疫相关基因的沉默都有很好的效果，例如，通过 RNA 干扰技术沉默橘小实蝇的 *BdCat* 和 *BdDuox* 基因，其干扰效果只能维持 7d 左右，对宿主总存活时间和平均寿命无显著影响（姚志超，2017）。

细胞免疫由血细胞介导，主要完成对病原物的包裹、吞噬和形成结节等。细胞免疫相关基因的干扰效果与体液免疫有着相似的特征。*Nimrod* 是参与细胞免疫识别的主要基因之一，向羽化第 2 天的冈比亚按蚊（*Anopheles gambiae*）雌蚊注射 *Nimrod* 基因的 dsRNA，并在第 6 天时用大肠杆菌感染处理 24h 后，与对照组相比，*draper*、*nimrod* 和 *eater* 的 mRNA 水平分别降低了 77%、86% 和 75%（Sigle and Hillyer，2018）。烟草天蛾（*Manduca sexta*）的整合素（integrin）亚基涉及细胞介导的免疫系统反应，用 dsRNA 处理烟草天蛾，可以显著降低整合素 3 个亚基的表达量（Zhuang et al.，2008）。通过 dsRNA 干扰甜菜夜蛾（*Spodoptera exigua*）*SemPGES2*，可以显著破坏细胞内免疫反应，并进一步影响血细胞扩散行为和细菌感染后结节的形成（Ahmed et al.，2018），干扰甜菜夜蛾磷脂酶 A2 基因（*SePLA2*）后，其抗菌活性也显著下降（Vatanparast et al.，2019）。在对橘小实蝇的实验中发现，*PLA2* 的干扰可以影响免疫相关基因的表达，沉默 *PLA2* 不仅影响橘小实蝇中 Toll/IMD 途径的激活，而且减少脂质在脂肪细胞中的储存（Li et al.，2017b）。昆虫病原真菌可以通过调控 IMD 通路转录因子 REL2 进而调控免疫反应（Ramirez et al.，2018）。含硫酯蛋白（thioester-containing protein）由血细胞和脂肪体分泌，与疟原虫血腔中的细菌结合，导致其死亡，因此在血细胞免疫过程中起着重要作用。通过 RNA 干扰技术处理大肠杆菌感染的冈比亚按蚊，结果表明，硫酯键蛋白 TEP1、TEP3 和 TEP4 能够正向调节心肌周围血细胞的聚集，并影响细菌在心脏表面的积累，是免疫系统和循环系统功能整合的正调控因子（Yan and Hillyer，2019）。值得注意的是，与脊椎动物类似，昆虫利用免疫细胞以稳定的、病毒介导的互补 DNA 的形式产生免疫记忆，这种病毒介导的互补 DNA 可产生系统免疫，而这种免疫是由含有次级病毒 siRNA 的外泌体介导发挥作用的（Tassetto et al.，2017）。

综上所述，RNA 干扰技术可以有效地沉默免疫相关的靶标基因，且效率较高，这有利于深化人们对昆虫天然免疫分子机制的认识（尹传林等，2017）。然而，目前有关免疫相关基因的研究主要集中在某些模式昆虫或特定昆虫，对农业害虫的研究还比较匮乏。因此，利用 RNA 干扰技术开展农业害虫天然免疫系统的研究可为寻找害虫防治新方法提供突破口（Liu et al.，2017）。

6.1.1.3　生殖发育相关基因

生殖发育是昆虫繁衍的需求，由于具有强大的繁殖能力，昆虫可以适应复杂多变的环境。与昆虫生殖发育相关的基因，如卵泡刺激素（FSH）、黄体生成激素（LH）、3-羟基-3-甲基戊二酰辅酶 A（HMG-CoA）合成酶的基因，以及细胞凋亡基因 *ICAD* 和 *Sox* 基因家族等，主要在中肠、脂肪体和雌雄性腺等组织中表达（柴春利，2007）。繁殖作为昆虫中最重要的生理过程之一，其中涉及的基因可以作为控制害虫的潜在分子靶标。通过对昆虫进行 dsRNA 处理，可以实现相关基因的沉默，干扰其生殖发育。例如，向橘小实蝇成虫腹部注射 ds*dsx*，可降低雌性脂肪体中特异 *dsx* 基因的转录，且抑制卵黄蛋白基因（*Bdyp1*）的选择性表达，并延迟卵巢发育。经 dsRNA 处理后，成熟卵的数量显著减少。此外，RNA 干扰后的雌性子代中有 27% 个体表现出产卵器变形，但对雄性橘小实蝇却无影响（Chen et al.，2008）。

在部分昆虫中，RNA 干扰可以高效地抑制与生殖发育相关的基因，实现靶标基因的沉默，影响昆虫的生殖。例如，褐飞虱 *Nlst6* 在中肠特异性表达，从褐飞虱中肠转运葡萄糖到血淋巴中。通过 RNA 干扰技术下调 *Nlst6* 表达，可显著延长产卵前期，缩短了产卵期，降低了产卵数量和体重。敲除 *Nlst6* 也显著降低脂肪体和卵巢内的蛋白质含量，并降低了卵黄原蛋白基因的表达，从而影响了褐飞虱的生殖发育（Ge et al.，2015）。向甜菜夜蛾雌成虫体内注射前列腺素 E 合成酶（prostaglandin E synthase）基因 *SemPGES2* 的特异性 dsRNA，不仅降低了其 mRNA 在血淋巴和脂肪体中的表达，而且雌虫的产卵量大大减少（Ahmed et al.，2018）。*Achi* 基因在家蚕雌雄性腺组织中均有表达，通过对 3～4 龄家蚕（*Bombyx mori*）幼虫注射 *Achi-siRNA-1* 和 *Achi-siRNA-2*，发现蚕卵不受精率增加到 23%～90% 甚至更高，这是由于 *BmAchi* 基因属于减数分裂阻滞基因，其表达水平对配子发生和分化有显著影响（盛洁，2009）。同样，沉默 *HMGR* 基因可明显抑制家蚕和斜纹夜蛾性信息素生物合成（Ozawa et al.，1995）。目前，*HMGR* 在黑腹果蝇（Gertler et al.，1988）、家蚕（Kinjoh et al.，2007）、小地老虎（*Agrotis ypsilon*）（Duportets et al.，2000）和德国小蠊（*Blattella germanica*）（Martinez-Gonzalez et al.，1993）中已经完成了分子表征，启动了基因功能的研究，具有潜在的 RNA 干扰应用前景。在对模式昆虫埃及伊蚊（*Aedes aegypti*）的研究中，采用 RNA 干扰技术，沉默与雌虫生殖发育相关的基因，其卵母细胞的营养调节和发育过程受到破坏，最终影响到养分的吸收以及卵的数量和大小（Moretti et al.，2014；Raphemot et al.，2014；Van Ekert et al.，2014；Wang et al.，2017a）；也可以抑制 *transglutaminase* 等睾丸特异性基因，从而产生不育的雄虫（Rogers et al.，2009；Thailayil et al.，2011；Rocco et al.，2019）。例如，在 Whyard 等（2015）的研究中，埃及伊蚊幼虫取食表达多个雄性睾丸基因 dsRNA 的大肠杆菌，发现其中有 92% 的雄性成虫不育。

近年来，对生殖发育相关基因的研究中有许多新的发现。以飞蝗为例，沉默卵巢中 Na^+/K^+-ATPase 的 α 亚基会抑制卵母细胞对卵黄原蛋白（Vg）的摄取（Jing et al.，2018）；经 *let-7* 和 *miR-278agomiR* 处理后，*Kr-h1* 的表达水平显著降低，部分若虫出现性早熟变态（Song et al.，2018a）；经 *miR-2/13/71agomiR* 处理后，*Notch* 的表达水平显著降低（Song et al.，2019b）；沉默 *Met* 基因后，其复制解旋酶基因 *Mcm3*、*Mcm4* 和 *Mcm7* 表达水平显著下降；沉默 *Mcm4*、*Mcm7*、*Cdc6* 和 *E2f1* 都会使脂肪体细胞的 DNA 复制和细胞多倍化严重受阻，*Vg* 表达大幅度下调（吴忠霞，2016）；沉默 *Greglin* 会导致 *Vg* 转录水平显著降低（Guo et al.，2019），对这些生殖基因的处理最终都会影响到卵母细胞的成熟，使得飞蝗的繁殖力受到抑制。而在玉米根萤叶甲（*Diabrotica virgifera virgifera*）中，成虫和幼虫在取食含有 *VgR* 或 *bol* 基因 dsRNA 的人工饲料后，出现繁殖力降低的现象；其幼虫取食表达 *bol* 基因 dsRNA 的转基因玉米根系后，当代甲虫并不会因此死亡，但其繁殖力明显降低，由此可见，由植物介导的生殖 RNA 干扰也可实现对昆虫目的基因的沉默，从而减少其后代数量（Niu et al.，2017）。另外，有研究报道，通过干扰雌性的性信息素相关基因可以降低其交配概率，从而进一步影响其生殖行为。用信息素生物合成激活肽（pheromone biosynthesis-activating neuropeptide，PBAN）受体的 dsRNA 注射雌性小菜蛾成虫，可以显著降低信息素腺体中 PBAN 受体的表达量和性信息素的合成量，进而影响其吸引力，造成交配概率下降（Lee et al.，2011）。

综上所述，可以通过 RNA 干扰技术对昆虫的生殖相关基因进行调控，通过注射或者取食 dsRNA 可产生明显的 RNA 干扰效率，从而显著影响昆虫的生殖能力，利用这项技术可为农业害虫有效防控提供新的思路与方法。

6.1.1.4　其他基因

除了以上几类主要基因，人们还将 RNA 干扰技术应用于神经发育、代谢、转运酶（V-ATPase）等相关基因的研究，现概述于下。

1. 神经发育相关基因

一氧化氮合成酶基因（*NOS*）、色素扩散因子基因（*pdf*）（德国小蠊）（Yang et al.，2009a）、*PBAN*（小菜蛾）（Lee et al.，2011）、生物钟基因 *per*（地中海蟋蟀）（Moriyama et al.，2008）等均与神经发育相关，并已被证实对昆虫生长发育有一定影响。例如，利用体外合成乙酰胆碱酯酶基因（*AChE*）的 siRNA 介导 RNA 干扰效应，发现经喂食导入的 siRNA 能被棉铃虫幼虫快速摄取并导致 *AChE* 的特异性沉默，随后幼虫出现生长变慢或死亡、蛹重变轻、发育畸形及成虫生殖力急剧下降等现象，从而证实了 *AChE* 在昆虫正常生长发育过程中的重要作用（Kumar et al.，2009）。

2. 代谢相关基因

昆虫的代谢解毒酶能够代谢大量的内源或外源底物，主要包括细胞色素 P450 酶系（又称多功能氧化酶，MFO）、谷胱甘肽 S-转移酶（GST）、水解酶类和 DDT-脱氯化氢酶等，在昆虫抗药性的形成中发挥着重要作用。细胞色素 P450 是重要的代谢解毒酶，通过 RNA 干扰技术沉默 P450 基因，使其表达量下降，可显著提高昆虫对杀虫剂的敏感性，进而影响昆虫的生长发育。例如，棉铃虫中肠高度表达的细胞色素 P450 基因 *CYP6AE14* 可以代谢棉酚，进而消除棉酚对棉铃虫生长的影响。通过转基因植物表达 *CYP6AE14* 的 dsRNA，然后饲喂棉铃虫，可以实现靶基因的有效沉默，降低棉铃虫对棉酚的耐受性（Mao et al.，2007）。*CYP6BG1* 在氯菊酯抗性品系及其诱导的敏感品系小菜蛾 4 龄幼虫中过量表达，推测 *CYP6BG1* 可能与小菜蛾对氯菊酯的抗性相关；之后，利用液滴饲喂法向小菜蛾导入外源性 *CYP6BG1* dsRNA，明确了过量表达的 *CYP6BG1* 参与小菜蛾对氯菊酯的代谢抗性。利用 RNA 干扰技术首次实现了对苹淡褐卷蛾（*Epiphyas postvittana*）羧酸酯酶基因（*CXE1*）的有效沉默（Turner et al.，2006）。

苏云金芽孢杆菌（*Bacillus thuringiensis*，Bt）制剂和转 Bt 基因棉引起的昆虫抗性问题备受关注，现行有效的解决途径之一是抑制 Bt 蛋白受体，如 Cry1A 亚家族受体氨肽酶-N（APN）及钙黏蛋白等。利用 RNA 干扰技术沉默 *APN1* 基因，发现棉铃虫 APN1 是 BtCry1Ac 蛋白的功能受体，可以影响 Cry1Ac 的毒杀作用（Sivakumar et al.，2007）。对该受体的基因沉默研究和蛋白晶体结构的解析，可促进基于 Cry1Ac 蛋白受体结构设计和研发新型杀虫剂。研究钙黏蛋白基因 dsRNA 对敏感品系（DBM.1Ac-S）和 Cry1Ac 低抗品系（DBM.1Ac-R）小菜蛾生长发育的影响，发现显微注射 dsRNA 可导致小菜蛾死亡率和雌雄性别比明显增加，其孵化率、生殖力、蛹重、羽化率和成虫寿命均下降（Yang et al.，2009b）。采用同一方法将类钙黏蛋白（cadherin-like）基因片段 *CAD1* 和 *CAD2* 的 dsRNA 导入小菜蛾 3 龄幼虫体内，结果发现，*CAD1* 片段 dsRNA 处理导致靶标基因表达量 2d 后显著下降、3d 后恢复，而 *CAD2* 片段

dsRNA 处理基因表达则未受影响。经免疫印迹实验分析也证实，显微注射 *CAD1* 片段 dsRNA 2d 后，幼虫中肠刷状缘膜囊（brush border membrane vesicle，BBMV）中类钙黏蛋白的含量明显下降，表明同一基因不同片段合成的 dsRNA 也会产生不同的干扰效果（杨中侠等，2009）。

另外，采用 RNA 干扰技术可以抑制神经和代谢等相关基因的表达，并产生一定的表型变化，为鉴定基因的相关功能提供了有力的研究手段。

6.1.2 靶标基因片段对 RNA 干扰效率的影响

RNA 干扰抑制靶标基因表达的效率很高，在体外培养的细胞中微量转染 siRNA（50～200pmol），往往能使靶基因的表达量减少 90% 以上。然而，同一基因不同片段合成的 dsRNA，其干扰效率也存在差异。不同靶标基因片段的干扰效率受到 dsRNA 片段的大小、在基因序列上的位置、浓度和碱基序列等因素的影响。

6.1.2.1 dsRNA 片段位置对干扰效率的影响

在 dsRNA 的编码序列中选择目的序列，要避免在起始密码子后约 100 个碱基内或非编码区（UTR）中选择，因为这些位置往往是翻译调控的蛋白质结合区，容易造成在空间上阻挡 siRNA 接近目标序列。例如，在对豌豆蚜（*Acyrthosiphon pisum*）的研究中，饲喂 *hunchback*（*hb*）基因 5′ 端或 3′ 端的 dsRNA，蚜虫的死亡率并没有差异（Mao and Zeng，2012；Andrade and Hunter，2016）。使用不同位置上相同大小（21bp）的几丁质合成酶 2（chitin synthase 2）和乙酰氨基己糖苷酶（β-*N*-acetyl hexosaminidase 2）基因 dsRNA 对赤拟谷盗基因进行干扰，三个不同位置 dsRNA 的干扰效果并无差异（Wang et al.，2019a）。但在埃及伊蚊中，以 3′ 端为靶标设计 dsRNA 时，凋亡基因 *AaeIAP1* 被更有效地沉默（Pridgeon et al.，2008）。对小菜蛾 3 龄幼虫注射不同靶位点的类钙黏蛋白基因 dsRNA 时，发现以跨膜区 406bp 片段为靶位点合成的 dsRNA 能有效抑制基因的表达，而另一个 408bp 的片段合成的 dsRNA 则无效（杨中侠等，2009）。

上述实验结果表明，在昆虫靶标基因不同位置合成的 dsRNA，其干扰效果可能相同也可能存在显著差异。目前仍不清楚基因的哪个区域（编码区、3′ 端或 5′ 端非编码区）最适合设计有效的 dsRNA 片段。可以根据实验需求，在基因的不同位置设计 dsRNA，从而筛选高效沉默靶基因的 dsRNA 片段，以便更好地研究该基因的功能。

6.1.2.2 dsRNA 片段长度和浓度对干扰效率的影响

外源 dsRNA 的片段长度和浓度对 RNA 干扰效率影响很大，为了更好地沉默靶基因，最好为每个靶基因确定最佳的 dsRNA 的长度和浓度（Mao et al.，2007）。外源 dsRNA 进入细胞后，dsRNA 一般要被 Dicer 酶切割成 21～23nt 的 siRNA，然后才进行沉默作用；然而，导入的 dsRNA 长度却影响着最终的干扰效率。一般，dsRNA 在 134～1842bp 均可以在昆虫中产生有效的 RNA 干扰，而在 300～520bp 的成功率更高（Huvenne and Smagghe，2010）。在果蝇和线虫等低等生物体中，长链 dsRNA 产生的 RNA 干扰明显强于短链 dsRNA（不具备 siRNA 结构特征的 dsRNA）。在线虫中，dsRNA 长度≥50bp 才可以产生 RNA 干扰（Tabara et al.，1999；Feinberg and Hunter，2003）；若要 26bp 的 dsRNA 达到与 81bp 的 dsRNA 相同的抑制效果，则前者所需浓度为后者的 250 倍（Parrish et al.，2000）；较长的 dsRNA（大于 100bp）特异性干扰效应较强（Timmons and Fire，1998）。在赤拟谷盗中，69bp 和 520bp 的 dsRNA 均可以产生 RNA 干扰，其中 520bp 的效果更佳；但是短片段，如 31bp、30bp 和 21bp 却无法产生沉默效应（Miller et al.，2012）。在果蝇 S2 细胞中，通过浸泡 dsRNA 的方法进行 RNA 干扰，发现 dsRNA 的最小有效长度为 211bp，且 RNA 干扰效率具有长度依赖性，即长度越长，干扰效率越高（Saleh et al.，2006）。然而，在哺乳动物中，大于 30bp 的 dsRNA 引起的干扰效应是广泛而非特异性的，只有 21～23nt 的 siRNA 才可以诱导特异的干扰效应（Elbashir et al.，2001a）。所以，对于不同的研究对象，选择最适的 dsRNA 长度对 RNA 干扰的效率有着至关重要的影响。

综上所述，有效诱导 RNA 干扰的 dsRNA 至少应大于 40bp，否则，将不能产生明显的 RNA 干扰效果。其主要原因：①短链 dsRNA 结合 RNase Ⅲ家族蛋白的效率较低，因此，不能有效地产生 siRNA 并形成沉默复合体。RNA 干扰对 dsRNA 长度的依赖性，可以解释“为什么在正常细胞内 RNA 分子间局部碱基互补，可形成短链 dsRNA，却不能由此诱发 RNA 干扰”（Zamore et al.，2000）。②不同长度 dsRNA 被降解的情况不同，从而导致 RNA 干扰的效果不同（Wang et al.，2019a）。③细胞对短链 dsRNA 的摄取效率不如长链 dsRNA 高。在赤拟谷盗的 RNA 干扰实验中，dsRNA 干扰效率由高到低为 480bp ≈ 240bp ＞ 120bp ＞ 60bp ≫ 21bp（Wang et al.，2019a）。值得注意的是，dsRNA 片段长度与沉默效果并不是呈绝对的正相关关系，要获得有效的 RNA 干扰，所需的 dsRNA 长度应因昆虫种类和基因结构而异（Bolognesi et al.，2012）。

此外，要实现有效的 RNA 干扰，dsRNA 剂量也是一个非常关键的因素，达到最佳沉默效率的剂量取决于昆虫的种类、龄期和递送 dsRNA 的方式等，同样需要针对不同的研究对象和研究目的进行 dsRNA 剂量的筛选和优化。对于每一种昆虫的靶标基因，都存在一个最佳的 dsRNA 沉默浓度，而超出最佳浓度后，并不会产生更好的沉默效果（Meyering-Vos and Müller，2007；Shakesby et al.，2009）。因此，达到明显 RNA 干扰效果所需的 dsRNA 有效剂量因物种而异，有些甚至相差达几个数量级之多。例如，共存于鞘翅目和鳞翅目昆虫中的基因，在鞘翅目昆虫中达到明显 RNA 干扰效果的 dsRNA 剂量需求远低于鳞翅目昆虫（Zhuang et al.，2008）。有学者推测，该现象是由不同物种体内的 RNA 干扰体系和机制的差异导致的（Arakane et al.，2005）。

6.1.2.3 dsRNA 片段中碱基序列对干扰效率的影响

siRNA 识别靶序列的过程虽然高度特异，但并非 siRNA 中的每一个位点对靶序列的识别均具有同等作用，siRNA 双链中心的碱基错配不能引发靶 RNA 的降解（Elbashir et al.，2001c）。一般，能实现 RNA 干扰的 dsRNA 序列需要与靶基因有较好的同源性，碱基序列的选择会对 RNA 干扰效果产生直接的影响。研究显示，合成不同的 siRNA 可引发果蝇胚胎细胞的 RNA 干扰，这些 siRNA 的点突变仅使其基因沉默功能轻度减弱，这表明 RNA 干扰虽然要求一定的序列特异性，但并不十分严格（Boutla et al.，2001）。同一碱基序列也可在不同昆虫中实现同源基因的 RNA 干扰，只是干扰效率有所不同，如高浓度的马铃薯甲虫（*Leptinotarsa decemlineata*）*V-ATPase* 基因的 dsRNA 能干扰玉米根萤叶甲中的同源基因（Baum et al.，2007）。

在利用 RNA 干扰技术沉默昆虫目的基因时，碱基序列的选择会对 RNA 干扰结果产生直接影响。若 dsRNA 核苷酸序列选用不当，则可能出现脱靶现象。在涉及转基因果蝇的系统筛选实验中，假阳性率估值为 5%～7%，分析表明，超过 12bp 的序列差异会产生脱靶效应

（Mummery-Widmer et al.，2009；Schnorrer et al.，2010）。在利用 RNA 干扰技术抑制长红锥蝽（*Rhodnius prolixus*）的靶基因时，由于选择的 dsRNA 核苷酸序列特异性不强，同时引起了另外两个高同源性非靶标基因的沉默（Araujo et al.，2006）。在对甜菜夜蛾 *chitinase1* 基因进行 RNA 干扰时，其 27 743 个转录本中，分别有 3.01% 和 0.11% 的非靶标基因的表达量显著性上调和下调；值得注意的是，并非与靶标基因的 siRNA 序列连续匹配的碱基数越多的非靶标基因越易发生脱靶效应（李航，2013）。

dsRNA 中碱基修饰的不同也可影响 RNA 干扰效率。碱基修饰主要有磷酸化和糖基化两种类型，硫代磷酸化修饰碱基的种类和数量可影响 RNA 干扰效率，单个碱基 A、C 或 G 被硫化后影响不大，但是 U 被硫化后，RNA 干扰效率会降低很多。随着碱基硫化数量的增加，对目的基因的沉默效率不断减弱甚至失效。糖基化修饰则是指当 3′ 的核苷糖基化，如胞嘧啶转换为脱氧胞嘧啶，或尿嘧啶转换为胸腺嘧啶后，干扰效率也大幅降低（邬开朗，2005）。在对果蝇胚细胞裂解物中 siRNA 任意一条链或两条链同时进行 2′-脱氧或 2′-氧-甲基修饰后，siRNA 不能介导 RNA 干扰，但对 siRNA 的 3′ 端多个碱基进行 2′-脱氧核苷酸替代修饰时，仍具有 RNA 干扰作用。在 3′ 端具有 2nt 突起的 21nt 双链 siRNA 是最有效的 RNA 干扰触发因素（Elbashir et al.，2001b）。

综上所述，对靶标基因进行设计时最好选择高同源性的碱基序列，从而防止出现脱靶效应，以保障 RNA 干扰的高效性。

6.2 昆虫种类及生长阶段对 RNA 干扰效率的影响

6.2.1 不同目昆虫常见物种 RNA 干扰效率的差异分析

利用 RNA 干扰技术，先后于烟粉虱（Ghanim and Kontsedalov，2007）、北美散白蚁（*Reticulitermes flavipes*）（Zhou et al.，2008a）、家蚕（张瑶等，2008）、地中海蟋蟀（Moriyama et al.，2009）、德国小蠊（Suazo et al.，2009）和甜菜夜蛾（Tang et al.，2010b）等昆虫中发现了 RNA 干扰的系统性。众多的研究已经证明 RNA 干扰技术在控制害虫中的潜力，表 6-2 总结了 RNA 干扰靶基因发现及其应用的相关研究。但 RNA 干扰的效率在不同目的昆虫类群之间存在很大差异。在许多 RNA 干扰效率低的物种中，RNA 干扰效率约为 60% 或更低，而且沉默作用通常是暂时的（Huvenne and Smagghe，2010；Li et al.，2013b）。相比之下，对 RNA 干扰敏感的鞘翅目昆虫，其 RNA 干扰效率通常为 90% 或更高，只需要低剂量的 dsRNA 就可以造成持续的干扰效果，甚至可遗传至下一代。本小节就不同目昆虫常见物种 RNA 干扰效率的差异性进行总结分析。

表 6-2 RNA 干扰靶基因发现及其应用

昆虫	靶标基因	方法	结果	参考文献
马铃薯甲虫 *Leptinotarsa decemlineata*	*Ldp5cd*	饲喂	减小飞行速度，缩短飞行距离，高致死率	Wan et al.，2015b
	EGFP	饲喂	摄食量减少，不致死	Miguel and Scott，2016
玉米根萤叶甲 *Diabrotica virgifera virgifera*	*V-ATPase*	饲喂	高致死率	Rangasamy and Siegfried，2012
	Argonaute 1	饲喂	降低幼虫的存活率并延迟发育	Camargo et al.，2018
	MgCHT 和 *PMPC4*	饲喂	影响成虫对杀虫药剂的敏感度	王思一，2018

续表

昆虫	靶标基因	方法	结果	参考文献
赤拟谷盗 *Tribolium castaneum*	超级双胸基因 *UBX*	注射	短期内沉默 45% 的目的基因	Wang et al.，2013a
	Toll 通路中的相关基因，如 *Cact*、*Cactin*、*Fus*	注射	注射 *Cact* 和 *Cactin* 后全部死亡；注射 *Fus* 导致阶段特异性死亡	Bingsohn et al.，2017
	ASH	注射	78.8%～87.0% 的幼虫畸形	Wang et al.，2013a
红棕象甲 *Rhynchophorus ferrugineus*	过氧化氢酶基因	注射	致死，影响生长	Al-Ayedh et al.，2016
甜菜夜蛾 *Spodoptera exigua*	*PGES2/PGE2*	注射	破坏细胞内免疫反应，并进一步影响血细胞扩散行为和细菌感染后结节的形成	Ahmed et al.，2018
	磷脂酶 A2（PLA2）基因	注射	抗菌能力显著下降	Vatanparast et al.，2019
棉铃虫 *Helicoverpa armigera*	*CYP6B7*	注射	对杀虫剂氰戊菊酯抗性降低	Tang et al.，2012
	NADPH-细胞色素 P450 还原酶基因	注射	影响生长发育和杀虫剂抗性	Zhao et al.，2013
	NADPH-细胞色素 P450 还原酶基因	注射	对氯氰菊酯和吡虫啉抗性降低	Liu et al.，2015
	6-磷酸海藻糖合成酶基因	注射	蜕皮畸形，高致死率	Yang et al.，2017
家蚕 *Bombyx mori*	表皮蛋白类似基因（Cph-like gene）	饲喂	抑制食欲，延缓幼虫生长，影响中肠的形成	Gan et al.，2013
	PGRP2-2	注射	降低了家蚕核型多角体病毒在细胞系和幼虫中的增殖率及致死率	Jiang et al.，2019a
灰飞虱 *Laodelphax striatellus*	细胞色素 P450 单氧酶基因 *Lssad*	饲喂	化蛹期的高致死率，延缓发育	Wan et al.，2015a
	dsRNA 结合蛋白基因 *LsTRBP*	饲喂	抑制 *dsChi* 相关基因的影响，消除致死效应	Lu et al.，2013
	CYP353D1v2	饲喂	对吡虫啉敏感度增加	Elzaki et al.，2016
飞蝗 *Locusta migratoria*	F1-ATP 合成酶基因 *ATP5A*	注射	致死	Hu and Xia，2016
	CYP6F	注射	提升溴氰菊酯和胺甲萘的致死率	Guo et al.，2016b
烟粉虱 *Bemisia tabaci*	*CYP6CM1*	饲喂	对 B 型烟粉虱的沉默效果更佳，对 B 型烟粉虱和 Q 型烟粉虱都得到高致死率	Li et al.，2015c
豌豆蚜 *Acyrthosiphon pisum*	裂隙基因 *hunchback*	饲喂	高致死率	Mao and Zeng，2012
	组织蛋白酶基因 *cathepsin*	注射/饲喂	高致死率/蜕皮受阻	Sapountzis et al.，2014
	唾液蛋白基因 *Armet*	注射	寿命缩短，食性改变	Wang et al.，2015a
	鞘蛋白基因 *SHP*	注射	阻止筛管取食，抑制繁殖	Will and Vilcinskas，2015
	血管紧张素转移酶基因 *ACE1*、*ACE2*	注射	高致死率（喂食植物）	Wang et al.，2015b
	过氧化物还原酶 1 基因 *ApPrx1*	注射	在氧化应激反应下降低存活率	Zhang and Lu，2015

续表

昆虫	靶标基因	方法	结果	参考文献
豌豆蚜 *Acyrthosiphon pisum*	巨噬细胞迁移抑制因子基因 *ApMIF1*	饲喂	繁殖和取食能力下降	Elodie et al.，2015
棉蚜 *Acyrthosiphon gossypii*	羧酸酯酶基因 *CarE*	饲喂	对有机磷农药抗性下降	Gong et al.，2014
	CYP6A2	饲喂	对螺虫乙酯和氯氰菊酯的抗性降低	Peng et al.，2016
	气味结合蛋白 2 基因 *AgOBP2*	饲喂	寻找寄主和产卵行为受阻	Rebijith et al.，2016
桃蚜 *Myzus persicae*	巨噬细胞迁移抑制因子基因 *MpMIF1*	饲喂	降低繁殖率和存活率	Naessens et al.，2015
禾谷缢管蚜 *Rhopalosiphum padi*	乙酰胆碱酯酶基因 *RpAce1*	注射	降低对抗蚜威和马拉硫磷的抗性，影响繁殖	Xiao et al.，2015b
麦二叉蚜 *Schizaphis graminum*	*SgC002*	饲喂	致死	Zhang et al.，2015e
麦长管蚜 *Sitobion avenae*	过氧化氢酶基因 *CAT*	饲喂	致死且蜕皮过程受阻	Deng and Zhao，2014
黑腹果蝇 *Drosophila melanogaster*	*Cyp6g1*	注射	对 DDT 的敏感性未明显增加	Caroline and Ffrench-Constant，2010
冈比亚按蚊 *Anopheles gambiae*	*Nimrod* 家族基因	注射	雌蚊 *draper*、*nimrod* 和 *eater* 的 mRNA 水平降低	Sigle and Hillyer，2018

6.2.1.1 鞘翅目

鞘翅目昆虫对 dsRNA 非常敏感，RNA 干扰效果也较其他目昆虫明显，这可能与鞘翅目昆虫自身的特异性有关。昆虫吸收 dsRNA 主要通过两种途径，即 SID-1 蛋白通路和内吞途径。SID-1 蛋白的存在可能是导致鞘翅目昆虫对 dsRNA 吸收效率高的原因，多数昆虫类群只含有一个 *sid-1* 同源基因，而在几种鞘翅目昆虫基因组中却发现存在 2 个甚至 3 个 *sid-1* 同源基因（Miyata et al.，2014；Cappelle et al.，2016）。然而，现有研究表明，马铃薯甲虫的 2 个 SID 均起作用，而赤拟谷盗的 3 个 SID 在 RNA 干扰中均不发挥作用。除此之外，在鞘翅目昆虫中发现了一类特异的 StaufenC 蛋白，其同源基因只在鞘翅目昆虫中存在。在对 dsRNA 不敏感的马铃薯甲虫细胞中，*StaufenC* 基因表达量较低，同时，抑制该基因在细胞中的表达量也会导致马铃薯甲虫细胞对 RNA 干扰产生抗性。在马铃薯甲虫幼虫中先注射 ds*StaufenC* 降低该基因的表达量，ds*GFP* 在幼虫体内不能被剪切产生 siRNA。该研究结果证明，鞘翅目昆虫特异的 *StaufenC* 基因参与了 dsRNA 的剪切过程，这可能是鞘翅目昆虫相较于其他昆虫 RNA 干扰效率更高的原因之一（Yoon et al.，2018a）。利用小 RNA 测序技术，将相同序列的 ds*GFP* 注射到鳞翅目和鞘翅目昆虫体内，经小 RNA 测序及其剪切位点的分析，发现鳞翅目昆虫在 dsRNA 加工过程中的剪切偏好性位点是 GGU；而在鞘翅目的赤拟谷盗中则未发现同样的规律；相反，后者对 dsRNA 的剪切偏好性位点更加多变（Guan et al.，2018a）。在鞘翅目昆虫中，dsRNA 剪切偏好性位点的多样性，可能是导致该目昆虫 RNA 干扰效率明显高于鳞翅目昆虫的又一原因，也可能是导致不同种类昆虫 RNA 干扰效率多样性的原因之一。

在对马铃薯甲虫的研究中，利用大肠杆菌表达的 dsRNA 饲喂幼虫，可以成功干扰肠道和多种组织器官中表达的基因，如神经系统（Meng et al.，2015）、神经肌肉连接处、咽侧体（周立涛，2013）和前胸腺中表达的基因（师晓琴，2012）。因此，应用 RNA 干扰技术不仅可以方便地研究马铃薯甲虫基因的功能，还可开发出用于防治马铃薯甲虫的靶标分子，具有广阔的应用前景。

在玉米根萤叶甲中，Baum 等（2007）通过筛选 cDNA 文库的方法，将具有不同功能的 290 个基因作为潜在靶标，体外合成相应的 dsRNA 并混入人工饲料中喂食幼虫。结果发现，低浓度 dsRNA 触发 14 个靶基因特异性下调效应，且导致幼虫发育不良和死亡。喂食编码 V-ATPase 亚基 A、D、E 及 α-微管蛋白（α-tubulin）基因的 dsRNA 后，发现幼虫均发生系统性基因沉默。其中，ds*V-ATPase A* 的抑制效果最为显著，摄食 12h 后，其内源性 mRNA 水平即呈现明显下降，1d 后则剧烈降低，且低浓度 dsRNA 也可介导特异性的 RNA 干扰效应。将靶向 *V-ATPase A*、*V-ATPase E* 及 *β-tubulin* 同源基因的 dsRNA 分别导入同为鞘翅目的南方玉米根虫（*Diabrotica undecimpunctata howardi*）、马铃薯甲虫及棉铃象甲（*Anthonomus grandis*）体内后，只有当处理三者的 dsRNA 浓度高于处理玉米根萤叶甲的浓度时，前两种幼虫才出现明显的死亡情况；改用与玉米根萤叶甲的同源性分别为 83%、79% 的马铃薯甲虫 *V-ATPase A*、*V-ATPase E* 序列，合成相应的 dsRNA 并重复实验，发现马铃薯甲虫幼虫的死亡率更高；棉铃象甲对玉米根萤叶甲 *V-ATPase A*、*V-ATPase E* 和 *β-tubulin* 基因及自身的同源基因则不敏感。表达玉米根萤叶甲的 ds*V-ATPase A* 的转基因玉米显现出良好的保护作用，受玉米根萤叶甲危害程度明显减轻（Baum et al.，2007）。

除此之外，将带有 *GFP* 的 dsRNA 注射到赤拟谷盗幼虫的血腔，也可引起蛹期、成虫期以及子代基因的沉默（Tomoyasu et al.，2008）。总之，鞘翅目昆虫对 RNA 干扰极为敏感，注射或饲喂 dsRNA 均可有效沉默靶基因。由此可见，RNA 干扰技术在鞘翅目昆虫基因功能及该类害虫防治中具有广阔的应用前景。

6.2.1.2 鳞翅目

鳞翅目昆虫隶属于有翅亚纲，为完全变态类昆虫。该目为昆虫纲中仅次于鞘翅目的第二大目。其中，蛾类约 6000 种，蝶类约 2000 种。同时，鳞翅目也是农林害虫中为数最多的一个目。绝大多数种类的幼虫为害各类栽培植物，体形较大者常蚕食植物叶片或钻蛀枝干。体形较小者往往卷叶、缀叶、结鞘、吐丝结网或钻入植物组织内取食为害。由于鳞翅目昆虫在农业植物保护领域具有重要地位，因此，对该目昆虫的 RNA 干扰研究也较为广泛和深入。然而，相较于 RNA 干扰效率较高的鞘翅目昆虫，鳞翅目昆虫 RNA 干扰效率较低且不稳定。通过对鳞翅目昆虫 RNA 干扰进行综合分析，认为影响其干扰效率的原因可能有以下 4 方面：① dsRNA 被细胞吸收的效率较低；② dsRNA 被降解；③ RNA 干扰关键蛋白表达量低；④存在特殊的 RNA 干扰通路相关基因等（胡少茹等，2019）。

Kobayashi 等（2012）发现，鳞翅目昆虫细胞对 dsRNA 的吸收效率低于鞘翅目昆虫。Shukla 等（2016）发现，鳞翅目昆虫细胞能够对 dsRNA 进行有效吸收，但提取细胞总 RNA 后却检测不到相应的 siRNA 片段；进一步的实验发现，dsRNA 在鳞翅目昆虫体内被降解的速率显著高于鞘翅目昆虫。在家蚕中发现了一种 DNA/RNA 非特异性核酸酶，可以快速降解中肠中的 dsRNA（Liu et al.，2012）。鳞翅目昆虫中不存在参与 dsRNA 剪切过程的 *StaufenC* 基因，而这一基因在鞘翅目昆虫中特异性表达（Wang et al.，2016a；Yoon et al.，2018a）。鳞翅目昆虫在 dsRNA 加工过程中的剪切偏好性位点是 GGU，这种较为单一的剪切位点也使得其 RNA 干扰效率较低（Guan et al.，2018a）。

2002 年，国际无脊椎动物协会将家蚕确定为鳞翅目模式昆虫。作为鳞翅目昆虫的典型代表和理想的生物学研究模型，家蚕在 RNA 干扰技术的研究方面也发挥了重要作用。对家蚕危害最为严重的病毒性疾病所致损失占蚕病损失的 70%～80%，其中核型多角体病毒（NPV）病对蚕业生产为害最严重。将转基因技术与 RNA 干扰技术有效结合，以家蚕 NPV 复制增殖必需基因为靶标，构建稳定表达的 RNA 干扰转基因系统，抑制病毒复制增殖必需基因的表达，是防控家蚕核型多角体病的一种有效策略，具有重要的应用价值。2004 年，Isobe 等首次报道，以家蚕 NPV 晚期表达因子 *lef-1* 为靶基因，利用 RNA 干扰技术提高了家蚕对病毒的抗性。此后，RNA 干扰被快速应用于家蚕抗病毒研究中。以 *ie-1* 基因为靶基因，构建表达 *ie-1* 双链 RNA 的载体，在转基因家蚕中进行 RNA 干扰，同样表现出了较强的病毒抵抗力（Kanginakudru et al.，2010）。以病毒的 *ie-1*、*lef-1*、*lef-3* 和 *p74* 为靶基因，构建了针对多个病毒基因的 RNA 干扰抗病毒系统，并成功导入家蚕生产品种中，该转基因家蚕对 NPV 的抗性提高了 75%（Subbaiah et al.，2013）。利用成熟的人工 miRNA 在细胞水平上靶向沉默 NPV 中的 *lef-11* 基因，发现病毒的扩散受到抑制（Zhang et al.，2014）。以 *ie-1*、*lef-1*、*lef-2* 和 *lef-3* 为靶基因对 RNA 干扰系统进行优化，有效提高了家蚕抗 BmNPV 的能力（Zhou et al.，2014）。

棉铃虫是棉花蕾铃期的重要害虫。将棉铃虫的肠道特异性细胞色素 P450 基因 *CYP6AE14* 作为靶标进行 RNA 干扰，使基因表达下调，造成棉铃虫对棉酚的抗性下降，且幼虫的生长发育受阻，表明 CYP6AE14 蛋白与棉铃虫对棉酚的抗性有关（Mao et al.，2007）。而采用特定的 dsRNA 能沉默或下调蜕皮激素受体基因（*EcR-USP*）（Zhu et al.，2012）、乙酰胆碱酯酶基因（*AChE*）（Kumar，2011）以及核受体基因 *HR3*（Xiong et al.，2013）的表达，这些基因的 RNA 干扰导致了棉铃虫蜕皮和发育受阻，造成畸形和死亡。

总之，要想实现对鳞翅目昆虫的 RNA 干扰，需要选择合适的 dsRNA 递送方式、靶基因和剂量，并且针对特定发育阶段进行研究。通过转基因表达靶基因 dsRNA 可以促进对该类昆虫基因功能的研究和绿色防控技术的研发与应用。

6.2.1.3　直翅目

直翅目昆虫中多数为农业植保领域的重要害虫。直翅目昆虫对 RNA 干扰较为敏感，注射 dsRNA 对大多数直翅目昆虫干扰效果明显。对地中海蟋蟀 *sulfakinin* 基因功能进行鉴定，证实了 RNA 干扰技术在直翅目昆虫中的可行性（Meyering-Vos and Müller，2007）。利用 RNA 干扰技术，研究南美沙漠蝗（*Schistocerca americana*）与复眼颜色形成有关的 *vermilion* 基因功能时，向 1 龄若虫体内注射相应的 dsRNA，靶标基因转录水平下降了 2 倍，并且抑制了眼色素的形成，沉默效应可以持续 10～14d（Dong and Friedrich，2005）。飞蝗是我国主要的农业害虫之一，目前，已对其多种功能基因成功地实现了 RNA 干扰。飞蝗对某些杀虫剂产生了抗药性，其抗性机制可能与谷胱甘肽 S-转移酶（GST）代谢解毒相关。利用特异性引物合成飞蝗 4 个不同 GST 家族基因的 dsRNA，将 dsRNA 注射到飞蝗若虫体内，发现目的基因表达均显著下降，但出现有效沉默的时间有所不同，来自 delta 家族的 *LmGSTd1* 和 sigma 家族的 *LmGSTs5* 基因在注射 dsRNA 后 12h mRNA 表达量就已显著下降；而 theta 家族的 *LmGSTt1* 和未知（unknown）家族的 *LmGSTu1* 在注射 24h 后 mRNA 水平才呈现显著下降。利用飞蝗研究昆虫家族辅助活性蛋白 15（auxiliary activities 15，AA15）的生理功能时，选择 5 龄第 1 天的飞蝗若虫进行 RNA 干扰，发现目的基因表达量均明显下调，且干扰的特异性较高，基本不会引起非靶标基因转录水平的改变（邓晓瑞，2018）。体外合成飞蝗 *CYP4C69*、*CYP4C73* 和 *CYP4DH1* 的 dsRNA 能够有效沉默基因本身，同时对其亚家族的其他基因也有交叉沉默效果

（任晓宇等，2014）。对中华稻蝗（*Oxya chinensis*）5 龄第 1 天若虫注射 ds*OcCht10* 后，24h 后基因被有效沉默，沉默效率达 70%。试虫表现为龄期延迟、蜕皮失败而导致死亡，这与赤拟谷盗 *Cht10* 被沉默后的表型一致（Zhu et al.，2008b），表明不同昆虫中Ⅱ类几丁质酶基因功能具有保守性，*Cht10* 在昆虫蜕皮发育过程中起着关键作用（李大琪等，2014）。

与其他昆虫一样，体内核酸酶对 dsRNA 的降解也影响了直翅目昆虫的 RNA 干扰效率。例如，Song 等（2017）鉴定到 2 个在飞蝗中肠中高表达的 dsRNA 核酸酶基因 *LmdsRNase2* 和 *LmdsRNase3*，体外表达的 LmdsRNase2 能够高效降解 dsRNA，是导致飞蝗饲喂 dsRNA 不敏感的主要原因。

6.2.1.4　半翅目

半翅目昆虫个体相对较小，该目不同种昆虫的 RNA 干扰效率存在差异。其中，以飞虱和蝽类最为敏感，蚜虫次之。褐飞虱是亚洲水稻重要害虫，对水稻的生产造成了严重的危害。利用 RNA 干扰技术，下调褐飞虱 *Nlst6* 基因，可对其生殖发育造成严重影响（Ge et al.，2015）。表皮蛋白基因 *NlICP* 与褐飞虱若虫的生长发育及蜕皮相关，利用 RNA 干扰处理 1 龄末和 2 龄初若虫，在干扰 6d 和 8d 时，*NlICP* 基因的表达量均明显下降；干扰后部分褐飞虱若虫因蜕皮不完全而死亡（马艳等，2013）。通过向褐飞虱注射 ds*VgR*，*VgR* 表达量下调，卵巢表面的受体缺乏，不能正常摄取 Vg 进入卵巢，血淋巴中 Vg 含量增多，最终导致褐飞虱卵巢发育停滞，不能产卵（Lu et al.，2015a）。

在美洲脊胸长蝽（*Oncopeltus fasciatus*）中应用 RNA 干扰，对 *wingless*、*pangolin* 和 *hox* 基因的功能进行了研究（Angelini and Kaufman，2005）。不同的 dsRNA 递送方式对半翅目昆虫 RNA 干扰效率有着一定的影响。长红锥蝽中通过注射和饲喂 dsRNA 的方法，均可以有效降低基因 *Np2* 的表达，但显微注射较 dsRNA 饲喂更有效（Araujo et al.，2006）。

蚜虫是重要的农林害虫，其中约有 250 种在农林业和园艺业为害严重。利用喂食 dsRNA 方法，研究不同基因对麦长管蚜的沉默效应，结果表明，对水通道蛋白基因 *Wsa* 和 ATP 合成酶基因 *vAd1-78* 的 RNA 干扰，可明显导致麦长管蚜相对死亡率升高。其中，以对水通道蛋白基因 *Wsa* 的 RNA 干扰效应最为明显，相对死亡率可达到 37.5%。水通道蛋白是生物膜上的水通道开关，利用 RNA 干扰技术沉默该基因可关闭膜上的水通道开关，引起麦长管蚜生理缺水而死亡（谢纳，2014）。在豌豆蚜中发现了 2 个 *dsRNase* 基因，并且在其基因组中发现了与秀丽隐杆线虫（*Caenorhabditis elegans*）*Eri-1* 同源的基因，表明半翅目昆虫体内的 dsRNA 降解酶也是影响 RNA 干扰效率的因素之一。

6.2.1.5　双翅目

RNA 干扰技术最早应用于模式昆虫黑腹果蝇，果蝇的 RNA 干扰研究为开发适用于昆虫的 RNA 干扰技术和揭示昆虫的 RNA 干扰机制奠定了基础。利用 RNA 干扰技术抑制果蝇细胞 RNase Ⅲ，即 Dicer 蛋白的表达，首次确认 Dicer 是果蝇细胞将长链 dsRNA 降解为 siRNA 的关键酶（Bernstein et al.，2001）。Caplen 等（2000）首次通过组织培养将 dsRNA 导入果蝇组织细胞 Schneider 2（S2），结果证明，利用浸泡法导入的 dsRNA 可成功干扰外源基因 *GFP* 的表达，导入的 dsRNA 对非靶标基因的表达和细胞本身的生长均无影响，证实了利用浸泡法导入 dsRNA 的可行性（Caplen et al.，2000）。采用 RNA 干扰技术进行基因功能研究获得了许多新发现，如将 dsRNA 注入果蝇的胚胎中使基因沉默，从而揭示出单个中枢神经系统轴突的功能（Schmid et al.，2002）。但果蝇 RNAi 存在一定的局限性，果蝇细胞摄入 dsRNA 只引起局部的基因沉默，并不能全身性传递信号，且除卵母细胞外，其余组织或细胞也不能从胞外吸收 dsRNA（Georg et al.，2007）。

冈比亚按蚊和埃及伊蚊等昆虫是重要的公共卫生害虫。研究发现，冈比亚按蚊细胞中不存在依赖 RNA 的 RNA 聚合酶，RNA 干扰信号也无法扩散到非靶标部位。例如，登革热基因的 siRNA 无法在按蚊中肠和唾液腺发挥干扰作用（Travanty et al.，2004）。在冈比亚按蚊中，对成虫注射 dsRNA 可有效沉默硫酯键蛋白基因 *TEP1*、*TEP3* 和 *TEP4*，造成硫酯键蛋白在按蚊骨膜血细胞聚集，发生免疫反应过程中的正调节作用（Yan and Hillyer，2019）。在埃及伊蚊中，通过纳米材料结合 siRNA 或酵母表达 siRNA，成功实现埃及伊蚊不同龄期和不同组织部位的靶基因沉默，幼虫死亡率显著上升（Mysore et al.，2013，2015，2017；Hapairai et al.，2017）。

6.2.1.6　其他目昆虫

除了对以上几个目昆虫的 RNA 干扰效率进行研究报道，在其他目昆虫中也发现了基因沉默的现象，尤其是系统性 RNAi。

在蜚蠊目昆虫德国小蠊中，通过 RNA 干扰证明了蜕皮激素受体 EcR 影响昆虫的生长发育过程（Cruz et al.，2006）。美洲大蠊（*Periplaneta americana*）中存在与环境适应有关的核心基因家族，利用 RNA 干扰揭示了 20-羟基蜕皮激素、保幼激素、胰岛素和 *Dpp* 基因在环境适应调节通路中的关键作用（Li et al.，2018b）。向美洲大蠊雌虫腹部注射 ds*PaaaNAT*，基因的沉默明显抑制了卵母细胞成熟和 *Vg1*、*Vg2*、*VgR* 的转录，并且影响了 *JHAMT* 和 *FAMeT* 在保幼激素生物合成途径中的作用（Kamruzzaman et al.，2020）。在蜚蠊目昆虫白蚁中，注射 *Hex-1* 和 *Hex-2* 的 siRNA 后，发现这 2 个基因均参与了对白蚁非遗传多样性的调控（Zhou et al.，2008a）。对膜翅目昆虫蜜蜂进行 RNA 干扰研究发现，体外注射的 dsRNA 能够从注射部位传送到神经细胞中，从而成功干扰了蜜蜂触角的章鱼胺受体基因（Farooqui et al.，2004）。在采用饲喂法研究蜜蜂卵黄蛋白原的实验中，取食含有 ds*Vg* 饲料的试虫卵黄蛋白原的沉默效果达到了 90%（Nunes and Simões，2009）。

6.2.2　昆虫生长阶段对 RNA 干扰效率的影响

昆虫的生活史包括卵、幼虫或若虫、蛹和成虫阶段，不同发育阶段的干扰效果存在差异（Kumar et al.，2009）。一般情况下，卵期 RNA 干扰效率较高，越是低龄的幼虫敏感性也越强。大多数昆虫在较小的龄期表现出突出的 RNA 干扰效果，这是因为其体型较小且发育还不完全。例如，对胚胎期果蝇的 RNA 干扰研究中，发现 RNA 干扰可作用于整个胚胎发育阶段，且在胚胎发育期的干扰效果显著高于成虫期（Kennerdell and Carthew，1998；Misquitta and Paterson，1999）。对草地贪夜蛾（*Spodoptera frugiperda*）5 龄幼虫的沉默效果优于羽化后的成虫（Vinokurov et al.，2006）。虽然成虫阶段较难达到良好的干扰效果，但是若使用仅在成虫阶段才表达的基因片段进行干扰，则对成虫的干扰效率较末龄幼虫更为显著（Bucher et al.，2002）。可见，生理和遗传特性的差异可导致昆虫生长发育不同阶段干扰效率的差异（Mamta and Rajam，2017）。考虑到实际操作，1 至 2 龄幼虫虽然沉默效果明显，但不易操作，所以在多数研究中常使用 3 龄幼虫，而高龄幼虫和成虫往往不宜作为最佳选择。但若针对高龄期特异表达的靶标基因，也可以选择对高龄幼虫或成虫进行 RNA 干扰，以取得最佳的实验效果。

6.2.2.1　卵期

卵期往往是 RNA 干扰效率最高的阶段，这一阶段一般通过浸泡法和注射法进行 dsRNA 递送。昆虫在卵期可以从外界溶液中吸收 dsRNA，所以可以利用浸泡法将卵在 dsRNA 溶液中浸泡一定时间，使其在某些介质的协助下吸收溶液中的 dsRNA，从而产生干扰效应。Tabara 等（1998）首先在秀丽隐杆线虫中报道了通过浸泡吸收 dsRNA（Tabara et al.，1998），此后该方法被应用于其他生物，例如，采用浸泡法实现果蝇 S2 细胞 *CycE* 和 *ago* 基因的沉默（March and Bentley，2007），用这一方法在日本三角涡虫（*Dugesia japonica*）的研究中也获得了成功（Orii et al.，2003）。

相比于浸泡法，注射法对昆虫卵期的干扰效果更为显著，只需要很低浓度的 dsRNA 就可实现与浸泡法相同的效果，相关报道较多（Eaton et al.，2002）。例如，用显微注射的方法将与果蝇翅形成有关基因 *frizzled* 和 *frizzled2* 的 dsRNA 注入胚胎中，分别得到这两个基因的缺陷型，首次证明了 RNA 干扰技术可以用来研究昆虫基因的功能（Kennerdell and Carthew，1998）；以家蚕的卵为对象采用注射法进行发夹结构靶标基因的研究，最终也取得了非常好的沉默效果（Kanginakudru et al.，2010）。操作过程中为了避免注射对虫卵造成的机械损伤，影响 RNA 干扰效率，一般采用特殊工艺拉细的针头进行显微注射。

6.2.2.2　幼虫/若虫期

幼虫期是农业害虫对作物为害最为严重的阶段，对该阶段的 RNA 干扰研究最多，干扰效果也较为明显，且对低龄幼虫的干扰效果优于高龄幼虫。对麦长管蚜若虫水通道蛋白基因 *Wsa* 和 ATP 合成酶基因 *vAd1-78* 的 RNA 干扰可明显提高试虫的相对死亡率（谢纳，2014）；采用 RNA 干扰技术可抑制苹淡褐卷蛾幼虫中肠的羧酸酯酶基因 *EposCXE1*，以及成虫触角的信息素结合蛋白基因 *EposPBP1* 的表达（Turner et al.，2006）。对长红锥蝽的 RNA 干扰研究发现，对 4 龄幼虫的沉默效果仅为 2 龄幼虫的 42%（Araujo et al.，2006）；高龄印度柞蚕的 dsRNA 注射量必须达到 100μg 才有明显的基因干扰效果（Gandhe et al.，2007）；对飞蝗进行 RNA 干扰时一般选择 2 龄第 3 天的若虫进行注射（刘婷等，2011）。此外，幼虫期还可以用饲喂 dsRNA 的方法进行 RNA 干扰。幼虫期饲喂 dsRNA 虽然技术简便、伤害小、易于批量操作，但是试虫摄入的 dsRNA 容易被降解，到达靶标的概率较低，沉默效果受限。该方法主要包括两个过程：①昆虫从肠腔中将 dsRNA 吸收到肠细胞内，此时为环境 RNAi；②肠细胞中的 dsRNA 经细胞扩散到指定靶组织，此时为系统性 RNAi。

6.2.2.3　蛹期

蛹是完全变态昆虫从幼虫发育到成虫的过渡形态，昆虫成虫的形体结构会在这个阶段生成，而幼虫的形体结构则会瓦解。由于蛹体内原来幼虫的一些组织和器官被破坏，新的成虫组织器官在逐渐形成，因此，此时采用 RNA 干扰技术对蛹期和成虫期特异性表达的基因进行干扰，效果明显，如与变态发育和生殖相关的基因等。

蛹期阶段的昆虫不吃不动，表面有着坚硬的保护外壳，所以只能通过注射法将 dsRNA 注入蛹体以实现干扰效果。研究表明，经过 ds*Peroxidasin* 处理的二化螟预蛹难以完成预蛹到蛹的变态过程（马春平，2015）；将 ds*Hemolin* 注射到天蚕蛾和家蚕的蛹中发现，其卵巢的卵母细胞呈现出很好的吸收效果，并且影响胚胎表型的生长（Bettencourt et al.，2002）；同时，向同一种昆虫蛹期的不同时间注射相同的 dsRNA，其沉默效果也可能不同。在家蚕蛹的第 1 天、第 4 天和第 7 天分别注射 ds*VgR*，发现 *VgR* 表达量下降程度不同，*VgR* 表达干扰效率高的家蚕不能产卵，而 *VgR* 表达干扰效率低的家蚕卵粒变小、变白（Lin et al.，2013）。

6.2.2.4　成虫期

在昆虫的变态过程中，有些基因在成虫阶段才会特异性表达，所以对成虫期的 RNA 干扰研究也十分必要。对这一发育阶段的 RNA 干扰主要针对与抗药性、生殖和致死相关的基因等进行研究，也用于同种昆虫雌雄虫之间的比较研究。一般可采用饲喂、注射和喷洒的方法实现。马铃薯甲虫成虫取食浸渍过烟碱型乙酰胆碱（nAChR）基因 dsRNA 的马铃薯叶片，实现了靶标基因的沉默（李晨歌，2014）；RNA 干扰技术可成功降低拟黑多刺蚁（*Polyrhachis vicina*）成虫 *hsp90* 基因的 mRNA 表达量（樊瑾瑛等，2015）。采用注射法，选取刚羽化的雌雄成虫，将 dsRNA 注射到其前胸或腹部，在半翅目的美洲脊胸长蝽（Hughes and Kaufman，2000）和豌豆蚜（Mutti et al.，2006），鳞翅目的烟草天蛾（Levin et al.，2005）、斜纹夜蛾（Rajagopal et al.，2002）、棉铃虫（Swaminathan et al.，2007）和甜菜夜蛾（周耀振等，2009）等多种昆虫中都实现了成虫靶标基因的沉默。相比于饲喂法和注射法，成虫使用喷洒法的效率最低，因为昆虫外骨骼会影响成虫对 dsRNA 的吸收，不过这一方法仍能够达到一定的干扰效果。将 dsRNA 点滴施于亚洲柑橘木虱成虫的胸部腹侧，可成功将柑橘抗药性基因 ds*CYP4* 导入木虱体内并沉默该基因（Killiny et al.，2014）；将溶于丙酮的埃及伊蚊凋亡蛋白相关基因的 dsRNA 喷洒到雌蚊背腹部，可产生致死效果（Pridgeon et al.，2008）。

与此同时，对雌雄成虫的 RNA 干扰效果有所差异。例如，向成虫体腔注射 *Sexi/Orco* 的 dsRNA，甜菜夜蛾触角中 *Sexi/Orco* 的表达量被抑制了 90% 以上，且对雄虫的干扰效果较雌虫高一个数量级（张逸凡，2011）。沉默短翅初羽化褐飞虱的 *NlCry2* 基因，可影响不同磁场环境下的试虫寿命，并且雌雄褐飞虱受影响程度不同；*NlMagR* 基因的沉默也可使试虫对磁场变化产生明显响应，但该响应只存在于雌成虫；而沉默 *NlCry1* 基因则无显著差异（贺静澜等，2019）。

综上所述，不同昆虫种类和同种昆虫的不同发育阶段，其 RNA 干扰敏感性差异显著。对鞘翅目和直翅目昆虫的 RNA 干扰效率最高，半翅目和双翅目次之，而鳞翅目昆虫较难实现 RNA 干扰；针对不同发育阶段，昆虫卵期和低龄期容易实现靶基因的沉默，蛹期对注射 RNA 干扰也较为敏感，而对高龄期幼虫/若虫和成虫进行 RNA 干扰较为困难。因此，在 RNA 干扰研究和应用中，需要针对研究对象和目的，选择合适的发育阶段和相应的 dsRNA 递送方式，以达到理想的 RNA 干扰效果。

6.3　提高 RNA 干扰效率的策略

6.3.1　影响 RNA 干扰效率的原因分析

RNA 干扰技术被广泛应用于基因功能研究，其高效性和特异性使其有望成为第四代杀虫剂的核心技术。但是，到目前为止，RNA 干扰技术的应用还存在一定的问题，其中主要的制约因素是 RNA 干扰效率问题。对不同种昆虫的 RNA 干扰效率存在较大差异，例如，对鞘翅目昆虫赤拟谷盗和直翅目昆虫飞蝗的 RNA 干扰效率很高（Zhu et al.，2008b；Luo et al.，2013），而对鳞翅目昆虫亚洲玉米螟（*Ostrinia furnacaliss*）的 RNA 干扰效率很低（Terenius et al.，2011）；其次，同一种昆虫通过注射、饲喂或植物介导表达等不同方式导入 dsRNA，其 RNA 干扰效应也存在差异，例如，对飞蝗注射 dsRNA 干扰效率很高，而饲喂 dsRNA 则无干扰效果（Luo et al.，2013；Song et al.，2017）；此外，同一种昆虫由于靶基因、dsRNA 的剂量以及注射龄期的不同，都可能导致产生不同的 RNA 干扰效率（Terenius et al.，2011）。本章前两节针对不同基因类型和昆虫的不同种类及发育阶段对 RNA 干扰效率的影响进行了分析总结，本节将从 dsRNA 进入昆虫体内到其发挥 RNA 干扰作用的整个过程进行分析，以明确影响 RNA 干扰效率的主要原因和提高 RNA 干扰效率的策略。

6.3.1.1　dsRNA 的稳定性

dsRNA 进入昆虫体内首先接触的是昆虫血淋巴或肠液，因此，dsRNA 在血淋巴和肠道中的稳定性将直接影响 RNA 干扰是否能被成功诱发。已有的研究表明，dsRNA 进入血淋巴或肠腔的稳定性与 RNA 干扰效率成正相关。Christiaens 等（2014）研究证明，豌豆蚜唾液分泌物和血淋巴对 dsRNA 的降解是导致其对 RNA 干扰无响应的关键原因（Christiaens et al.，2014）。2016 年，韩召军教授团队利用实时荧光定量 PCR（RT-qPCR）方法检测昆虫体内 dsRNA 残留量，比较了美洲大蠊、大麦虫（*Zophobas atratus*）、飞蝗和斜纹夜蛾 4 种昆虫血淋巴及肠液中的 dsRNA 降解速率与 RNA 干扰效率的关系，发现 dsRNA 在血淋巴和肠液中的稳定性直接影响其 RNA 干扰效率（Wang et al.，2016a）。Singh 等（2017）以昆虫 5 个目（鞘翅目、鳞翅目、半翅目、双翅目和直翅目）的 37 个物种为研究对象，分别用 dsRNA 与不同昆虫的体液（包括肠液和血淋巴）进行体外孵育，检测 dsRNA 在不同昆虫体液中的降解速率，以及注射和饲喂 ^{32}P 标记的 dsRNA，检测其转化为 siRNA 的能力，研究发现，昆虫体液降解 dsRNA 的能力越强，吸收进入细胞的 dsRNA 越少，dsRNA 被转化为 siRNA 的能力越弱，其 RNA 干扰效率越低。以上的研究都表明 dsRNA 的稳定性直接影响其 RNA 干扰效率。

那么影响 dsRNA 稳定性的关键因子是什么呢？通过大量的科学研究，发现昆虫中存在一些可以降解 dsRNA 的核酸外切酶，包括双链 RNA 降解核酸酶（double-stranded RNA-degrading nuclease，dsRNase）和 RNA 干扰效率相关核酸酶（RNAi efficiency-related nuclease，REase）两种类型。目前研究较多的核酸外切酶是 dsRNase，dsRNase 属于非特异性 DNA/RNA 核酸酶（DNA/RNA non-specific nuclease）家族中的一类，最早在沙雷氏菌中被发现（Friedhoff et al.，1996a），通过对该酶晶体结构的研究，发现 R78、D107、R108、H110、N140 和 R152 构成该酶的催化中心（Shlyapnikov et al.，2000）。在昆虫中最早从家蚕肠液中分离并鉴定出 dsRNase，发现其可以降解 dsRNA、Poly(I)/Poly(C)、Poly(I) 和 Poly(C) 等（Arimatsu et al.，2007）。之后，Liu 等（2012）将家蚕 dsRNase 的全长 dsRNase-full、缺失信号肽的 dsRNase-pro 以及只含有催化结构域的 dsRNase-cat 等 3 个片段分别构建到表达载体 pEA-MycHis 中，利用 Hi5 细胞系开展了一系列降解核酸的工作，研究发现，在细胞水平上 dsRNase-full 可以降解 dsRNA，dsRNase-cat 可以降解 dsRNA 和 DNA。Garbutt 等（2013）分别提取鳞翅目昆虫烟草天蛾和蜚蠊目昆虫德国小蠊的血淋巴与 dsRNA 体外孵育，发现烟草天蛾的血淋巴可以快速降解 dsRNA，而德国小蠊的血淋巴中 dsRNA 则很稳定，证明烟草天蛾中降解 dsRNA 的是一种不耐高温且依赖金属离子的酶，并在其体内鉴定出 2 个 *dsRNases* 基因（*M. sexta nuclease1* 和 *M. sexta nuclease2*），表明这两种昆虫 RNA 干扰效率差异主要是核酸酶对进入体内 dsRNA 的降解所致（Garbutt et al.，2013）。Wynant 等（2014）在沙漠蝗中鉴定出 4 个中肠高表达的 *SgdsRNases*，并通过注射 dsRNA 的方式沉默掉 *SgdsRNase2* 之后，发现其中肠液降解 dsRNA

的能力显著下降，证明 *SgdsRNase2* 可以在中肠中降解 dsRNA（Wynant et al.，2014a）。之后，Spit 等（2017）进一步比较了马铃薯甲虫和沙漠蝗中 dsRNases 对 RNA 干扰效率的影响，首先，在马铃薯甲虫中鉴定出 *LddsRNase1* 和 *LddsRNase2* 基因，发现其均在肠道高表达，取肠液与 dsRNA 共同体外孵育，发现其肠液可以降解 dsRNA，通过 RNAi of RNAi 的实验方法，先干扰 *LddsRNase1* 和 *LddsRNase2*，再干扰靶基因，结果显示，与直接干扰靶基因比较，发现 *LddsRNase1* 和 *LddsRNase2* 的沉默可以显著提高马铃薯甲虫的 RNA 干扰效率（Spit et al.，2017）。但是，在沙漠蝗中同样通过 RNAi of RNAi 的实验方法，先同时沉默 4 个 *SgdsRNases*，再通过饲喂 dsRNA 干扰靶基因，结果显示，靶基因并不能被成功干扰，其原因是，即使在沉默掉 4 个 *SgdsRNases* 的情况下，沙漠蝗中肠液仍然可以降解 dsRNA，暗示有其他核酸酶的存在。

张建珍教授团队对飞蝗 dsRNase 的研究较为深入。该团队在多年的研究中发现，飞蝗注射 dsRNA 干扰效率很高，而饲喂 dsRNA 则无干扰效果，这是飞蝗防治的一大难题。为什么飞蝗注射和饲喂 dsRNA 的 RNA 干扰效率差异如此之大？Song 等（2017）在飞蝗体内找到 4 个 dsRNases，其中 *LmdsRNase1* 和 *LmdsRNase4* 在血淋巴高表达，*LmdsRNase2* 和 *LmdsRNase3* 在中肠组织中高表达，通过 RNAi of RNAi 实验方法，选用 2 个与飞蝗蜕皮相关的靶基因 *LmCht10* 和 *LmCHS1*，首先在 5 龄第 1 天干扰 *LmdsRNase2* 基因，对照组注射相同剂量的 ds*GFP*，之后，再通过饲喂靶基因 ds*LmCht10* 和 ds*LmCHS1*，发现与对照相比，先干扰 *LmdsRNase2* 的飞蝗出现蜕皮困难、致死的表型，通过几丁质染色实验和 RT-qPCR 检测发现，2 个靶基因的表达量均显著下降，导致飞蝗旧表皮不能正常降解或新表皮不能正常生成，飞蝗因蜕皮困难而死亡。之后，为了检测飞蝗 LmdsRNase2 和 LmdsRNase3 在体外降解 dsRNA 的能力及其酶学特性，通过真核表达系统，体外表达并纯化出 LmdsRNase2、LmdsRNase3 蛋白，分别与 dsRNA 进行体外孵育之后，可以很直观地看到 LmdsRNase2 可以在 pH 为 6～10 的环境条件下快速降解 dsRNA，而 LmdsRNase3 则几乎不具有降解 dsRNA 的能力。上述结果表明，飞蝗饲喂 dsRNA 干扰效率低的主要原因是中肠组织高表达并分泌到肠液中的 LmdsRNase2 快速降解了 dsRNA，导致 dsRNA 不能被吸收进入细胞发挥 RNA 干扰作用（Song et al.，2017）。对于飞蝗血淋巴中高表达的 2 个基因 *LmdsRNase1* 和 *LmdsRNase4*，也同样利用真核表达系统，异源表达 LmdsRNase1 和 LmdsRNase4 两个融合蛋白，体外检测其降解 dsRNA 的能力及其酶学特性，结果发现，LmdsRNase1 在 pH 为 5 的条件下可快速降解 dsRNA，而 LmdsRNase4 在实验设置的不同 pH 条件下均不能降解 dsRNA。由于飞蝗血淋巴的 pH 为 7.0，在该条件下 LmdsRNase1 不具有降解 dsRNA 的能力，因此 dsRNA 在血淋巴中相对稳定，能被吸收进入各组织细胞发挥 RNA 干扰作用（Song et al.，2019a）。该研究系统地比较了飞蝗中肠和血淋巴中 dsRNase 的特性，揭示了飞蝗注射和饲喂 dsRNA 干扰效率差异的分子机制，明确了肠道核酸酶 LmdsRNase2 是导致飞蝗饲喂 dsRNA 干扰无效的关键因子。血淋巴 pH 是决定核酸酶的活性从而影响 dsRNA 稳定性的另一要素。该研究从多个方面佐证了飞蝗 dsRNase 直接决定其 RNA 干扰效率，并通过体外表达的实验方法研究了飞蝗体内 4 个 dsRNase 的生化特性，为后续其他昆虫体内 dsRNases 的研究提供了工作思路和方法。之后，Prentice 等（2019）在非洲甘薯象鼻甲（*Cylas puncticollis*）中做了类似的工作，首先鉴定出 3 个 *CpdsRNases*，之后通过注射 dsRNA 沉默肠道高表达的 *CpdsRNase3*，再通过饲喂 dsRNA 的方式，实现了靶基因的有效沉默。同年，韩召军教授团队在鳞翅目昆虫斜纹夜蛾体内鉴定了 5 个 *SldsRNases*，通过异源表达和酶活性测定，发现 SldsRNase1、SldsRNase2、SldsRNase3、SldsRNase4 都可以体外降解 dsRNA，推测 SldsRNases 是造成斜纹夜蛾 RNA 干扰效率低的原因（Peng et al.，2019）。

降解 dsRNA 的核酸外切酶除上述 dsRNase 外，还有另外一种类型，即 REase。苗雪霞教授团队在鳞翅目昆虫亚洲玉米螟体内发现一个鳞翅目昆虫特有的基因，将其命名为 *REase*，通过真核表达系统，纯化出 REase 蛋白，进行体外孵育实验，结果表明，REase 可以降解 dsRNA、dsDNA、ssRNA 和 ssDNA。在体内先干扰 *REase*，再注射靶基因的 dsRNA，靶基因的干扰效率显著升高。进一步将亚洲玉米螟的 *REase* 基因在果蝇中超表达，发现超表达 *REase* 的果蝇 RNA 干扰效率显著降低，上述研究从多个方面证明 REase 可以通过降解 dsRNA，从而影响 RNA 干扰效率（Guan et al.，2018b）。

综上所述，基于目前的科学研究，许多昆虫血淋巴或肠液中存在一些可以降解 dsRNA 的核酸酶，如果 dsRNA 在进入昆虫体内后被降解，就没有残留的 dsRNA 通过吸收进入昆虫细胞从而发挥 RNA 干扰作用，由此可知，dsRNA 在体内的稳定性是影响 RNA 干扰效率的第一关键要素。

6.3.1.2　dsRNA 的胞吞和转运效率

RNA 干扰可否成功的第二个关键因素是血淋巴或肠液中的 dsRNA 能否被吸收进入细胞。目前，跨膜通道介导和内吞介导的吸收是 dsRNA 进入细胞的两种主要方式。RNA 干扰机制在秀丽隐杆线虫中研究得比较透彻，线虫中 dsRNA 进入体细胞主要依赖于细胞周围的跨膜蛋白 SID-1 介导（Winston et al.，2002），但其肠道上皮细胞从肠腔中吸收 dsRNA 则不同，主要依赖于肠腔顶端细胞中的跨膜蛋白 SID-2 和内体结合蛋白 SID-5 共同介导，且该作用要求酸性环境和 dsRNA 片段大于 50nt（Winston et al.，2007；Mcewan et al.，2012）。在果蝇 S2 细胞系和家蚕 Bm5 细胞系过表达 *Ce-sid-1*，均可提高细胞吸收 dsRNA 的效率（Kobayashi et al.，2012）。在鳜鱼（*Siniperca chuatsi*）和哺乳动物中，*sid-1* 的同源序列也已经被证实可以介导 dsRNA 进入细胞（Duxbury et al.，2005；Ren et al.，2011；Elhassan et al.，2012）。

昆虫中虽然也存在 *sid-1* 同源基因，但其并不介导 dsRNA 进入细胞（Bucher et al.，2002；Tomoyasu et al.，2008；Luo et al.，2012）。内吞途径介导的吸收可能是 dsRNA 进入细胞的主要方式，由于载体具有多样性，包括网格蛋白（clathrin）、小窝/脂筏（caveolae/lipid raft）介导的内吞，大型胞饮（macropinocytosis），以及吞噬（phagocytosis）等，可导致内吞途径有所差异（Morille et al.，2008）。在 S2 细胞系、沙漠蝗以及捕食性螨（*Metaseiulus occidentalis*）中均证实，dsRNA 的吸收是通过内吞途径介导的（Saleh et al.，2006；Ulvila et al.，2006；Wu and Hoy，2014；Wynant et al.，2014b）。在赤拟谷盗中，通过网格蛋白抑制剂和 RNAi of RNAi 实验，证实其 dsRNA 吸收主要通过依赖网格蛋白的内吞途径（Xiao et al.，2015a）。大型胞饮被证实是介导棉铃象甲中 dsRNA 吸收的途径。在马铃薯甲虫中，存在 *sid-1* 同源基因 *silA*、*silC* 以及网格蛋白共同介导 dsRNA 进入细胞的机制（Cappelle et al.，2016）。由此可见，昆虫细胞吸收 dsRNA 的过程较复杂，不同昆虫对 dsRNA 的吸收机制存在差异，且一种昆虫可能存在多种 dsRNA 吸收途径共同作用。因此细胞吸收 dsRNA 的效率也是影响 RNA 干扰的一大原因。

当 dsRNA 通过胞吞进入细胞后，被囊泡包裹，随后囊泡与细胞质膜分离，内陷进入内涵体，内涵体可分为早期内涵体和晚期内涵体，晚期内涵体会进入溶酶体被降解，dsRNA 只有在内涵体进入溶酶体之前成功逃逸出来，才能够在后续过程中发挥作用，在此过程中，需要 Rab 等转运蛋白及 V-ATPase 等参与（可参看 2.2 节）。显然，dsRNA 能否从细胞质膜转运至内涵体并成功从内涵体逃逸，是影响 RNA 干扰效率的又一关键因素。

6.3.1.3　RNA 干扰通路中的核心酶效率

从内涵体成功逃逸的 dsRNA，在细胞质中被 Dicer 剪切为 siRNA，随后 Ago（Argonaute）蛋白与 siRNA 中的一条链结合形成 RNA 诱导沉默复合体（RNA-induced silencing complex，RISC），降解目标 mRNA（Meister and Tuschl，2004；Filipowicz，2005）。此外，在植物和线虫中存在着一种依赖 RNA 的 RNA 聚合酶（RdRP），其可与 RISC 反应，以杂交的 siRNA 链为引物，以部分降解的靶标序列为模板产生新的 dsRNA，然后，这些新合成的 dsRNA 又被 Dicer 酶切割成新的 siRNA，形成一种放大机制（Price and Gatehouse，2008）。

RNA 干扰通路上的这些核心酶的作用效果直接影响 RNA 干扰效率。Palli 教授团队用 ^{32}P 标记 dsRNA，发现其在鞘翅目昆虫和其细胞系中被有效加工成 siRNA，而在鳞翅目昆虫和其细胞系中，dsRNA 并未被高效加工为 siRNA，因此，认为核心酶的加工能力是导致鞘翅目昆虫较鳞翅目昆虫 RNA 干扰效率高的原因（Shukla et al.，2016）。此外，研究者还发现鞘翅目昆虫特有的一种 dsRNA 结合蛋白 StaufenC，该蛋白参与 Dicer2 对 dsRNA 的剪切过程，在 dsRNA 被加工为 siRNA 过程中也发挥着重要作用，分析认为，其是造成鞘翅目昆虫 RNA 干扰效率高的又一关键因素（Yoon et al.，2018a）。

RNA 干扰通路上的关键酶在不同昆虫中除效率不同以外，数量上的差异也可能影响 RNA 干扰效率。Yoon 等（2016）在马铃薯甲虫中发现 2 个 *Dicer2*（*Dicer2a* 和 *Dicer2b*）基因，这是首次报道在昆虫中存在 2 个 *Dicer2* 基因，推测为马铃薯甲虫较其他物种对 RNA 干扰更为敏感的主要原因（Yoon et al.，2016）。在飞蝗中也搜索获得 2 个 *Dicer2*（*Dicer2a* 和 *Dicer2b*）基因，推测可能是造成其 RNA 干扰效率优于其他物种的原因之一。同样，*Ago* 基因的数量在不同昆虫中也存在差异，飞蝗体内存在 2 个 *Ago2*（*Ago2a* 和 *Ago2b*）基因，通过 RNAi of RNAi 实验，发现这 2 个 *Ago2* 基因的沉默均会导致 RNA 干扰效率降低，并且发现参与 miRNA 和 piRNA 通路的 *Ago1* 和 *Ago3* 基因也同样参与到 siRNA 通路中，推测是造成飞蝗 RNA 干扰效率高的原因之一（Gao et al.，2020）。

6.3.2　提高 RNA 干扰效率的方法

6.3.2.1　提高 dsRNA 的稳定性

dsRNA 的稳定性是影响 RNA 干扰效率的第一关键要素，也是实现 RNA 干扰的限速步骤。如果 dsRNA 进入虫体立刻被降解，则无法被细胞吸收进而发挥 RNA 干扰作用，所以保证 dsRNA 的稳定性是提高 RNA 干扰效率的关键。研究表明，可以通过抑制肠道或血淋巴中核酸酶的活性以及采用载体包裹 dsRNA 的策略，以提高 dsRNA 的稳定性。

1. 抑制肠道或血淋巴中核酸酶的活性

已有研究表明，肠道或血淋巴中核酸酶降解 dsRNA 是导致 RNA 干扰效率低的主要原因。因此，可以采用核酸酶抑制剂和靶标基因 dsRNA 同时递送的方式提高 dsRNA 的稳定性。在转基因作物中，可以将核酸酶基因的 dsRNA 和靶标基因的 dsRNA 同时转入植物，从而提高靶标基因 dsRNA 的稳定性。当然，这种策略的前提是需要明确一种或几种核酸酶制约了 dsRNA 的稳定性。例如，飞蝗肠道中鉴定出 *dsRNase2* 是关键核酸酶基因，通过注射 ds*LmdsRNase2* 沉默该基因，再选取与蜕皮发育相关基因的 dsRNA 饲喂飞蝗，发现干扰掉

LmdsRNase2 的实验组再饲喂靶基因 dsRNA 后，靶基因被显著沉默并出现蜕皮困难及死亡的表型（Song et al.，2017）。因此，后续可针对 dsRNase2 进行抑制剂筛选和转基因作物的研发。也有研究者发现，降解 dsRNA 的是一种依赖金属离子的核酸酶，因此，利用该酶的特性，通过加入乙二胺四乙酸（EDTA）达到抑制核酸酶的作用，进而保护 dsRNA，使其免于被核酸酶降解，从而沉默靶基因（Castellanos et al.，2019）。

2. 载体包裹 dsRNA

近年来，纳米材料因其低毒性、高转染效率以及便于大量生产等特点被认为是递送 dsRNA 的良好载体。2010 年，朱坤炎教授团队利用壳聚糖纳米材料包裹 dsRNA 饲喂冈比亚按蚊幼虫，可以显著沉默靶基因，首次在冈比亚按蚊幼虫中证明了纳米材料可以通过提高 dsRNA 的稳定性，从而成功实现 RNA 干扰（Zhang et al.，2010b）。沈杰教授团队研发合成一种新型阳离子核–壳荧光纳米材料（FNP），其由中间的一个荧光发色团（PDI）和周围的两种聚合物外壳构成，该荧光纳米材料带有正电荷，可以与带负电荷的 DNA 和 dsRNA 通过静电作用相结合，利用其荧光可追踪的特点，可以观察到该材料能够被果蝇肠上皮细胞吸收。用 FNP 携带亚洲玉米螟 *Cht10* 的 dsRNA 饲喂亚洲玉米螟，发现其靶基因显著沉默且出现虫体显著减小的表型。证明该纳米材料可以作为载体，保护并携带 dsRNA 进入细胞沉默靶基因（He et al.，2013）。Guy Smagghe 教授团队发现一种鸟苷酸聚合物的纳米材料，该材料可以在甜菜夜蛾肠道 pH 为 11 的生理条件下，保护 dsRNA 不被核酸酶降解，从而达到靶基因有效沉默且虫体致死率较对照组显著升高的表型（Christiaens et al.，2018）。除纳米材料外，还有研究者利用脂质体包裹 dsRNA，从而提高 dsRNA 的稳定性和 RNA 干扰效率（Castellanos et al.，2019）。

6.3.2.2 持续干扰及增加剂量

已有研究表明，在一定的剂量范围内，RNA 干扰效率与剂量呈正相关（He et al.，2010）。所以，dsRNA 的剂量直接影响 RNA 干扰效率，在鳞翅目昆虫中某些基因需要大剂量注射（10～100μg）才可以达到干扰效果（Terenius et al.，2011）。对飞蝗精巢高表达的 *Piwi*、*Ago3* 和 *Aubergine*（*Aub*）基因进行研究，从飞蝗 3 龄幼虫开始连续注射（每蜕一次皮注射一次 dsRNA）直至发育至成虫，检测沉默效率，研究发现，只有通过这样连续注射的方式，才能将基因成功干扰，可见，dsRNA 的剂量及持续注射可直接影响 RNA 干扰效率。目前增加 dsRNA 剂量的方式有如下几种。

1. 工程菌表达介导的持续干扰

实验室可以通过注射的方式干扰靶基因，但实际应用中饲喂和喷洒显然是更便捷、更易被推广应用的方式，饲喂和喷洒都需要消耗大量的 dsRNA，目前市面上有多种体外合成 dsRNA 试剂盒，其原理均是利用原核生物的转录酶结合模板中的启动子，转录得到互补的 RNA 后，经退火得到 dsRNA，该方法的成本较高。而运用微生物表达 dsRNA 可以大大降低成本，且可以实现持续供给的目的，从而提高 RNA 干扰效率。构建可以表达靶标基因 dsRNA 的载体，并将其转入细菌和真菌等微生物，则能获得大量的 dsRNA。目前应用比较广泛的是将 dsRNA 构建到 L4440 质粒中，再转入缺失 RNase Ⅲ的细菌 HT115 中进行双链 RNA 的大量表达，并将表达 dsRNA 的微生物混在饲料中，通过持续饲喂，增加 dsRNA 在昆虫体内的含量，延长 dsRNA 在体内存留的时间，从而提高 RNA 干扰的效率。2009 年，张文庆教授团队选择甜菜夜蛾的几丁质合成酶 A 基因（*SeCHSA*）为靶基因，通过饲喂大肠杆菌表达的 ds*SeCHSA*，可以显著沉默靶基因，并影响幼虫的生长发育（Tian et al.，2009）。之后，Vatanparast 和 Kim（2017）饲喂甜菜夜蛾大肠杆菌表达的糜蛋白酶（chymotrypsin）基因 ds*SeCHY2*，发现可以成功干扰 *SeCHY2*。2018 年，夏玉先教授团队通过利用真菌表达 dsF_1F_0-ATPase α、β 亚基，成功干扰了靶基因，与野生型菌株相比，经过改造的菌株杀虫毒性提高 3.7 倍（Hu and Xia，2019）。英国 Paul Dyson 教授团队利用改造过缺失 RNase III的共生菌表达 dsRNA，在长红锥蝽和西花蓟马中成功沉默靶基因，处理组死亡率显著升高。根据共生菌具有平行传播和遗传至下一代的特性，评估该方法具有较高的实用价值（Whitten et al.，2016）。上述研究表明，利用工程菌表达 dsRNA 实现持续干扰，从而提高 RNA 干扰效率是具有潜力的研究策略。

2. 转基因植物介导的持续干扰

利用转基因植物表达特定基因的 dsRNA，也起到了很好的害虫防治效果。早在 2007 年，*Nature Biotechnology* 杂志连续报道了两篇植物表达 dsRNA，昆虫取食植物后靶基因被抑制的研究论文（Baum et al.，2007；Mao et al.，2007）。*Science* 杂志于 2015 年发表了通过叶绿体表达长的 dsRNA 实现作物保护的论文（Zhang et al.，2015b）。由于叶绿体缺失 Dicer 系统，dsRNA 在叶绿体内可以被有效保护，从而保证昆虫取食植物后有更多未被植物切割的完整 dsRNA 用于细胞吸收，进而提高靶基因的干扰效率和抗虫效果。目前，国内外多个团队也在开展转基因表达 dsRNA 的抗虫研究，张建珍教授团队用表达 dsRNA 的转基因玉米饲喂飞蝗后，出现了明显的靶标基因沉默效应和致死表型（李大琪，未发表数据）。由于昆虫生长发育阶段可不断取食植物并获取 dsRNA，因此，利用转基因表达 dsRNA 技术，可以获得持续干扰的效果，因此转基因表达 dsRNA 介导的 RNA 干扰是提高 RNA 干扰效率的可行策略。

3. 病毒介导的持续干扰

病毒介导的 RNA 干扰是利用病毒侵染后，可在寄主体内复制时形成 dsRNA 的原理，获得靶标基因的 dsRNA。已有报道将重组 Sindbis 病毒电转化到家蚕细胞中，产生的 dsRNA 能抑制 *BR-C* 基因的表达，导致幼虫不能化蛹或者成虫形态缺陷（Mirka et al.，2003）。病毒介导的 RNA 干扰研究还较少，但这种方法可利用病毒的侵染和复制能力，减少转基因个体的筛选和培育过程，具有独特的优势（杨广等，2009），可作为提高 RNA 干扰效率的策略之一。

6.3.2.3　选择对 dsRNA 敏感的发育阶段进行干扰

虽然一些鳞翅目昆虫对 RNA 干扰不敏感，但有研究发现，在惜古比天蚕蛾（*Hyalophora cecropia*）和家蚕的特殊发育时期进行基因干扰，可以成功干扰靶标基因的表达。例如，在家蚕的变态期（预蛹期）通过注射组织蛋白酶 B、漆酶 1（Laccases1）和漆酶 2（Laccases2）基因的 dsRNA 均可以成功诱导靶基因的沉默，并出现明显的干扰表型（王根洪，2008）。Amdam 等（2003）对蜜蜂成虫期表达的卵黄蛋白原基因进行 RNA 干扰实验，结果发现，胚胎 RNA 干扰仅使得 15% 的成虫出现了表型变化，而幼虫 RNA 干扰则影响了 95% 的成虫。这表明在研究昆虫成虫表达的基因时，幼虫 RNA 干扰比胚胎 RNA 干扰具有更高的效率（Amdam et al.，2003）。所以在 RNA 干扰研究中熟悉研究对象的生物学特性，尝试在不同发育时期进行 RNA 干扰是实现 RNA 干扰成功的策略之一。

6.3.2.4　高效靶标基因及片段的选择

根据 RNA 干扰的作用原理，理论上任何基因都可以作为靶标基因被干扰，同一基因的不同片段也均可实现干扰，但实际情况并非如此，不同基因的 RNA 干扰效率具有差异，同一基因的不同区域或片段导致的 RNA 干扰效率也有不一样的。

2011 年，Terenius 等总结了鳞翅目昆虫中 150 个 RNA 干扰成功与不成功的实验，发现与免疫相关的基因更容易被干扰，而表皮中表达的基因则相对更难被干扰。苗雪霞研究员团队将 10 个靶基因的 dsRNA 直接喷洒在新孵化的亚洲玉米螟虫体上，发现其中 9 个靶基因可以引起虫体发育不良的现象，并且有 4 个靶基因可以导致高达 90% 的死亡率。由此可见，同种昆虫同一干扰方式，不同的靶基因所引起的基因沉默效率是显著不同的（Wang et al.，2011c）。所以筛选高效的靶标基因也可以提高 RNA 干扰效率。除此之外，同一个基因不同片段设计的 dsRNA 其干扰效率也可能不相同。2018 年苗雪霞研究员团队通过小 RNA 测序的方式，发现鳞翅目昆虫亚洲玉米螟和棉铃虫对 dsRNA 的剪切具有碱基偏好性，更偏好于剪切 GGU 的核苷酸位置，而赤拟谷盗对 dsRNA 的剪切则没有如此明显的剪切偏好性，这也许是造成两种昆虫 RNA 干扰效率差异的一个因素（Guan et al.，2018a）。利用这一研究结果，可以通过选择高效的靶标基因片段来提高 RNA 干扰效率。

6.3.2.5　其他方法

1. 诱导 RNA 干扰通路中关键基因上调

在昆虫体内，RNA 干扰的本质是抵抗外来病原侵害所形成的一种自我保护的机制，是为了保护基因组免受内源性转座子和病毒感染所引起的改变。已有研究表明，使用不同微生物诱导家蚕，其 *BmDicer2* 和 *BmAgo2* 出现明显的表达上调（刘佳宾，2014）。同样，通过对亚洲玉米螟注射 ds*GFP* 可以诱导 *OfDicer2* 和 *OfAgo2* 的上调（Guan et al.，2018b），而 *Dicer2* 和 *Ago2* 均是 RNA 干扰通路中的关键基因，是否可以通过诱导其高表达提高 RNA 干扰效率呢？有研究者通过在蚜虫体内先注射 ds*GFP*，诱导 *Dicer2* 和 *Ago2* 等基因的表达上调，再注射靶基因 dsRNA，可以提高靶基因沉默效率（Ye et al.，2019a）。上述研究表明，可以通过诱导 RNA 干扰通路中关键基因表达上调，从而提高 RNA 干扰效率。

2. 温度处理

已有研究表明，温度会影响 RNA 干扰的效率。早期在植物中发现，病毒病通常低温时暴发，之后通过研究证明，在低温条件下，病毒和转基因引发的 RNA 沉默均被抑制，也就是说在寒冷的环境中植物变得更容易受到病毒的影响。相反，升高温度，则可以提高 RNA 干扰效率（Szittya et al.，2003）。在埃及伊蚊中也有这方面的研究，例如，Adelman 等（2013）在 18℃条件下饲养埃及伊蚊，相较于 28℃，RNA 干扰更容易被抑制，而且病毒的感染率增加。Kameda 等（2004）对多种哺乳动物细胞进行 RNA 干扰时，发现在 28℃（低于体温温度）条件下，与 37℃相比，老鼠、人、非洲绿猴的 RNA 干扰效率明显受抑制，说明低温抑制了 RNA 干扰效率。温度对 RNA 干扰的影响主要是通过调控 RNA 干扰通路相关基因的表达来发挥作用，因此，可以通过改变温度来改变 RNA 干扰效率。

3. 添加 H_2O_2

研究表明，过氧化氢（H_2O_2）可以重组内皮细胞中 F-肌动蛋白，增加细胞通透性。通过对

大鼠进行 H_2O_2 处理，发现蛋白激酶 C 被激活，内皮细胞骨架肌动蛋白重新分布，细胞通透性增加（Siflingerbirnboim et al.，1992）。橘小实蝇对 RNA 干扰不敏感，可能是由于缺失 *sid* 基因，dsRNA 进入细胞的数量少（Karlikow et al.，2014）。研究发现，添加 5% H_2O_2 可以打破橘小实蝇对 RNA 干扰的免疫耐受性。在对 *Rpl19* 免疫耐受的橘小实蝇喂食 5% H_2O_2 后，*Rpl19* 表达量显著下调，将 5% H_2O_2 与 Cy3 标记的 dsRNA 共同孵育后，进入细胞的 dsRNA 增多，F-肌动蛋白聚合水平提高，表明 H_2O_2 可以促进肌动蛋白形成，增加细胞对 dsRNA 的吸收，进而提高 RNA 干扰效率（Li et al.，2015d；胡浩，2017）。因此通过添加 H_2O_2 改变细胞的通透性，从而提高 dsRNA 吸收进入细胞的效率，是提高 RNA 干扰效率的又一策略（Karlikow et al.，2014）。

第 7 章　基于 RNA 干扰技术的生物农药研发

7.1　RNA 干扰技术的优势及其在病虫害防治中的应用

RNAi 机制的发现为昆虫基因在体内的功能研究提供了有效的技术手段，尤其是对非模式昆虫基因功能的研究发挥了巨大的推动作用。RNAi 作为一种简单、易操作的技术，能有效地降低靶标基因的表达，通常不会完全清除靶标基因的信使 RNA（mRNA），因此，通过调节靶标基因 dsRNA 的注射剂量，控制病虫的存活率，就能够观察到显著的表型变化。研究人员可以根据基因沉默后引起的表型变化，对靶标基因在昆虫体内的功能进行有效分析（Bernstein et al.，2001；Bartel，2004）。此外，利用 RNAi 技术抑制病虫生长发育和侵染为害的关键基因，可以阻碍其正常的生长、发育和繁殖，甚至导致其死亡，或者直接切断病虫侵染为害的途径，就可以保护作物免受危害。因此，RNAi 被认为是目前最有潜力应用于作物病虫害绿色防控的颠覆性技术，不但可以开发基于 RNAi 的生物农药，也可以开发基于 RNAi 的抗病虫作物。由于这类农药或抗病虫作物的核心成分是双链 RNA（dsRNA 或 siRNA），因此，基于 RNAi 技术开发的生物农药，也称为 RNAi 生物农药、核酸农药或 RNA 干扰剂，本书将其统称为 RNA 生物农药。

将 dsRNA 送入目标病虫并发挥基因干扰作用，是利用 RNAi 技术进行病虫害防治的关键。经过近二十年的探索，研究人员发现，将 dsRNA 送入目标生物体内有两种主要策略：一是利用植物转基因技术，在作物中表达靶标基因的 dsRNA，当靶标病虫取食或侵染寄主植物时，病虫自身生长发育和致害等相关基因被植物中表达的 dsRNA 沉默，致使靶标病虫停止生长或死亡，这种方式通常被称为寄主诱导的基因沉默（host-induced gene silencing，HIGS），利用该技术在作物中表达的抑制病虫生长的 dsRNA 被称为植物源保护剂（plant-incorporated protectant，PIP）；二是将体外合成的靶标基因的 dsRNA 制作成生物杀虫剂或杀菌剂，直接喷洒在植物上发挥抗病虫作用，这种方式通常被称为喷洒诱导的基因沉默（spray-induced gene silencing，SIGS），并将这类防治制剂称为非植物源保护剂（non-plant-incorporated protectant，non-PIP）（也称非 PIP）（Wang and Jin，2017；Zotti et al.，2018）。本节主要介绍基于 RNAi 技术开发生物农药的优势及其在病虫害防治中的研究和应用概况。

7.1.1　RNA 生物农药的优势

7.1.1.1　物种特异性强

基于 RNAi 的生物农药可以根据靶标物种进行特异性设计，因此，这类农药的最大优势是物种专一性强。利用此特性，研究人员可以根据田间的实际情况，有目的地设计出特定病虫害的特异性制剂或者几种特异性制剂组合，实现病虫害的精准防控和农药的订制服务，这是目前市场上绝大多数农药不具备的特性。

RNA 生物农药是以基因序列互补为基础合成的靶标基因的 dsRNA，其活性取决于特定 dsRNA 对靶标生物中目的基因的沉默效果。而且，随着物种之间进化距离的增加，其基因序列之间的同源性会逐渐降低。因此，在筛选靶标基因的过程中，避开物种间保守的基因序列，就可以避免对非靶标生物的影响，实现农药的生物安全性，这也是利用 RNA 干扰技术开发生物农药的最大优势。2009 年，Whyard 等用赤拟谷盗（*Tribolium castaneum*）、豌豆蚜（*Acyrthosiphon pisum*）、烟草天蛾（*Manduca sexta*）和黑腹果蝇（*Drosophila melanogaster*）等 4 种亲缘关系较远的昆虫，证明了 RNAi 具有很强的物种特异性。该研究还发现，即使是亲缘关系较近的、同一个属的 4 种果蝇（*D. melanogaster*、*D. sechellia*、*D. yakuba*、*D. pseudoobscura*），当它们取食 *γ-tubulin* 基因的 dsRNA 时，其致死作用也具有很强的种间选择性。Bachman 等（2013）利用致死剂量和亚致死剂量的 ds*DvSnf7*，对 4 个目 10 个科的昆虫进行了杀虫效果测试，结果表明，用该基因合成的 dsRNA，其杀虫谱比较窄，仅在金龟子亚科的甲虫中观察到了较好的杀虫活性，对其他昆虫没有杀虫效果。据此推测，ds*DvSnf7* 及其抗性转基因作物对其他非靶标节肢动物的影响非常小。

为了进一步证明 dsRNA 对益虫的影响，选择两个对玉米根萤叶甲（*Diabrotica virgifera virgifera*）高效的靶标基因 *DvSnf7* 和 *V-ATPase A* 合成其 dsRNA，经过室内和田间测试发现，用这两个基因的 dsRNA 处理蜜蜂，即使使用很高的剂量，蜜蜂的成虫和幼虫也均未发现任何不利影响（Vélez et al.，2015；Tan et al.，2016）。对其他多个物种的测试结果均表明，基于 RNAi 开发的 RNA 生物农药具有很强的物种专一性。除了种间序列差异可以导致 dsRNA 的物种专一性，某些物种对 RNAi 的不敏感性也是造成 RNA 生物农药物种专一性的重要因素。例如，鞘翅目昆虫对 RNAi 比较敏感，而鳞翅目昆虫则不太敏感，我们可以利用这种特性，研制针对鞘翅目害虫的专一性 RNAi 杀虫剂（Terenius et al.，2011；Garbutt et al.，2013；Fishilevich et al.，2016b）。

需要强调的是，多数 RNA 生物农药只需利用靶标基因的部分片段合成 dsRNA 就可以发挥基因干扰作用，这些片段虽然来源于靶标生物基因组，但它们不能翻译成有功能的蛋白质，也不会被插入到目标生物的基因组中，因此，RNA 生物农药不会改变靶标生物的基因组，不会对生态系统造成任何破坏。最近的一项研究还发现，利用表达 dsRNA 的抗性转基因作物进行麦长管蚜（*Sitobion avenae*）防治时，一旦将蚜虫转移到野生型作物上，其靶标基因的表达量就会逐渐恢复到正常水平（Sun et al.，2019）。该研究从另外一个侧面证明了 RNAi 农药的生物安全性。

7.1.1.2　种间广谱性

一种作物在其生长季中很可能同时受到多种病虫的危害，因此，在不伤害天敌的情况下，实现一次用药解决多种病虫的危害，是植保工作者多年的梦想，而 RNA 生物农药的开发为实现这一梦想提供了可能。在精心设计的基础上，可以针对靶标病虫设计物种专一性制剂，再根据需要将几种制剂混合，获得一种新型、广谱的病虫害防治制剂。同时，也可以利用某些靶标在多种病虫之间具有同源性的特点，获得可以同时杀死多种病虫害的广谱性制剂。在设计靶标时，需要充分考虑寄主植物与有害生物之间的互作关系，在保障对目标病虫害有效的同时，利用序列匹配原则，尽可能避免对人、鸟、鱼及有益昆虫造成伤害。因此，在靶标设计的过程中，只要充分利用生物信息学分析，就可以最大限度地避免脱靶作用的产生。

RNA 生物农药是以核酸序列匹配为基础设计的新型生物农药，利用近缘物种在核酸序列上的同源性，就可以设计广谱性 RNA 生物农药。例如，针对玉米根萤叶甲有效的靶标基因 *V-ATPase A/E*，该基因与黄瓜十一星叶甲（*Diabrotica undecimpunctata*）和马铃薯甲虫（*Leptinotarsa decemlineata*）的同源性分别是 79% 和 83%，用该靶标处理后两种害虫，可以导致这两种甲虫的存活率分别降低 40% 和 45%，从而可开发成广谱性杀虫剂（Baum et al.,

2007）。目前，昆虫基因组、转录组等生物信息越来越容易获取，通过综合分析，寻找在某一类害虫中序列相似度高而与天敌序列相似性低的靶标基因，可设计出既能靶向多种害虫又对天敌安全的单一 dsRNA 片段。这种设计可大大节约 RNAi 农药的研发成本，例如，表皮蛋白 19（cuticle protein 19）的基因序列在不同蚜虫中保守，但与天敌龟纹瓢虫同源性低，基于褐色橘蚜设计的 dsRNA 对多种蚜虫也具有很好的靶向效果，但对龟纹瓢虫无影响（Shang et al.，2020a）。Gu 等（2019）在禾谷镰孢菌（*Fusarium graminearum*）中筛选到一条 dsRNA 片段，该片段对 *β1-tubulin* 和 *β2-tubulin* 均具有非常强的基因沉默活性，由于该 dsRNA 序列片段所覆盖区域在灰葡萄孢菌（*Botrytis cinerea*）、稻瘟病菌（*Magnaporthe oryzae*）以及大豆炭疽病菌（*Colletotrichum truncatum*）中高度保守，在离体及活体试验中均表现出广谱的抑菌活性，可以作为一个广谱抗病靶标。

此外，针对同一基因的不同序列片段设计 RNAi 靶标也可以获得物种特异性和种间广谱性的效果。*OfSP* 是亚洲玉米螟（*Ostrinia furnacalis*）的贮存蛋白基因，该基因有 3 个结构域（OfSP-N、OfSP-M、OfSP-C）。用 ds*OfSP-N* 和 ds*OfSP-C* 处理亚洲玉米螟可导致 51.4% 的死亡率，然后，用亚洲玉米螟的 ds*OfSP-C* 处理棉铃虫（*Helicoverpa armigera*），可造成相对较高的棉铃虫死亡率（45.2%），其他两个片段对棉铃虫的致死率则更低。经序列分析后发现，亚洲玉米螟中的 3 个片段与棉铃虫 *HaSP* 基因 3 个结构域的相似性分别是 53.1%、57.5% 和 80.3%。进一步分析还发现，*OfSP-C* 与棉铃虫的 *VHDL* 受体基因的相似性高达 88%，ds*OfSP-C* 处理可导致该基因的表达下调。对该基因片段可能产生的 siRNA 进行详细分析，结果表明：具有完美序列匹配的 siRNA 主要来自棉铃虫的 *VHDL* 受体基因，很可能是该基因的下调造成了棉铃虫的死亡（Zhang et al.，2015a）。该研究结果不仅说明序列特异性分析和适当的设计对避免脱靶具有非常重要的参考价值，而且为利用同一基因的不同片段设计物种特异性和种间广谱性靶标提供了依据。

值得注意的是，这里所讲的广谱性是相对的，只是相对于物种专一性，可能对两种以上靶标病虫害有较好的防治效果。例如，Song 等（2018b）通过对禾谷镰刀菌 *Myo5* 基因的 5 个 dsRNA 片段进行深入分析，发现其中的一个 dsRNA 片段 dsMyo5-8 具有广谱性，该片段对 4 种镰孢菌［亚洲镰孢菌（*F. asiaticum*）、禾谷镰孢菌（*F. graminearum*）、三线镰孢菌（*F. tricinctum*）和尖孢镰孢菌番茄专化型（*F. oxysporum* f. sp. *lycopersici*）］均有较好的生长抑制作用，可用于这 4 种菌的广谱性防治。但是，该片段对其他一些真菌如轮枝镰孢菌（*F. verticillioides*）、稻瘟病菌（*M. oryzae*）、灰葡萄孢菌（*B. cinerea*）的生长没有任何影响。因此，基于某些靶标存在相对广谱性作用的特点，我们在设计靶标时既可以实现广谱性，又可以避免对近缘物种的伤害。

7.1.1.3　信号放大和持续性控制作用

在植物中均存在依赖 RNA 的 RNA 聚合酶（RdRP），RNAi 通路一旦开启，就可以招募 RdRP，从而持续产生 siRNA，导致对靶标的持续沉默（Dalmay et al.，2000；Baulcombe，2004）。这一现象在真菌和线虫中也存在，这给病原真菌和病原线虫的防治带来了很大的方便，可以一次用药发挥持续性抗病作用，这种现象被称为系统性 RNAi（Bucher et al.，2002；Tomoyasu et al.，2008；Abdellatef et al.，2015）。

在这些生物中，由 RdRP 酶介导的沉默信号级联放大与 SID-1/SID-2 通道蛋白介导的 dsRNA 传递有助于实现靶标生物体不同程度的系统性 RNAi。大多数种类的植物具有产生次级 siRNA 的能力，这些次级 siRNA 可以进一步放大和传递基因沉默信号，因此，在很多情况下用较小剂量的 siRNA，就可以启动生物体内的 RNAi 反应（Gordon and Waterhouse，2007；Eamens et al.，2008；Calo et al.，2012；Choi et al.，2014）。基于这一原理，RNA 生物农药还具有一次施用持续发挥作用的特点，从而显著降低农业生产的成本。

另外，对玉米根萤叶甲的研究发现，通过人工饲料饲喂或取食表达 ds*ATPase-V* 的抗性玉米，能够显著提高害虫的死亡率，说明 RNAi 作用能够在昆虫体内扩散或传递，并存在一定的系统性传播作用（Vélez and Fishilevich，2018）。此外，在实验室条件下筛选到两个影响玉米根萤叶甲胚胎发育的基因 *hunchback* 和 *brahma*，利用这两个基因的 dsRNA 在幼虫期进行 RNAi，结果可以导致成虫的繁殖能力下降。这一结果说明，玉米根萤叶甲的 RNAi 效应可以在世代间传递（Khajuria et al.，2015）。这种可以在世代间传递的亲本 RNAi（parental RNAi）现象还具有一个潜在的优势：可以减少成虫的产卵量或者卵的孵化率，从而对作物具有更加持久的保护作用，也可以延长抗虫作物的使用寿命。

由于 RdRP 和 SID-1/SID-2 蛋白具有严格的种属特异性，甚至还具有器官分布的特异性，因此，基于该技术开发的 RNA 生物农药具有严格的种群选择性，对低等生物有效的 RNA 生物农药对高等动物非常安全（Winston et al.，2007）。

7.1.1.4 环境安全性

农药的环境安全性，不但与其特异性有关，也与该农药在环境中的稳定性密切相关。因此，分析一种农药在环境中的残留情况是评价其环境安全性的一个关键因素。如果一种农药在环境中持续时间过长，就可能对非靶标生物产生不利影响。相反，如果一种农药在环境中不能长期稳定存在，而且其降解产物是无毒、无害的成分，那么，从环境安全的角度来讲，这将是一种理想的农药制剂。

RNA 生物农药的主要成分是 dsRNA，由于 dsRNA 极易被环境中的各种微生物、核酸酶或紫外线降解，环境风险很低。研究人员测试了 *DvSnf7* 基因的 dsRNA 在不同土壤中的稳定性，包括淤泥、壤质砂土和黏土等，结果发现，48h 后，这些 dsRNA 在三种土壤中均检测不到，进一步测试的结果表明，ds*DvSnf7* 的半衰期不到 30h。这些结果表明，dsRNA 很难在土壤中大量积累（Blum et al.，1997；Levy-Booth et al.，2007；Dubelman et al.，2014）。除此之外，几乎所有的生物细胞都具有降解核酸的能力，它们会将 DNA 和 RNA 降解为碱基和核苷，进行循环和再利用，用于合成新的核酸（Lane and Fan，2015）。

dsRNA 在环境中容易降解，对生态安全问题是比较有利的，目前急需解决的是 dsRNA 在环境中的稳定性问题，纳米材料已经被证明是一种比较可行的解决方案（Mitter et al.，2017a），它可以保护 dsRNA 在有效的时间内不被迅速降解，因此，接下来要评估的是这些 dsRNA 的保护性或辅助性材料对环境和生态安全性的影响。令人欣慰的是，已经证明这种纳米材料对人体是安全的，而且在弱酸性条件下可以安全降解，从而降低了该类辅助材料可能带来的环境风险（Del Hoyo，2007；Kuthati et al.，2015）。

7.1.1.5 应用简便易推广

在过去的 50 多年里，经遗传修饰的生物（genetically modified organism，GMO）给农业生产，尤其是病虫害防治带来了新的曙光。抗虫转基因棉花、玉米和抗除草剂大豆已经大面积推广及种植，获得了显著的经济、环境和生态效益。GMO 作物的抗病虫效果及其简易有效的应用方式给农业生产带来了很大的便利，然而，开发一种 GMO 作物，首先要消耗大量的人力、物力和时间成本，其次，还要面临公众的质疑，尤其是针对主粮的基因修饰，至今还没有被公众接受。除此之外，并不是所有的作物都适合进行遗传转化。

利用 RNA 干扰技术开发的 RNA 生物农药，可以像传统的化学农药一样应用，将体外合成的 dsRNA 直接喷洒到植物叶面就可以发挥抗病虫作用，尤其是针对植物真菌病害和害虫的防治，应用简便，很容易推广（Tenllado and Diaz-Ruiz，2001；Mitter et al.，2017b；Dalakouras et al.，2020）。科罗拉多马铃薯甲虫是一种对 RNAi 非常敏感的昆虫，取食涂抹 dsRNA 的叶片后致死率非常高，因此，用 RNA 生物农药防治这类害虫是一种切实可行的方案（San Miguel and Scott，2016）。一旦 dsRNA 的产量、价格和稳定性问题得到有效解决，通过喷洒、注射、根系吸收都可以起到很好的抗病虫效果（Hunter et al.，2012；Li et al.，2015）。由于体外施用的是小片段的 dsRNA，一般不翻译成有功能的蛋白质，不涉及植物转基因可能面临的表达量、遗传稳定性等一系列问题，容易通过环境许可。因此，基于 SIGS 的非 PIP 类 dsRNA 杀虫剂具有明显的优势，是一种很容易被公众接受的病虫害防治新技术。

7.1.1.6　靶标广泛且开发成本较低

病虫生长发育、繁殖以及致害等过程中的关键基因均可以作为潜在的 RNAi 靶标基因，这是 RNA 生物农药与化学农药相比的另一个优势。据推测，昆虫基因组中 25%～35% 的基因为必需基因，这些基因中大部分可以作为 RNAi 的靶标（Dietzl et al.，2007）。Baum 等（2007）对 290 个基因进行测试，发现大多数基因都有致死作用，有些基因还可以导致幼虫发育不良，这些基因均有作为杀虫靶标的可能。2004 年，Boutros 等在黑腹果蝇细胞中首次利用 19 470 条 dsRNA，包含果蝇预测全部基因数量的约 91%，进行全基因组 RNAi 筛选，得到了部分生长、生殖相关表型，可以利用 RNAi 进行沉默和基因功能研究。Ulrich 等（2015）从赤拟谷盗中分离了 100 个靶标基因，通过在幼虫或蛹期注射 dsRNA，抑制这些基因的表达，可导致 90% 以上的死亡率。尽管赤拟谷盗和果蝇均不是重要的农业害虫，但是，这两种昆虫作为模式生物，它们的研究结果可以为其他种类害虫的防治提供参考，有助于快速发现靶标，并提高靶标筛选的成功率。由于 RNA 生物农药可以利用的靶标范围非常广泛，开发成本相对较低。在美国，一个传统化学农药从开发到进入市场，至少需要 12 年，平均花费约 2.8 亿美元；一个转基因作物从开发到上市，平均需要 13 年，投入 1.3 亿～1.4 亿美元；而开发 RNA 生物农药仅需要 300 万～700 万美元的投入，大概 4 年就可以完成（Marrone，2014，2019；Rosa et al.，2018）。相比较而言，RNA 生物农药在病虫害防治中具有很好的开发和应用前景。

7.1.2　RNA 干扰在害虫防治中的应用

利用 RNAi 抑制昆虫生长发育过程中关键基因的表达，可以导致昆虫发育畸形甚至死亡（Bettencourt et al.，2002；Whitten et al.，2016）。RNAi 的这种特性，启发昆虫学研究人员将其应用于害虫防治的探索。通过多年的研究，已经对 RNAi 应用于害虫防治的可行性、应用方式、存在问题等进行了大量探索，取得了许多重要进展。

RNA 生物农药以昆虫生长发育过程中的必需基因为靶标，通过基因沉默来实现抗虫效果，具有低剂量、高防效和可持续的特点。已有的研究表明，dsRNA 可以通过人工饲料被昆虫摄取并发挥基因干扰和害虫致死作用，这是利用 RNAi 进行害虫防治的基础。可以借助叶面喷洒、茎秆注射、根系吸收以及抗性作物培育等方式将 dsRNA 送入昆虫体内并发挥抗虫作用

（Gu and Knipple，2013；de Andrade and Hunter，2016）。dsRNA 进入昆虫体内后，要想发挥杀虫作用，首先要保证这些 dsRNA 不能被昆虫唾液腺、中肠或血淋巴中的核酸酶降解，然后才能通过内吞作用或跨膜通道穿过昆虫中肠上皮细胞，被 Dicer2 加工成 siRNA，最终进入 RNAi 通路发挥作用。

近年来，以 dsRNA 或者 siRNA 为主要干预形式的 RNAi，已经被广泛应用于昆虫多个目、多种昆虫的基因功能研究，如双翅目、半翅目、鳞翅目、膜翅目、鞘翅目、等翅目和直翅目等均有相关的研究报道（Kunte et al.，2020）。但是，在农业生产中，对作物造成严重危害的昆虫中，主要分布在鳞翅目、鞘翅目和半翅目三大类群，按其取食方式可分为咀嚼式口器害虫和刺吸式口器害虫。这两种取食方式导致害虫对植物的取食部位不同，与此相对应，RNAi 杀虫剂的应用方式也有较大差异。

7.1.2.1　咀嚼式口器害虫

将 RNAi 技术用于害虫防治的猜想，最早是从咀嚼式害虫基因功能研究中得到启示的。早在 2002 年，Bettencourt 等将 RNAi 技术应用于鳞翅目昆虫的基因功能研究，在惜古比天蚕蛾（*Hyalophora cecropia*）蛹期注射抑制血细胞凝集素基因 *Hemolin* 的 dsRNA，导致下一代胚胎畸形和死亡。同年，对赤拟谷盗雌虫注射 *Distalless*（*Tc'Dll*）基因的 dsRNA 片段，发现能导致赤拟谷盗下一代胚胎中的基因沉默，并在幼虫发育过程中导致足的退化（Bucher et al.，2002）。这些研究结果提示昆虫学家，RNAi 导致的害虫发育异常及死亡可以应用到害虫防治之中。由于昆虫细胞中没有先天免疫系统，在细胞中引入长度大于 30bp 的外源 dsRNA 不会诱导干扰素系统激活。因此，可以利用昆虫生长发育过程中必需基因的沉默导致昆虫发育延迟或致死这一特点，开发高效、低毒的 RNA 杀虫剂（Gordon and Waterhouse，2007；Trivedi，2010）。

玉米根萤叶甲是一种重要的农业害虫，在美国，每年因其危害造成的经济损失高达 10 亿美元，而且该虫已经对化学杀虫剂、Bt 转基因作物，甚至作物的轮作措施均产生了抗性和适应性（Levine et al.，2002；Gray et al.，2009；Wangila et al.，2015）。近年来的多项研究结果表明，这种害虫对 RNAi 非常敏感。2007 年，Baum 等在玉米中表达了玉米根萤叶甲 *V-ATPase A* 基因的 dsRNA，证明了基于 RNAi 的抗性作物培育策略可用于玉米根萤叶甲的防治，为该技术的应用奠定了重要基础。此后，利用各种基因多次证明了将 RNAi 应用于玉米根萤叶甲及其他重要农业害虫防治的可行性（Zhang et al.，2013；Fishilevich et al.，2016a，2018）。2017 年 6 月，美国环境保护署（USEPA）批准了第一例表达玉米根萤叶甲 *DvSnf7* 基因 dsRNA 的抗虫玉米 MON87411，开启了农药史上的第三次革命，而基于 RNAi 技术控制玉米根萤叶甲将可能因此被载入害虫防治的史册。

除了发展抗性转基因作物，利用体外转录合成的 *DvSnf7* 基因的 dsRNA 直接饲喂玉米根萤叶甲后，幼虫在 24h 内表现出高效的吸收活性，取食 12d 后，虫体同时出现发育迟缓和死亡现象（Baum et al.，2007；Bolognesi et al.，2012）。因此，通过直接饲喂法将 dsRNA 导入昆虫体内表现杀虫活性，证明了将靶标 dsRNA 作为杀虫剂的可能性。因此，也可将非 PIP 方式应用于玉米根荧叶甲的田间防治。

马铃薯甲虫是一种食叶危害的世界性害虫，也是我国重要的外来入侵生物和重要检疫对象。因其对各种生物环境具有极强的适应能力，对已经注册的化学杀虫剂，可以在使用 2～3 年内迅速产生抗药性（Forgash，1985；Casagrande，1987；Alyokhin et al.，2008）。近年的研究表明，马铃薯甲虫也是对 RNAi 敏感且作用效果最好的害虫之一。通过向马铃薯叶片喷施靶向马铃薯甲虫肌动蛋白 *Actin* 基因的 dsRNA（10μg/叶片），处理 7d 后，可以 100% 地杀死马铃薯甲虫的 2 龄幼虫。该研究还发现：在马铃薯叶片上，dsRNA 能够耐受一定程度的雨水冲刷，而且可以在植物体内传导；在温室条件下，一次 dsRNA 叶面喷洒，其 dsRNA 的生物活性可以持续 4 周，对植物的保护时间至少 28d，这是过去从未发现的现象，也为该技术的应用价值提供了有力证据（San Miguel and Scott，2016）。多年室内和田间试验已经确认了 RNA 生物农药对马铃薯甲虫的防治效果，第一个基于喷洒的防治科罗拉多马铃薯甲虫的 RNA 生物农药有望在近两年上市销售。

此外，利用 RNAi 在棉铃虫和其他一些咀嚼式害虫中也进行了大量探索。2007 年，Mao 等用表达 *HaCYP6AE14* 基因 dsRNA 的拟南芥（*Arabidopsis thaliana*）和烟草（*Nicotiana tabacum*）饲喂棉铃虫，该基因在棉铃虫体内的表达被显著降低，而且棉铃虫对棉酚的耐受性大大减弱，导致棉铃虫发育延迟。用 RNAi 沉默棉铃虫 3-羟基-3-甲基戊二酰辅酶 A 还原酶 *HMGR* 基因，雌虫的卵黄原蛋白 mRNA 含量明显降低，产卵率相较对照降低了 98%，有效地抑制了棉铃虫种群的扩增（Wang et al.，2013b）。将 Bt 杀虫蛋白与 RNAi 结合起来，在棉花中表达 Bt 毒素的同时，表达抑制棉铃虫保幼激素合成和运输相关基因的 dsRNA，不仅可以提高对棉铃虫的防治效果，而且可延迟棉铃虫对 Bt 的抗性（Ni et al.，2017）。通过注射 siRNA 的方法干扰二化螟几丁质酶基因 *Chitinase*，二化螟幼虫不能正常蜕皮和化蛹，并导致 50% 的死亡率（Su et al.，2016；Zhao et al.，2018a）。小菜蛾 ABC 转运通道蛋白基因 *PxABCH1* 被沉默后，可以显著降低 Cry1Ac 抗性幼虫的成活率，该研究结果也为有效控制虫害抗性提供了新策略（Guo et al.，2015）。

在植物体中表达的 dsRNA 能够被植物本身存在的 RNAi 通路剪切成短的 siRNA，而饲喂昆虫 siRNA 引起的 RNAi 效果没有长链的 dsRNA 效果明显。据此，Zhang 等（2015b）首次在马铃薯中通过叶绿体表达马铃薯甲虫 *ACT* 或 *SHR* 基因的 dsRNA，与传统的核转基因相比，dsRNA 在植物中富集量增多，饲喂后虫子死亡率增加，植物抗虫性明显增强。这一结果为利用 dsRNA 培育抗性作物提供了一个很好的解决方案（详见 7.3.2）。

7.1.2.2 刺吸式口器害虫

刺吸式口器害虫大多为半翅目类昆虫，如蚜虫、粉虱、飞虱、木虱、叶蝉等，它们主要取食植物的韧皮部或木质部汁液。尽管显微注射法证明了 dsRNA 能在半翅目昆虫体内发挥基因干扰作用，但是，用显微注射法获得的结果不可能推广到田间（Hughes and Kaufman，2000；Mutti et al.，2006；Ghanim et al.，2007）。因此，要想利用 RNA 干扰技术进行刺吸式口器害虫的防治，最好是利用体外合成的 dsRNA 进行叶面喷洒，或通过灌溉法进行根系吸收，或者直接利用表达 dsRNA 的抗性作物培育技术。

研究表明，通过人工饲料将 dsRNA 送入蚜虫体内，能够发挥 RNA 干扰作用。2009 年，Shakesby 等将参与渗透压调控的水孔蛋白基因的 dsRNA 添加到蚜虫的人工饲料中（1～5μg/μL），蚜虫取食人工饲料后，不仅靶标基因的表达量被下调，而且蚜虫血淋巴的渗透压显著提高。这一研究说明，只要能让 dsRNA 进入刺吸式口器害虫体内，靶标基因就能够被抑制，遗憾的是，该基因的表达量对蚜虫的存活率没有太大影响。另一项用 *V-ATPase* 基因 dsRNA 进行的测试却发现，将 dsRNA 加入人工饲料中饲喂蚜虫，其死亡率显著提高，且 LC_{50} 仅为 3.4ng/μL（Whyard et al.，2009）。由于大多数半翅目害虫为刺吸式口器，根据上述研究结果，只要我们选择有效的靶标基因，并将其 dsRNA 送入刺吸式口器害虫体内，就可以将 RNAi 用于半翅目害虫的防治。

刺吸式口器害虫通常取食植物的韧皮部或木质部汁液，外源基因在这些部位不表达或者表达量较低，通过转基因的策略很难让蚜虫等刺吸式口器害虫获得足够的 dsRNA 以达到害虫控制的效果。2011 年，Zha 等在水稻中表达针对褐飞虱（*Nilaparvata lugens*）中肠 3 个基因的 dsRNA，褐飞虱取食抗性植株之后，能够检测到相关基因的下调，但没有观察到明显的致死现象。同年，Pitino 等（2011）通过抗性拟南芥和抗性烟草饲喂蚜虫，得到相似的结果。靶标基因被抑制到 60%，但没有致死作用，仅发现蚜虫的繁殖率降低。随后，研究人员在烟草中表达桃蚜（*Myzus persicae*）*hunchback* 基因的 dsRNA，饲喂桃蚜后检测到该基因被抑制，蚜虫的繁殖率明显下降，但蚜虫的死亡率无明显变化。作者推测，造成这种现象的原因很可能是蚜虫从植物中摄取的 dsRNA 量较低（Mao and Zeng，2014）。由于多数刺吸式口器害虫主要在韧皮部取食而且取食量较小，抗性植物表达的 dsRNA 很难到达其取食部位，因此，不能有效启动刺吸式口器害虫的 RNAi 反应（Luan et al.，2013）。据此，研究人员曾推测：通过抗性作物或者直接在作物叶面喷洒 dsRNA 方法对刺吸式口器害虫的防治似乎是不可行的（Huvenne and Smagghe，2010；Scott et al.，2013）。

但是，近期多项针对刺吸式口器害虫的研究表明，通过非转基因介导的 dsRNA 取食可以达到沉默目的基因、抑制生长发育的作用。针对韧皮部取食的褐飞虱，以几丁质合成酶 A 基因为靶标，合成长度为 580bp 的 dsRNA 或 siRNA（miR-2703 mimic），将其加入人工饲料后可以有效启动褐飞虱的 RNAi 反应，而且，siRNA 的作用效果明显优于 dsRNA，可导致褐飞虱蜕皮障碍且生长减缓（Li et al.，2017c）。利用体外合成的 dsRNA 或 siRNA 进行叶面喷洒、根系吸收或树干注射等多种方法处理柑橘，可以有效沉默棕纹蝽或柑橘木虱（*Diaphorina citri*）的靶标基因，抑制其生长发育。而且，用这种方法仅需一次处理，7 周后仍能检测到 dsRNA，是一种简便有效的刺吸式口器害虫防治策略（Hunter et al.，2012；Ghosh et al.，2018）。这些研究结果为利用 RNA 生物农药进行刺吸式口器害虫的防治带来了希望，但是，仍需要进行大量的研究来加以验证。

2019 年，几项针对刺吸式口器害虫的研究结果让我们重新看到了希望。利用 dsRNA 对灰飞虱卵黄原蛋白受体的 mRNA 进行干扰后，卵巢的发育受阻，产卵量及携带水稻条纹病毒（rice stripe virus，RSV）的后代个数与对照相比下降 90% 以上（He et al.，2019a）。干扰扶桑绵粉蚧（*Phenacoccus solenopsis*）*Cht* 基因后，若虫出现蜕皮受阻以及致死的现象（Omar et al.，2019）。Sun 等（2019）利用麦长管蚜进行了一项比较细致的探索。他们首先将体外合成的 dsRNA 加入到人工饲料中，获得了一个具有较高致死率的靶标基因 *SaZFP*。然后利用抗性技术在普通小麦品种 Cadenza（*Triticum aestivum* cv. 'Cadenza'）中表达了该基因的一段 dsRNA，麦长管蚜在抗性作物上取食 6d 后，死亡率开始显著提高，18d 后，蚜虫的死亡率达 80% 以上。更重要的是，麦长管蚜的寿命和生殖力均显著降低。除此之外，该研究还发现，在抗性小麦上取食的蚜虫，转入野生型以后，靶标基因的表达量会逐渐恢复。这些研究结果更加符合表达 dsRNA 的抗虫作物的应有特性。该研究结果也让我们更加明确了这样一个事实：抗性作物不是化学农药，虫子取食后不可能马上死光！但是，其可以将虫口基数逐渐压低，从而达到防控的目的。同时，该研究还证明了一点：RNA 生物农药并没有改变害虫的基因组，害虫一旦转入普通作物，靶标基因的表达量就会逐渐恢复到正常水平。

除了注射和饲喂，研究人员还尝试了多种其他的方法将 RNAi 用于刺吸式口器害虫的防治。Li 等（2015b）将拟南芥浸泡在含有 ds*EGFP* 的营养液中，24h 后，在拟南芥中检测到具有荧光的 dsRNA，同时 Ago、Dicer 被诱导表达，说明植物根系能够直接吸收 dsRNA。褐飞虱取食浸泡在 ds*CTP18A1*、ds*Ces* 中的水稻后，存活率降低。这为 RNAi 在刺吸式口器害虫中的应用提供了一种新的思路。可以通过直接灌溉的方法达到类似于植物转基因的目的，并且该法相比于转基因植株更加方便、高效，但是，考虑到成本等问题，这项技术只能在 dsRNA 稳定性得到有效解决，且 dsRNA 的产量和成本较低的情况下才能应用。

有人用高压喷射的方法向叶面喷洒 22nt 化学合成的 siRNA，可以启动局部和系统性的 RNAi，但是，通过叶柄吸收或树干注射的方法却不能诱导植物产生系统性的 RNAi，因为用后两种方法，siRNA 主要进入了木质部，被限制在原生质体外，无法进入细胞。但是，这种特性对植物抗刺吸式口器害虫却是一件好事，更重要的是，通过叶柄吸收或树干注射进入植物的 dsRNA 不会被植物提前加工，而是以比较完整的方式进入昆虫体内，更利于发挥抗虫作用（Dalakouras et al.，2018）。此外，病毒诱导的基因沉默（virus-induced gene silencing，VIGS）也是一项值得探索的刺吸式口器害虫防治方法。用烟草花叶病毒（TMV）表达番茄木虱（*Bactericera cockerelli*）*V-ATPase* 基因的 dsRNA，当木虱取食重组 TMV 感染的植物时，其繁殖率可下降 40%（Wuriyanghan and Falk，2013）。因此，将 VIGS 用于刺吸式口器害虫的防治也是一个很好的策略。

利用 dsRNA 进行茎秆注射或灌根处理来防治刺吸式口器害虫，对于果树等难以进行抗性品种培育操作，又具有重要经济价值的作物，是一个不错的选择。通过对木质部取食的褐透翅尖头叶蝉（*Homalodisca vitripennis*）和韧皮部取食的柑橘木虱进行的测试，都证明了该应用方式的可靠性（Hunter et al.，2012）。

利用喷洒 dsRNA 的方式进行刺吸式口器害虫防治，仍然是该领域的热点研究方向。但该方法有一个不可回避的难题：如何保障 dsRNA 完整地穿过昆虫体壁。而且还要保障进入刺吸式口器害虫体内的 dsRNA 不被其体内的免疫系统、高碱性环境以及各种核酸酶降解。纳米载体的研究为该技术难题提供了一个良好而且可行的解决方案。Zheng 等（2019b）用纳米载体、靶标 dsRNA 与去垢剂组成的 RNA 制剂处理大豆蚜（*Aphis glycines*），制剂可以在 20min 内被体壁吸收，1h 后可以扩散到各种组织，48h 后靶标基因的表达量降低 95% 以上，5d 后蚜虫的种群就降低 80% 以上。该研究结果为开发基于 RNAi 的杀虫剂提供了强有力的证据和高效解决方案，也为 RNA 生物农药在刺吸式口器害虫防治中的应用奠定了基础。

7.1.3 RNA 干扰在植物病害防治中的应用

植物病原微生物是指那些能够侵染、寄生于植物并导致侵染性病害的生物，在细菌、真菌、放线菌和病毒中，均存在一些能导致植物发病的病原微生物。RNAi 在植物病害防治方面也可以发挥重要作用，而且已经取得了很多令人振奋的结果。

7.1.3.1 真菌病害

真菌病害严重威胁着作物的产量和品质，每年都会造成巨大的经济损失。随着全球化进程，原来仅限于某一地区的病害也开始扩散传播，而且这种趋势越来越严重。目前，在水稻、小麦、玉米、马铃薯和大豆这五大粮食作物上，都出现了由真菌引起的严重病害，如稻瘟病、大豆锈病、小麦秆锈病、玉米丝黑穗病和马铃薯晚疫病等。化学农药能够在一定程度上防控真菌病害，但防治效果一般，需要不断探索防治真菌病害的新型策略。

真菌与其他真核生物一样，具有 RNAi 通路中的主要成员，如 Dicer、Argonaute 及

RdRP 等（Dang et al.，2011）。因此，将 RNAi 应用于植物病原真菌的防治是一项非常值得期待的新策略。早在 2002 年，Liu 等已经证明了病原真菌可以产生 RNAi 反应。新型隐球菌（*Cryptococcus neoformans*）是一种病原真菌，研究人员针对两个能产生表型的隐球菌基因 *CAP59* 和 *ADE2*，通过体内或体外合成其 dsRNA，干扰这两个基因的表达，均能产生预期的基因抑制表型。例如，*ADE2* 基因编码磷酸核糖氨基咪唑羧化酶，利用 ds*ADE2* 抑制该基因的表达，因腺嘌呤生物合成中间产物的积累，就可以导致菌落变红色（Liu et al.，2002a）。Wang 等（2016b）利用转基因技术在拟南芥中成功表达了 *BcDCL1/2* 基因的 dsRNA 片段，用 VIGS 技术在番茄中瞬时表达了 *BcDCL1/2* 基因的 siRNA 片段，两种方法均可显著抑制灰葡萄孢菌的致病性。而且，在这两种情况下，该基因仅仅启动了灰葡萄孢菌中的 RNAi 机制，而拟南芥和番茄中的 DCL 蛋白并没有受到影响。该研究团队还将体外合成的靶向灰葡萄孢菌的 dsRNA 或 siRNA 涂在水果、蔬菜或鲜花上，也能抑制灰霉病的发生。说明 RNAi 也可应用于水果、蔬菜采收后的真菌病害预防。

利用 RNAi 防治植物病原真菌时，通常以病原菌生长发育、产孢繁殖、侵染致病过程中的关键或必需基因为靶标，然后，通过 HIGS 或 SIGS 策略将 dsRNA 送入真菌细胞发挥基因干扰及抗真菌作用（Nunes and Dean，2012；Baulcombe，2015；Cheng et al.，2015；Koch et al.，2016；Wang et al.，2016b）。HIGS 策略是在寄主植物中表达与靶基因序列互补的 dsRNA，这些 dsRNA 被植物中的 Dicer 加工剪切形成 19～25nt 的 siRNA 分子，这些 siRNA 再被侵染植物的病原菌吸收，从而干扰病原菌中靶基因的正常转录和翻译，进而影响真菌的生长发育，延缓病菌扩展，使植物呈现抗病表型。已有的研究表明，HIGS 策略可以在土传真菌病害的防治中发挥重要作用。棉花黄萎病是由大丽轮枝菌（*Verticillium dahliae*）引起的一种土传真菌病害，是我国棉花上最重要的病害。中国科学院微生物研究所的郭惠珊研究组，利用 HIGS 技术建立了跨界 RNAi 介导的陆地棉种质创新技术体系。通过敲除轮枝菌的致病因子——疏水蛋白基因 *Hydrophobin1*（*VdH1*），成功培育出高抗黄萎病的早熟陆地棉新品系，与对照相比，该品系对黄萎病的抗性显著提高。而且该研究组在分子水平上证明了宿主植物可将小 RNA 传输到真菌细胞并诱导靶标基因的沉默，并将其称为跨界 RNAi（Zhang et al.，2016b）。该研究不仅为棉花萎病的可持续控制奠定了重要基础，也为其他土传真菌病害的防治提供了借鉴。

而 SIGS 策略是将 dsRNA 直接喷洒在植物表面，在这种情况下，这些 dsRNA 通过两种方式进入真菌细胞。一是被真菌细胞直接吸收，这种情况下仅能诱导真菌的 RNAi 机制。然而，对镰刀菌的研究发现，尽管该真菌有 5 个 RdRP 基因，但是，通过真菌直接吸收 dsRNA 对基因的沉默作用持续时间很短。这可能是由于次级 siRNA 的产生不足以引起持续的 mRNA 降解，也可能是由于这些 RdRP 基因根本就没有功能，或者它们仅仅是具有暂时性功能的酶（Marker et al.，2010；Song et al.，2018b）。二是喷洒在植物表面的 dsRNA 首先被植物细胞吸收，然后再转移到真菌细胞，这时，植物和真菌的 RNAi 机制均能被启动（Koch et al.，2016；Wang et al.，2016b）。进一步的研究还发现，dsRNA 被植物吸收后再转移给真菌，这种方式比真菌细胞直接吸收，对植物的保护作用可以持续更长的时间（Song et al.，2018b）。

这种通过植物吸收 dsRNA 对真菌发挥持续性 RNAi 作用的机制比较容易理解。利用植物本身存在的 RdRP 聚合酶，以 mRNA 为模板，合成新的 dsRNA，重新进入 Dicer 剪切和靶基因干扰过程，可以产生持续、高效的 RNAi 效应。虽然将体外合成的 dsRNA 喷洒在伤处理的小麦胚芽鞘上，可以有效防治亚洲镰刀菌，但是，由于镰刀菌没有产生次级 siRNA 的能力，RNAi 效果仅能维持 9h，若要持续发挥作用，就需要进行 dsRNA 的连续处理（Song et al.，2018b）。

基于 SIGS 的 RNAi 在作物真菌病害的防治中已经展现出巨大的潜力。Koch 等（2013）利用体外培养的方法，以禾谷镰刀菌的 P450 基因［羊毛甾醇 C-14α-去甲基化酶（lanosterol C-14α-demethylase）基因］*CYP51* 为模板，合成 791nt 的 dsRNA 并将其加入培养基中，发现菌的生长被抑制，菌的表型出现了与杀菌剂处理一样的效果。随后，该研究团队利用体外合成的该基因的 dsRNA 对大麦叶片进行局部喷洒，结果表明，不仅喷洒位置的叶片不被镰刀菌感染，而且能产生系统性传递，对大麦其他未喷洒叶片也起到保护作用（Koch et al.，2016）。该研究为我们利用 RNAi 进行植物病原真菌的防治开辟了一条新的途径，通过对植物叶表进行 dsRNA 喷施就能够达到防控病原真菌的目的。该技术不仅可以缓解传统化学农药防治带来的农药残留以及环境污染等问题，而且喷洒 dsRNA 的方法应用简便，一旦研发成功，将具有广阔的市场前景。

此外，对植物病原真菌的研究还发现，siRNA 能够通过胞间连丝进入相邻的细胞，或者通过维管系统进行长距离运输，至于 siRNA/dsRNA 如何跨物种从植物进入真菌，Cai 等（2018）给出了一个比较合理的解释，作者在研究中发现，拟南芥通过分泌一种外泌体的细胞囊泡将 RNA 分子送入真菌体内。外泌体进行跨物种的 RNA 运输，这很可能是一种普遍存在的现象。对病原真菌灰葡萄孢菌的研究也得到了一个令人意外的结果。研究人员发现，灰葡萄孢菌不仅能将 siRNA 分泌到寄主植物的细胞内抑制其免疫反应，而且能够吸收外源的 dsRNA 和 siRNA 抑制其自身的生长。这是一种双向跨界的 RNAi 作用（Weiberg et al.，2013；Wang et al.，2016b）。这些现象均需要更多的研究来进一步证明，但是，这些机制的发现也为我们开发基于 RNAi 的抗真菌制剂提供了理论依据。

7.1.3.2 病毒病

大多数的植物病毒具有单链 RNA 基因组，其在复制过程产生的 dsRNA 中间产物，可以被植物 RNA 干扰通路加工成病毒起源的 siRNA，用于降解包括病毒 RNA 在内的任何同源 RNA。利用植物表达 dsRNA 抵抗病毒病已经取得了很多令人满意的结果，但是，目前的研究主要集中在抗病毒作物的培育（PIP），而体外递送 dsRNA 进行病毒预防的非 PIP 工作还处于初期研究阶段（Prins et al.，2008；Khalid et al.，2017；Pooggin，2017；Niehl and Heinlein，2019）。

在利用 PIP 进行抗病毒作物培育的过程中，表达靶向番茄黄叶卷曲病毒（TYLCV-OM）基因组 dsRNA 的抗性番茄，对双生病毒科有较高的耐受性（Ammara et al.，2015）；而靶向病毒壳蛋白基因和移动蛋白基因的抗性水稻对草状矮化病毒（RGSV）的耐受性显著提高（Shimizu et al.，2013）。菜豆金斑病是由烟粉虱（*Bemisia tabaci*）传播的菜豆金色花叶病毒（bean golden mosaic virus，BGMV）引起的病毒病害。在菜豆中表达 BGMV *AC1* 基因内含子的 dsRNA，其中一个抗性品系在高剂量的病毒接种条件下（每株植物至少接种 300 个带毒烟粉虱），对病毒的抗性非常高，大约有 95% 植株在接种病毒后没有发病（Bonfim et al.，2007）。除此之外，利用 HIGS 技术在木瓜和李子中表达病毒衣壳基因的 dsRNA，也取得了很好的病毒防治效果（Scorza et al.，2013；Gonsalves et al.，2014）。这些结果说明 RNAi 可直接用于植物病毒病的防治，而且，同一靶标有可能同时控制多种病毒。

非 PIP 在植物病毒病的防治中同样可以发挥重要作用。早在 2001 年，Tenllado 和 Diaz-Ruiz 利用体外合成的方法获得了来自多个病毒的 dsRNA，通过机械接种或农杆菌介导的瞬时表达法将这些 dsRNA 送入植物细胞后，同时获得了对上述多个病毒的抗性。随后的研究发现，利用细菌产生的针对辣椒轻斑驳病毒（pepper mild mottle virus，PMMoV）、李痘病毒（plum pox virus，PPV）和烟草花叶病毒（tobacco mosaic virus，TMV）的 dsRNA，通过在烟草植物表面喷施粗制的细菌制剂，也可以防止这些病毒的感染（Tenllado et al.，2003；Yin et al.，2009）。利用大肠杆菌 HT115 表达甘蔗花叶病毒（sugarcane mosaic virus，SCMV）外壳蛋白基因的 dsRNA，以细菌的粗提物作为喷剂直接喷洒在玉米叶片上，可以有效抑制 SCMV 的侵染（Gan et al.，2010）。这些研究表明，无论是在植物细胞内的瞬时表达还是进行植物叶面喷施，由细菌产生的病毒 dsRNA 片段可以有效控制植物病毒病的感染和发病（Robinson et al.，2014；Mitter et al.，2017b）。

利用非 PIP 策略生产的 dsRNA，已经在不同种植物的多种病毒病防治中得到了验证，部分研究结果见表 7-1。这种利用病毒基因组设计合成 dsRNA 或 siRNA，免疫植物发挥抗病毒作用的疫苗，已经在烟草花叶病毒（TMV）和黄瓜花叶病毒（CMV）的防治中得到验证。Niehl 等（2018）将体外合成的 TMV 的 dsRNA，通过机械摩擦接种到烟草的下部叶片，上部叶片也表现出对 TMV 的免疫，不仅证明了 dsRNA 可以在植物体内系统性传播，而且证明了 dsRNA 具有作为植物抗病毒疫苗的可能。2019，Gago-Zachert 等建立了一种高效的分子检测方法，来识别那些能够有效抗病毒的 siRNA，将这些 siRNA 喷洒在植物叶面，对植物病毒的抑制作用可达 90%。目前，利用体外合成的 dsRNA 作为病毒疫苗的概念已经逐渐得到认可，可以通过提前在叶片表面喷洒靶向病毒基因组片段的 dsRNA，被植物吸收后，一旦激活植物的 RNAi 通路并产生次级的 siRNA，就可以实现对未处理叶片的保护。这种现象非常类似于人类的获得性免疫，展现了 RNAi 在抵抗植物病毒病方面的独特优势，是一种极具应用潜力的抗病毒新策略。

表 7-1　利用细菌表达或体外转化的 dsRNA 实现对病毒病的抗性

病毒名称	植物种类	目的基因	表达系统	参考文献
甘蔗花叶病毒（sugarcane mosaic virus，SCMV）	玉米（*Zea mays*）	*CP*	*E. coli* HT115（DE3）	Gan et al.，2010
番木瓜环斑病毒（papaya ringspot virus，PRSV）	番木瓜（*Carica papaya*）	*CP*	*E. coli* M-JM109lacY	Shen et al.，2014b
豌豆种传花叶病毒（pea seed-borne mosaic virus，PSbMV）	豌豆（*Pisum sativum*）	*CP*	体外转录	Safarova et al.，2014
蕙兰嵌纹病毒（*Cymbidium* mosaic virus，CymMV）	杂种兰花（*Brassolaeliocattleya hybrida*）	*CP*	*E. coli* HT115（DE3）	Lau et al.，2014
烟草花叶病毒（tobacco mosaic virus，TMV）	烟草（*N. tabacum*）	*p126*	体外转录	Konakalla et al.，2016
西葫芦黄化花叶病毒（zucchini yellow mosaic virus，ZYMV）	西葫芦（*Cucurbita pepo*）	*HcPro*	体外转录	Kaldis et al.，2018
烟草花叶病毒（TMV）	本氏烟（*N. benthamiana*）	*MP*	*Pseudomonas syringae* LM2691	Niehl et al.，2018

值得注意的是：由于降解作用，通过 dsRNA 接种实现对病毒病抗性的窗口期通常是 5～10d，之后，需要再次接种才能实现对相关病毒病的持续防治。为了改进这一被动的局面，就必须提高 dsRNA 的稳定性。利用纳米材料对 dsRNA 进行保护，可以较好地解决这一难题。Mitter 等（2017a）将 TMV 的 dsRNA 与一种平均大小在 80～300nm 的纳米材料（BioClay）结合，不仅能够有效保护核酸不被降解，将 dsRNA 的有效期延长至 30d，而且可以提高 dsRNA 与植物叶面的结合力，避免被雨水冲走。相似的研究结果，在豆类常见花叶病毒病（BCMV）及蚜虫传播的病毒病防治中也得到了验证（Worrall et al.，2019；Zheng et al.，2019b）。

总之，RNA 抗病毒疫苗的概念已经逐渐得到认可，即通过提前在叶片表面喷洒靶向病毒基因组中部分片段的 dsRNA，当其被植物叶片吸收并激活 RNAi 通路后，就可以诱导植物产生足够量的 siRNA，从而发挥持续的抗病毒作用，因此被称为“抗病毒疫苗”。研究还发现，通过机械接种法进行局部接种，dsRNA 还可以通过植物的微管系统进行扩散，说明植物可能主动吸收外部施用的 dsRNA，使其进入细胞，并发挥抗病作用（Konakalla et al.，2016；Kaldis et al.，2018）。因此，在植物的局部施用 dsRNA 可以为植物病毒感染提供系统性保护作用（Niehl et al.，2018；Yan et al.，2020a）。随着核酸包裹和递送技术的成熟，核酸农药在抗病毒方面的应用肯定会得到继续发展，相对于体外直接施用的 dsRNA，纳米载体对其包含的 dsRNA 提供了较好的保护外壳，例如，双层氢氧化物黏土纳米片层（clay nanosheet）和 DNA 纳米载体在抗病毒方面体现出了与转基因作物相当的效果（Mitter et al.，2017a）。这些结果都充分说明 RNAi 在抗病毒作物培育方面具有独特的优势。

7.1.3.3　细菌性病害

植物病原细菌可以引起多种病害，给农业生产造成了巨大的损失。与真核生物相比，细菌中并不存在 RNA 干扰系统，如典型的 Dicer、Ago 等通路关键蛋白，但细菌中有通过反义 RNA（antisense RNA）的类似基因表达干扰机制（Thomason and Storz，2010）。在细菌中，反式和顺式编码的反义序列能够抑制转录，而且这种抑制是可逆的。例如，在单个 mRNA 的调控区，相邻的顺式反义序列可以形成分子折叠，这种折叠结构能够掩盖核糖体结合位点，从而阻止翻译的启动。

此外，在原核生物中，顺式编码的反义序列还会结合在 mRNA 的起始密码子区域抑制翻译。例如，MicF RNA 抑制外膜蛋白基因 *ompF* 的翻译就是通过这一方式实现的（Delihas and Forst，2001）。根据该现象，通过外源合成特定的 RNA 就可以用来调控基因的表达。

研究表明，利用 100nt 的顺式和反式反义转录本抑制翻译，可导致转录本降解（Good and Stach，2011）。但是，由于顺式编码的反义 RNA（antisense RNA，asRNA）与目标 mRNA 高度互补，而反式编码的 asRNA 与目标 mRNA 互补程度较低。而且，与真核生物中参与 RNAi 的 dsRNA 相比，asRNA 是单链的，更容易被外界的核酸酶降解，这给细菌病害的防治带来了困难。为了使 asRNA 可以喷洒在植物表面发挥作用，研究人员利用多肽核酸（peptide nucleic acid，PNA）和硫代磷酸吗啉基低聚物（phosphorothioate morpholino oligomer，PMO）来解决这一难题（Good and Stach，2011）。

将外源合成的 asRNA 喷洒在植物叶表发挥抗菌作用的另一个巨大挑战：asRNA 如何穿越细胞屏障进入细胞内。由于核酸低聚物是一种生物大分子，很难通过简单扩散被细胞吸收。2009 年，Mellbye 等研究发现，若将 PNA 或 PMO 低聚物与细胞阳离子进行肽偶联，可以极大地促进它们向细胞内的传递。因此，外用 asRNA 进行细菌性病害的防治具有较大的可行性，特别是对那些局限于木质部的细菌性病害，用树干注射的方法就可能进行防治（Dalakouras et al.，2018）。

此外，通过调节植物的 RNAi 通路，也可以提高寄主植物对细菌病害的抗性，这为将 RNA 生物农药应用于细菌病害的防控提供了一条新的思路。研究人员利用 RNAi 技术同时沉默八氢番茄红素脱氢酶基因 *PDS* 与柑橘胼胝质合成酶基因 *CalS1*，降低了柑橘溃疡病病菌［*Xanthomonas citri* subsp. *citri*（Xcc）］的侵染能力（Enrique et al.，2011）。总之，RNAi 在植物细菌病害防治中的研究还比较少，需要研究人员继续进行相关的探索。

7.1.3.4　线虫病害

RNAi 现象及其作用机制首先是在秀丽隐杆线虫（*Caenorhabditis elegans*）中被发现和证明的，而且，在线虫中还发现，通过注射、浸泡或饲喂 dsRNA 均可以发挥 RNAi 作用，而且其 RNAi 作用可以传递到下一代，被称作亲本 RNAi（parental RNAi，pRNAi）（Fire et al.，1998; Timmons and Fire，1998）。因此，利用 RNAi 进行植物病原线虫的防治是非常值得期待，也是最有可能成功的。

植物寄生线虫可侵染大多数的栽培作物，造成了非常严重的产量损失和质量下降。统计表明，全球每年因线虫病造成的经济损失高达 1570 亿美元，其中孢囊线虫和根结线虫通过在作物根部形成虫瘿而影响作物的长势、降低固氮效率等，最终造成作物减产甚至绝收。基于 RNAi 在线虫中的作用机制研究，研究人员通过利用体外合成的 dsRNA 进行线虫饲喂、病毒介导的 dsRNA 瞬时表达以及植物直接表达线虫的 dsRNA 等几种方式，尝试了该技术在线虫防治中的应用。针对线虫中负责与植物互作的基因 *16D10* 合成 dsRNA 并饲喂线虫，可以显著降低线虫的侵染性。随后，在拟南芥中表达 *16D10* 的 dsRNA，结果表明，抗性植株能有效抵抗 4 种病原线虫的危害，分别是南方根结线虫（*Meloidogyne incognita*）、爪哇根结线虫（*M. javanica*）、花生根结线虫（*M. arenaria*）和北方根结线虫（*M. hapla*）。该研究发现，每克抗性植株的根中根结线虫的卵量可减少 93%（Huang et al.，2006）。此外，在葡萄根毛中表达 *16D10* 基因的 dsRNA，可以有效防治南方根结线虫（Yang et al.，2013）。当然，该技术在其他种类的线虫防治中同样可以发挥作用，如孢囊线虫属（*Heterodera*）。在大豆中表达孢囊线虫精子蛋白基因的 dsRNA，可导致线虫的繁殖能力大大降低，每克根组织中线虫的产卵量下降 68%，而且可影响线虫后代的繁殖能力，并最终导致每克根组织中的产卵量下降 75%（Steeves et al.，2006）。

上述结果表明，RNAi 在植物病原线虫的防治中可以发挥重要作用，而且有可能通过基因工程技术实现同一类病原线虫的广谱抗性。然而，至今未见将 dsRNA 作为杀线剂进行外用的报道。对于线虫防治，关键问题是如何将 dsRNA 输送到根部组织，或者让根毛直接吸收。对林果类大型植物来讲，通过树干注射方法可以将 dsRNA 直接送入木质部（Dalakouras et al.，2018），但是这种方式很可能主要进入了植物的上部。已有的研究表明，dsRNA 可以被植物的根系直接吸收（Jiang et al.，2014; Li et al.，2015）。因此，一旦解决了 dsRNA 在土壤中的稳定性和低成本生产技术问题，利用 RNA 干扰进行有害线虫防治的问题将会迎刃而解。

7.1.4　RNA 干扰在益虫保护中的应用

以色列急性麻痹病毒（Israeli acute paralysis virus，IAPV）很可能是导致蜜蜂失踪，造成“蜂群衰竭失调”（colony collapse disorder，CCD）的元凶。研究人员用 IAPV 基因组中的两个序列合成的 dsRNA 饲喂蜜蜂，发现这种方法可以清除蜜蜂感染的病毒。据此，研究人员开发了一种基于 dsRNA 的新产品“Remebee”，并进行了大规模的田间试验。在美国佛罗里达州和宾夕法尼亚州两地不同季节及不同气候条件下，通过对 160 个蜂巢的测试结果表明，当受到病毒感染时，“Remebee”处理可使蜜蜂的存活率提高 2 倍，蜂蜜产量是未处理蜂巢的 3 倍（Hunter et al.，2010）。用病毒特异的 dsRNA 注射或饲喂熊蜂（*Bombus terrestris*）同样可以导致 IAPV 相关基因的沉默，并且可以降低工蜂的死亡率（Piot et al.，2015）。

RNAi 在保护蜜蜂免受东方蜜蜂微孢子虫（*Nosema ceranae*）和狄斯瓦螨（*Varroa destructor*）感染方面也发挥了重要作用。这两类蜜蜂寄生虫均拥有完备的 RNAi 机制，用靶向能量代谢基因的 dsRNA 饲喂微孢子虫感染的蜜蜂时，可导致寄生虫含量显著降低（Paldi et al.，2010）。同样，用针对瓦螨多个基因的特异 dsRNA 混合物饲喂蜜蜂时，瓦螨的感染率可降低 50%，且未发现对蜜蜂有任何不良影响（Garbian et al.，2012）。

7.2　dsRNA 的大量生产技术

在利用 RNAi 进行基因功能研究时，实验室通常借助一些商品化的试剂盒，通过体外合成获得较高纯度的 siRNA 或者 dsRNA，这种情况下只能得到很少量的 dsRNA，通常为纳克（ng）水平。尽管作为生物农药的 dsRNA 用量很低，预计每公顷作物的防治用量在 2～10g，但是，利用试剂盒来合成肯定是不现实的。因此，建立大量、高效、低成本的 dsRNA 合成工艺，是 RNA 生物农药研发和推广应用的关键。

经过多年的探索，随着 RNAi 技术的发展和推广应用，尤其是人用 RNA 医药的发展，dsRNA 的生产工艺也在不断摸索中改进和完善。目前，dsRNA 主要的生产手段包括化学合成、生物合成以及利用各种工程菌进行发酵生产等。

7.2.1　dsRNA 的化学合成

从 20 世纪 50 年代开始，已经能够在实验室进行寡核苷酸的合成。到了 20 世纪 80 年代，寡核苷酸的化学合成逐渐实现了自动化和商业化。进入 20 世纪 90 年代，随着分子生物学技术的发展，科学研究的需求进一步推动了相关产业的发展，高通量寡核苷酸合成技术得以推广和应用。这种纯化学合成的方法一般是通过碱基的去保护、偶联、加帽和氧化等不同的步骤，通过多步重复循环，逐步添加新的核苷酸，最终得到目标核酸序列（李诗渊等，2017）。

纯化学合成的方法由于产率较低，价格非常昂贵，而且随着寡核苷酸合成长度的增加，产率更加难以保障。更重要的是，合成过程中的各种化学组分难以去除，很难获得较高纯度的 dsRNA，同时，残留的化学组分对后期的靶标生物可能会有较大的毒副作用。除此之外，要想获得较长的 dsRNA 片段，还需要首先合成短片段的寡核苷酸，再进行后期组装，这是一项非常昂贵且费时费力的工艺。因此，采用化学合成法得到的 siRNA 或者 dsRNA，仅适用于实验室条件下的小批量测试，不适合大规模生产及田间病虫害防治。

7.2.2　dsRNA 的生物合成

在生物体内，存在一类 RNA 聚合酶，能够以一条 DNA 链或 RNA 链作为合成模板，以三磷酸核糖核苷（A、U、C、G）为底物，通过磷酸二酯键的聚合合成 RNA。该类 RNA 聚合酶广泛地存在于原核生物、真核生物，甚至多种病毒中。

关于原核生物的 RNA 聚合酶，目前研究较清楚的是大肠杆菌的 RNA 聚合酶。该酶是由 5 种亚基组成的六聚体蛋白，其中 α2ββ′ω 作为核心酶，与大肠杆菌内部的 σ 因子结合形成全酶后，才能够行使后续转录功能（Rothman-Denes，2013）。真核生物中具有 3 种不同的 RNA 聚合酶，分别是 RNA 聚合酶Ⅰ、RNA 聚合酶Ⅱ、RNA 聚合酶Ⅲ。这 3 种 RNA 聚合酶都含有 2 个不同的大亚基、2 个类 α 亚基和 1 个类 ω 亚基，这几个亚基与大肠杆菌核心酶具有类似特征。除了核心酶，真核生物的 3 种 RNA 聚合酶都需要其他不同的小亚基以及众多蛋白因子的共同参与，才能行使功能（Cramer et al.，2008；Carter and Drouin，2009）。不管是原核生物还是真核生物的 RNA 聚合酶，均不是单一蛋白就能够发挥作用，而是需要核心酶之外的其他亚基或者蛋白因子共同参与，才能行使功能。

1970 年，首次从感染了噬菌体 T7 的大肠杆菌中分离出了噬菌体 T7 RNA 聚合酶（T7 RNA polymerase），该酶是催化 RNA 合成的最简单的酶之一。该酶约为 99kDa，令人兴奋的是，该酶是单亚基酶，能够独立行使转录功能，不需要其他亚基或者蛋白因子的参与。除此之外，T7 RNA 聚合酶具有高度的特异性，只能特异性地识别 T7 启动子，对其他类型的启动子不起作用，同时该酶的合成延伸速率较快，比大肠杆菌 RNA 聚合酶延伸作用大约快 5 倍，能够合成较长的转录本（Sastry and Ross，1997；Tunitskaya and Kochetkov，2002；Durniak et al.，2008）。因此，T7 RNA 聚合酶能够广泛应用于原核生物和真核生物的高水平基因表达之中。同时，由于 T7 RNA 聚合酶可以高效、特异识别 T7 启动子序列，并能够催化 T7 启动子下游 NTP 的聚合，合成与 T7 启动子下游的模板 DNA 互补的 RNA。根据这些特点，可以在体外条件下方便、快速地合成 dsRNA。

其中，T7 启动子序列为 5′-TAA TAC GAC TCA CTA TAG GG-3′。在设计特定序列的引物时，将 T7 启动子序列加入引物 5′ 端，之后通过 PCR 合成带有 T7 启动子的 DNA 模板。以含有 A、U、C、G 四类碱基的游离核糖核酸为原料，T7 RNA 聚合酶能够以 DNA 序列为模板，合成与其互补的 RNA 序列，再将互补的单链 RNA 混合并退火，形成 dsRNA（Mullis and Faloona，1987；Cao et al.，1994；Li and Zamore，2019）。

该方法是在实验室中利用 dsRNA 诱导 RNAi 效应进行基因功能研究时的首选方法。其合成步骤：首先合成用于目标 dsRNA 转录的 DNA 模板，之后，借助于商品化的试剂盒进行体外转录，反应结束后，再利用 DNA 酶降解双链的 DNA 模板，最后通过酚氯仿抽提以及乙醇沉淀，就可以得到纯度较高的 dsRNA。此外，还可以利用商品化的纯化柱，去除引物、单个碱基、盐离子和蛋白质等杂质，从而得到纯度较高的 dsRNA。用这种方法合成的 dsRNA 纯度较高，能够最大限度地减小试剂带来的误差，从而提高实验的精确度。

通过体外转录合成 dsRNA 的方法，也是一种接近生理状态下的合成模式。与化学合成相比，体外转录法合成的 dsRNA 成本相对较低，可用于中小规模的 RNAi 测试。但是，若想大批量生产 dsRNA，这种方法的成本还是相对较高，很难进行大规模推广。

7.2.3　dsRNA 的表达系统与发酵生产

关于 dsRNA 的合成，不管是化学合成的方法，还是生物合成的方法，二者均有很多局限性，其中的主要局限是生产成本及生产规模。可以肯定的是：达不到吨级生产水平，就不可能将 RNA 生物农药推广应用。因此，多年来，研究人员在不断完善已有方法的基础上，也在努力探索新的、更加合理可行的 dsRNA 生产方法。在细菌中表达 dsRNA 已经成为近年来的研究热点（de Andrade and Hunter，2016；Zotti et al.，2018）。

RNA 生物农药或制剂可以利用的 RNA 分子有两种类型：一种是长度为 21～24bp 的 siRNA，另一种是不同长度的 dsRNA 片段。虽然有研究表明，siRNA 可以在昆虫中发挥基因沉默作用（Gong et al.，2013），但是，在大多数情况下，昆虫只能识别长度大于 50 个核苷酸的 dsRNA，而不会直接响应 siRNA（Feinberg and Hunter，2003；Saleh et al.，2006；Ivashuta et al.，2015）。相比之下，siRNA 和 dsRNA 都可以在真菌和植物中诱导基因沉默（Koch et al.，2016；Wang et al.，2016b）。这些结果表明，不同的生物具有不同的 siRNA 吸收机制，因此，在生产 RNA 生物农药或制剂时，应根据病虫害的种类，选择合适的靶标基因和合适的表达系统进行生产，从而高效、特异地诱导靶标基因的沉默。

7.2.3.1 大肠杆菌表达系统

1998 年，Timmons 和 Fire 首先尝试了利用工程细菌表达生产 dsRNA。他们将带有靶基因片段的 L4440 重组载体转入大肠杆菌（*Escherichia coli*）BL21（DE3）菌株中合成 dsRNA，饲喂线虫后产生了靶标基因相对应的 RNAi 表型，证明了通过细菌表达的 dsRNA 能够诱导 RNAi 效应。随后，他们从多个菌株中筛选出具有较高 dsRNA 表达效率的 HT115 菌株，并在线虫中取得了较好的 RNAi 效果（Timmons et al.，2001）。

大肠杆菌是常用的 dsRNA 表达系统。其特点包括遗传信息完备、操作方便、可以使用大规模发酵技术等。但是，作为 dsRNA 表达系统的 *E. coli* 细胞需要经过改造，敲除其特异性降解 dsRNA 的III型核酸酶基因 *rnc14*，才能保障细菌产生的 dsRNA 不被降解（Voloudakis et al.，2015）。HT115（DE3）就是一种 RNase III缺陷型菌株。RNase III是细菌中普遍存在的由 *rnc* 基因编码的 dsRNA 特异性核酸内切酶。通过在 *rnc* 基因内部插入 Tn10 转座子，使大肠杆菌无法表达 RNase III，从而可以避免菌体内产生的 dsRNA 被直接降解（Timmons et al.，2001）。此外，HT115（DE3）经过整合与修饰，能够在 IPTG 的诱导下，产生 T7 RNA 聚合酶（Studier and Moffatt，1986）。在 L4440 载体序列的多克隆位点两侧有一对方向相反的 T7 启动子，将连接有目标片段的 L4440 载体导入 HT115（DE3）后，在 IPTG 的诱导下，就可以合成大量的 T7 RNA 聚合酶，并与 T7 启动子结合，介导下游 DNA 序列转录成 RNA，进而在细胞中合成目标 dsRNA（Timmons and Fire，1998）。

由于在大肠杆菌内产生的 dsRNA 不能分泌到细胞外，需要经过菌体裂解、提取和纯化手段，才能得到目标产物。对细胞进行裂解的方法有超声处理、酶法裂解、煮沸裂解，同时可以使用十二烷基硫酸钠（SDS）增强裂解的效果（Posiri et al.，2013）。细胞壁破碎之后，就可以释放出核酸，得到 dsRNA 的粗提液，这时，还需要进行 RNA 酶 A（RNaseA）处理，以去除大肠杆菌细胞内的单链 RNA（ssRNA），然后，再使用合适的 RNA 提取手段，如采用 TRIzol 试剂或其他 RNA 提取试剂，提取目标 dsRNA。

其中，乙醇处理也是一种简便快捷的 dsRNA 提取方法。利用超声波破碎后的细胞进行乙醇提取，可以从细胞培养液中直接提取出 dsRNA，不仅节省大量的生产成本，而且没有明显的大肠杆菌污染，是一种简便有效的 dsRNA 提取技术。乙醇是一个两性分子，能够与细胞脂质双层膜相互作用，通过破坏磷脂酸双分子层中蛋白质之间的相互作用，并导致肽聚糖之间的交联，造成膜流动性增加和泄漏。最终由于细胞膜通透性的增强，部分 dsRNA 从细胞内被释放出来。因此，通过乙醇处理的大肠杆菌，在菌体和培养液中都可以检测到 dsRNA。已有的研究表明，乙醇处理得到的 dsRNA，其中的杂质对其基因沉默的影响不大，可以作为一种有效的 dsRNA 提取工艺进行推广（Posiri et al.，2013）。

众多研究人员已经验证了用细菌表达的方法可以大量合成 dsRNA，并能诱导产生 RNAi 效应。2004 年时，Tenllado 等用大肠杆菌 HT115（DE3）表达系统，平均每克细菌培养物可以获得 4μg 的 dsRNA。Ahn 等（2019）利用大肠杆菌表达系统，通过超声波破碎和苯酚提取，能够进一步提高分离到的 dsRNA 的量，最高浓度可以达到 19.5μg/mL。除了 HT115 菌株，另一个比较常用的菌株是 M-JM109lacY，用该菌株表达烟草花叶病毒（tobacco mosaic virus，TMV）衣壳蛋白的 dsRNA，以及用 HT115（DE3）表达 TMV 移动蛋白的 dsRNA，将两种

dsRNA 通过机械摩擦法接种烟草，均可以有效抵御 TMV 的感染（Yin et al.，2009，2010）。除了植物病毒，用细菌表达昆虫病毒重要功能基因的 dsRNA，同样可以发挥作用。在 HT115（DE3）细胞中表达中华蜜蜂囊状幼虫病病毒（Chinese sacbrood virus，CSBV）*VP1* 基因的 dsRNA，之后对细胞进行破碎处理，提取 dsRNA 饲喂中华蜜蜂（*Apis cerana*），能够有效防止病毒对蜜蜂的感染（Zhang et al.，2016a）。

也有研究表明，将细菌高温灭活后直接饲喂线虫和昆虫，也可以产生相应的 RNAi 效应。Ahn 等（2019）的研究发现，无须额外的苯酚提取和核酸酶处理，直接用 dsRNA 粗提物饲喂昆虫也有明显的基因沉默效果。用大肠杆菌 HT115 表达昆虫靶标基因的 dsRNA，灭活后直接饲喂昆虫，可以产生 RNAi 效应并导致显著的昆虫死亡率。在大肠杆菌中表达 *SeCHY2* 基因的 dsRNA，超声破碎细菌，释放出核酸，并用其饲喂甜菜夜蛾（*Spodoptera exigua*），不仅能够诱导产生相应的 RNAi 效应，还能够提高昆虫对杀虫剂的敏感性（Vatanparast and Kim，2017）。通过细菌发酵的方式合成 *JHP*、*CHI*、*COE* 以及 *AK* 基因的 dsRNA，饲喂番茄斑潜蝇（*Tuta absoluta*）后，能够产生比较高的幼虫致死率（Bento et al.，2020）。在 HT115 细胞中表达针对柳蓝叶甲（*Plagiodera versicolora*）幼虫的 *ACT*、*SRP54*、*HSC70*、*SHI*、*CACT* 以及 *SNAP* 等多个基因的 dsRNA，饲喂幼虫后，均能产生较好的 RNAi 效果，其中抑制 *ACT*、*SRP54* 基因对幼虫具有显著致死作用（Zhang et al.，2019c）。这些研究结果表明，发酵生产的 dsRNA 可用于病虫害防治。

7.2.3.2　芽孢杆菌表达系统

除了大肠杆菌，也可以依据其他细菌自身特有的属性和优势，经过加工、改造，使其成为合适的 dsRNA 表达系统。研究人员对枯草芽孢杆菌（*Bacillus subtiis*）进行测试，通过构建表达 *daf-2*、*unc-62* 基因的 dsRNA 表达载体，合成这两个基因的 dsRNA，之后用经过处理的枯草杆菌直接饲喂秀丽隐杆线虫，能够产生比较好的 RNAi 效应（Lezzerini et al.，2015）。

此外，苏云金芽孢杆菌（*B. thuringiensis*）是一种已经被公认的高效生物杀虫剂，已经被广泛应用于鳞翅目害虫防治。研究人员也尝试将苏云金芽孢杆菌作为一种表达菌株用于 dsRNA 的发酵生产。Park 等（2019）将两个位置相反的、产孢依赖的 *cyt1Aa* 启动子与囊状幼虫病病毒（Sacbrood virus，SBV）的 *VP1* 基因相连，并在特定的位置增加 Shine-Dalgarno 序列（GAAAGGAGG），用来增加 RNA 的稳定性，之后将构建的 pBTdsSBV-VP1 载体导入 Bt 4Q7 菌株中表达相应的 dsRNA。随后提取 Bt 菌株的总 RNA，饲喂感染 SBV 的寄主昆虫中华蜜蜂，能够明显减轻昆虫感染病毒的情况。这说明除了大肠杆菌，其他类型的细菌，如枯草芽孢杆菌和苏云金芽孢杆菌，也可以作为一种有效的 dsRNA 发酵生产平台，用于 RNA 生物农药的生产。

7.2.3.3　藻类及噬菌体表达系统

为了防治一些虾蟹的寄生性细菌或病毒，可以将藻类作为 dsRNA 的表达载体，进行 dsRNA 的合成和生产，虾蟹通过取食表达 dsRNA 的藻类，就可以达到防治细菌或病毒感染的目的（Sanitt et al.，2016；Somchai et al.，2016；Charoonnart et al.，2019）。

除了一些原核细菌、藻类能够作为 dsRNA 发酵生产的菌株，噬菌体能够在寄主活细胞内独立复制，也可以作为一种 dsRNA 的生产载体。将需要表达的 dsRNA 片段导入噬菌体基因组中，利用噬菌体能够入侵活细胞寄主进行扩增繁殖的特点，将噬菌体作为一种小型的生物工厂，进行 dsRNA 的大量、高效生产。Niehl 等（2018）在丁香假单胞菌（*Pseudomonas syringae*）中，利用噬菌体 *phi6* 组件，设计得到了稳定的 dsRNA 生产系统，并获得了高质量的长链 dsRNA，该系统生产的 dsRNA 是通过依赖 RNA 的 RNA 聚合酶（RdRP）进行 RNA 转录而不是 DNA 转录。与大肠杆菌表达系统相比，尽管噬菌体表达系统的 dsRNA 产量相对较低，但是，该系统可利用 *phi6* 中的 RdRP，在没有引物的情况下以 ssRNA 为模板，将其持续转换为 dsRNA。他们利用该表达系统合成了病毒衣壳蛋白（capsid protein，CP）基因的 dsRNA 及 hpRNA，并将其施用在植物的叶面，不仅延缓了病毒病的发病、减轻了感染症状、减少了感染植物的数量、降低了病毒滴度，而且降低了目标病毒基因的转录水平。

7.2.3.4　酵母表达系统

利用真核生物作为 dsRNA 生产系统的研究还比较少，如果一定要选择一个真核生物作为 dsRNA 生产系统的话，酿酒酵母（*Saccharomyces cerevisiae*）具有巨大的先天优势：①酵母在食品和制药工业中具有悠久的应用历史，是一种没有传染性、对人类非常安全的真核生物。②酵母生长迅速，发酵工艺简单成熟、开发成本低，是一种极易推广的工业微生物。③酵母可以在干燥状态下长久保存，可有效保护 dsRNA 的完整性。④作为一种遗传学研究的模式生物，酵母的遗传背景清晰、可追溯性强、遗传改造非常方便。⑤酿酒酵母缺乏 Dicer 和 Argonaute 等 RNA 干扰系统的主要成员，在发酵过程中可以大量积累目标产物并将其分泌到培养基中，非常便于回收提纯（Drinnenberg et al.，2009；Duman-Scheel，2019）。因此，可以通过遗传学改造，使酿酒酵母成为表达和积累重组 dsRNA 的高效表达系统。可以说，真核生物中，酿酒酵母是最好的 RNAi 制剂生产菌株，通过改造有可能成为一种最安全、最理想的 RNAi 表达和递送系统。利用酵母表达系统生产 dsRNA 在媒介害虫防治中已经取得了一些重要进展，详细内容参见本章 7.4.2。

7.2.3.5　dsRNA 发酵生产的机制分析

以细菌为工具制备 dsRNA，根据其作用机制，可分为两种方法：一是依赖 DNA 的 RNA 聚合酶（DNA-dependent RNA polymerase，DdRP）法；二是依赖 RNA 的 RNA 聚合酶（RdRP）法（Voloudakis et al.，2015）。在植物、真菌和线虫中大多是基于 RdRP 的方法进行 dsRNA 合成。RdRP 通过靶向 ssRNA 和合成第二条 RNA 链，从而产生 dsRNA 分子，并导致次级 RNAi 的产生及 RNAi 的系统性传播。

目前，基于 RdRP 的 dsRNA 生产技术已经得到了越来越多的关注，并在多种系统上得到测试和应用（Zotti et al.，2018）。例如，利用噬菌体 *phi6* 的组成成分，可以在丁香假单胞菌体内构建一个稳定、准确、高效的 dsRNA 生成系统。与其他依赖 DNA 转录和单链 RNA 分子合成的体外或体内 dsRNA 生产系统不同，*phi6* 系统是基于 RdRP 对 dsRNA 的复制，可以生产高质量的长链 dsRNA 分子。基于 RdRP 的系统虽然在不同条件下应用方法有所差异，但是，其大致原理是将靶标基因编码的 DNA 整合到病毒基因组中。研究人员将 TMV 的遗传信息分别整合到几个片段上，通过农杆菌侵染的方式引进到烟草细胞内。当 TMV 进行转录的时候，整合于其中的靶标基因的 dsRNA 也得到了转录，并且像 TMV 的序列一样，被转录成为有生物活性的 dsRNA 形式。TMV dsRNA 的稳定生产是通过将所有 3 个 *phi6* 的基因组片段结合在一起，并通过保持自然的 dsRNA 大小和序列元素来实现的，这些都是高效复制和包装这些片段所必需的。该 dsRNA 生产系统可以作为一种高效、灵活、非转基因和环境友好的方法得以广泛应用（Niehl et al.，2018）。

基于 DdRP 的方法虽然在具体的载体构建方式和表达系统上与 RdRP 的方法有些差别，但基本原理是一致的。首先要构建一个收敛性转录表达系统，将沉默对象靶标基因的特异序列设置成为收敛转录的对象，然后，在过表达启动子的驱动下，使位于两个启动子之间的 DNA 序列被转录成为 dsRNA。

7.2.3.6　发酵生产的优势、问题及可能的解决方案

利用大肠杆菌、芽孢杆菌等各种细菌作为平台进行 dsRNA 的发酵生产，不仅操作方法简单，而且 dsRNA 的合成成本较低。同时，采用该方法生产 dsRNA，靶标基因载体一旦构建完成，就可以长期保存，随时取用。总之，利用发酵法生产 dsRNA，采用了经过数十年验证的发酵工艺，非常容易扩展到较大的工业化规模，从而获得大量低成本的核酸农药。

但是，细菌发酵法也有一定的局限性，首先，在生产过程中可能存在细菌毒素；其次，采用这种方法生产 dsRNA 时，由于细菌不能将其直接分泌到胞外，给后期的核酸提纯带来了一定的困难。一般的做法：离心收集发酵后的菌液，并用溶菌酶常温裂解菌体，之后通过 TRIzol 法提取总 RNA，才能分离得到 dsRNA。由于总 RNA 中不仅包含合成的 dsRNA，而且包含了大肠杆菌本身的 rRNA、mRNA 等，需要利用 RNaseA 进行消化，且很难得到纯度较高的 dsRNA。因此，用该方法合成 dsRNA，后期提纯以及质量优化还需要重点完善（Ahn et al.，2019）。除此之外，在大规模发酵生产时，工程菌中合成的 dsRNA 还可能被其他各种核酸酶降解，从而影响大规模生产效率。特别需要提醒的是：采用发酵的方法生产 dsRNA，不可避免会产生一些发酵废液，很可能造成二次污染，因此，发酵废液的后处理也是必须解决的问题。

RNAgri 是一家主要生产 dsRNA 产品的公司，该公司通过对工程菌和发酵工艺进行改造，已经能够生产吨量级的 dsRNA 产品，目前 dsRNA 的生产成本已经达到每克 1 美元，为 RNA 生物农药的规模应用奠定了重要基础。该公司通过将编码病毒衣壳蛋白质粒和编码目标 RNA 的质粒共转化发酵用微生物。通过对目标 RNA 进行修饰和改造，使其含有特定的、能够与衣壳蛋白进行自组装的核酸序列。这些改造过的微生物在培养基中繁殖时，会同时产生具有自组装能力的蛋白质和 RNA。这些 RNA 与具有自组装能力的蛋白质结合，形成 RNA-蛋白质复合物，进而保护 RNA 在发酵过程中不被 RNA 核酸酶降解。除此之外，这种 RNA-蛋白质复合物还可以提供后期稳定的递送机制，将 RNA 有效地递送到可以产生 RNAi 效应的位置，从而避免 RNA 产品在合成以及运输过程中遭受环境中的各种 RNA 核酸酶降解，也可以避免被其他环境因素，如紫外线降解。

该技术允许合成的 RNA 大量积聚在微生物中。随后可以通过一系列加工过程去除蛋白质以得到较纯的 dsRNA，也可以保存蛋白质-RNA 复合物，从而增强其抵御环境中核酸酶的能力，提高 dsRNA 的稳定性。对于病虫害虫防治，也可以将合成 dsRNA 的微生物进行灭活处理后直接作为 RNA 生物农药。

目前，RNAgri 公司已经实现了在革兰氏阳性菌、革兰氏阴性菌以及酵母等各种菌株中进行 dsRNA 的大规模发酵生产，并可应用于蚂蚁、蟑螂、白蚁等的控制。

GreenLight Biosciences 致力于利用 RNA 解决世界上的一些重要问题。该公司研发出了一种无细胞（cell-free）dsRNA 生产平台，该平台克服了传统 RNA 合成过程中存在的问题，有效解决了纯度、成本和快速放大性等方面面临的各种问题，可以提供吨级产量且价格低于每

克 0.5 美元的 dsRNA 产品（Maxwell et al.，2019）。

众多以细菌发酵或无细胞平台生产 dsRNA 的工艺，都说明了进行 dsRNA 大量生产的可行性。此外，以合成生物学为思路，对工程菌及发酵工艺进行不断的优化和改造，肯定能够获得大量经济、高效的 dsRNA 生产技术。

7.2.4　RNA 生物农药的有效剂量及常用剂型

7.2.4.1　有效剂量

由于目前还缺乏足够的田间试验数据，每公顷作物实际需要喷洒的 dsRNA 剂量还不太确定。根据室内和小区试验推测，防治每公顷作物的害虫需要 2～10g 的 dsRNA。RNA 生物农药的有效剂量主要取决于不同种类病害对 RNAi 的敏感性、该物种是否存在系统性 RNAi 以及靶标基因的有效性等，因此，针对不同种类的害虫，RNA 杀虫剂的有效剂量会有很大差异，可以通过半致死浓度（median lethal concentration，LC_{50}）、半数致死时间（time to reach 50% mortality in the tested population，LT_{50}）或者半数生长抑制浓度（concentration that leads to 50% growth inhibition，GI_{50}）等参数来评估一个 RNA 生物农药制剂对靶标的起效速度，或评估某种害虫对 RNA 生物农药的敏感程度，估算田间施用的有效剂量。例如，Bolognesi 等（2012）对 *DvSnf7* 基因的测试结果表明，其饲料中 dsRNA 浓度为 1μg/mL 时出现半数生长抑制时间为 5d，因此，对该靶标基因进行生物测定和评估的时间最好长一些。最近，Fishilevich 等（2019）发现一个针对玉米根萤叶甲的靶标基因 *wupA*，其 2d 的 GI_{50} 为 0.48ng/cm^2，该靶标不仅可以对害虫致死，而且可以快速发挥作用。

鞘翅目昆虫对 RNAi 非常敏感，通过 dsRNA 饲喂的方法证明，其 LC_{50} 的范围为 1～10ng/μL，而双翅目和半翅目昆虫对 RNAi 敏感性较差，其 LC_{50} 的范围为 400～1000ng/μL（Cao et al.，2018）。针对玉米根萤叶甲的多个靶标，将体外合成的 dsRNA 涂在人工饲料表面饲喂幼虫，结果表明，其 dsRNA 的 LC_{50} 在 0.57～51.98ng/cm^2（Baum et al.，2007）。但是，对鳞翅目昆虫来讲，要想抑制一个基因的表达，根据昆虫种类的不同，按昆虫的体重，dsRNA 的饲喂剂量要达到 10～100μg/mg（Terenius et al.，2011）。

7.2.4.2　常用剂型

发展绿色、环保的生物农药以及农药剂型是当代农药的重点发展方向。因此，开发以 dsRNA 为主体的核酸农药，必须研制出无毒、无残留的有效剂型。目前的农药剂型主要包括水乳剂、微乳剂、水悬浮剂、水剂等水基性农药。这类农药主要是以水代替有机溶剂作为分散介质或稀释剂，具有低毒、易稀释、易使用等特点。水分散粒剂、水漂浮分散颗粒剂等固体剂型的农药是比较新颖且受消费者青睐的剂型，很多尚处于研发阶段。除此之外，还有油悬浮剂、微胶囊剂、袋剂等。这些不同的剂型有各自的优缺点。一些通过物理、化学、生物等手段创制的具有自动感知有害生物相关信息的功能，并且根据感知到的信息采取一定的应对措施，进而有针对性地进行有害生物防控的智能化农药剂型是目前研究的主要方向。但是，这种剂型开发难度较大，目前还处于理论研发阶段（胡冬松等，2009）。

以 dsRNA 为主体的核酸农药，由于其自身特性，可以制成粉剂，以水为溶剂进行稀释即可喷施。但是，由于 dsRNA 较易在自然状态被高温降解，也可能被光降解，甚至被雨水冲走，为了解决这些问题，目前主要通过采用纳米包裹或特定的递送技术、提高递送效率等方法来解决核酸类农药的稳定性问题。

除了以 dsRNA 为主体的单一核酸农药，核酸农药和化学农药协同使用也是核酸农药未来可能的发展趋势。一方面可以增加各自的药效、减少化学农药的用量，另一方面也可以减少目标昆虫对核酸农药的抗性，同时，也能够减少化学农药中溶剂、助剂等化学品的使用（王治文等，2019）。目前，核酸类农药还处于探索和研发阶段，合适的剂型和剂量尚在不断改进之中。

7.3　表达 dsRNA 的抗性植物

相比于体外合成 dsRNA 和利用微生物表达 dsRNA，在作物中表达针对有害生物必需基因的 dsRNA，实现对有害生物的控制，是一种更加高效的 dsRNA 递送策略。植物含有 3 个携带遗传信息的细胞器：细胞核、叶绿体（质体）和线粒体。目前可以进行遗传转化的细胞器有细胞核和叶绿体。由于技术原因，植物线粒体还不能够进行遗传转化。对于植物表达 dsRNA 抗虫，根据转化植物细胞器基因组的不同，可以分为核转化表达 dsRNA 和质体转化表达 dsRNA。

7.3.1　植物核转化表达 dsRNA 抗虫

植物（细胞）核转化是指通过农杆菌、基因枪、原生质体等技术手段将外源 DNA 导入到细胞核基因组中。植物核转化是应用最为广泛的一种方法，植物核转化表达 dsRNA 载体包含一段由中间片段（如植物基因的内含子）间隔的反向互补 DNA 序列（靶向害虫必需基因），以转录形成发夹 RNA（hpRNA，dsRNA 的一种）（Wesley et al.，2001）。

植物介导的 RNAi 在植物抗虫中展现出巨大的潜力。2007 年，Mao 等率先利用抗性作物表达外源 dsRNA 来防治棉铃虫，选择棉铃虫细胞色素 P450 单氧酶编码基因 *CYP6AE14* 为靶标基因，该基因在棉铃虫代谢棉酚的过程中发挥着重要的作用（Krempl et al.，2016）。当棉铃虫幼虫取食表达 hpRNA 的抗性烟草后，*CYP6AE14* 基因的表达水平下调，对棉酚的耐受力减弱，用含有棉酚的人工饲料喂食，幼虫的生长发育受到了显著的影响（Mao et al.，2007，2011）。后续研究表明，同时在棉花中另外转入半胱氨酸蛋白酶基因，能够进一步提高 RNAi 的抗虫效果（Mao，2013）。在植物介导的 RNAi 抗棉铃虫的研究中，其他课题组也报道了通过抑制不同靶标基因的表达，使抗性植物对棉铃虫具有一定程度的抗性（Zhu et al.，2012；Xiong et al.，2013；Shabab et al.，2014；Liu et al.，2015；Tian et al.，2015；Han et al.，2017）；另外，Ni 等（2017）报道了通过在棉花中聚合 RNAi 效应与 Bt 毒蛋白，能够进一步提高植物的抗虫性并延缓棉铃虫对 Bt 抗性的进化速度。孟山都公司开发的利用表达昆虫 dsRNA 的转基因玉米来防控玉米根萤叶甲的技术是一个成功的案例。玉米根萤叶甲（western corn rootworm，WCR）对 dsRNA 很敏感，因此，利用人工饲料筛选到大量有效的致死基因（Baum et al.，2007）。他们对玉米进行基因改造，使其表达以玉米根萤叶甲的必需基因为靶标的 RNAi 分子，结果表明，取食经过基因改良的玉米能够抑制害虫肠道细胞靶标基因的表达，经过基因改良的玉米根部遭受的破坏要比野生型玉米的少 50%（Baum et al.，2007）；另外，表达 *Snf7* 基因 hpRNA 的抗性玉米能防治 WCR 幼虫，控制其对根的损害，从而可以减少甚至避免农药的使用。然而，由于单独利用植物介导 RNAi 表达 *Snf7* 基因的 dsRNA 来防治玉米根虫的效果比较慢，将该技术与杀虫效果更迅速的 Bt 蛋白相结合，二者协同作用，既提高了杀虫的速度，又可减缓害虫对 Bt 抗性的进化速度。

植物介导的 RNAi 对刺吸式口器害虫也有成功的报道，如 Pitino 等（2011）用表达唾液腺 *MpC002* 基因和肠道 *Rack1* 基因的 dsRNA 的抗性作物喂食桃蚜，发现 60% 以上桃蚜的靶标基因表达受抑制，同时其后代数量明显减少；Zha 等（2011）证明了 RNAi 抗虫策略同样能够用于刺吸式口器害虫，水稻褐飞虱取食表达 RNAi 分子的水稻后，靶标基因的表达能够被明显抑制；在抗性烟草中表达桃蚜 *hunchback* 基因（*Mphb*）能够一定程度上增强烟草对蚜虫的抗性（Mao and Zeng，2014）；干扰麦蚜 *SaZFP* 基因能显著抑制对应基因的表达，最终导致麦蚜死亡（Sun et al.，2019）。随着技术的发展，利用核转化抗性作物表达 dsRNA 已成为常见的抗虫策略。

7.3.2　植物质体转化表达 dsRNA 抗虫

质体是一种植物特有的细胞器，是前质体、叶绿体、白色体、造粉体等质体的总称，其中叶绿体是植物进行光合作用的重要产所。质体基因组比较小，大小为 120～200kb，主要编码与光合作用、质体基因转录和翻译等相关的基因。质体基因表达和调控具有明显的原核特征，基因成簇排列，以多顺反子形式共表达。对质体基因组的遗传操作（质体基因工程技术）兴起于 20 世纪 90 年代初，首先在烟草中取得了成功（Svab and Maliga，1993）。与传统的植物细胞核转化方式不同（一般由农杆菌介导，T-DNA 随机插入到植物的核基因组中），质体转化是通过同源重组的方式进行的，一般采用基因枪法，将外源基因定点整合到质体的基因组中。利用 *aadA* 作为筛选标记基因，可使得质体转化效率得到很大程度的提高。相较于传统的核转化技术，质体转化的优势在于：①外源基因表达量高。质体基因组在植物细胞内以多拷贝形式存在，一个成熟的植物叶肉细胞中可含 1900～5000 份质体基因组，可使目的基因超量表达。②便于多基因共转化。质体基因的结构及表达模式与原核生物类似，且质体基因组小，便于遗传操作，可以实现多基因共同表达。③环境安全性高。大多数被子植物质体通过母系遗传给后代，转化植物的花粉（雄配子）中不含转基因成分，质体抗性作物不会随花粉传播，因此降低了转基因植物花粉田间扩散的风险，有利于生态稳定。④质体基因表达无基因沉默现象。外源基因通过同源重组而定点整合在质体特定的基因组位置中，没有因 T-DNA 随机插入而导致的基因表达位置效应。由于质体基因的表达不存在甲基化、乙酰化、组蛋白修饰等表观遗传学调控，不产生基因沉默现象，外源基因可以在质体转基因系中均一表达。⑤基因表达产物区域化。质体具有一套相对独立的遗传系统，具有完整的内膜与外膜屏障，目的基因的表达产物仅在质体内形成区域化，因此高水平的基因表达产物对植物其他细胞器的生理功能的影响较小（Bock，2007）（图 7-1）。

2012 年，Bolognesi 等发现长度小于 60bp 的 dsRNA 或 21bp 的 siRNA 无法使玉米根萤叶甲产生基因沉默效果；Kumar 等（2012）通过比较 *DCL* 基因突变的 dsRNA 抗性植物与正常 dsRNA 作物的抗虫效果差异，发现长链 dsRNA 比被 Dicer 切割后的 dsRNA 具有更好的抗虫效果。由于植物细胞质内存在内源的 Dicer 酶（Margis et al.，2006），hpRNA 会在植物细胞内被切割为 siRNA（Xie et al.，2004），而且由于植物内源性 RNAi 通路的存在，在一定程度上限制了植物核转化表达 hpRNA 抗虫的效果。2015 年，Zhang 等在马铃薯叶绿体中表达马铃薯甲虫致死基因 *β-Actin* 的 dsRNA，叶片中 dsRNA 的积累量达到了叶片总 RNA 量的 0.4%，比核转基因对照组表达的 dsRNA 高出了 2～3 个数量级，并且在质体转化马铃薯中没有检测到 siRNA，证明了质体中不存在 RNAi 通路，由于质体中不存在 Dicer 核酸酶的加工，从而保证了表达 dsRNA 的完整性。同野生型与核转基因马铃薯对照植物相比，转化质体表达 dsRNA

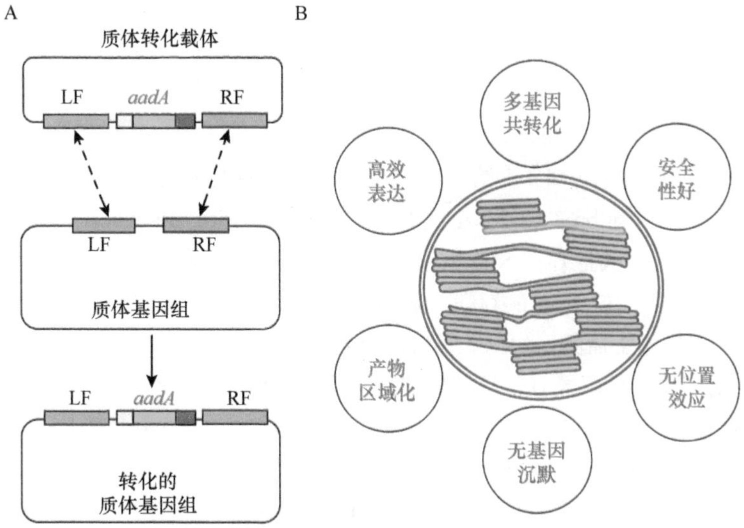

图 7-1 质体转化的原理（A）与优势（B）

外源基因通过同源重组方式整合到质体基因中。LF：左端同源序列；RF：右端同源序列

的马铃薯具有理想的抗虫效果，幼虫和成虫分别在第 2 天和第 3 天停止取食，幼虫在取食第 4 天时全部死亡，杀虫效率为 100%，植物叶片保持相对完整（Zhang et al.，2015b）。该研究证明了在叶绿体中可以大量合成长链 dsRNA，避开了植物细胞质中 Dicer 的加工，质体转化植物对马铃薯甲虫的抗性明显，起到显著的保护作用，为植物抗虫生物技术的研究提供了新的思路与方向。该研究的成功表明，利用质体转化技术表达 dsRNA 是一种良好的抗虫手段。但是，由于叶绿体转化技术的局限性，目前还只能在烟草（Wu et al.，2017）、番茄（Ruf et al.，2001）、马铃薯（Zhang et al.，2015b）、生菜（Ruhlman，2014）、大豆（Dufourmantel et al.，2007）、杨树（Wu et al.，2019）、拟南芥（Ruf et al.，2019）等少数几种植物中进行叶绿体转化，所以，进一步扩大可进行叶绿体转化的作物种类，如水稻、小麦和棉花等重要经济作物，是目前利用质体转化表达 dsRNA 抗虫需要克服的难题。

7.3.3 植物介导 RNA 干扰抗虫的机制与影响效率的因素分析

植物和昆虫同属于真核生物，体内均有 RNAi 通路。植物和昆虫细胞内的 dsRNA 均可被 Dicer 酶切割为 21～23bp 的 siRNA，接着与 Ago 蛋白形成 RISC，对互补序列的 mRNA 进行靶向切割，沉默靶标基因的表达。dsRNA 进入肠道后通过胞吞和（或）SID 蛋白（负责转运 dsRNA）进入昆虫细胞内，诱导昆虫的 RNAi 反应，引起靶标基因 mRNA 的降解。与植物不同，有些昆虫体内缺少依赖 RNA 的 RNA 聚合酶（RdRP），RNAi 的干扰信号无法在昆虫体内扩大化，因此 RNAi 的效果依赖于进入昆虫细胞的 dsRNA 的量。RNAi 的抗虫效果与摄取 dsRNA 的剂量呈正相关（Zhang et al.，2017b），进入细胞的 dsRNA 量越大，干扰效果越好。因此，影响植物介导 RNAi 抗虫效率的第一个因素是 dsRNA 在植物组织中的积累量。大量 dsRNA 能引发强烈的 RNAi 应答效应。选择更强的启动子或转录系统，或利用叶绿体转化表达 dsRNA 是可能的解决办法（Zhang et al.，2015b）。

第二个影响植物介导 RNAi 效率的因素是表达 dsRNA 的长度。研究发现，在果蝇细胞中能够引起 RNAi 沉默效应的最短的 dsRNA 长度为 31bp（Saleh et al.，2006）。在玉米根萤叶甲中详细研究了 dsRNA 长度对 RNAi 沉默机制的影响，结果表明，在昆虫中 dsRNA 长度大于 60bp 时才能产生 RNAi 效应，而长度为 21bp 的 siRNA 对靶标基因的表达没有影响（Bolognesi et al.，2012）。类似地，Miller 等（2012）对赤拟谷盗的研究表明，dsRNA 至少需要 69bp 才能有效地诱导 RNAi 反应。总的来说，对于某些昆虫，长的 dsRNA 会比短的 dsRNA 诱导 RNAi 反应的效果更好。线虫 SID-1 的胞外结构域可选择性地与更长的 dsRNA 结合，暗示了短的 siRNA 和长度小于 60bp 的 dsRNA 没有效果（Li，2015d；Bolognesi et al.，2012）。然而，部分昆虫并无 SID 蛋白，其他存在 SID 蛋白的昆虫是否具有同样的特性还有待进一步研究。如前所述，核转化植物因内源 Dicer 的存在，表达的 dsRNA 被加工为 siRNA，因此核转化植物中同时存在 hpRNA 和被加工后的 siRNA。而叶绿体内无 Dicer 存在，叶绿体转化植物只表达长链 dsRNA，对马铃薯甲虫效果明显好于核转化植物，致死效果显著（Zhang et al.，2015b）。

昆虫肠道和血淋巴的生理状态也可以影响植物介导 RNAi 效率，是影响植物介导 RNAi 效率的第三个因素。2007 年，在家蚕的消化液中发现了可以特异性降解 dsRNA 的核酸酶（dsRNase），该酶可以从家蚕的中肠细胞分泌到胞外空间，对摄取的 dsRNA 进行不依赖于序列的降解（Arimatsu，2007；Arimatsu et al.，2007）。接着，在包括棉铃虫、水稻二化螟、亚洲玉米螟等在内的许多鳞翅目昆虫的肠道中，发现存在高活性的核酸酶，可以对摄取的 dsRNA 进行快速降解（Terenius et al.，2011；Singh et al.，2017；Zhang et al.，2017b；Guan et al.，2018b）。由于 dsRNA 无法保持稳定，喂食长链 dsRNA 无法起到有效的干扰效果（Cooper et al.，2019）。而与鳞翅目害虫相比，鞘翅目昆虫如马铃薯甲虫、玉米根虫、赤拟谷盗等害虫中的 dsRNase 相对较弱（Singh et al.，2017），部分解释了为什么鞘翅目昆虫对 RNAi 非常敏感。对这些昆虫 dsRNase 的表达模式和特征进行分析，将有助于对不同昆虫 RNAi 效率差异机制的解析。虽然核转化表达 dsRNA 植物（siRNA）可以起到抗虫效果（表 7-2），但其抗性总体较低。所以昆虫的种类也能影响植物介导 RNAi 的效率。

表 7-2　植物核转化表达 dsRNA 的抗虫作物

害虫名称	植物种类	目的基因	目的基因功能	参考文献
棉铃虫（*Helicoverpa armigera*）	烟草（*Nicotiana tabacum*）	*HaCYP6AE14*	编码细胞色素 P450 单氧酶	Mao et al.，2007
		HaEcR	编码蜕皮激素核受体	Zhu et al.，2012
		HaHR3	编码蜕皮调控转录因子	Xiong et al.，2013
		HaGST16	编码谷胱甘肽 S-转移酶	Shabab et al.，2014
		HaCHI	编码几丁质酶	Mamta et al.，2016
		HaAce1	编码乙酰胆碱酯酶	Saini et al.，2018
	陆地棉（*Gossypium hirsutum*）	*HaCYP6AE14*	编码细胞色素 P450 单氧酶	Mao et al.，2011
		HaHMGR	编码 3-羟基-3-甲基戊二酰辅酶 A 还原酶	Tian et al.，2015
		HaHR3	编码蜕皮调控转录因子	Han et al.，2017
	拟南芥（*Arabidopsis thaliana*）	*HaAK*	编码精氨酸激酶	Liu et al.，2015
桃蚜（*Myzus persicae*）	烟草（*N. tabacum*）	*Mphb*	编码锌指转录因子（为胚胎发育所必需）	Mao and Zeng，2014
		MpCYP82E4v1	编码尼古丁脱甲基酶	Zhao et al.，2016
		cathepsin L	编码半胱氨酸蛋白酶	Ruf et al.，2019

续表

害虫名称	植物种类	目的基因	目的基因功能	参考文献
桃蚜（*Myzus persicae*）	拟南芥（*A. thaliana*）	*MyCP*	表皮蛋白基因	Bhatia and Bhattacharya，2018
		MySP	编码丝氨酸蛋白酶	Bhatia et al.，2012
	本氏烟（*Nicotiana benthamiana*）和拟南芥（*A. thaliana*）	*Rack1* *MpC002*	编码活化蛋白酶 C 的细胞内受体 编码唾液蛋白	Pitino et al.，2011
麦长管蚜（*Sitobion avenae*）	小麦（*Triticum aestivum*）	*SaCbE E4*	编码羧酸酯酶基因	Xu et al.，2014
		SaCHS1	编码几丁质合成酶	Zhao et al.，2018c
		SaGq α	编码嗅觉蛋白 α 亚基	Hou et al.，2019
		SaZFP	消化功能相关基因	Sun et al.，2019
烟粉虱（*Bemisia tabaci*）	烟草（*N. tabacum*）	*BtATPaseA*	编码 V-ATPase 的 A 亚基	Nidhi et al.，2014
		BtAChE *BtEcR*	编码乙酰胆碱酯酶 编码蜕皮激素受体	Malik et al.，2016
		BtAQP *BtAGLU*	编码水通道蛋白 编码 α-葡糖苷酶	Raza et al.，2016
	莴苣（*Lactuca sativa*）	*BtATPaseA*	编码 V-ATPase 的 A 亚基	Ibrahim et al.，2017
	拟南芥（*A. thaliana*）	*BtGSTs5*	编码谷胱甘肽 S-转移酶	Eakteiman et al.，2018
褐飞虱（*Nilaparvata lugens*）	水稻（*Oryza sativa*）	*NlEcR-c*	编码蜕皮激素受体蛋白亚基	Rong et al.，2014
		NlHT1 *Nlcar* *Nltry*	编码己糖转运蛋白 编码羧肽酶 编码胰蛋白酶样丝氨酸蛋白酶	Zha et al.，2011
二斑叶螨（*Tetranychus urticae*）	大豆（*Glycine max*）	*TuCOPA* *TuAQ9*	编码外被体 A 亚基 编码水通道蛋白	Dubey et al.，2017
玉米根萤叶甲（*Diabrotica virgifera virgifera*） 马铃薯甲虫（*Leptinotarsa decemlineata*）	玉米（*Zea mays*） 马铃薯（*Solanum tuberosum*）	*DvATPase A* *Dvvgr* *Dvbol*	编码 V-ATPase 的 A 亚基 编码卵黄原蛋白受体蛋白 编码一种 RNA 结合蛋白（为精细胞成熟所必需）	Baum et al.，2007 Niu et al.，2017
		LdEcR	编码蜕皮激素受体	Hussain et al.，2019
大豆食心虫（*Leguminivora glycinivorella*）	大豆（*Glycine max*）	*LgSpbP0*	编码核糖体蛋白 P0	Meng et al.，2017
烟草天蛾（*Manduca sexta*）	野生烟草（*Nicotiana attenuata*）	*MsCYP6B46*	编码细胞色素 P450	Kumar et al.，2012

马铃薯甲虫和棉铃虫取食了表达 dsRNA 的抗性植物后可引起不同的 RNAi 反应（图 7-2）。然而，究竟是哪种 RNAi 分子介导植物转化，表达对鳞翅目害虫的抗性，还有待进一步阐明。dsRNA 的稳定性受到 dsRNase 的影响，而其他肠道和血淋巴环境因素如 pH、离子环境和代谢产物对植物介导 RNAi 效率的影响还不是很清楚。

昆虫靶标基因选择是影响植物介导 RNAi 效率的第四个因素。昆虫取食抗性植物表达的 dsRNA 时，从昆虫中选择的靶标基因是靶标害虫的看家基因或者是其生长发育过程中的重要基因，这些基因的沉默可导致昆虫致死、生长受到抑制或不育等。然而，并非所有的看家基因都是 RNAi 合适靶基因。对植物介导 RNAi 效率的影响很可能与这些靶标基因在昆虫体内

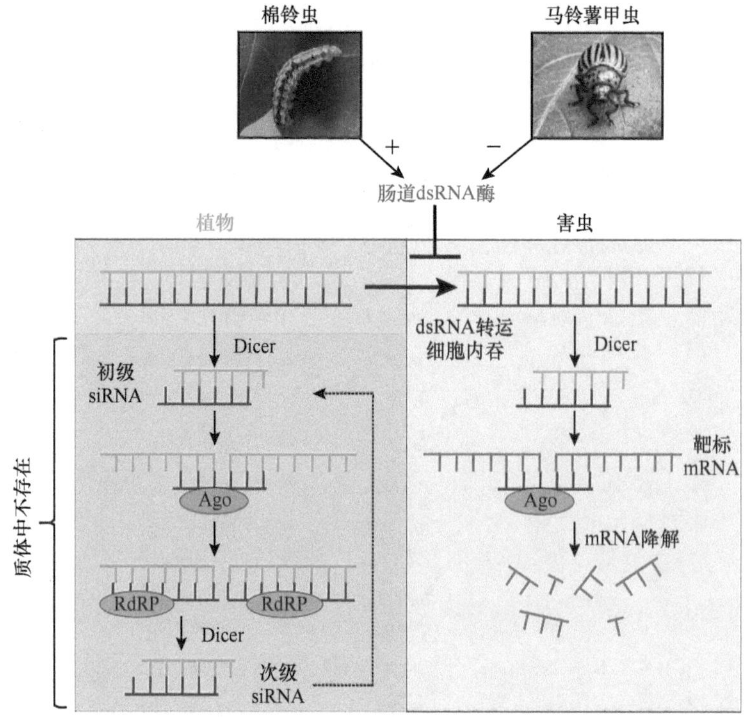

图 7-2　植物介导的 RNAi 抗虫机制（Zhang et al.，2017b）

dsRNA：双链 RNA；siRNA：干扰小 RNA；mRNA：信使 RNA；Dicer：dsRNA 核酸酶；Ago：Argonaute 蛋白；RdRP：依赖 RNA 的 RNA 聚合酶

mRNA 的积累水平有关，或者靶标基因 mRNA 的二级结构导致其是否更容易被外源 dsRNA 所诱导沉默，尚需更多的研究来系统阐明靶标基因 mRNA 中对 RNAi 敏感性的决定因素。另外，对一种害虫来说 RNAi 有效的靶标基因未必在另一种害虫中适用（Terenius et al.，2011）。在缺少可靠的生物信息预测工具的前提下，通过大量地筛选靶标基因来测试 RNAi 的干扰效率仍然是常用且有效的选择。

7.4　表达 dsRNA 的生防微生物

越来越多的证据显示，RNA 生物农药可以部分代替农业生产上广泛使用的化学杀虫剂和抗菌制剂，有可能成为一种有效的生物防治手段。基于 RNAi 技术的生物防治可以避免许多传统化学药剂存在的问题，达到绿色、持久、精确的防控目的。微生物在 RNA 生物农药的生产、施用、递送、摄取效率以及制剂的稳定性等方面均可以发挥重要作用。概括地讲，微生物在 RNAi 生防过程中的作用大致可以分为两个方面：一是作为 RNA 生物农药的生产工具，获得大量、低价、高效的基因沉默诱导因子。二是作为 RNA 生物农药的载体，提高其施用、递送和摄取效率，或增加 RNA 生物农药的稳定性。目前的研究表明，无论细菌、真菌还是病毒，在这两个方面均可以发挥重要作用。本节主要介绍基于 RNAi 的生防微生物及其研究应用概况。

7.4.1　基于 RNA 干扰的生防细菌

表达 dsRNA 的工程菌，经过一定的灭活处理后可以直接作为 RNA 生物农药用于病虫害的防治，在这里，细菌是作为 dsRNA 的递送载体。这种应用方式有以下两个优势：首先是工艺简单，价格便宜，很容易实现规模化生产。由于细菌发酵工艺成熟，而且不需要后续的一系列破碎及提纯，简化了生产工艺，生产成本自然就很低。其次，细菌经灭活后，就可以减少各种核酸酶对 dsRNA 的降解，产品可以长期保存。因此，细菌可以作为 RNA 生物农药的递送载体直接用于生防。

利用表达特定 dsRNA 或 siRNA 的工程细菌作为生物防治制剂是目前基于 RNAi 的生防细菌在害虫防治中最广泛的应用方式。其主要原因：在昆虫取食过程中可以将工程菌直接摄入体内，从而发挥 RNA 干扰作用，并最终杀死目标害虫。例如，2009 年，Tian 等利用表达几丁质合成酶 A 基因 dsRNA 的工程菌饲喂甜菜夜蛾的初孵幼虫，对靶标基因的表达有显著抑制作用，幼虫出现蜕皮异常，4～5 龄幼虫和蛹的存活率显著低于对照。此后，又有多项研究证明了表达 dsRNA 的工程细菌可以直接用于病虫害的防治。Zhu 等（2011）利用大肠杆菌 HT115（DE3）菌株，分别表达了针对科罗拉多马铃薯甲虫的 5 种靶标基因的 dsRNA，将工程菌高温灭活后直接饲喂幼虫，能够成功抑制靶标基因的表达，导致幼虫体重减轻，死亡率显著提高。在双翅目昆虫中，当橘小实蝇（*Bactrocera dorsalis*）成虫取食含有表达 dsRNA 工程菌的人工饲料后，可以导致成虫靶标基因 mRNA 水平降低和产卵量减少（Li et al.，2011）。给甜菜夜蛾幼虫饲喂表达整合素 β1 亚基（integrin β1）dsRNA 的大肠杆菌后，幼虫会出现一系列症状，如中肠上皮组织受损、细胞间接触明显减少、细胞显著死亡等；这些损伤进一步导致昆虫对苏云金芽孢杆菌 Cry 杀虫蛋白的敏感性，显著提高害虫的死亡率（Kim et al.，2015）。这些研究进一步证明了基于 RNAi 的工程细菌可以作为一种有效的生防手段用于害虫种群控制，而且可以与其他生防手段联合应用，如与 Bt 杀虫蛋白相结合，提高对害虫的防治效果。

最近的研究还发现，针对造成北美森林严重灾害的舞毒蛾（*Lymantria dispar*），饲喂表达 dsRNA 的工程细菌，除了抑制中肠靶标基因的表达，还导致了幼虫的体重减轻和产卵量的下降（Ghosh and Gundersen-Rindal，2017）。东方黏虫（*Mythimna separata*）口服表达 dsRNA 的细菌可产生 RNAi 效应，并且有效抑制靶标基因表达、抑制害虫生长、增加其死亡率（Ganbaatar et al.，2017）。将棉铃虫的幼虫暴露于涂有工程菌的人工饲料 5d 后，靶标基因的表达水平被显著抑制，幼虫体重减轻，体长和化蛹率急剧下降，死亡率显著提高（Ai et al.，2018）。上述结果说明，表达目标害虫靶标基因 dsRNA 的工程细菌，在灭活后可以作为一种生防制剂，直接应用于有害昆虫的防治。

7.4.2　基于 RNA 干扰的生防真菌

目前，基于 RNAi 发挥生防作用的真菌，或者将真菌作为 dsRNA 生产和递送手段等相关的研究报道还比较少。2015 年的一项研究发现：通过昆虫病原真菌可以将 dsRNA 传递到目标害虫中，针对该机制的进一步拓展有可能带来一种新型 RNAi 方法。虫生真菌玫烟色棒束孢（*Isaria fumosorosea*）是 B 型烟粉虱（*Bemisia tabaci*）常见的病原真菌，可以直接穿过昆虫的表皮进入血腔。用该真菌表达烟粉虱免疫相关基因的 dsRNA，再用重组的玫烟色棒束孢菌株感染烟粉虱若虫，可以抑制靶基因的表达，提高粉虱的死亡率（Chen et al.，2015）。因此，利用虫生真菌表达烟粉虱免疫相关基因的 dsRNA，可用于烟粉虱的有效防治。

利用酵母表达系统，在媒介昆虫的防治中已经取得了一些令人兴奋的结果。用表达蚊虫 shRNA 的工程酵母饲喂埃及伊蚊（*Aedes aegypti*），高温灭活的干燥酵母制剂对伊蚊幼虫的最高致死率可达 95%。更让人兴奋的是，酵母制剂能够吸引伊蚊的雌虫前来产卵（Hapairai et al.，2017）。利用同样的技术，针对冈比亚按蚊（*Anopheles gambiae*）靶标基因的工程酵母制剂，对按蚊幼虫的致死率高达 100%（Mysore et al.，2017）。利用这些结果，可以开发出具有物种特异性的蚊虫诱杀剂，从而有效抑制这些媒介昆虫传播的人类疾病。

酵母表达系统在植物病虫害防治领域的研究较少，2016 年的一项研究证明：用表达昆虫靶标 dsRNA 的重组酵母饲喂斑翅果蝇（*Drosophila suzukii*），可导致其幼虫存活力、成虫的生殖和活动能力显著下降（Murphy et al.，2016）。该研究为利用酵母系统表达和传递 dsRNA 提供了证据，我们可以利用酵母进行 dsRNA 的大量表达，或将其作为 dsRNA 的递送系统直接进行应用。可以推测，基于 RNAi 的酵母表达系统将是未来病虫害生物防治的一个重要研究方向。

7.4.3　基于 RNA 干扰的生防病毒

7.4.3.1　植物病毒

植物病毒作为一种昆虫 RNAi 的递送介质，目前还没有得到广泛应用。其主要原因：大部分植物病毒不能在昆虫体内复制，因此不能建立起有效的病毒传递系统。然而，有些植物病毒可以用来开发 dsRNA 表达和生产系统，用于生产基于叶面喷施的 dsRNA。研究人员很早就发现：通过农杆菌注射可以在植物组织中产生并传递重组植物病毒基因组，并利用这一特性表达蛋白质，或沉默特定的植物基因（Mallory et al.，2002；Marillonnet et al.，2005；Lindbo，2007）。这类病毒表达系统常使用烟草花叶病毒（TMV）或马铃薯 X 病毒（PVX）等，这种作用被称为病毒诱导的基因沉默（virus-induced gene silence，VIGS）（Kumagai et al.，1995；Ruiz et al.，1998；Purkayastha and Dasgupta，2009）。

基于 VIGS 技术可以携带一个特定靶标基因片段并造成插入片段基因沉默这一特性，人们尝试将植物病毒表达载体改造为病毒双链 RNA 生产系统（viral dsRNA production system，VDPS）（Kumar et al.，2012）。在 VDPS 中，病毒复制过程中产生的额外 dsRNA 分子不再针对内源性植物基因，而是针对昆虫的基因，从而保护植物不受这些昆虫的侵害（Dubreuil et al.，2009；Kumar et al.，2012）。烟草脆裂病毒（tobacco rattle virus，TRV）能诱发植物产生轻微的病害症状，该病毒具有表达强烈且持久的特性，使其成为 VDPS 的理想载体（Ratcliff et al.，2001）。使用重组 TMV 可以有效地降低东方黏虫和柑橘扁蚧（*Planococcus citri*）的存活率或生殖力（Khan et al.，2013；Bao et al.，2016）。重组 PVX 在扶桑绵粉蚧控制中也起到了类似作用（Khan et al.，2015）。Ko 等（2015）还开发了一个基于 Gateway 系统的高通量克隆体系，将来自烟粉虱 cDNA 文库的基因片段构建到重组的莲子草花叶病（AltMV）体系中，以期建立一个有效控制烟粉虱生长和繁殖的 RNAi 系统。由于获得植物介导的 RNAi 转基因作物周期较长，因此，利用植物病毒介导的 RNAi 为实施作物病虫害防治提供了一种快速有效的方法。

然而，上述 VDPS 还不能被视为严格意义上的 RNAi 病毒传递系统。理想的病毒–昆虫 RNAi 传递系统应该包含“昆虫组织被病毒颗粒感染”以及“病毒在昆虫细胞中复制”等重要环节。而在上述 VDPS 中，由于大部分植物病毒不能在昆虫中复制，因此不能被视为严格的病毒传递系统，而仅仅是植物组织中的 dsRNA 生产系统。由于 VDPS 系统应用程序比较烦琐，只能依靠农杆菌注射或摩擦接种等手段进行小规模实验室测试，因此，该技术在实际生产中的应用还需要进一步探索。

目前的研究认为，只有那些能够穿过昆虫肠道屏障的植物病毒，才能被认为是真正参与了“dsRNA 的病毒传递”过程。但是，目前在植物上尚未发现这种类型的 VDPS，因此，未来需要开发可以在昆虫载体中持续循环和繁殖的植物病毒，通过自动传播和主动复制的方式维持并放大 RNAi 反应，并将其应用于植物病虫害的防治。

此外，由于植物病毒感染及其在植物体内的系统性传播是通过韧皮部进行，因此，如果将植物病毒改造成表达 dsRNA 的重组工程病毒，就可能将其用于在韧皮部取食的刺吸式口器害虫的防治。为了验证这一猜想，Wuriyanghan 和 Falk（2013）对 TMV 进行改造，重组的 TMV 能够表达马铃薯木虱（*Paratrioza cockerelli*）的靶标 dsRNA，用感染了重组 TMV 的植物饲喂木虱后，除了靶标基因被抑制，木虱的繁殖率也显著降低。柑橘衰退病毒（citrus tristeza virus，CTV）也是一种在韧皮部复制的病毒，经过改造的重组 CTV 接种柑橘后，可以有效防治在韧皮部取食的柑橘木虱的感染（Hajeri et al.，2014）。这些发现为刺吸式口器害虫的防治提供了一个新策略。利用重组植物病毒进行害虫防治，对那些木本、多年生、不易进行转基因的果树来讲，是一个非常值得探索的课题。

7.4.3.2　昆虫病毒

昆虫体内存在大量病毒，存在于昆虫血淋巴中的病毒对昆虫的 RNAi 效率会造成一定的不利影响。由于植物和动物的抗病毒机制主要是通过 siRNA 通路，这些病毒的存在，会通过与 RNAi 核心通路的竞争，影响昆虫的 RNAi 效率（Kanasty et al.，2012）。

但是，多数昆虫病毒具有物种特异性，如一些杆状病毒（baculovirus）、小核糖核酸病毒（picornavirus）及细小病毒（parvovirus）等。这些病毒也可以通过改造，来表达针对昆虫的特异性 dsRNA，这样，通过喷施昆虫病毒，就可以进行昆虫的物种特异性防治（Swevers et al.，2013b）。

7.4.3.3　类病毒颗粒

类病毒颗粒（virus-like particle，VLP）是由来源于病毒的关键结构组成部分组装而成的分子载体，其用途是运送不同于最初病毒基因组的“货物”。VLP 的成分是参与病毒衣壳或包膜形成的蛋白质（CP），无传染性，但是保留了进入目标细胞的能力（Ludwig and Wagner，2007; Lund et al.，2010）。利用 VLP 所具有的包装外来 RNA 并将其运送到目标细胞的特性，可以将其开发为一个理想的 RNAi 递送体系。Butler（1999）的研究显示，只要在目标 RNA 序列中包含一段约 300nt 长度的茎环信号序列 Oa（origin of assembly），该 RNA 就会与 TMV 外壳蛋白进行体外组装。目前 VLP 体系的使用仅限于哺乳动物细胞报告基因表达，以及用于动物免疫（Smith et al.，2007）。需要指出的是，尽管 TMV 衣壳蛋白的组装效率很高，但它不会感染或穿过昆虫的肠壁。因此，要实现这一目标还需要进一步改造，例如，在衣壳蛋白中加入与昆虫肠上皮细胞受体相互作用的多肽。相信通过研究，VLP 体系有可能被改造成有效的 RNAi 递送系统。

目前已经可以通过发酵手段大量生产 VLP。该系统构建了编码病毒衣壳蛋白（如噬菌体 MS2 中的 CP）的质粒；用同样的方法构建了编码 RNA 前体序列（即 siRNA、shRNA、miRNA）的质粒。将两种质粒共同转化大肠杆菌，就可以通过发酵的方法大规模生产自组装 dsRNA 分子。该类 dsRNA 可以通过叶面喷施使用，且具有稳定性强、耐水解等性质，可用于病虫害的有效防治。该技术由 RNAgri 公司开发，已经在 15 个国家或地区申请或获得了专利保护，但是该产品的市场化尚未见报道。

7.4.4 基于昆虫共生菌的 RNA 干扰及其在害虫防治中的应用

近年来，随着对昆虫肠道微生物种群的解析，人们发现了一些新型的共生微生物。其中有些昆虫共生微生物可以进行遗传操作，很容易被改造为 dsRNA 合成载体，直接用于相关昆虫的防治（Krishnan et al.，2014）。基于昆虫共生菌的 RNAi 是一个非常有潜力的策略，具有施用方便、作用持久等优点。对于那些能进行人工培养的肠道共生细菌、酵母，经过改造后再感染宿主，利用它们与宿主的共生关系，就可以持续不断地产生 dsRNA 并诱导 RNAi，从而发挥持续性杀虫作用。多个报道已经证明，该方法是一种很有前途的控制害虫的 RNAi 策略（Abrieux and Chiu，2016；Joga et al.，2016；Whitten and Dyson，2017）。

目前，基于昆虫共生微生物的 RNAi 尝试主要集中在共生细菌。有些细菌能够和昆虫建立一种紧密的共生关系，并在二者之间进行物质、能量和信息交换。因此，可以利用共生细菌表达 dsRNA 来防治有害昆虫，也可用来保护益虫，该方法称为共生体介导的 RNAi（symbiont-mediated RNAi，SMR）（Whitten et al.，2016）。SMR 作为一种潜在的害虫控制或益虫保护措施具有双重特异性。一是 RNAi 对靶标序列的特异性，二是共生菌对宿主的特异性。这种双重特异性将使 SMR 成为一种明显区别于普通化学杀虫剂的精准防治手段，具有极大的应用价值。

蝽象红球菌（*Rhodococcus rhodnii*）与长红锥蝽（*Rhodnius prolixus*）具有紧密的共生关系。长红锥蝽是一种吸血蝽象，可栖息于人的房内且于夜间吸血，并传播美洲锥虫病（Chagas disease，也称查加斯氏病）。研究发现，蝽象红球菌的作用可能是为吸血蝽提供血液中缺乏而发育过程中必需的 B 族维生素，无共生性红球菌的吸血蝽象在发育早期表现出较高的死亡率（Pachebat et al.，2013）。因此，蝽象红球菌是防治吸血蝽的一种理想 SMR 载体。Whitten 等（2016）在蝽象红球菌中表达了一个特异性沉默吸血蝽象 *nitrophorin* 和 *vitellogenin* 基因的 dsRNA，当这种经过改良的细菌通过血液混入 1 龄幼虫而进入吸血蝽体内后，能成功地与肠道内的常驻细菌竞争并能维持几个月直至发育为成虫。在这个过程中，蝽象红球菌能够产生 dsRNA 并在中肠释放，诱导产生系统性 RNAi，而且，靶标基因的沉默导致吸血蝽产生明显的不育症状。更重要的是，SMR 可以持续几个月直到发育为成虫并产卵。与其他研究结果进行比较后发现，SMR 与通过饲喂或注射导入 dsRNA 具有类似的 RNAi 效果，说明基于 SMR 的细菌传递是一种可靠的 RNAi 通路，可以用来开发基于 RNAi 的生防制剂或产品。

西花蓟马（*Frankliniella occidentalis*）（western flower thrip，WFT）是一种重要的植物害虫。WFT 不仅通过取食直接为害植物，而且是番茄斑点萎蔫病毒（tomato spotted wilt virus，TSWV）的主要传播载体，引起植物的病毒病害。目前的控制措施主要依赖于化学杀虫剂，但是，WFT 已经对大多数药剂产生了抗药性。为了将 SMR 技术应用于 WFT 的防治，科学家选择了一种共生细菌。该细菌在多个地理上隔离的地区都与 WFT 有紧密的关系，表明二者确实存在一种共生关系（Chanbusarakum and Ullman，2009；Facey et al.，2015）。而且这种细菌在每只昆虫的肠道内能达到较高的积累量（最多可寄生 10^5 个细菌）（de Vries et al.，2001），是良好的 SMR 载体。Whitten 等（2016）在该共生菌中表达了针对 WFT *α-tubulin* 基因的 dsRNA，重组细菌可以在不同的发育阶段成功定植于 WFT 后肠和马氏管，导致 1 龄幼虫和成虫的死亡率显著提高，对植物幼苗具有很好的保护作用。有趣的是，用表达相同 dsRNA 的热灭活细菌饲喂昆虫，未能诱导 RNAi 作用，这一结果表明，饲喂摄入的 dsRNA 可能剂量不够，也可能是在通过前肠或中肠腔的过程中被降解。

SMR 在益虫保护方面也可以发挥重要作用。最新的一项研究表明，*Snodgrassella alvi* 是蜜蜂肠道共生菌的核心成员，通过对其进行遗传学改造，可获得能够稳定表达 dsRNA 的工程菌。该工程菌不仅能在蜜蜂肠道中稳定繁殖，而且能持续产生 dsRNA 并扩散到蜜蜂全身，持续激活蜜蜂的 RNAi 机制并抑制特定基因的表达。例如，靶向蜜蜂寄生性瓦螨的工程菌，可通过触发瓦螨的 RNAi 将其杀死，靶向病毒的工程菌可增强蜜蜂对病毒感染的抵抗力（Leonard et al.，2020）。

总之，近年来的研究结果表明，SMR 技术不仅能起到 RNAi 载体的作用，还具有很多其他技术（如细菌表达 dsRNA 技术）不具备的优点，有利于 RNA 生物农药在害虫防治和益虫保护中发挥作用，是非常值得探索的研究领域。

第 8 章　RNA 生物农药的生物安全评估

8.1　RNA 干扰的脱靶效应

RNAi 的效应因子为 siRNA（small interfering RNA），可通过与靶基因 RNA 完全互补配对实现特异性降低靶标基因的表达水平（on-target）。若 siRNA 与非靶标 RNA 上的碱基发生部分互补配对（如 siRNA 的 2～7 个连续碱基与非靶标 RNA 互补配对），则 siRNA 以类似 miRNA（microRNA）的作用方式抑制 mRNA（messenger RNA）的翻译，并加速其降解，这种非特异性抑制靶基因以外其他基因表达的现象被称作 RNAi 的脱靶效应（off-target effect）。随后，更多的研究发现，siRNA 不仅可以通过非特异性互补配对引起脱靶效应，也可以通过复杂的调控通路来改变某些基因的表达量，因此，更广义的脱靶效应是指 siRNA 以多种方式与非靶标基因发生互作，进而引起非靶标基因表达量改变的现象。

8.1.1　RNA 干扰脱靶效应的类型

根据 RNAi 脱靶效应产生的机制，广义上将 RNAi 脱靶效应分为以下三类：狭义的脱靶效应，细胞基因沉默系统过饱和引起的脱靶效应，有机体免疫反应引起的脱靶效应。

1. 狭义的脱靶效应

Jackson 等（2003）通过分析靶向同一基因的几个不同 siRNA 产生的差异转录组表达谱发现，这些 siRNA 不仅降低了靶标基因的表达量，也同时沉默了其他 11 个含有与 siRNA 相似序列的非靶标基因，证明了脱靶效应的存在。狭义的 RNAi 的脱靶效应机制有以下 3 方面的解释：①由正义链引起的脱靶效应。在设计 siRNA 干扰片段时，人们的初衷往往是期望在 siRNA 双链展开为单链后，其反义链可以进入 RNA 诱导沉默复合体（RNA-induced silencing complex，RISC）中，与靶标 mRNA 结合使其降解。目前认为，进入 RISC 的 siRNA 的决定性因素是 siRNA 双链末端的热稳定性。其中，siRNA 5′ 端热稳定性较低的链更可能进入 RISC 以发挥干扰作用（MacRae et al.，2007）。由于 siRNA 序列的不同特征，siRNA 的正义链有时会取代反义链进入 RISC，从而导致与之互补的非靶标 mRNA 降解，最终引起脱靶效应（Clark et al.，2008）。②脱靶效应是通过类似 miRNA 的作用机制产生的。有研究证实，被 siRNA 抑制的非靶标 mRNA 的 3′ UTR 与 siRNA 反义链 5′ 端 2～8 位碱基具有序列互补性（Birmingham et al.，2006）。此现象的发现让人想到了 miRNA 的作用机制。miRNA 5′ 端的 2～8 个核苷酸的区域被称作种子区。通过种子区使 miRNA 与 mRNA 的 3′ UTR 互补配对，从而实现 miRNA 调控多种 mRNA 的表达（Brennecke et al.，2005）。miRNA 的种子区在对靶基因的识别中起到了关键的作用。种子区和靶标 mRNA 的完全互补配对是 miRNA 发挥调控作用的首要条件，但对其他位置的核苷酸没有严格的要求（Lai，2002）。结合上述一些研究的发现，siRNA 反义链的 5′ 端似乎起着类似于 miRNA 种子区的作用。通过种子区与非靶标转录本 3′ UTR 的互补配对而引起多种非靶标基因的沉默，最终导致脱靶效应的产生。Wang 等（2008）对含有靶标 mRNA 和反义 RNA 的 Argonaute 复合物结构的研究表明，在该复合物上，siRNA 反义链的 2～8 位与靶标 mRNA 形成配对，并且两个核酸链末端均锚定在该复合物上。因此，Argonaute 复合物结构是与靶标基因结合的 siRNA 反义链的基本结构。此外，Anderson 等（2008）设计了一系列包含低、中和高互补频率种子区的 siRNA，并对不同 siRNA 处理的细胞进行微阵列分析发现，具有低互补频率种子区的 siRNA 通常引起较小的脱靶效应。③ siRNA 和非靶基因之间存在部分序列匹配。Jackson 等（2003）报道，siRNA 与靶基因之间的不完全互补配对也会产生 RNAi 效应，11 个核苷酸的配对足以使相应的非靶标基因被沉默。Tschuch 等（2008）比较了由 *GFP*-siRNA 和靶标基因-siRNA 引起的脱靶基因的类型，结果显示仅仅 8 个串联互补性的碱基也可以触发脱靶效应，并且发现脱靶效应并不一定需要 3′ UTR 或种子区域的严格互补配对。

2. 细胞基因沉默系统过饱和引起的脱靶效应

过量的 siRNA 会使细胞内源性 RNAi 系统饱和。由于细胞内源的 miRNA 和 siRNA 具有相同的作用途径，即 Dicer-RISC 途径，外源性 siRNA 被细胞吸收后，可能通过与 miRNA 竞争有限的 RISC 或饱和 pre-miRNA 的核输出必需的因子 Exportin-5 或某些下游 RNAi 元件，从而抑制内源性 miRNA 从细胞核内向细胞质转移，导致内源性 miRNA 的不平衡，以致改变 miRNA 对其靶基因表达的调控，最终影响 siRNA 沉默基因的种类，或对细胞及生物体产生毒性和副作用（Khan et al.，2009）。

3. 有机体免疫反应引起的脱靶效应

多种物质可引起生物体的免疫反应，如脂多糖、肽聚糖、细菌和病毒核酸以及糖蛋白和脂类等，细胞通过一系列模式识别受体（pattern recognition receptor）识别这些外源性物质。这些模式识别受体主要包括 Toll 样受体（Tol-like receptor，TLR）、RIG-1 样受体（RIG-1-like receptor，PLR）、双链 RNA 激活的蛋白激酶（double-stranded RNA activated protein kinase，PKR）等（Kawai and Akira，2010）。siRNA 所引起的免疫反应主要由 TLR 介导，TLR3、TLR7 和 TLR8 均可识别外源性的 siRNA，但 TLR3 似乎并不是 siRNA 激活免疫细胞的主要机制。外源的 siRNA 主要通过激活 TLR7 和 TLR8 诱导细胞免疫反应。TLR7 可以激活浆细胞样树突状细胞以产生干扰素-α（interferon-α，IFNα），TLR8 可以刺激单核细胞和髓细胞样树突细胞产生促炎症细胞因子。TLR7 和 TLR8 对 siRNA 序列识别具有依赖性，并非所有的 siRNA 序列都能激活 TLR7 和 TLR8，而富含 U 和 G 的序列可以被优先识别，如 UG 二核苷酸和 5′-UGU-3′ 基因序列（Heil et al.，2004）。siRNA 本身的结构也是天然免疫的重要因素之一。siRNA 的每条链均可引起免疫反应，有时甚至单条链会比双链引起更加强烈的免疫刺激（Sioud，2005）。此外，siRNA 的长度是免疫激活反应的另一个决定因素。研究表明，含有免疫激活基序（GUCCUUCAA）的 12～16nt siRNA 在浆细胞样树突状细胞中几乎不会引起细胞因子的产生，但当 siRNA 的长度为 19nt 或更长时，则可导致较多细胞免疫因子的产生（Barrat et al.，2005）。

8.1.2　RNA 干扰脱靶效应的相关影响因子

RNAi 脱靶效应相关影响因子主要包括 siRNA 的序列、siRNA 的化学修饰、siRNA 的使用浓度、siRNA 的正义链、RNAi 系统的饱和效应、siRNA 的热力学稳定性和非种子区域的 GC 含量等，有关 siRNA 的序列、siRNA 的正义链、RNAi 系统的饱和效应和非种子区域 GC 含量的表述见上文，以下仅介绍其他因子。

siRNA 的化学修饰。通过在正义链的 5′ 端进行化学修饰来增强 RISC 中反义链的选择特异性，可以降低 siRNA 脱靶效应（Jackson et al.，2006）。

siRNA 的使用浓度。外源导入的高浓度 siRNA 可能导致细胞 RNAi 系统的多个功能蛋白饱和，阻碍 RNAi 通路并引起毒性，而且脱靶效应的程度与 siRNA 浓度成正比（Persengiev et al.，2004）。Semizarov 等（2003）也发现在一定范围内通过降低 siRNA 的浓度，脱靶效应有所降低，但是这伴随着相应的靶标基因的沉默水平也显著下降，因此实际操作中，选择合适的 siRNA 浓度不仅要考虑靶基因的抑制水平，还要兼顾避免或者减少脱靶效应的发生。一般，可通过尽量避免使用高于 20nmol/L 浓度的 siRNA，或是同时使用多个 siRNA 来减少脱靶效应的发生（Persengiev et al.，2004）。

siRNA 的热力学稳定性。温度是热力学稳定性的有力预测指标，siRNA 非种子区域的解链温度（T_m）与脱靶效应的效率呈负相关。因此，在 siRNA 种子区域（2～7nt）使用较低 T_m，而在非种子区域使用较高 T_m 可以降低脱靶效应（Ui-Tei et al.，2008）。

8.1.3　RNA 干扰脱靶效应与生物安全

转基因介导的 RNAi 已成为生物学研究的一个有力的新型遗传工具，它已被广泛应用于基础研究，如基因功能的研究，并被应用于多种应用研究领域，如医学、兽医学以及农业科学。到目前为止，已针对多种农业和卫生害虫设计了基因农药，尽管该技术的应用具有较大的潜力，但是，在采用该技术控制害虫之前，仍有一些问题需要解决，尤其是潜在的脱靶效应，这可能导致不能有效控制目标害虫，并且可能会对非靶标生物产生影响，构成潜在生态风险（Zotti and Smagghe，2015）。非靶标生物与 RNAi 相关的风险包括免疫刺激，细胞内 RNAi 通路的过饱和引起的正常的细胞生物学干扰进程紊乱，以及非预期的基因沉默。对于非靶标生物，RNAi 农药产生的最主要的风险便是非预期的基因沉默。非靶标生物中非预期的基因沉默可能发生于靶标基因的同源基因，或是具有一定序列相似性的非同源基因（Auer and Frederick，2009）。

尽管在设计用于基因功能研究或临床治疗的 siRNA 序列时考虑了靶标基因的序列同源性问题，但是，明显的脱靶效应还是时常发生。例如，用于治疗黄斑水肿病的 siRNA 药品（AGN-745；Allergan，Bevasiranib；Opko Health Inc.）的研发已中止，原因是已有的候选 siRNA 对新生血管形成的抑制作用不是由特异性沉默 *VEGFA* 基因的 mRNA 引起的，而是由脱靶效应造成的，该效应触发了 TLR3 介导的免疫反应（Kleinman et al.，2008）。此外，用于治疗高胆固醇血症的靶向蛋白质原转换酶枯草菌溶素 9（proprotein convertase subtilisin/kexin type 9）基因（*PCSK9*）的 siRNA 药品 PCS-A2（Alnylam 制药公司）同样具有明显的脱靶效应，并可引起肝细胞死亡和细胞周期停滞（Lee et al.，2015）。更严重的是，近来停产的 revusiran（一种靶向甲状腺素转运蛋白的 siRNA，用于治疗淀粉样变性心肌病），在一项 3 期临床试验中出现非预期的 siRNA 脱靶效应，并最终导致 19 名患者死亡（Garber，2016）。因此，在临床应用中，RNAi 的脱靶效应可能导致有害的副作用。

RNAi 技术为植物育种提供了新机会，已被用于改善植物的农艺性状和营养成分（如营养富集、抗营养素减少、病虫害抗性）。在 RNAi 介导的作物遗传改良育种中（尤其是食用和饲用作物），siRNA 脱靶效应的潜在危害越来越受到重视。尽管尚未得到确切证明，但是仍然有人认为脱靶效应可能会对人类和动物健康产生不利影响。人们还担心 RNAi 介导的转基因作物本身内部发生的脱靶效应可能会对农艺性状和产品品质产生不利影响。2014 年，美国环境保护署（USEPA）召集了一个科学咨询小组，以解决有关使用 RNAi 技术对人体健康和农业产品的潜在环境风险评估的若干问题，并发布了一份报告（EPA-HQ-OPP-2013-0485-0049）。

简而言之，专家组一致认为，没有令人信服的证据表明哺乳动物的肠道吸收转基因植物表达的外源 dsRNA 或植物内源的 miRNA 可引起生理方面的不良影响。然而，专家组仍然建议 EPA：①继续收集有关 dsRNA 丰度和组织分布的其他数据，以评估膳食中含有的外源 dsRNA 的吸收和作用的因素；②对哺乳动物血液和暴露的组织进行实验测试，确保里面不存在由外源 dsRNA 转换而来的可能导致脱靶效应的 siRNA；③研究不同结构形式的 dsRNA 的稳定性，以解决皮肤接触或吸入途径产生不良影响的可能性；④研究 dsRNA 在弱势群体，如老年人和儿童体内的稳定性。目前，关于 siRNA 脱靶效应对哺乳动物肠道菌群影响的问题已经得到解决。与真核生物不同，细菌缺乏 RNAi 所需的遗传因素，因此，考虑到原核生物与真核生物的 RNAi 和 CRISPR/Cas 系统之间存在机制差异，dsRNA 是否会影响哺乳动物的肠道菌群是值得怀疑的。

同时，专家组也发现了 EPA 当前针对转 dsRNA 生物生态风险的评估方案存在较大的缺陷，因此需要更多数据来减少环境和生态风险评估的不确定性。包括 dsRNA 的剂量、在环境中的持久性、非靶标生物（non-target organism，NTO）中物理屏障对 dsRNA 降解和摄取的重要性，以及脱靶效应对 NTO 的重要性。此外，如果转 dsRNA 植物用于生物能源而不是用于食用，或者如果植物产品在食用前经过了极端环境的工业加工，那么 siRNA 的脱靶效应对哺乳动物的安全性不应成为问题，因为 siRNA 和植物内源的 miRNA 可能已经在加工过程中被降解了。大多数针对基于 RNAi 的转基因植物的风险评估都集中在与哺乳动物、植物和节肢动物相关的风险上，而忽视了那些对植物正常生长发育具有相对重要作用的非靶标根际微生物、叶际微生物和内生微生物，尤其是当被评价的转 dsRNA 作物是以植物病原物为靶标时的情况。

总而言之，脱靶效应在 RNAi 技术应用过程中时有发生，严重的脱靶效应会导致重大环境安全问题，甚至影响人类安全。因此，如何减少 RNAi 的脱靶效应是 RNAi 技术应用领域中亟须解决的关键问题之一。

8.2　病虫对 RNA 生物农药的抗性

8.2.1　RNA 生物农药的概念及发展趋势

RNA 生物农药，指利用 RNA 干扰技术干扰病菌或害虫靶标基因的表达，阻止其进行相关蛋白质的翻译及合成，使目标病菌或害虫繁殖能力下降、竞争力减弱甚至死亡，从而降低病虫对作物的危害程度的新型生物农药。

目前，利用转基因技术研发生物农药以防治农业有害生物的相关研究和成果在全球范围内得到广泛应用。近年来，Bt 转基因抗虫作物的推广应用有效地控制了鳞翅目害虫（Wu et al.，2008），然而，一些次要害虫如盲蝽、蚜虫等刺吸式口器害虫却逐渐成为 Bt 转基因棉田的主要害虫（Lu et al.，2010）。此外，由于 Bt 作物的大面积种植，某些靶标害虫已在一些地区对 Bt 作物产生了抗性（Li et al.，2004，2007；Ali et al.，2006；van Rensburg，2007；Matten et al.，2008；Tabashnik et al.，2008），使得 Bt 作物的可持续应用受到严重威胁，因此，我们迫切需要探寻防控害虫的新策略。近年来，RNAi 技术被广泛应用于昆虫功能基因研究，dsRNA 与 Bt 的杀虫作用模式不同，且两者之间不存在交互抗性，因此，未来可以利用 RNAi 技术防治对 Bt 蛋白产生抗性的害虫。不仅如此，原则上，害虫中的任何一个或多个基因都可以选作 RNAi 靶标进行干扰，而且绝大多数 RNAi 的靶标基因在市面上都没有相对应的杀虫抑制剂（Zhang et al.，2017b）。例如，Pitino 等（2011）用创制的表达 dsRNA 的转基因烟草和拟南芥饲喂桃蚜（*Myzus persicae*）可抑制桃蚜肠道、唾液腺基因表达，降低桃蚜产蚜量。利用 RNAi 技术抑制蚜虫中肠和唾液腺中的相关基因表达，可以有效控制其对营养物质的摄取，使害虫实际寿命缩短，死亡率增加（Mutti et al.，2006）。在饲喂干扰 *V-ATPase* 基因的 dsRNA 溶液，或饲喂表达 dsRNA 的植物，以及病毒介导 *V-ATPase* 的基因干扰试验中，发现可使橘蚜（*Toxoptera citricidus*）、豌豆蚜（*Acyrthosiphon pisum*）、棉蚜（*Aphis gossypii*）、烟粉虱（*Bemisia tabaci*）、赤拟谷盗（*Tribolium castaneum*）、烟草天蛾（*Manduca sexta*）等害虫死亡（Whyard et al.，2009；Terenius et al.，2011；Upadhyay et al.，2011；Khan et al.，2013；Nidhi et al.，2014）。Baum 等（2007）利用转基因玉米表达 dsRNA 可高效杀死玉米根萤叶甲（*Diabrotica virgifera virgifera*）。陈晓亚团队在棉花中表达 P450 基因的 dsRNA 抑制棉铃虫的解毒能力，进而抑制棉铃虫发育，最终导致其死亡（Mao et al.，2007）。由此可见，RNA 生物农药将会成为害虫防治的新方法和新手段（Gatehouse and Price，2011）。

然而，每一类新型抗病虫化合物投入市场前，都必须考虑该化合物的毒性机制、生态影响以及抗性等一系列问题，并对其进行风险评估。特别是病虫抗性的进化，其对新一代 RNA 生物农药的应用方式、应用期限及应用效率均有重要影响。因此，深入了解抗性机制可以帮助我们设计合理的应用技术，从而制定有效的抗性管理策略。

8.2.2 病虫对 RNA 生物农药产生抗性的原因

由于对化学农药产生抗性的病虫种类越来越多，因此开发特定的对病虫具有杀灭活性的 RNA 生物农药越来越受到人们的关注。毫无疑问，RNA 生物农药在田间应用之前，首先要考虑的是 RNA 对病虫害的有效性，但是，病虫在进化过程中是否会对 RNA 生物农药产生抗性，以及 RNA 生物农药对环境的影响等问题也必须认真对待。目前的研究表明，病虫对 RNA 生物农药产生抗性的机制有以下 5 种可能。

1）导致病虫 RNAi 机器（RNAi machinery）失活的突变，可能会让外源应用的 dsRNA 无效。考虑到 RNAi 机器在病虫发育和生理过程中所起的重要作用（在 RNA 代谢和小 RNA 生物合成中起着多种重要作用），RNAi 机器失活的突变很可能与病虫的适合度和生存不相容。因此，RNAi 机器的组成部分（高度保守的）基因功能缺失突变似乎不太可能是病虫对环境 RNAi 抗性的来源，但也需要更多的实验去证明这种可能性是否存在。

2）靶标基因序列中突变的累积，也可能产生抗性。理论上，足够数量的点突变（或小的缺失）可以降低靶标基因和 dsRNA 之间的同源性，使 dsRNA 产生的 siRNA 不能有效地识别靶标基因的 mRNA。考虑到体外合成、细菌表达以及在植物中表达的 dsRNA 通常有几百个碱基对（如在叶绿体中产生的 dsRNA 以长 dsRNA 的形式稳定地积累起来）（Zhang et al.，2015b），似乎不太可能在一个合理的时间段内积累足够的突变使目标 mRNA 对 dsRNA 不敏感，使得靶标序列在剧烈改变后仍然与基因功能兼容（因为致死靶标基因通常是不可或缺的基因）。但是，即使一个特定的靶基因会累积多个突变，最终使其对外源 dsRNA 不敏感，这种抗性也可以通过简单地更换为其他的必需基因来应对（Zhang et al.，2015b）。

3）病虫可以通过影响自身摄取 dsRNA 能力的稳定性和（或）肠道细胞摄取 dsRNA 通路基因的突变，从而对 RNA 生物农药产生抗性。当前的研究表明，RNAi 效率在不同病虫中存在着很大的差异，如 RNAi 在鞘翅目昆虫中的效果较好（Yoon et al.，2018a），而在鳞翅目昆虫中的效果较差（Terenius et al.，2011），虽然其中涉及的机制还不太清楚，但这也可能是抗性产生的一个来源（Chu et al.，2014）。

4）在病虫中，关键的内吞基因，如网格蛋白重链（clathrin heavy chain）基因 *Chc*，不太可能被抑制，但 dsRNA 特异性受体或其他 dsRNA 特异性转运蛋白基因可能被下调，从而会产生对 RNAi 反应的抗性（Vélez and Fishilevich，2018）。

5）口腔中用于外部消化的唾液核酸酶能在 dsRNA 起作用之前将其分解。目前，已从不同种类苍蝇的唾液中鉴定出种特异性的 dsRNase，如绿脓杆菌的 Rrp44-lik 蛋白（Lomate and Bonning，2016），以及致倦库蚊的 CuquEndo 蛋白（Calvo and Ribeiro，2006）和舌蝇的 Tsal 蛋白 1 & 2（Caljon et al.，2012），这说明了 dsRNA 在病虫取食的时候可能被 dsRNase 降解，阻止了 RNAi 效应的有效传播。

由于目前还没有病虫对 dsRNA 产生抗性的例子，因此，我们对病虫抗性的发生机制、抗性来源、潜在暴露形式等都存在着猜测性，即在病虫对 RNA 生物农药产生抗性这个方面存在着亟待填补的知识缺口。目前，美国孟山都公司采用田间筛选和实验室筛选的方法，建立了一个抗 ds*Dvsnf7* 的玉米根萤叶甲（western corn rootworm，WCR）种群（Khajuria et al.，2015）。实验证明，WCR 种群对 ds*Dvsnf7* 的抗性基因位于常染色体的 LG4 中，并且是完全隐性的。ds*Dvsnf7* 对 WCR 的 *Dvsnf7* 转录水平存在一定的影响，但是 RNAi 的效用却不足以引起 WCR-R（玉米根萤叶甲 dsRNA 抗性种群）成虫死亡。在其他 dsRNA 对 WCR 杀虫活性的生物测定中，证明了对 *Dvsnf7* 产生抗性的 WCR，对靶向其他 3 种基因的 dsRNA 也同样具有抗性，但有趣的是，这种 WCR 却不会对 Bt Cry 蛋白产生抗性，这给 dsRNA 在害虫防治方面的应用提供了新的思路。

该研究还测定了 WCR 肠道和尸体中 *Dvsnf7* 的转录水平，结果显示该 WCR 种群并不是因为识别到 *Dvsnf7* 的序列或者大小而对其产生专一抗性，而是它的体内存在一个更普遍的 dsRNA 抗性机制。另外，外源性 WCR 21bp siRNA 在 WCR-R 体内并不受影响，细胞内的 RNAi 机制依然会在 WCR 中起作用。但是，在 WCR-R 中肠细胞内却检测不到 dsRNA，这说明了由中肠细胞吸收的长 dsRNA 在 WCR-R 的中肠细胞中受损了。这种摄取受损，就是病虫对摄取 dsRNA 产生抗性的主要原因。同样具有这种情况的，还有沙漠蝗（*Schistocerca gregaria*），这种昆虫对注入血腔的 dsRNA 较为敏感，但对摄食的 dsRNA 不敏感，部分原因是其中肠内具有高度活性的 dsRNA 特异性核糖核酸酶（dsRNase），而注射 dsRNA（这种 dsRNA 不受 4 种已知 dsRNA 酶中的任何一种影响）会大大提高 dsRNA 在中肠的稳定性（Wynant et al.，2014a）。

除此以外，人们还对 WCR-R 成虫进行了 ds*Dvsnf7* 血淋巴注射实验，但 WCR 对此并不敏感，这说明，除了肠道细胞的管腔摄取受损，WCR-R 还可能会在其他类型细胞中摄取 dsRNA 过程中受损和（或）在 RNAi 沉默信号（这些信号可以是长 dsRNA 或者短 dsRNA）的系统性传播中受损。该研究所得出的结论为未来的研究提供了至关重要的信息，有助于推动未来 RNA 生物农药的发展。

8.2.3　如何延缓或者避免产生抗性

要想延缓或者避免病虫对 RNA 生物农药产生抗性，应该从病虫产生抗性的机制、抗性的来源、RNAi 效应在病虫体内的传输，以及病虫对 dsRNA 的摄取情况等方面制定合适的抗性管理策略。

1. 同时靶向一个以上的必需基因

考虑到基因组中有大量的必需基因，假定的靶基因的数量并没有严格的限制，尽管并非所有的必需基因都可能是同样合适的靶基因。为了解决靶基因突变的累积可能会产生抗性的问题，可以选择同时靶向一个以上的必需基因。例如，通过在同一植株的两个不同的转基因（将靶标基因转移到质体）中共表达两种 dsRNA，或产生由两个或多个靶序列组成的长嵌合体 dsRNA。此外，把转基因目标从细胞核转移到质体，能更有效地对植物进行全面保护以及 RNAi 效应的传播（Zhang et al.，2015b）。可用以不同基因为目标的 dsRNA 的混合物饲喂害虫，dsRNA 摄入后的沉默效应一般取决于靶基因的活力和组织表达水平。饲喂白蜡窄吉丁（*Agrilus planipennis*）的幼虫和成虫靶向两个重要基因（*heat shock protein 70* 或 *shibire*）的高浓度 dsRNA（10μg/μL），结果显示处理后该昆虫的死亡率达到 90%。在较低浓度（1μg/μL）下，两种 dsRNA 的共处理也显示出协同效应，害虫死亡率与饲喂高浓度 dsRNA 结果相似（90%）（Rodrigues et al.，2018）。用 Bip-dsRNA 和 Armet-dsRNA 复合支链型两亲性肽胶囊（branched amphiphilic peptide capsule，BAPC）纳米粒子饲喂赤拟谷盗也观察到了类似的效果。用 Bip-dsRNA 和 Armet-dsRNA 分别与纳米粒子复合后处理的个体死亡率为 50% 和 40%，而联合处理的死亡率为 60%（Avila et al.，2018）。但是，有研究表明，用 11 种 dsRNA 分别处理赤拟谷盗时均显示 80%～100% 的死亡率，而 11 种 dsRNA 的组合在注射法中未能显示出对赤拟谷盗的协同杀虫效果，该结果表明联合处理并不一定能提高死亡率。因此，该方法还需要进一步评估，以确定 dsRNA 靶点的最佳数量和浓度范围（Ulrich et al.，2015）。

2. 化学农药以及针对抗性基因的 dsRNA 联合处理

该策略已成功应用于亚洲柑橘木虱的防控。例如，以谷胱甘肽 S-转移酶为靶点的 dsRNA 与两种杀虫剂（噻虫嗪和甲氰菊酯）共同作用的亚洲柑橘木虱，与单纯用 dsRNA 处理的木虱相比，死亡率分别提高了 23% 和 15%（Yu and Killiny，2018）；当以纤维素降解酶内切葡聚糖酶为靶点的 dsRNA 与杀虫剂氟虫脲联合使用时，白蚁死亡率比单独使用氟虫脲提高了 12%（Wu et al.，2019）。化学农药和 dsRNA 的联合处理能有效地减缓病虫抗性的发展，对比单一使用 dsRNA，化学农药和 dsRNA 联合处理可以减缓病虫对 dsRNA 敏感度的下降速率。

3. 在转基因植物中同时表达 Bt 毒素和 dsRNA

苏云金芽孢杆菌产生的部分 Bt 毒素，如 Cry1、Cry2、Cry3 和 Cry4 等对一些害虫均具有高度毒性（Palma et al.，2014）。转基因植物表达 Bt 毒素在 30 多年前就已被证实对几种危害一年生大田作物的害虫防治非常有效。然而，近年来一些害虫对这种毒素产生了抗药性。由于 Bt 毒素与 dsRNA 之间不存在交互抗性，因此培育能够同时表达 Bt 毒素和靶向 dsRNA 的转基因植物（SmartStax Pro），可以延缓害虫对 Bt 产生抗性（Levine et al.，2015；Moar et al.，2017）。而且，Bt 生物农药与 RNA 生物农药联合使用也可以导致那些已经对 Bt 毒素产生抗性或者对 dsRNA 产生抗性的病虫死亡。

4. 利用纳米载体递送 dsRNA 提高 RNAi 效率

外源 dsRNA 分子带有负电，分子量大，受到昆虫免疫系统的屏障、器官基底膜与细胞膜的屏障阻碍，进入昆虫体内细胞的速率慢。进入昆虫体腔的 dsRNA 经血淋巴循环时，面临吞噬细胞的摄取、血清蛋白的凝聚以及内源核酸酶的降解等多重“关卡”（Neumuiiller and Perrimon，2011）。相较于传统的注射、饲喂、浸泡等方法，运用载体递送 dsRNA 效率更高。

病毒载体如腺病毒、逆转录病毒等，能够携带外源 siRNA 侵染细胞，从而增加 dsRNA 的靶向效率。在害虫防治领域，纳米载体的快速靶向与传输功能显示出巨大的应用潜力（He et al.，2013）。针对害虫的危害特征与杀虫剂分子的特征，利用纳米载体建立高效的递送系统，打破昆虫体内的器官基底膜屏障、细胞膜屏障和肠道围食膜屏障，递送 dsRNA 等杀虫分子至昆虫体腔、组织、靶细胞中，或许有助于大幅提升 RNAi 效率，调控害虫的生长发育、解毒代谢和行为习性，最终实现对害虫的有效控制。

此外，还应该继续利用合适的抗性综合治理（IRM）策略，包括种植害虫“避难所”，将 dsRNA 与其他具有不同作用机制的活性化合物聚合，以减缓病虫针对 dsRNA 所产生的抗性进一步发展。然而，延缓或避免病虫对 dsRNA 产生抗性的方法还存在着一定的知识缺口，如昆虫中肠细胞摄取 dsRNA 受损、昆虫的围食基质对 RNAi 效应传播的不利因素（负电荷蛋白多糖和膜孔径）等。因此，如何解决 dsRNA 在肠道内的运输受阻现象，是未来需要深入研究的问题。

8.2.4　抗性所带来的挑战和讨论

解决病虫对 dsRNA 的抗性问题有利于加快 RNA 生物农药的市场化进程，同时，也确保了 dsRNA 用于病虫防治的可持续性。由于目前对害虫产生抗性的机制了解较少，因此，面对抗性问题，我们仅能从如下几个方面进行讨论，并做好应对的准备。

1）昆虫可能通过影响自身摄取 dsRNA 能力的稳定性和（或）肠道细胞摄取 dsRNA 过程中基因的突变而对 RNAi 产生抗性。由于不同种类昆虫之间 RNAi 的有效性存在着巨大的差异，而且产生这种差异的机制还不太清楚，因此目前还不能确定这种抗性来源的真实性。此外，dsRNA 的过早降解（摄食前）、昆虫肠道内的降解、物种间 RNAi 效应的变异、肠道上皮细胞对 dsRNA 的吸收不良，以及缺乏 dsRNA 扩增是目前限制这种害虫治理方法的一些主要障碍（Denecke et al.，2018）。对此，我们需要更多的研究来阐明 dsRNA 与肠道内相关酶之间相互作用的本质。

2）目前，大多数昆虫中影响 RNAi 效应的 dsRNA 酶的特性仍不清楚。揭示每种昆虫中相关酶的种类、结构和作用是 RNAi 技术在病虫防治中的重要任务。这将有助于针对某种害虫开发物种特异性的 dsRNA 制剂，从而有效避免 dsRNA 受到核酸酶的降解（Kunte et al.，2020）。

3）弄清不同昆虫对外源 dsRNA 反应存在显著差异的分子和生理基础，有助于设计更有效的基于 RNAi 的害虫防治策略。此外，该信息对于评估昆虫对环境 RNAi 的抗性也有重要参考价值，有助于弄清抗性发展进程，从而延迟甚至阻止抗性的发展（Zhang et al.，2017b）。

4）由于 RNAi of RNAi 方法已被用于识别和研究可能涉及 dsRNA 摄取及 RNAi 反应的基因（Tomoyasu et al.，2008；Miyata et al.，2014；Wynant et al.，2014a；Xiao et al.，2015a；Cappelle et al.，2016；Vélez et al.，2016；Yoon et al.，2016），因此，大量的致死性 dsRNA 应答基因已被筛选作为害虫防治的 RNAi 靶点。有趣的是，与细胞膜运输相关的基因靶点似乎是所描述的基因中最具致死性的 RNAi 靶点之一。通过简单的推理得出，dsRNA 的吸收和（或）转运受阻可能会自我限制 RNAi 反应，因此，这些基因实际上可能是赋予 RNAi 抗性的潜在靶点，然而这些基因的 RNAi 反应似乎是稳定和持续的。因此，问题是昆虫死亡的机制是什么？对这种机制还没有明确的认识，需要未来对昆虫 RNAi 的研究为这一难题提供更多的线索（Vélez and Fishilevich，2018）。

5）RNAi 效率在不同目昆虫之间存在着巨大的差异。鞘翅目的昆虫对 RNAi 的反应非常强烈，而鳞翅目和半翅目害虫对环境 RNAi 的敏感性较差，这些昆虫中可能存在着限制 RNAi 响应的生物屏障（Terenius et al.，2011；Baum and Roberts，2014）。这些瓶颈有可能会影响昆虫对 RNA 生物农药抗性的产生以及发展。阐明这些瓶颈可能有助于把这项具有其独特的以及新的行动模式的 RNAi 技术整合到害虫综合治理（IPM）策略中（Zotti et al.，2018）。

总之，RNA 生物农药的开发及应用，为解决全球性的植物病虫害问题提供了新的策略，然而病虫对 RNA 生物农药的抗性问题，有可能成为阻碍 RNA 生物农药发展的绊脚石。因此，深入了解病虫对 RNA 生物农药的抗性机制将为未来的研究提供新思路和新方向，且能有力地推动 RNA 生物农药的发展。

8.3 RNA 生物农药的安全评价

8.3.1 基于核酸的安全评价

在过去的几年里，基于 RNAi 的一些医药和农产品已经被陆续开发出来。这些产品大多是旨在关闭异常蛋白表达的药品，也有一些利用 RNAi 的农产品及病虫害防治产品。虽然 RNAi 介导的性状不表达外源蛋白，但内源蛋白和代谢物的表达可能会发生改变。因此，对基于 RNAi 的生物农药产品进行安全评估是其市场化应用之前必不可少的一个环节。

RNA 是人类和动物饮食中的常见成分，大豆种子、玉米粒和稻谷中富含内源性小 RNA，这些小 RNA 主要存在于食品和饲料的植物组织中。大量的内源植物小 RNA 与人类的重要基因以及其他哺乳动物的基因具有完全或接近完全的互补性，其中包括与细胞色素 P450 单氧酶等关键基因同源的小 RNA。事实上，与编码重要功能蛋白的基因同源的小 RNA 在大豆、玉米和水稻等粮食及饲料作物中大量存在。在脊椎动物中，降解 RNA 的核酸酶普遍存在，胰腺核酸酶将 RNA 代谢成单核苷酸、双核苷酸、三核苷酸和多核苷酸，在肠道经多核苷酸酶、核酸酶、磷酸二酯酶、磷酸酶和核苷酶的作用下进一步降解为单核苷酸、核苷及碱基。由此产生的核苷和游离碱基主要在小肠的上部吸收。大多数被吸收的核苷和碱基随后在肠细胞中分解代谢，其中 2%～5% 重新结合成核苷酸。与脊椎动物相比，线虫和昆虫幼虫等无脊椎动物可以吸收核酸，线虫也可以从摄入的细菌中吸收天然的 dsRNA。既然 RNA 在人类胃肠道系统中被降解为核苷酸，那么与 RNAi 相关的 RNA 将在消化道中迅速降解。由此表明，食用小 RNA 不会对脊椎动物构成危险（Parrott et al.，2010；Petrick et al.，2013）。

对于 RNA 生物农药，人们暴露的主要途径是通过口服，即通过食用植物或经外源 dsRNA 成品处理的食用植物摄入 dsRNA。目前还没有可靠证据表明，经口摄取的 dsRNA 可能以某种形式被哺乳动物的肠道吸收，从而导致生理上相关的不良影响。人类消化系统中发现的核糖核酸酶和胃酸的结合很可能确保所有形式的 RNA 结构在整个消化过程中都被降解。即使用 ss-RNase 和 ds-RNase 的混合物处理植物或动物，其总 RNA 样本再使用非常灵敏的 PCR 扩增方法，RNA 水平也低于检测极限。因此，人类消耗的植物材料中表达的植物源保护剂（PIP）和非 PIP RNA 在进入人类消化系统时，无论 RNA 的类型或结构状态如何，都可能被降解。因此，关于 dsRNA 稳定性，不同结构形式的 dsRNA 在肠道中被降解的能力，以及对 dsRNA 摄取的可能带来的影响，需要进行进一步的评估（EPA，2014）。

考虑到摄取的 dsRNA 在哺乳动物的消化道中经历了快速的降解，以及人类和其他哺乳动物安全食用含有 RNA 的植物的历史，哺乳动物在吸收 dsRNA 时，产生不良影响的可能性非常小。与其他生物相比，哺乳动物从环境中摄取 RNA 的机制、依赖 RNA 的 RNA 聚合酶

（RdRP）的 RNAi 扩增机制以及系统 RNAi 机制都是未知的或不完整的。有研究报道，哺乳动物摄取膳食 miRNA 会影响胆固醇的新陈代谢，但也有研究结果表明，哺乳动物对膳食 miRNA 的摄取不会导致功能性后果。因此，需要考虑 dsRNA PIP 丰度和组织分布等，并应进一步调查影响膳食 RNA 吸收的因素。建议对哺乳动物血液和暴露的组织进行实验测试，以确保从 PIP dsRNA 加工而来的 siRNA 不存在，因为这些 siRNA 在被人类食用后可能会产生偏离目标的影响。此外，还需要解决经皮肤和口腔吸入途径中不同结构形式 dsRNA 的稳定性问题，调查 dsRNA 在疾病、免疫功能受损、老年人或儿童个体中的稳定性（Petrick et al.，2013；EPA，2014；Schiemann et al.，2019）。

8.3.2　基于蛋白质的安全评价

蛋白质是人类和其他哺乳动物通过饮食获得的重要营养物质。哺乳动物的消化系统将食物中的蛋白质降解为可被有效吸收的氨基酸并重新组合成新的蛋白质。一般而言，绝大多数的膳食蛋白没有毒性。然而，少数种类的蛋白质对人类和其他哺乳动物是有毒性的，如蝎子和蛇等动物产生的毒液中含有的蛋白质毒素，植物中的致病菌产生的蛋白质毒素等。还有一些植物成分如凝集素和酶抑制剂等会导致食物中的营养利用率降低。对新表达的蛋白质进行安全评估是对利用生物技术生产的农产品进行安全评价的重要组成部分，这是由于使用 RNA 生物农药导致农作物基因表达的改变而产生的相关蛋白的变化对人类或动物的安全性是未知的。国际食品生物技术委员会和蛋白质安全问题方面的专家一起探讨了评估新蛋白（candidate novel protein，CNP）安全性的科学方法，如关于 CNP 的生化特性、内在危害的检测方法，以及相关安全评估的典型案例等。基于蛋白安全性方面的评估需要一个双重的、证据充足的策略（Delaney et al.，2008；Parrott et al.，2010）。

首先是第一层次的安全评价，也就是潜在危险的确定。主要包括安全食用历史、生物信息学分析、作用方式和特异性、体外消化能力和稳定性、表达水平和饮食摄入方面的安全评价。其中安全食用历史评价主要包括目标蛋白，或者与目标蛋白结构及功能相关的蛋白有较为安全的食用历史，以及嵌入的 DNA 没有引起毒理上的潜在危害。生物信息学分析主要用于证明目标蛋白的氨基酸序列与已知有毒、抗营养素或者致敏的蛋白质的氨基酸序列的相似性差异等。作用方式和特异性主要指目标蛋白与预期的作用一致。体外消化能力和稳定性是指目标蛋白比较容易被消化酶降解，或者因 pH 和温度的变化而变性等。表达水平和饮食摄入是指目标蛋白在作物中的表达量以及可食用的量等（Delaney et al.，2008）。

安全食用历史概念被广泛应用于监管环境中，以提供关于化学品或蛋白质潜在安全程度的指导。虽然特定蛋白完全缺乏安全食用历史并不表明该蛋白存在危害，但它可能表明来自第一层次分析的证据是不完整的，这样可能会需要进一步分析其他第一层次因素或进行第二层次的毒理学测试。CNP 生物信息学评估的主要目的是评估不同蛋白质之间的氨基酸序列相似性程度、系统发育关系或同源性。在这种情况下，基本上是在 CNP 和所有已知蛋白质的氨基酸序列之间进行比较。当 CNP 与那些已知具有过敏性、毒性或药理活性的蛋白质具有较高的相似性时，则需要进行进一步的安全性评估。生物信息学测试的一般概念是，CNP 的氨基酸序列与有过敏性、毒性或药理活性的蛋白质越相似，它就越有可能需要基于假设的毒性测试。自 20 世纪 80 年代初以来，生物信息学分析的能力和稳健性呈指数级增长，数据库中数以百万计的序列有着大量的数据可以作为关于功能、系统发育的假设和结论的基础。因而，生物信息学应该成为安全性评估比较强大的工具。关于作用方式和功能特异性的信息是 CNP

风险评估的重要因素之一。作用方式是蛋白质在体内的作用机制，如果能证明某种特定蛋白质的作用方式与人类相关性较低，那么安全使用这种蛋白质的不确定性就会降低。对任何蛋白质来说，对作用模式的特异性了解得越好，预测它是否会产生不良影响的可能性就越大。此外，一个生物系统中蛋白质的功能和作用方式可能不适用于另一个生物系统，作用方式和特异性研究提供了与安全性直接相关的信息，这些数据可以加强对蛋白质安全性的整体评估。在胃肠道系统中不稳定的蛋白质在取食后可能比那些不容易消化的蛋白质更安全，因为它们在降解后不太可能保持生物活性。蛋白质对 pH 和消化酶的不稳定性是 CNP 危害识别的一部分。有关蛋白质稳定性的信息有助于更彻底地理解作用模式以及暴露在各种条件下对 CNP 的影响。作为最初通过预测氨基酸生物利用率来评估蛋白质来源的营养价值的方法，消化试验被认为是确定蛋白质对哺乳动物胃肠道环境中遇到的低 pH 和胃蛋白酶的相对稳定性的一种手段。转基因作物中 CNP 的表达水平、组织表达模式和膳食摄入量是全面安全评估的组成部分。CNP 在不同植物组织中的表达水平可以通过分析确定：①确定种子和其他植物部分中存在的蛋白量；②计算对人类和非目标生物的预期暴露水平；③支持表型所需蛋白质的有效剂量水平；④证明编码的 CNP 在育种过程中的稳定性；⑤评估不同环境条件下的变化（Delaney et al.，2008）。

如果第一层次安全评价结果不足以证明相应蛋白质无害的结论，则建议进行第二层次的安全评价（Delaney et al.，2008）。第二层次的评估基于危险表征方面，主要表现在三个方面，即 CNP 的急性毒理学评价，CNP 的重复剂量毒理学评价，以及基于其他潜在危险方面的表征。CNP 的急性毒理学测试通常在啮齿类动物身上进行，以评估单一暴露于高浓度蛋白后的潜在哺乳动物毒性。到目前为止，即使在极高剂量的急性毒理学研究中，也没有用于转基因作物的经过测试的转基因蛋白显示出不良影响。从第一层次安全评价获得的关于相关 CNP 的信息通常会提供足够的信息来确定它们是否可能造成不良影响。因此，一些监管机构认为没有必要对非杀虫蛋白进行急性毒理学研究来确认其安全性。例如，欧洲食品安全局不要求对有安全食用历史的蛋白质进行急性或重复剂量毒性测试，而主张以个案为基础来确定是否有必要进行急性和（或）重复剂量毒性研究，以证明暴露在 CNP 中不会造成伤害的合理性（EFSA，2006）。此外，在某些情况下，某些机构建议通过静脉途径暴露来评估蛋白质的急性毒性。特别是，对于在非食用植物中表达的蛋白质，如棉花，从这些植物获得的产品将广泛用于外科手术和生产卫生物质。对于与第二层次分析中已知的抗营养素蛋白相似的 CNP，仅依靠危险识别和急性毒性研究的结果进行安全性评估可能是不完整的。例如，某些凝集素和蛋白酶抑制剂对某些害虫是有毒的，而当喂给哺乳动物时也会产生毒性。在这些情况下，重复剂量毒理学评价可能是必要的（Petrick et al.，2016）。在毒理学中，剂量影响毒理学结果，重复剂量毒性研究中 1000mg/(kg·d) 的指导剂量水平与人类可能接触的植物转基因蛋白相比可能是非常高的，在大多数情况下，风险评估方法得出的剂量将大大低于 1000mg/(kg·d) 的限量剂量（Conolly and Lutz，2004）。如果第二层次分析中提出的危险描述的一个组成部分表明可能存在危险，则可以在个案的基础上考虑基于假设的测试（Delaney et al.，2008）。

综上所述，这里仅对蛋白质安全性评价中考虑的问题做一个简要介绍。所有与潜在蛋白相关的信息都应该加以考虑和权衡，以做出适当的风险评估。如果在检查食品或饲料产品中的浓度、安全食用历史、结构和功能特征、作用方式，以及进行了体外消化率评估之后，出现对相关蛋白安全性的担忧，则需要进行进一步的体外或体内测试，以进行彻底的安全方面的风险评估。

8.3.3　基于过敏性的安全评价

在许多情况下，通过生物技术将一个或多个基因导入植物基因组，当这些基因在作物中表达时，将赋予作物特定的性状。如果所转基因表达而产生异源蛋白，那么安全性评估首先集中在该蛋白上。根据 AllergenOnline（http://www.allergenonline.com）的统计，已知或推定的过敏原有 1313 种，虽然和食品中所有蛋白质的种类相比，这是一个非常小的数字，但是，目前的安全评价应首先评估这些异源蛋白的安全性，以确保没有潜在的过敏蛋白基因产生。在过去的 20 年里，已经发展了许多评估蛋白质潜在过敏性的方法，虽然方法之间存在差异，但这些基本方法均是将相关蛋白的氨基酸序列和物理性质与有过敏性记录的蛋白质进行比较。采用这种方法的一个原因是，目前还没有经过验证的动物模型适用于预测人类潜在的过敏性。最新的方法建议采用证据重量法，对所有个别分析的结果进行综合考虑（Delaney et al.，2008；Goodman et al.，2008）。

评估转基因作物的蛋白质是否具有潜在的过敏性涉及决策树策略的使用（Metcalfe et al.，1996）。主要考虑以下因素：①目标蛋白质基因的来源；②目标蛋白质的氨基酸序列与已知的过敏原的相似性；③目标蛋白质对胃蛋白酶的稳定性；④体外人血清检测或临床检测（Goodman et al.，2005）。过敏性评估首先是确定人类之前是否有接触插入的转基因蛋白的历史。其次，利用生物信息学计算工具分析转基因蛋白与已知致敏蛋白的氨基酸序列相似性。在计算机分析中，将目标蛋白质的氨基酸序列与已知的致敏蛋白进行比较，以确定它们是否有任何 8 个与已知过敏抗原表位相似的连续氨基酸，或者与已知的过敏蛋白中任意 80 个以上的氨基酸有超过 35% 的序列同源性。Goodman 等（2008）指出，使用短小氨基酸匹配搜索不是一种有效的过敏性评估方法。相反，有研究证明扫描数据库与已知的蛋白基序相匹配过敏原，可能比目前的序列一致性和八聚体扫描技术更有效地识别潜在的过敏原。上述因素描述了所使用的方法以确定转基因蛋白和评估潜在的过敏原是否相似于那些已知过敏原。当发现显著的相似性时，可能需要对特定的目标蛋白质进行进一步的评估，或者不将其带到下一阶段的商业开发。如果基因的来源是已知的致敏食物，或者如果序列同源性搜索确定了与已知致敏蛋白的同源性，则还可以进行血清学测试，以评估新蛋白与来自对已知食物过敏的个体的 IgE 抗体的交叉反应性。在某些情况下，可能还需要进一步的临床测试。如果测试表明这种蛋白质能与过敏者的 IgE 结合，那么这种新的蛋白质不太可能被开发并注册为商业产品（Metcalfe et al.，1996；Thomas et al.，2005）。

第 9 章 RNA 生物农药的发展及应用前景展望

9.1 RNA 生物农药发展过程中面临的问题

随着全球人口数量的不断增加和人民生活水平的日益提高，人类对农产品数量和质量的要求也越来越高。据联合国预测，到 2050 年，全球人口总量将增长到 97 亿，对粮食的需求量将增加 73% 左右。因此，如何在环境许可的前提下不断提高农作物的产量和品质，是未来农业领域将要面临的一个巨大挑战。

19 世纪 30 年代，化学农药的发明和使用大幅度降低了病虫草对作物的危害及由此带来的产量损失，保障了近百年的粮食安全；同时也为人类的卫生事业，尤其是在切断媒介昆虫传播的各种传染性疾病方面做出了重要贡献，使人类基本摆脱了疟疾、霍乱和鼠疫等强传染性疾病的威胁。但是，部分高毒、高残留化学农药的使用也带来了诸如环境污染、农药残留、生态破坏、作物抗药性以及食品安全隐患等一系列关系国计民生的重大问题，引起了广大消费者和世界各国政府的广泛关注（Ye et al.，2014；Chagnon et al.，2015；Tabashnik and Carriere，2017）。为了减少由此带来的危害，我国出台了有关高毒农药使用的相关法规，要求“加快淘汰剧毒、高毒、高残留农药”。但是，禁用高毒农药导致一些害虫的再度猖獗和农作物大幅度减产。为了保障粮食作物的产量和品质、降低对化学农药的依赖及其对环境的危害，亟须开发出高效、低毒、低残留的新型生物农药。

20 世纪 90 年代，以转基因技术为核心的转基因作物培育及商业化推广种植，在一定程度上解决了化学农药带来的一系列问题。然而，由于公众缺乏对该技术的科学认知，对转基因作物的安全性一直存在各种担忧和疑惑，转基因作物的商业化推广阻力重重，此时，RNA 生物农药应运而生（Chen et al.，2011；Lundgren and Duan，2013）。

9.1.1 RNA 生物农药的发展概况

RNA 生物农药，也称核酸农药、RNA 农药或 RNA 干扰剂，是基于 RNA 干扰技术开发的新型生物农药，其核心成分是可以与靶标生物中目标基因转录的 mRNA 特异结合的多核苷酸（Wang and Jin，2017b；王治文等，2019）。RNA 生物农药的作用方式：通过不同长度的双链或单链的多核苷酸片段（dsRNA/siRNA），根据碱基互补配对原则，利用目标生物体内天然存在的 RNA 干扰机制，将 dsRNA 加工成 siRNA，并与 Argonaute 蛋白及伴侣分子结合形成 RISC，最终导致与其互补的目标 mRNA 降解和翻译终止。因此，RNA 生物农药能够特异性沉默目的基因的表达，具有效率高、专一性强的特点（Baum et al.，2007；Mao et al.，2007；Zhang et al.，2015a）。

RNA 生物农药的主要成分是多核苷酸片段。由于核苷酸广泛存在于所有动物、植物细胞及微生物内，因此，核苷酸也是生命的最基本物质之一。与传统农药相比，RNA 生物农药的作用机制非常清晰，可以针对目标病虫害进行精准设计，实现对有害生物的精准化和智能化防控，具有专一性强、无毒、无残留等优点。由于 RNA 生物农药并没有改变目标生物的基因组，不会对生态系统造成任何影响。而且，病虫害生长发育过程的关键基因，多数可以通过 RNA 干扰阻断相关蛋白质的翻译、切断遗传信息传递，进而干扰有害生物的生长繁殖，甚至杀死有害生物，因此，有害生物中的关键基因均可作为 RNA 生物农药的靶标，从而可以有效解决目标害虫对特定 RNA 生物农药产生的抗性问题（Whyard，2015；San Miguel and Scott，2016；Zotti et al.，2018）。

总之，RNA 生物农药具有靶标范围广、开发成本较低、绿色安全等众多优点，有望实现农产品质量安全、生态安全和环境安全等各种需求，非常符合当今社会的要求，是一种具有巨大开发及应用潜力的新型绿色的生物农药，已经成为最近几年的研发热点。

近二十年的研究结果表明，利用 RNA 干扰技术开发生物农药是完全可行的。广义上，RNA 生物农药可以分为两大类：一类是以抗性作物为主的植物源保护剂（plant-incorporated protectant，PIP），另一类则是非植物源保护剂（non-plant-incorporated protectant，non-PIP）。PIP 类 RNA 生物农药是集 RNA 干扰与抗性作物两种科技优势于一体的新型生物农药。这类 RNA 生物农药利用抗性作物培育技术，在植物中表达靶标基因的 dsRNA，通过植物与目标生物的互作，达到病虫害防控的目的（Zhang et al.，2017b；Zotti et al.，2018）。非 PIP 类 RNA 生物农药既沿袭了传统化学农药的应用方式，又借鉴了抗性作物培育的技术原理，只针对有害生物而不影响农作物的遗传表达，通过简单的喷洒、灌根或浸种就可以发挥作用。

鉴于 RNA 生物农药的多项优势，国内外众多科研单位和农药公司均积极关注并开展了相关研究（Jalaluddin et al.，2019）。早在 2007 年孟山都公司就已提出 RNA 农药的概念，包括拜耳和先正达在内的多家大型农业生物技术公司都在利用该技术进行研发，主要集中在杀虫、杀菌、抗病毒、抗线虫等方面的研究及应用，并取得了多个以 RNAi 为技术主线的应用专利。尽管非 PIP 类的 RNA 生物农药目前仍在实验阶段，市场上尚未见到完全商业化的非 PIP 类 RNA 生物农药产品，但是，与其他传统的小分子农药相比，RNA 生物农药完全符合当今社会对新型生物农药的要求，是一项值得我们期待的新型植保产品（Zotti et al.，2018；Liu et al.，2020；Kunte et al.，2020）。

2017 年 6 月 15 日，美国环境保护署（USEPA）批准了国际上第一例表达昆虫 dsRNA 的抗虫玉米 MON87411。从广义上讲，它属于 PIP 类的 RNA 生物农药。目前针对非 PIP 类 RNA 生物农药，在大规模田间应用之前还有很多问题需要解决，只有解决好这些问题，才能加快推动其产业化进程。

9.1.2　规模化应用中必须解决的问题

将 dsRNA 作为一类新型生物农药，其关键科学问题已经基本解决，如 dsRNA 在病虫害防治中的可行性、有效靶标基因的筛选、将 dsRNA 递送至靶标生物的方式等。但是，这些研究大部分限于实验室或者是规模较小的试验环境，而作为一种新型生物技术，其在田间大规模应用中仍然有很多问题需要解决。

首先是防治效率问题。尽管在第 6 章中已经阐述了多种提高 RNAi 效率的策略，但是，我们仍然可以预测，该技术很难达到传统化学农药的作用效率。因此，与其他技术的联合应用，有可能是解决这一问题的根本途径。例如，孟山都公司研制的 MON87411 就是将表达昆虫靶标基因 dsRNA 的抗性玉米与表达 Bt 杀虫蛋白的抗虫玉米相结合的产物。当然，产品能否规模化应用，与产品的生产量和价格密不可分。但是，最终决定该技术及其产品使用寿命的是生物抗性问题，若能有效解决长期应用过程中可能产生的生物抗性问题，将会大大延长产品的使用寿命。总之，生物安全性、环境安全性、产品价格及生物抗性等均是规模化应用之前必须解决的关键问题。只有综合利用多学科知识，彻底解决或认真回答好这些问题，才能帮助我们早日将 RNA 生物农药推向市场。

9.1.2.1 物种特异性与生物安全性

RNAi 的作用效果和靶标物种范围均由 dsRNA 序列决定，因此，RNA 生物农药的最大优势是可以实现有害生物的物种特异性防治。可以说，RNA 生物农药是目前最有可能实现生物安全性的农药。

在所有可能的生物安全风险中，大家最关心的肯定是 RNA 生物农药对人体的安全性。与其他常见的化学或生物杀虫剂一样，当 RNA 生物农药作为一种产品被推广应用后，有可能通过呼吸系统被人体吸入，还有可能通过裸露在外的皮肤接触而进入人体，除此之外，最大的可能是在取食过程中随着食物进入人体。但是，作为高等动物，人类同样具有完整的 RNAi 机制，根据其作用机制，进入人体的 dsRNA 必须与人类的某个基因序列完全匹配才能发挥作用。该问题完全可以在靶标基因筛选的过程中有效避免。其次，人类具有完备的先天免疫系统，那些与人类基因组序列没有匹配性的 dsRNA 将被看作外源入侵物，被多种受体识别并降解（DeWitte-Orr et al.，2009；Whitehead et al.，2011）。此外，在人类的生存过程中，已经在无意中摄取到大量的各种各样的 dsRNA，它们可能来自病毒感染的食物或者是植物。多数情况下，这些外源 dsRNA 与其他核酸一样在我们的消化系统中已经被完全降解（Jensen et al.，2013）。利用小鼠进行的测试发现，通过吸入的方式进入到体内的一些非特异性 dsRNA，会引起小鼠的炎症反应或过敏反应（Mahmutovic-Persson et al.，2014）。但是，将 RNAi 技术用于治疗人类疾病研究的过程中却发现，这些非编码 RNA 在体液中会被各种内源的核酸酶降解，因此，将 dsRNA 送入人体特定组织的细胞内是非常困难的事情（Chen et al.，2018）。这一现象从另一个侧面证明了外源 dsRNA 对人类的安全性。而且，对人的体液和组织中 800 多个数据集进行的分析结果表明，小 RNA 不能通过饮食摄入的方式在不同物种间进行跨物种传递（Kang et al.，2017）。因此，摄入经 dsRNA 处理或表达 dsRNA 的抗性植物不太可能对人类造成太大的安全问题。

有研究表明，siRNA 可能会对非靶标物种产生脱靶效应，当喷洒 dsRNA 或者种植表达 dsRNA 的转基因作物时，可能会对非靶标生物产生影响（Dávalos et al.，2019）。因此，靶基因的筛选对于将 RNAi 应用于田间进行作物保护是至关重要的，我们必须慎重对待。由于 RNAi 是一种以基因序列为基础的技术，RNA 生物农药的核心成分是核苷酸类物质，因此，我们完全可以针对靶标物种的特定基因设计 dsRNA 序列。若能利用已知的基因组序列进行同源比对，避开传粉性、捕食性及寄生性益虫的同源序列，就可以最大限度地避免生物安全性问题，实现物种专一性的害虫防治。对于一个特定的 mRNA，对其进行专一性沉默的程度是由序列匹配性最低的那个 siRNA 决定的，如果序列匹配程度最低的 siRNA 也能引起靶标的沉默，针对该基因出现脱靶的概率就比较高，出现生态安全性的可能性就较大；如果只有序列完美匹配的 siRNA 才能引起靶标的沉默，针对该基因出现脱靶的可能性就比较低。

为了减少脱靶效应，物种之间的亲缘关系可以给我们提供一些有价值的信息。例如，在进化关系上最近的物种之间具有最大可能的序列同源性，也最有可能成为脱靶的对象。因此，如果需要测试一个 RNAi 靶标的物种专一性，利用其最近缘的物种进行测试很可能是一种最为快捷有效的方案（Li et al.，2013a）。据此，我们可以比较准确地推断某种 RNA 生物农药的生物安全性，从而在最大程度上避免生态风险。

此外，高质量的基因组信息有助于我们筛选有效且专一的 RNAi 靶标基因，可以有效解决生物安全和生态安全问题。对于农业害虫，已经完成全基因组测序的物种还不是很多，这对 RNA 生物农药的开发也是一个挑战，我们不可能对缺乏基因组信息的物种进行有效的生态安全性评估（Zotti and Smagghe，2015；Yin et al.，2016；Zotti et al.，2018；Li et al.，2019a）。但是，值得欣慰的是，随着测序技术与生物信息学平台的不断发展和完善，可以在一定程度上通过多物种序列比对解决生物安全性相关的问题。例如，已经有一些专门的数据库，如 FLIGHT、DRSC 和 iBeetle-Base，可以提供果蝇和部分甲虫大部分基因的 RNAi 表型，为目标生物的靶基因筛选提供参考。另外，利用生物信息学分析工具如 LAST 软件（http://last.cbrc.jp，BLAST 软件的改进版），通过对靶标生物和非靶标生物全基因组或者转录组水平进行比较，筛选排除同源基因或将靶标基因位点设计在重复序列区域等特异位置，提高靶标基因的特异性和灵敏性。因此，在大规模应用 RNA 生物农药时，需要综合多学科知识，如纳米材料学、生物信息学、分子生物学等，充分考虑防治成本以及植物与有害生物之间的动态互作变化情况，有针对性地沉默关键基因的表达，避免对非靶标生物产生不良影响，尽可能发挥 RNA 生物农药物种专一性的防治效果，促进其相关技术发展及在田间的规模化应用。

除了利用生物信息学进行序列的专一性设计，不同昆虫 RNA 干扰效率的差异也可用于害虫的种类专一性防治。研究表明，不同种类昆虫之间，其 RNAi 核心通路基因的拷贝数差异明显，其直接表现是 dsRNA 被吸收、降解及被加工成 siRNA 的效率存在显著差异，这就造成了不同种类昆虫对 RNAi 的敏感性明显不同（Singh et al.，2017；Guan et al.，2018b）。例如，与鳞翅目昆虫相比，dsRNA 在鞘翅目昆虫体内更加稳定，因此，鞘翅目昆虫对 RNAi 更加敏感。研究发现，即使是沉默同源基因，对鞘翅目昆虫有致死作用，但对鳞翅目昆虫却不会造成任何伤害（Terenius et al.，2011；Garbutt et al.，2013；Fishilevich et al.，2016b）。这种现象同样可以用来避免 RNA 生物农药可能带来的生物安全性问题。

9.1.2.2　dsRNA 的稳定性及环境安全性

dsRNA 在环境中的稳定性是影响 RNA 生物农药能否在田间应用的一个重要因素。作为一种农药，如果 dsRNA 能够在环境中被快速降解，就可以避免不必要的生物安全和环境安全性问题。因此，从其作为农药的功能考虑，要求其具有一定的稳定性从而发挥杀虫作用；而从环境安全的角度考虑，又希望它能尽快降解从而降低安全风险。也就是说，dsRNA 的稳定性在其应用价值与环境安全之间是一对矛盾，也是制约其推广应用的一个重要限制因子（Gu and Knipple，2013；Cooper et al.，2019）。

RNA 生物农药是一种核酸类生物大分子，施用到作物表面或土壤后，极易被光解，也可能被雨水冲走，或者被叶表或土壤中的各种微生物降解。研究表明，dsRNA 施入土壤中 48h 后就被降解至不可检测的水平，而添加到各种天然水体中，7d 后也完全检测不到 dsRNA 的存在（Dubelman et al.，2014；Fischer et al.，2016；Albright et al.，2017）。但是，将 dsRNA 施到马铃薯的叶面，其活性能够持续 4 周，可以有效抑制马铃薯甲虫的生长发育并发挥致死作用（San Miguel and Scott，2016）。上述结果说明，RNA 生物农药对环境的安全性问题几乎可以不用担心，真正要解决的反而是如何提高其稳定性，延长其作为生物农药的持效期。例如，针对地下害虫和植物病原线虫的防治，我们希望 dsRNA 具有相对持久的稳定性。研究人员对 3 种不同来源的土壤样品进行测试后发现，针对玉米根萤叶甲（*Diabrotica virgifera virgifera*）*Snf7* 基因的 dsRNA，在 35h 内至少有 90% 已经被降解（Dubelman et al.，2014）。这些结果说明 dsRNA 具有很好的环境安全性。

相反，dsRNA 的快速降解给 RNA 生物农药的应用带来了很多困扰，研究人员尝试了多种策略来提高其在环境中的稳定性，其中纳米包裹已经被证明是一种比较有效的策略。澳大利亚昆士兰大学的研究人员将 dsRNA 与纳米材料一起做成可以喷雾的制剂 BioClay，这种方法有助于 dsRNA 附着在植物表面，同时促进植物对核酸的吸收作用。采用这种技术制成的 RNA 喷雾剂，能够有效保护烟草免受病毒病的危害，保护时间可以长达 30d，为植物病毒病的防治提供了一种新的解决方案（Mitter et al.，2017a）。此外，还可以通过支链 PCR 方法将 RNAi 表达元件以 DNA 的形式组装成新的纳米载体，使其在细胞内持久产生稳定的短发夹 RNA（shRNA），实现对靶标基因的持续有效沉默（Liu et al.，2016a）。由此可见，纳米材料和核酸纳米技术对于 RNA 生物农药的开发及应用具有非常重要的参考价值。

针对核酸的光解问题，还可以通过优化 RNA 生物农药配方，添加保护剂，促进其在植物和有害生物之间的快速穿梭，降低被光解的可能。因此，在保持 dsRNA 稳定性和有效性的同时，采用低风险甚至无风险的辅助材料，是解决问题的最好方案。最近，AgroSpheres 公司利用细菌发酵产生的小型球状生物细胞作为生物粒子载体，包裹并保护 dsRNA 免受环境中核糖核酸酶的降解，同时，交联产生的生物颗粒膜可以减缓 dsRNA 的释放，有效期长达两个月。

总的来讲，无论是正在使用的病虫害防治制剂，还是正在开发的 RNA 生物农药，都可能存在一定的生态风险，这就要求我们在开发之前和应用的过程中，尽可能避免或降低这种风险。可以肯定的是，基于 RNAi 技术开发的核酸农药，因其作用机制清晰，若能在前期开发过程中对靶标序列进行科学设计，在后期应用中进行严格管理，RNA 生物农药有可能是目前病虫害防治制剂中最为安全的一种。

9.1.2.3 dsRNA 的低成本批量生产

基于喷洒 dsRNA 的病虫害防治技术能否应用于农业生产，关键在于能否进行 dsRNA 制剂的低成本批量生产。田间大规模应用，要求 dsRNA 的产能必须达到吨级生产水平，这在十多年前是不可想象的。2008 年，利用生化方法合成的 dsRNA，其价格高达每克 12 500 美元，这种价格生产出的 dsRNA 根本无法应用于农业生产。随着技术的改进，研究人员发现了一株 dsRNA 降解酶缺陷型大肠杆菌菌株 HT115（DE3），并将其应用于 dsRNA 的发酵生产，到 2016 年时，每克 dsRNA 的价格已经降至 100 美元（Andrade and Hunter，2016）。2017 年，Apse RNA Containers（ARCs）公司利用细菌表达的 dsRNA，生产成本大约在每克 2 美元。位于美国路易斯州的 RNAgri 公司专注于 dsRNA 的大规模生产，旨在吨级 dsRNA 的生产和纯化。该公司通过对工程菌的改造，在提高 dsRNA 合成效率的同时，降低 dsRNA 在合成菌株中的降解情况，同时改善后期 dsRNA 提纯工艺，使 dsRNA 合成成本大幅度降低，目前已经低于每克 1 美元，为 RNA 生物农药的大规模推广和应用提供了保障。据粗略估计，每公顷作物进行病虫害防治的 dsRNA 用量在 2～10g，这个用量和价格对任何一个国家来讲都是可以承受的。而且，随着 RNA 生物农药的市场化应用，商业竞争将带来产品价格的进一步降低，也会从另一个侧面促进 RNA 生物农药的大规模生产和推广应用（Taracena et al.，2015；Ganbaatar et al.，2017；Niehl et al.，2018；Zotti et al.，2018）。

9.1.2.4 害虫对 RNA 生物农药的抗性

病虫害对 RNA 生物农药产生抗性是一个不能回避、不可避免的问题。但是，弄清其产生抗性的机制对解决和延迟抗性是十分必要的。病虫害种群的遗传变异很可能导致靶标基因产生单核苷酸多态性（SNP），在这个过程中，一旦出现严重影响 dsRNA 与靶标互补性的 SNP，很可能会降低 RNA 干扰的效率，从而导致害虫对该靶点产生抗性（Scott et al.，2013；Yu et al.，2016b）。

为此，孟山都公司在实验室内通过连续多代筛选，建立了一个抗 *Snf7* dsRNA 的玉米根萤叶甲种群。进一步研究发现，通过取食获得的 dsRNA，不能被该抗性种群昆虫的肠道有效吸收，而且该种群对其他基因的 dsRNA 也普遍产生了抗性。进一步通过遗传学分析发现：抗性种群常染色体上 LG4 位点的隐性基因发生了突变，通过与敏感品系的杂交，这些抗性品系又可以恢复对 RNAi 的敏感性（Khajuria et al.，2018）。该研究结果为解决 RNAi 抗虫作物的害虫抗性问题提供了方向：建立害虫"庇护所"，并联合其他抗虫措施进行害虫的综合治理，可能是延长抗虫作物或杀虫剂使用寿命的有效措施。

总之，有害生物对人类采用的各种防治策略产生抗性是不可回避的事实，只要我们采取适当的措施，通过多种机制交叉或协同作用，就可以降低、减缓甚至克服有害生物的抗性。

9.1.3 RNA 生物农药的商业化推广及发展趋势

全球每年因病虫害造成 30%～40% 的作物产量损失，严重威胁着人类的粮食安全。化学农药的应用可以挽回一定的损失。据统计，2018 年全球农药销售额高达 650.99 亿美元，这些农药主要包括除草剂、杀菌剂、杀虫剂三类。包括拜尔、先正达、巴斯夫、科迪华、安道麦在内的农药公司占据了市场的大部分份额。我国农药行业起步较晚，但是发展非常迅速，已经成为全球农药生产、销售和使用的第一大国。化学农药的使用，在提高粮食产量的同时，也带来了严重的环境污染、农药残留和食品安全问题，已经威胁到人们的身体健康。因此，亟须开发新型绿色、无污染的病虫害防治新技术。

20 世纪 90 年代研发成功的转基因作物，被称为农业病虫害防治史上的第二次技术革命。通过抗性育种，获得了抗虫、抗菌、耐除草剂的抗性作物新品种。目前，已有 32 种 PIP 作物（玉米 13 种、棉花 9 种、大豆 5 种、马铃薯 3 种、其他 2 种）在美国环境保护署（USEPA）注册（1995～2018 年），极大地提高了规模化种植水平以及作物产量，显著减少了化学农药的使用频率和使用量，给农业生产带来了巨大的好处。但是，由于这些作物引入的抗性成分大部分为 Bt 杀虫蛋白，随之而来的是昆虫抗性的产生、公众对转基因作物的质疑，因此，急需开发出新的替代产品。

RNA 生物农药被称为农药史上的第三次革命，基于 RNAi 的生物农药将为农业的可持续发展提供一条全新的解决途径。与目前所有传统的病虫害防治策略相比，RNAi 是最有可能实现物种专一性的病虫害防治技术。利用该技术可以将目标物种缩小到几种甚至一种，从而大大降低农药对非靶标生物的伤害，具有非常高的生物安全性和生态安全性。要想利用这个优势，就必须弄清农业生态系统中的主要病虫害种类，并掌握其基因组信息，尽可能排除对非目标生物的伤害。随着测序技术的进步，全基因组或转录组测序的价格会越来越低，掌握田间主要病虫害和主要益虫基因组信息是完全有可能的。因此，利用 RNA 干扰技术对田间主要病虫害进行专一性控制是完全可行的。

国际上第一例表达昆虫 dsRNA 的抗虫玉米（MON87411）已经于 2017 年 6 月获得种植许可，这将是一个具有里程碑意义的重要事件，开辟了将 RNAi 技术应用于害虫防治的新时代（Zotti et al.，2018）。MON87411 属于 PIP 类 RNA 生物农药，目前，该抗虫作物已经通过了美国、加拿大、巴西、日本等 8 个国家的抗性作物安全评价和种植许可，也已经向我国申请了进口安全证书。

另外三项基于 RNAi 技术进行品质改良的新产品也已经获得了安全认证和种植许可。其中一项是由辛普劳公司利用 RNAi 技术开发的新产品，通过抑制 *asn1* 和 *ppo5* 基因，获得了改良的马铃薯新品系 E12，能够减少黑斑，降低致癌物质丙烯酰胺的含量，已在美国、加拿大、澳大利亚等 5 个国家通过作物安全评价和商业化应用。另一项是由加拿大奥卡诺根特色水果公司利用 RNAi 技术开发的表达 dsRNA 的苹果新品种 NF872。该品种通过抑制苹果多酚氧化酶基因 *PPO*，有效减缓苹果褐化，提高了其经济价值。2019 年 4 月 24 日，NF872 已经在美国和加拿大通过作物安全评估认证。此外，2019 年 9 月 9 日，美国 FDA 还批准了由美国得克萨斯农业与机械大学研发的棉花新品种 TAM66274。该品种利用 RNAi 技术沉默棉花籽中的棉酚，从而解决了普通棉籽因含有高浓度棉酚对人和动物的毒性问题，该棉花新品种的种子可以作为猪、家禽和水产的饲料，为缓解亚洲和非洲一些国家人口饥饿及营养不良问题提供帮助。值得注意的是，该棉花品种仍然保留了植株其他部分合成棉酚的能力，以帮助植株有效抵抗病虫害。

与 PIP 相比，非 PIP 更注重核酸的非转基因属性，其本身是核酸粉末形式，可以通过多种方式施用，如喷洒、注射、浸泡、纳米递送、病毒共生性侵染等，最终实现对靶标生物的基因调控，但是相关的产品尚未上市销售。孟山都公司最近开发了一款商品名为 BioDirect 的核酸农药产品，利用体外合成的 cDNA 转录产生 5-烯醇式丙酮酰莽草酸-3-磷酸合成酶（5-enolypyruvyl-shikimate-3-phosphate synthase，EPSPS）基因的互补链，与化学除草剂联合使用防治杂草，此外，该技术还可用于农业害虫与病毒的防治，也可用于改善蜜蜂的种群健康。

可以看出，RNAi 技术已经成为作物新品种培育的重要研发方向，在确保特异、高效、环境友好及低成本的前提下，RNA 生物农药的优势已经被越来越多的国家和管理部门认可。2016 年，表达 dsRNA 的抗虫玉米率先被加拿大食品检验局（Canadian Food Inspection Agency，CFIA）批准进行田间试验，并于 2017 年被美国 EPA 批准田间释放（Head et al., 2017）。2018 年 5 月，新西兰环境署宣布用 dsRNA 处理过的真核细胞或生物不存在遗传学修饰，不属于新生物（EPA，2018）。这就意味着将外源 dsRNA 作为一种制剂喷洒在其他生物上不需要特别的监管。此外，考虑到 RNAi 只是暂时性关闭靶标基因的表达，外源喷施的 dsRNA 片段并不能翻译成肽段，目标生物的基因组序列也不会被改变，因此，澳大利亚监管机构宣布：自 2019 年 10 月 8 日起，基于 RNAi 技术在植物表面直接喷洒 dsRNA 不再接受基因技术监管办公室（Office of the Gene Technology Regulator，OGTR）的监管。在各种利好政策的激励下，RNA 干扰技术已在玉米、水稻、小麦等作物中得到广泛应用，在降低支链淀粉含量、改良作物品质、提高作物抗病虫等方面，获得了一系列有产业化价值的作物材料，正等待监管部门的审批。

利用外源合成的 dsRNA 直接作为生物农药，在有害生物的防治中具有作用效果好、应用方便、开发成本低等一系列优势，已经受到国内外许多科研单位和农药公司的青睐。2019 年初，TechAccel 公司与全球知名植物科学研究机构唐纳德丹佛斯植物中心共同启动了一项名为“RNAissance”的项目，用于支持该研究机构正在进行的基于喷雾的 RNA 生物农药开发，对特定的植物害虫进行特异性防治，同时避免对环境中的动植物以及人类造成伤害。小菜蛾是一种公认的世界性害虫，已经对多种化学农药产生了抗性，每年可造成 40 亿～50 亿美元的经济损失。TechAccel 公司利用该技术创制的第一个产品就是用来防治小菜蛾的 RNA 生物农药。除此之外，他们也在测试这种农药对黏虫和其他害虫的有效性。

RNA 生物农药目前只局限于单一或较少的防治对象，其靶向多种类对象的技术还不够成熟。随着对 RNA 加工机制研究的深入（内含子剪接、tRNA 加工、核酶加工），结合 CRISPR/Cas9 等基因编辑技术，可以研发基于多簇子的 RNA 技术，同步靶向单一基因多位点、多个基因多位点，并利用遗传操作，实现同步切割、同步编辑（Unniyampurath et al.，2016；Wang et al.，2018a）。同时结合烟草花叶病毒、烟草脆裂病毒等递送工具，可以实现病毒介导的多基因同步靶向调控，对动植物不同基因进行有效同步编辑，这将为未来发展更为广谱可控的 RNA 生物农药提供参考依据（Cody et al.，2017）。

在未来的农业病虫害防治上，高效、低毒、低残留的化学农药、抗性作物和 RNA 生物农药的互相组合、协同使用将成为 RNA 生物农药发展的大趋势。一方面，RNA 生物农药可以增强防效、减少化学农药的用量，同时，以水为溶剂的 RNA 生物农药可以显著减少化学农药中溶剂、助剂等有机化学品的使用；另一方面，RNA 生物农药在延缓病虫害对化学农药的抗药性方面也可以发挥重要作用（Zotti et al.，2018；Jalaluddin et al.，2019；Kunte et al.，2020）。此外，在植物–有害生物互作系统中，两者动态变化的相关因子也会影响 RNA 生物农药的使用效果。在 RNA 生物农药发展中还需要考虑施用环境，通过优化 RNA 生物农药配方体系延缓其光解，促进其在植物–有害生物系统的穿梭（Parker et al.，2019b）。通过种植各种经过抗性或品质改良的新品种，在不断适应人口增加、食物供应和饮食结构变化的同时，提供更加优质安全的农产品，为人类生活的改善和提高做出更多的贡献（Zotti and Smagghe，2015；Zhang et al.，2017b）。

9.2　miRNA 及其他小 RNA 作为生物农药的前景分析

9.2.1　miRNA 的作用机制及其在昆虫发育中的作用

基因沉默是一个复杂的过程，除了由 dsRNA 或者 siRNA 引发，还有另外一种小 RNA，即微小 RNA（microRNA 或 miRNA）也能够诱发基因沉默效应。miRNA 是一类长度为 20～24nt 的内源性非编码 RNA 分子，多数 miRNA 基因在基因组中以单拷贝、多拷贝或者基因簇的形式存在。目前已发现其广泛存在于动植物以及细菌、病毒等微生物中，主要在转录后水平调控基因的表达。据推测，在脊椎动物中，miRNA 可以调控至少 30% 的基因表达（Alvarez-Garcia and Miska，2005；Bushati and Cohen，2007）。miRNA 通常是由细胞核内的 RNA 聚合酶 II 转录而来的，最初的产物是具有 5′ 帽子（7mGpppG）和多聚腺苷酸的茎环状 miRNA 初级前体（primary miRNA，pri-miRNA）。pri-miRNA 在细胞核内由 Drosha 复合体加工成 70～100nt 的 miRNA 前体（precursor miRNA，pre-miRNA），再由细胞核中的转运蛋白 Exportin-5 运输至细胞质，进一步由 Dicer 酶将发卡结构的环（loop）切割掉，形成 miRNA: miRNA* 双链结构。该双链结构与 Argonaute 1（Ago1）结合后，双链结构打开，其中的一条引导链参与形成 miRNA 诱导的沉默复合体（miRNA-induced silencing complex，miRISC），通过碱基互补配对与靶标基因信使 RNA 3′ 端的非翻译区（untranslated region，UTR）结合，导致靶标 mRNA 的降解、翻译受阻，或者稳定性降低（Krol et al.，2010）。miRNA 的种子区是从 5′ 端开始第 2～8 位的一段核苷酸序列，种子区在 miRNA 与靶标基因之间的碱基互补配对中发挥重要作用。miRNA 的作用机制在动物与植物中有所差异，在植物中，miRNA 与靶标基因需要完全互补配对；而在动物中，miRNA 与靶标基因之间允许有错配。每个 miRNA 可能有多个靶标基因，而每个靶标基因中也可能存在多个 miRNA 结合位点。多数情况下，miRNA

的靶位点位于 3′ UTR，但是，在 5′ UTR 与编码区也可能存在靶位点（Treiber et al.，2012；Vidigal and Ventura，2015）。

作为细胞内重要调控因子之一，miRNA 广泛参与昆虫翅的发育、细胞组织的程序性死亡、神经成熟等发育过程，而在变态发育中，miRNA 对于激素调控、翅发育、蛹的组织降解和重建均有重要影响（Belles et al.，2012；Ylla et al.，2016；Belles，2017）。对果蝇卵期至成虫期 miRNA 的表达谱检测分析，发现 7 个 miRNA 的表达趋势与变态发育过程密切相关，其中 miR-100、miR-125 和 let-7 受到蜕皮激素及 *Broad* 基因的诱导上调，而 miR-34 则受到蜕皮激素及 *Broad* 基因的诱导下调，另外还发现，在 3 个 miRNA 缺失型突变体中，果蝇翅的发育存在明显缺陷（Sempere et al.，2002，2003）。miR-9a 通过靶向共转录因子（*dLMO*）进而控制果蝇翅的发育（Epstein et al.，2017）；果蝇 miR-14 通过靶向蜕皮激素受体（ecdysone receptor，EcR）基因形成一个正向自调控回路，减缓 miR-14 对 EcR 的抑制作用，且能够放大反应信号（Varghese and Cohen，2007）；家蚕 miR-14 的两个成熟体 miR-14-3p 和 miR-14-5p，通过同时靶向蜕皮激素信号网络的多个基因，共同维持蜕皮变态的一致性（Liu et al.，2018b；He et al.，2019b，2019c）；而另一保守型 miRNA（let-7）分别靶向蜕皮激素通路的关键基因 *FTZ-F1* 和 *Eip74EF*（*E74*），可以控制家蚕幼虫的发育和幼虫—蛹的转换（Ling et al.，2014）；二化螟中 miR-9b 等 7 个 miRNA 以不同的组合形式联合调控蜕皮激素合成通路的 3 个关键基因 *Spook*、*Neverland* 和 *Shadow*，继而控制二化螟幼虫蜕皮和化蛹进程（He et al.，2017）；褐飞虱 miR-34 靶向胰岛素信号通路的 *InR1*，并且 miR-34 的启动子区域存在与转录因子 Broad complex Z4（Br-C Z4）结合的重要位点，可以形成正向调控回路，通过影响保幼激素的合成来调控翅型的改变（Ye et al.，2019c）；蚊子中特异性基因 miRNA-1890 在中肠中可以靶向调控保幼激素控制的丝氨酸酶基因（*JHA15*），并且该 miRNA 可以被蜕皮激素激活（Lucas et al.，2015）。

鉴于 miRNA 对昆虫变态发育具有重要调控作用，基于关键 miRNA 序列设计 RNA 生物农药或许可以用来进行害虫防治。但到目前为止，相关的研究多集中于 PIP，即采用人工 miRNA 技术在植物中表达具有沉默效应的小 RNA 分子，特异地沉默靶标害虫转录本，引起靶标生物致死或致畸，从而达到害虫防控的目的。在细菌中表达针对棉铃虫蜕皮激素受体基因 *EcR* 的人工 miRNA，喂食棉铃虫后，对棉铃虫产生明显的致死效果（Yogindran and Rajam，2016）；在烟草中表达靶向棉铃虫几丁质酶基因的人工 miRNA（amiR-24）也可以导致棉铃虫蜕皮的停滞（Agrawal et al.，2013，2015）；在水稻中表达二化螟内源性 miRNA（Csu-novel-miR-15 或 Csu-miR-14），二化螟取食抗性改良的水稻品种后，可以引起化蛹迟缓和致死效果（Jiang et al.，2016；He et al.，2019b）。由此可见，农业害虫中关键 miRNA 的调控作用方式及其功能的明确可以为 RNA 生物农药靶基因的筛选提供参考。

9.2.2 miRNA 在植物抗病中的功能及应用

在植物中，miRNA 的合成与加工过程与在动物中类似，参与调控的 miRNA 由 RNA 聚合酶 II 转录合成内源性转录本 pri-miRNA，之后转变为 70nt 左右的 pre-miRNA，该前体通过 Exportin-5 运输至细胞质中，随后在 Dicer 酶的作用下加工成不稳定 miRNA：miRNA* 二价体，装配至 RNA 诱导沉默复合体（RNA-induced silencing complex，RISC）后，成熟的 miRNA 链通过与靶位点的碱基互补配对来指导对 mRNA 的剪切（Baulcombe，2004）。植物 miRNA 与靶标 mRNA 作用时，需要碱基完全或几乎完全互补配对，此时，RISC 能够在 miRNA 与 mRNA 双链的第 10 与 11 位碱基之间切割并降解靶标 mRNA，而当 miRNA 与靶标 mRNA 序列不完全互补时，RISC 则通过抑制靶标 mRNA 的翻译过程调控基因表达（Huntzinger and Izaurralde，2011）。

研究表明，miRNA 除了调控植物的生长发育，也可以介导植物的抗病免疫反应。在细菌侵染寄主植物的过程中，调控寄主植物生长素信号通路相关蛋白及转录因子相关的 miRNA 表达量上升，通过抑制生长素信号通路，诱导寄主植物启动防御反应（Pelaez and Sanchez，2013）。在植物抵抗病原物侵染的过程中，抗性基因（R 基因）介导的抗病性是最重要的防御机制之一，其中富含亮氨酸重复序列的核苷酸结合位点（nucleotide binding site leucine-rich repeat，NBS-LRR）基因是最大的基因家族（McHale et al.，2006）。在防御过程中，miRNA 靶向 NBS-LRR 基因，诱导其转录产生 pha-siRNA，顺式或反式调节 NBS-LRR 基因，从而抑制抗性基因的表达，实现植物免疫反应信号的放大（Cai et al.，2018）。miRNA 不仅调控 NBS-LRR 抗病基因的表达，而且在进化过程中，miRNA 与 NBS-LRR 基因的多样性高度相关，表现出趋同进化关系（Zhang et al.，2016c）。部分植物在抵抗病毒侵染过程中，也可以诱导产生内源性的 miRNA，这些 miRNA 可以通过靶向作用于抗病基因，从而介导植物的抗病毒免疫反应。当烟草花叶病毒（tobacco mosaic virus，TMV）侵染烟草时，烟草的 miR-482 表达量下降，进而导致其作用的靶位点 NBS-LRR 基因表达量上调，从而抵抗病毒的侵染（Hicks and Liu，2013）。

在病原物与寄主植物长期进化的军备竞赛中，病原物本身也可以通过 miRNA 等小 RNA 分子调控寄主植物的免疫抗病反应，参与致病过程（Umbach and Cullen，2009）。在丁香假单胞菌（*Pseudomonas syringae*）侵染拟南芥（*Arabidopsis thaliana*）的过程中，可以特异性诱导寄主植物产生 miR863-3p。侵染初期，miR863-3p 在 mRNA 水平抑制靶标基因 *ARLPK1* 和 *ARLKP2* 的表达，侵染后期，该 miRNA 在蛋白水平抑制靶标基因 *SERRATE*，从而关闭寄主植物的免疫防御反应（Niu et al.，2016）。马铃薯 Y 病毒（potato virus Y，PVY）侵染烟草后可引起寄主体内多个 miRNA 发生变化（Yin et al.，2019）。另外，在植物中，病毒自身也能通过编码病毒性 RNA 沉默抑制子（viral suppressor of RNA silencing，VSR），通过干扰抑制 siRNA 介导的抗病毒免疫通路，从而完成侵染过程（Burgyán and Havelda，2011）。尽管病毒 miRNA 与 siRNA 的产生方式不尽相同，但其作用方式也有相似之处，VSR 在抑制 siRNA 介导的抗病毒通路的同时也会对寄主的 miRNA 代谢通路产生影响。番茄丛矮病毒（tomato bushy stunt virus，TBSV）的 P19 蛋白除了与 siRNA 结合，还可与 miRNA 结合，阻止沉默复合体的形成，进而抑制 siRNA 或者 miRNA 与靶标基因的互作过程（Omarov et al.，2007）。黄瓜花叶病毒（cucumber mosaic virus，CMV）编码的 2b 蛋白直接与 Ago1 蛋白互作，该蛋白通过抑制 Ago1 蛋白的剪切活性，进而影响了 miRNA 与靶基因的相互作用以及由此调控的植物抗性过程（Zhang et al.，2006）。水稻 Ago18 蛋白与 Ago1 蛋白竞争性与 miR-168 结合，过表达 Ago18 可以增强水稻的抗病防御反应（Wu et al.，2015）。

根据内源 miRNA 前体设计序列，利用人工 miRNA 技术在植物中表达并产生具有沉默效应的小 RNA 分子，从而特异地沉默靶标转录本。目前，该技术已在拟南芥、烟草（*Nicotiana tabacum*）、番茄（*Solanum lycopersicum*）、水稻（*Oryza sativa*）等作物中得到应用（Schwab et al.，2006；Ossowski et al.，2008；Warthmann et al.，2008）。通过将芜菁花叶病毒（turnip mosaic virus）的 *HC-Pro* 基因和芜菁黄花叶病毒（turnip yellow mosaic virus）的 *P69* 基因替换至拟南芥的 miR-159a 骨架，构建的人工 miRNA 载体可以特异性沉默这两个基因的表达（Niu et al.，2006）。在烟草中导入靶向沉默抑制子 HC-Pro（PVY）和 p25（PVX）的人工 miRNA 后，可以明显提高烟草对这两种病害的抗性（Ai et al.，2011）。田间植物病害发生多为混合侵染，且变异快，针对病原菌和病毒的保守区域设计人工 miRNA，也可提高农作物的抗病谱。因此，miRNA 为培育抗病植物品种提供了重要的基因来源（Tiwari et al.，2014；Zheng and Qu，2015）。

9.2.3　其他与 RNA 干扰相关的小 RNA 及其应用前景

piRNA（Piwi-interacting RNA）是一类与 Agonaute 家族的 Piwi 亚家族蛋白特异性结合的长度为 19～33nt 的内源性小 RNA，5′ 端多具有 U 偏好性。piRNA 于 2006 年在小鼠的睾丸中被发现，之后在黑腹果蝇（*Drosophila melanogaster*）、斑马鱼（*Danio rerio*）等多种模式动物生殖细胞以及脑中均发现 piRNA 存在特异性表达（Aravin et al.，2006；Brennecke et al.，2007；Houwing et al.，2007；Ghosheh et al.，2016）。piRNA 来自基因组中的 piRNA 簇，通过长链初始 RNA 剪切体与 Piwi 蛋白相结合形成沉默复合体 pi-RISC，调控基因重复序列以及转座子等基因元件的活性（Gunawardane et al.，2007）。piRNA 的合成包括初级 piRNA 的生成和次级“乒乓循环”（ping-pong cycle）两个合成途径（Huang et al.，2017）。以果蝇为例，双链 piRNA 簇的转录需要 Rhino 蛋白（RHi）、Deadlock 蛋白（Del）和 Cutoff 蛋白（Cuff）共同组成 RDC 复合物对其进行调控，该过程同时也需要 Piwi 蛋白与 Egg 蛋白的参与（Mohn et al.，2014；Sapetschnig and Miska，2014）。转录完成后，piRNA 初级转录产物在 RNA 解旋酶 UAP56 的协同作用下转运至细胞核外（Zhang et al.，2012b），在特异定位蛋白 Yb 小体（YB body）中进行核外初级加工。在此过程中，piRNA 前体需要与 SDE 结构蛋白 Armitage（Armi）和 Piwi 蛋白一同形成 Yb-Armi-Piwi 复合体，并在 Vret 蛋白的物理作用下再次进入核内，与 Piwi 蛋白系统作用并进入次级生成途径（Qi et al.，2011）。该过程需要 Piwi、Aubergin（Aub）、Ago3 三种 Piwi 亚家族蛋白发挥关键作用。初级生成途径产生的反义链转座子转录本被运输至果蝇核周 nuage 中，与 Piwi 和 Aub 结合形成 Aub-次级 piRNA 复合体 pi-RISC，识别正义链，利用 Aub 的剪切活性切割转录本形成次级 piRNA 的 5′ 端，经过 3′ 端甲基化修饰等过程被 Ago3 识别并结合形成 Ago3-次级 piRNA 复合物 pi-RISC（Webster et al.，2015）。该复合物以相同方式识别反义链并切割转录本形成次级 piRNA 的 5′ 端，修饰后再次被 Aub 识别并结合形成 Aub-次级 piRNA 复合物 pi-RISC，如此反复形成一个正向放大的次级 piRNA 发生循环回路，因此这个途径也称为“乒乓循环”（Czech and Hannon，2016）。

研究发现，生殖特异性 piRNA 在转录后水平沉默转座子，可以维持生殖细胞稳定性和完整性。在果蝇和小鼠中，pi-RISC 以活性转座子转录本为前体进入乒乓循环，在产生新的 piRNA 的同时，完成了对转座子转录本的切割，直接导致转座子转录后水平沉默（Czech and Hannon，2016；Huang et al.，2017）。这一机制依赖于 Piwi 蛋白的活性，在 Piwi 蛋白缺失的小鼠突变体中，转座子出现了明显的去抑制和活动增强，直接可导致雄性不育（Shoji et al.，2009）。除了对转座子有明显影响，piRNA 也可以作用于蛋白编码基因的 mRNA，以实现对生殖细胞形成的调控。在小鼠精子生成过程中，大量 mRNA 作为抑制剂发挥作用，但是来自转座子和基因间区的初级 piRNA 可以参与调控精子细胞中 mRNA 的大规模清除过程，特定的 piRNA 互补序列可以抑制 mRNA 脱腺苷酶 CAF1 的活性，促进 mRNA 的降解（Gou et al.，2014）。在果蝇早期胚胎中，母源 mRNA 会逐渐被胚胎 mRNA 代替，该过程中，母源 piRNA 可以靶向降解 nanos mRNA，而 Aub 和 Piwi 的突变则可以抑制母源 mRNA 的降解（Rouget et al.，2010）。在家蚕中，piRNA 介导了性别决定机制。家蚕的性染色体为 ZW 型，雄性有两个 Z 染色体，而雌性则有一个 W 染色体，一个 Z 染色体。其中 Z 染色体上的一个雄性化基因 *Masculinizer*（*Masc*）可以抑制整个 Z 染色体基因表达，并在胚胎时期控制剂量补偿和雄性化，而 W 染色体 piRNA（*Feminizer*，*Fem*）是雌性胚胎产生双性别（Bmdsx）、调控相关转录本所必需的，可以靶向切割 *Masc* 的 mRNA，同时，*Masc*-piRNA 复合体也可以切割 *Fem* RNA，由此解释了 W 染色体决定家蚕雌性特征的机制（Kiuchi et al.，2014）。

鉴于在动物精子形成过程中，初级 piRNA 参与大量蛋白编码基因的 mRNA 清除过程，阻断该调控通路后，相应的 mRNA 增加，导致精细胞的生成受阻。因此，可以利用 piRNA 的调控作用方式，通过 RNAi 等技术，特异性作用于 piRNA 及其通路中的某个关键元件，达到控制性别的目的，这对研发性别调控及基于昆虫不育技术的 RNA 生物农药具有重要指导意义。

9.3　RNA 生物农药应用前景展望

9.3.1　RNA 生物农药在植物抗病虫中的应用前景

植物病虫害是困扰广大农民的世界性难题。种植抗性品种或喷施化学农药是解决这一难题的主要途径。由于抗虫品种培育的周期较长，很难满足农业生产的需求；化学农药的使用又会带来严重的环境污染、危害人类健康等一系列问题，而 RNA 生物农药可以比较完美地解决这些问题。二十多年的研究结果表明，RNA 生物农药很可能是农药史上的第三次革命，它将为农业的可持续发展提供一条全新的解决途径。不论是利用 PIP 技术，还是通过非 PIP 策略，抑或是将 dsRNA 作为抑制子用于害虫及杂草的抗药性治理，这些方法均可用于开发杀虫剂、杀菌剂、杀螨剂、除草剂或者抗病毒剂。RNA 生物农药作为一类理想的生物农药，在农业病虫害防治中，具有坚实的理论基础和广阔的市场空间（San Miguel and Scott，2016；Niehl et al.，2018；Dhandapani et al.，2019）。

未来的 RNA 生物农药市场中，根据靶标基因的功能，非 PIP 产品又可分为直接调控剂、抗性抑制剂、发育扰乱剂以及生长增强剂等。通过不同的递送形式将基因沉默效应引导至害虫、病原菌、线虫或者螨虫，同时配合害虫和杂草抗药性抑制剂，最终研发出新型的综合防治体系。由于非 PIP 产品只需要在体外施用小片段核酸，不涉及转基因植物可能面临的应用许可和遗传稳定性等问题，对于无法进行转基因遗传操作或者遗传转化周期比较长的作物（如柑橘、咖啡等），利用非 PIP 产品进行害虫防治在生物安全性以及可操控性等指标上具有显著优势，无论是通过非 PIP 方式饲喂 dsRNA 使昆虫致死，还是通过转基因的 PIP 方式，使植物持续表达 dsRNA 达到 RNAi 的效果，均是理想的新型杀虫技术，均具有十分巨大的市场应用潜力。

近年来，研究人员在利用 RNAi 进行昆虫、线虫、病原菌及杂草等有害生物防治和有益生物保护方面进行了大量的探索和实践。虽然将 RNA 生物农药大规模应用于田间还有很多问题需要解决，但是，越来越多的证据证明了将其应用于生产实践的可行性及其潜价值。目前的结果表明，表达 dsRNA 的抗性转基因作物仍然是最容易推广应用的技术和产品。我们欣喜地看到，美国环境保护署（USEPA）在 2017 年 6 月批准了第一例表达昆虫 dsRNA 的抗虫玉米（MON87411）后，2019 年又有 4 例以 RNAi 为基础的品质改良作物获得了环境释放的许可。

但是，由于技术的局限性，并不是所有的植物都可以通过转基因技术来开发商业化的抗病虫品种。即使某种作物非常适合进行转基因，也不可能做到对同一作物进行多种病虫抗性的转基因操作。因此，开发基于 RNAi 技术的、可以直接使用的非 PIP 类生物农药，是一种切实可行的方案。该方案可以像传统的化学农药一样，直接喷洒于作物表面，进行病虫害的防治。不仅使用方便，绿色无污染，还能实现针对某一物种的专一性防治。此外，病虫体内的各个关键基因都有可能成为 RNAi 的作用靶点，因此，RNA 生物农药具有丰富的靶标基因库，可以有效应对未来可能出现的针对某个靶标基因出现的抗性问题。

对一些刺吸式或钻蛀性害虫，以及某些病害的防治，可以通过根部灌溉的方法使植物吸收 dsRNA，从而产生 RNAi 效应，达到病虫害防控的目的（Li et al.，2015b）。除此之外，小 RNA 类物质在病原菌与寄主植物之间的跨界传递，外泌体的胞外囊泡在高效运输 RNA 过程中的作用，也为 RNAi 技术在作物抗病中的应用提供了可行性与可靠的理论依据（Zhang et al.，2016c；Kouwaki et al.，2017）。

RNAi 在不同病虫害中的应用前景，在很大程度上与病虫害的种类密切相关。例如，在昆虫中，鞘翅目昆虫对 RNAi 比较敏感，因此，针对这类昆虫的 dsRNA 制剂的应用前景可能更加广阔。当然，RNAi 效率与其所沉默的代谢通路中的基因密切相关，我们可以根据不同种类病虫的代谢通路，对其关键靶标进行沉默，有可能突破某些重要病虫害的防治瓶颈。

9.3.2　RNA 生物农药在抗螨虫及除草剂中的应用前景

9.3.2.1　RNA 生物农药在抗螨虫中的应用

螨虫是为害观赏植物以及经济作物最严重的害虫之一，部分螨虫也可以作为捕食者或寄生于脊椎动物和非脊椎动物体表，传播病原物。目前螨虫的防治主要依赖于杀螨剂，但是，大量用药导致螨虫抗药性越来越严重（Van Leeuwen et al.，2010；Sato et al.，2016）。RNA 干扰技术可以为螨虫防治提供一种环境友好的策略，通过注射、浸泡、小叶盘饲喂等方式传送 dsRNA，相关研究已经在二斑叶螨（*Tetranychus urticae*）、朱砂叶螨（*T. cinnabarinus*）和柑橘全爪螨（*Panonychus citri*）等多种螨虫中开展并表现出显著的干扰效果（Kwon et al.，2016；Li et al.，2017a；Niu et al.，2018）。利用系统性或者亲代 RNAi 技术，将 dsRNA 或者 siRNA 注射至雌虫，沉默 *Distal-less*（*Dll*）基因的表达，可以导致二斑叶螨后代出现肢体残缺或者融合等畸形（Khila and Grbic，2007）；注射狄斯瓦螨（*Varroa destructor*）谷胱甘肽 S-转移酶基因（*VdGST-mu1*）的 dsRNA，沉默效率高达 97%（Campbell et al.，2010）。虽然基于饲喂法的 RNA 沉默效率不及注射法，但是其应用性更强。通过比较多种 dsRNA 饲喂方法，例如，让螨虫取食漂浮在 dsRNA 溶液中的叶片或涂抹有 dsRNA 的叶盘，或者将叶柄插在 dsRNA 溶液中的叶片、表达 dsRNA 的抗性植物、添加 dsRNA 的人工饲料，以及直接将螨虫浸泡在 dsRNA 溶液中，结果证明，将螨虫直接浸泡在含有 dsRNA 的溶液中，基因的沉默效率最高（Fernando et al.，2017；Gogoi et al.，2017；Suzuki et al.，2017）。尽管在这种方式下 dsRNA 进入螨虫体内传输的机制还不清楚，但是，这些结果表明：未来基于喷洒的 RNA 生物农药产品在螨虫防治方面将具有广阔的市场前景。

实际上，在螨虫防治及应用方面，蜜蜂寄生性螨虫——狄斯瓦螨的防治或许可以给我们带来启发。狄斯瓦螨是危害蜜蜂的重要害虫，被认为是蜂群衰竭失调（colony collapse disorder，CCD）的罪魁祸首，不仅吸食蜜蜂脂肪体，使其体重减少、寿命缩短、免疫力降低，还可以传播病毒等病原物（Ramsey et al.，2019）。在田间利用含有针对以色列急性麻痹病毒（Israeli acute paralysis virus，IAPV）的特异性 dsRNA 的糖水喂食蜜蜂，可以显著降低蜂群 IAPV 的感染率（Hunter et al.，2010）。而针对狄斯瓦螨特异性基因［如微管蛋白 α-tubulin、RNA 聚合酶、ATP 酶及凋亡抑制因子（apoptosis inhibitor）基因］设计 dsRNA 添加至糖水后饲喂蜜蜂，可以将狄斯瓦螨种群数量减少 60%（Garbian et al.，2012）。此外，二斑叶螨等螨虫基因组的获得，使得消化、解毒代谢、运输相关的基因在将来或许可以作为 RNA 沉默的靶标基因以应对螨虫抗药性问题。随着螨虫 RNAi 沉默研究案例的增加、对 RNA 摄入机制研究的深入，研发 RNAi 与化学农药及生物源农药相结合的策略，可以为螨虫防治提供新的思路。

9.3.2.2　RNA 干扰作为抗性抑制因子解决害虫的抗药性问题

研究表明，越来越多的害虫已经对化学农药产生了抗性，并且抗性程度还在逐年增加。因此，基于 dsRNA 的非转基因技术在抑制抗性方面的作用引起科学家的关注。通过 RNAi 技术靶向对杀虫剂产生抗性的基因位点，有望重新提高害虫对农药的敏感性（Shaner and Beckie，2014；Guan et al.，2017）。我们可以充分利用 RNAi 的作用机制，通过沉默抗性相关基因，从而抑制抗性种群的发展和演化。

昆虫可以从行为、生理和生化等多个方面进化，从而克服有毒制剂对自身的伤害。一旦有毒物质进入其机体，它们会通过提高代谢来解毒或者在有毒物质到达作用靶点前将其排泄出体外。因此，通过 RNAi 抑制解毒相关基因的表达有可能恢复昆虫对有毒制剂的敏感性。例如，棉酚是棉花产生的一种次生代谢产物，具有抗虫作用。然而，随着棉铃虫的适应性进化，其中肠 P450 解毒酶基因 *CYP6AE14* 的表达量逐渐提高，导致棉铃虫对棉酚的含量产生适应。在植物中通过 RNAi 技术沉默 P450 解毒酶基因 *CYP6AE14* 的表达，可以显著降低棉铃虫对棉酚的耐受性（Tao et al.，2012）。同样，飞蝗（*Locusta migratoria*）体内 P450 基因 *CYP408B1* 和 *CYP409A1* 受溴氰菊酯的诱导，利用 RNAi 技术沉默这些基因的表达，可以使溴氰菊酯对飞蝗的致死率提高 21%（Guo et al.，2012）。而对马拉硫磷产生抗性的飞蝗，通过沉默其体内高表达的羧酸酯酶基因（*LmCarE9* 和 *LmCarE25*），可使马拉硫磷的毒性提高 34%（Zhang et al.，2011）。由此可以推测，由单基因引起的抗性可以比较容易地利用 RNAi 策略来解决，但是，由多基因导致的抗药性，利用该技术解决起来还是比较困难的，相信通过进一步的研究和优化，一定可以找到更加切实可行的解决方案。

9.3.2.3　RNA 干扰作为抗性抑制因子解决杂草对除草剂的抗性问题

除草剂的耐药性问题是困扰全世界农民的一个大问题。数十年来，农药企业只能不断地推出新产品解决这一难题。然而，随着杂草的耐药性逐渐提升，高效除草剂正在逐渐减少（Buhler，2002）。

草甘膦（Glyphosate）是孟山都公司的主打除草剂产品，商品名为农达，其除草原理是通过抑制植物内源性 5-烯醇式丙酮酰莽草酸-3-磷酸合成酶（EPSPS）的活性来杀死杂草。但是，如果杂草中的 *EPSPS* 基因拷贝数增多、EPSPS 蛋白的表达量提高，草甘膦的施用很可能无法达到除草效果（Funke et al.，2006；Hummel et al.，2018）。而且，长期使用单一的草甘膦类除草剂，很容易产生抗性杂草。

为了应对因草甘膦产生耐药性而出现的抗性杂草，孟山都公司推出了 BioDirect™ 技术。该技术针对 *EPSPS* 基因合成 cDNA，并与农达除草剂结合起来，直接抑制杂草中 EPSPS 的产生。那些对草甘膦产生抗药性或耐药性的杂草，利用合成的 cDNA 与草甘膦一起喷洒时，就可抑制杂草中多余的 *EPSPS* 基因表达及蛋白翻译，提高杂草的敏感性和草甘膦的作用效率，从而使杂草枯萎。尽管两种技术的靶标位点一致，但二者的作用机制不同，将两者混用就可以延长各自的使用寿命，提高除草剂的作用效率。理论上，这些针对性极强的 dsRNA 除草剂能够识别并暂时阻断任何作物中的任何一个基因。这一技术的商业化应用将为全球提供一种全新的除草制剂，帮助解决令人头疼的抗性杂草问题。

除此之外，RNAi 技术与其他防治方法的协同增效作用也是一个非常值得探索的领域。例如，将 RNA 生物农药与其他生物农药或化学农药联合使用，有可能提高其他抗病虫策略的效率、降低使用剂量、延缓抗性的产生。

参考文献

柴春利. 2007. 家蚕胚胎发育相关基因的克隆、表达及功能研究. 重庆: 西南大学博士学位论文.

柴桂宏. 2016. 固体脂质纳米粒的小肠上皮细胞转运机制研究及其载体构建. 杭州: 浙江大学博士学位论文.

陈芳, 陆永跃. 2014. 热胁迫下棉花粉蚧内参基因的筛选. 昆虫学报, 57(10): 1146-1154.

陈洁, 陈宏鑫, 姚琼, 等. 2014. 甜菜夜蛾 UAP 的克隆、时空表达及 RNAi 研究. 中国农业科学, 47(7): 1351-1361.

陈敏, 王丹, 沈杰. 2015. 害虫遗传学控制策略与进展. 植物保护学报, 42(1): 1-9.

邓晓瑞. 2018. 昆虫裂解性多糖单加氧酶的性质表征与功能分析. 大连: 大连理工大学硕士学位论文.

樊瑾瑛, 应琼琼, 党亮, 等. 2015. 拟黑多刺蚁 *hsp90* 基因的 RNA 干扰及其对 EcR 和 USP 基因 mRNA 表达的影响. 西北农林科技大学学报（自然科学版）, 43(4): 191-196.

高新菊, 沈慧敏. 2011. 二斑叶螨对甲氰菊酯的抗性选育及解毒酶活力变化. 昆虫学报, 54(1): 64-69.

郭长宁. 2014. 金纹细蛾内参基因克隆分析及稳定性评价. 杨凌: 西北农林科技大学硕士学位论文.

郭利磊, 朱家林, 孙世贤, 等. 2019. 转基因作物的生物安全：基因漂移及其潜在生态风险的研究和管控. 作物杂志, (2): 8-14.

何碧程. 2014. 新型纳米荧光粒子传送基因/药物控制害虫的研究. 北京: 中国农业大学硕士学位论文.

何碧程, 安春菊, 尹梅贞, 等. 2013. 纳米材料在昆虫学中的应用. 中国科技论文在线, 1(1): 15-20.

何正波, 陈斌, 冯国忠. 2009. 昆虫 RNAi 技术及其应用. 应用昆虫学报, 46(4): 525-532.

贺静澜, 张明, 刘瑞莹, 等. 2019. 近零磁场下干扰磁响应关键基因对褐飞虱寿命的影响. 中国农业科学, 52(1): 50-60.

胡冬松, 沈德隆, 裴琛. 2009. 农药剂型发展概况. 浙江化工, 40(3): 14-16.

胡浩. 2017. 橘小实蝇注射法 RNAi 效率提升方法的研究. 重庆: 西南大学硕士学位论文.

胡少茹, 关若冰, 李海超, 等. 2019. RNAi 在害虫防治中应用的重要进展及存在问题. 昆虫学报, 62(4): 506-515.

孔东明, 王宏伟. 2002. 小窝、小窝蛋白与细胞信号转导. 临床与病理杂志, 22(3): 245-247.

李晨歌. 2014. RNA 干扰马铃薯甲虫 nAChR 的毒理学效应. 南京: 南京农业大学硕士学位论文.

李大琪, 王燕, 张建琴, 等. 2014. 中华稻蝗几丁质酶基因 10（*OcCht10*）的分子特性及功能. 中国农业科学, 47(7): 1313-1320.

李航. 2013. 甜菜夜蛾 RNAi 害虫控制的潜在靶标基因筛选和风险评估. 南京: 南京农业大学硕士学位论文.

李诗渊, 赵国屏, 王金. 2017. 合成生物学技术的研究进展 ——DNA 合成、组装与基因组编辑. 生物工程学报, 33(3): 343-360.

梁劲康, 吴志玲, 张桂君. 2016. 阳离子纳米系统作为非病毒载体递送基因药物的研究进展. 中国新药杂志, 25(22): 2562-2568.

梁良, 詹寿发, 任锦. 2017. 改性层状双氢氧化物的研究进展. 化学工程师, 31(10): 45-47, 69.

刘佳宾. 2014. 家蚕主要免疫信号通路对不同病原微生物的感染应答. 苏州: 苏州大学硕士学位论文.

刘婷, 秦国华, 张建珍, 等. 2011. 东亚飞蝗谷胱甘肽 S-转移酶 RNA 干扰效率研究. 应用昆虫学报, 48(4): 820-825.

刘小民, 袁明龙. 2018. 昆虫天然免疫相关基因研究进展. 遗传, 40(6): 451-466.

马春平. 2015. 二化螟 Peroxidasin 基因表达模式与功能研究. 南京: 南京农业大学硕士学位论文.

马艳, 郝培应, 陆潮峰, 等. 2013. 褐飞虱表皮蛋白基因 *NlICP* 的克隆及功能研究. 昆虫学报, 56(11): 1244-1251.

彭然. 2012. 家蚕常用内参基因的稳定性分析及两种实时荧光定量 PCR 方法比较. 苏州: 苏州大学硕士学位论文.

任晓宇, 杨美玲, 高翠娥, 等. 2014. 飞蝗 3 个细胞色素 P450 基因的分子特性及功能. 中国农业科学, 47(10): 1956-1965.

盛洁. 2009. 家蚕生殖发育相关基因 *Bmvlg*、*Bmachi* 的研究. 苏州: 苏州大学硕士学位论文.

师晓琴. 2012. 马铃薯甲虫抗药性分子检测及潜在治理措施的发掘. 南京: 南京农业大学硕士学位论文.

宋旺, 王小纪, 郭瑞坚, 等. 2015. 花绒寄甲荧光定量 PCR 分析中内参基因的选择. 西北农业学报, 24(2): 156-161.

宋瑜, 李颖, 崔海信, 等. 2009. 两种阳离子纳米基因载体及植物基因介导效果的研究. 生物技术通报, (6): 75-80.

孙润泽. 2014. 原核表达双链 RNA 抗水稻黑条矮缩病毒和水稻条纹病毒研究. 泰安: 山东农业大学硕士学位论文.

万群. 2007. RNAi 介导的 *Lcy* 基因沉默对番茄果实中番茄红素含量的影响. 重庆: 西南大学博士学位论文.

王爱琳. 2015. *PGRP-LB* 和 *PGRP-SB* 基因在橘小实蝇免疫及肠道微生物调控中的作用. 武汉: 华中农业大学硕士学位论文.

王根洪. 2008. 家蚕 RNA 干扰的分子机制及其应用研究. 重庆: 西南大学博士学位论文.

王关林, 方宏筠. 2014. 植物基因工程. 北京: 科学出版社.

王佳, 赵静, 刘映红. 2014. 柑橘大实蝇内参基因的评估. 昆虫学报, 57(12): 1375-1380.

王嘉琪. 2018. 烟草花叶病毒 RNAi 制剂的研发. 长沙: 湖南农业大学硕士学位论文.

王思一. 2018. 玉米根萤叶甲围食膜相关基因的分子特性及功能分析. 北京: 中国农业大学博士学位论文.

王越, 张苏芳, 徐瑶. 2019. 美国白蛾几丁质酶细菌表达的 RNA 干扰载体构建及其介导的 RNA 干扰. 林业科学研究, 32(2): 1-8.

王治文, 高翔, 马德君, 等. 2019. 核酸农药 —— 极具潜力的新型植物保护产品. 农药学学报, 21(5-6): 681-691.

魏舸, 王四宝. 2017. 按蚊肠道微生物及其在阻断疟疾传播上的应用. 生物资源, 39: 240-246.

邬开朗. 2005. RNA 干扰在抑制病毒基因表达与复制中的作用研究. 武汉: 武汉大学博士学位论文.

吴方玉. 2016. *BdRab40* 在橘小实蝇 20E 和 Insulin 信号通路中的功能研究. 武汉: 华中农业大学硕士学位论文.

吴家红, 程金芝, 孙宇, 等. 2011. 白纹伊蚊基因表达定量 PCR 内参基因的选择. 中国人兽共患病学报, 27(5): 432-435.

吴芃. 2018. 蛋白酶体 β 亚基类似物基因 *pts* 在橘小实蝇雌虫生殖发育中的功能研究. 武汉: 华中农业大学硕士学位论文.

吴忠霞. 2016. 保幼激素调控飞蝗生殖发育过程中细胞多倍化的分子机制. 合肥: 中国科学技术大学博士学位论文.

谢纳. 2014. 麦长管蚜重要基因的筛选及其 RNA 干扰效果的研究. 郑州: 河南农业大学硕士学位论文.

徐维娜. 2011. 蚜虫中 *sid-1* 基因的克隆与进化分析. 南京: 南京农业大学硕士学位论文.

晏容, 刘晖, 万启惠. 2010. 昆虫血细胞的形态分类及其免疫作用的研究进展. 安徽农业科学, 38(18): 9542-9544.

杨广, 尤民生, 赵伊英, 等. 2009. 昆虫的 RNA 干扰. 昆虫学报, 52(10): 1156-1162.

杨中侠, 吴青君, 王少丽, 等. 2009. 利用 RNAi 技术沉默小菜蛾类钙粘蛋白基因. 昆虫学报, 52(8): 832-837.

姚志超. 2017. 橘小实蝇 Duox-ROS 系统和 IMD 信号通路功能研究. 武汉: 华中农业大学博士学位论文.

叶超. 2019. 豌豆蚜点滴与注射法递送 dsRNA 介导的 RNAi 效率及其摄取机制研究. 重庆: 西南大学博士学位论文.

尹传林, 李美珍, 贺康, 等. 2017. 昆虫基因组及数据库研究进展. 环境昆虫学报, 39(1): 1-18.

张传溪. 2015. 中国农业昆虫基因组学研究概况与展望. 中国农业科学, 48(17): 3454-3462.

张静. 2018. 橘小实蝇 COP9 复合体亚单位基因鉴定及其在雌虫生殖发育中的功能研究. 武汉: 华中农业大学硕士学位论文.

张文庆, 陈晓菲, 唐斌, 等. 2011. 昆虫几丁质合成及其调控研究前沿. 应用昆虫学报, 48(3): 475-479.

张旭, 丁会芹, 王冰, 等. 2012. 脂质体介导 RNAi 的研究. 生物医学工程学杂志, 29(4): 722-726.

张瑶, 张升祥, 崔为正. 2008. 家蚕嗅觉相关蛋白质的研究进展. 蚕业科学, 34(2): 375-380.

张逸凡. 2011. 甜菜夜蛾嗅觉受体 *Sexi\Orco* 基因表达谱与 RNA 干扰研究. 泰安: 山东农业大学硕士学位论文.

赵晓乐, 孔晓军, 李剑勇. 2016. 可递送 siRNA 的非病毒纳米载体的设计. 国际药学研究杂志, 43(4): 677-681.

周行, 沈杰. 2017. 农业昆虫的功能基因组学研究：回顾与展望. 环境昆虫学报, 39(2): 239-248.

周立涛. 2013. 马铃薯甲虫保幼激素合成与信号转导相关基因的克隆和功能分析. 南京: 南京农业大学硕士学位论文.

周耀振, 修伟明, 董双林. 2009. 应用 RNA 干扰技术对甜菜夜蛾信息素结合蛋白功能的研究. 南京农业大学学报, 32(3): 58-62.

邹瑞, 彭正松. 2019. 阳离子脂质体递送 STAT3 siRNA 抑制黑色素肿瘤细胞探究. 西昌学院学报, 33(1): 28-33.

Abdellatef E, Will T, Koch A, et al. 2015. Silencing the expression of the salivary sheath protein causes transgenerational feeding suppression in the aphid *Sitobion avenae*. Plant Biotechnol J, 13(6): 849-857.

Abouheif E, Wray GA. 2002. Evolution of the gene network underlying wing polyphenism in ants. Science, 297(5579): 249-252.

Abrieux A, Chiu JC. 2016. Oral delivery of dsRNA by microbes: beyond pest control. Commun Integr Biol, 9(6): e1236163.

Adelman ZN, Anderson MAE, Wiley MR, et al. 2013. Cooler temperatures destabilize RNA interference and increase susceptibility of disease vector mosquitoes to viral infection. PLoS Neglected Trop Dis, 7(5): e2239.

Adelman ZN, Blair CD, Carlson JO, et al. 2001. Sindbis virus-induced silencing of dengue viruses in mosquitoes. Insect Mol Biol, 10(3): 265-273.

Agrawal A, Rajamani V, Reddy VS, et al. 2015. Transgenic plants over-expressing insect-specific microRNA acquire insecticidal activity against *Helicoverpa armigera*: an alternative to Bt-toxin technology. Transgenic Res, 24(5): 791-801.

Agrawal AA, Petschenka G, Bingham RA, et al. 2012. Toxic cardenolides: chemical ecology and coevolution of specialized plant-herbivore interactions. New Phytol, 194(1): 28-45.

Agrawal N, Sachdev B, Rodrigues J, et al. 2013. Development associated profiling of chitinase and microRNA of *Helicoverpa armigera* identified chitinase repressive microRNA. Sci Rep-UK, 3: 2292.

Aguet F, Antonescu CN, Mettlen M, et al. 2013. Advances in analysis of low signal-to-noise images link dynamin and AP2 to the functions of an endocytic checkpoint. Dev Cell, 26(3): 279-291.

Ahmad A, Negri I, Oliveira W, et al. 2016. Transportable data from non-target arthropod field studies for the environmental risk assessment of genetically modified maize expressing an insecticidal double-stranded RNA. Transgenic Res, 25(1): 1-17.

Ahmed S, Stanley D, Kim Y. 2018. An insect prostaglandin E2 synthase acts in immunity and reproduction. Front Physiol, 9(1231): 1-13.

Ahn SJ, Dermauw W, Wybouw N, et al. 2014. Bacterial origin of a diverse family of UDP-glycosyltransferase genes in the *Tetranychus urticae* genome. Insect Biochem Mol Biol, 50: 43-57.

Ahn SJ, Donahue K, Koh Y, et al. 2019. Microbial-based double-stranded RNA production to develop cost-effective RNA interference application for insect pest management. Int J Insect Sci, 11: 1-8.

Ai T, Zhang L, Gao Z, et al. 2011. Highly efficient virus resistance mediated by artificial microRNAs that target the suppressor of PVX and PVY in plants. Plant Biol (Stuttg), 13(2): 304-316.

Ai X, Wei Y, Huang L, et al. 2018. Developmental control of *Helicoverpa armigera* by ingestion of bacteria expressing dsRNA targeting an arginine kinase gene. Biocontrol Sci Tec, 28(3): 253-267.

Akker SE, Lilley CJ, Jones JT, et al. 2014. Identification and characterisation of a hyper-variable apoplastic effector gene family of the potato cyst nematodes. PLoS Pathog, 10(9): e1004391.

Al-Ayedh H, Rizwan-Ul-Haq M, Hussain A, et al. 2016. Insecticidal potency of RNAi-based catalase knockdown in *Rhynchophorus ferrugineus* (Oliver) (Coleoptera: Curculionidae). Pest Manag Sci, 72(11): 2118-2127.

Albright VC, Wong CR, Hellmich RL, et al. 2017. Dissipation of double-stranded RNA in aquatic microcosms. Environ Toxicol Chem, 36(5): 1249-1253.

Ali MI, Luttrell RG, Young SY. 2006. Susceptibilities of *Helicoverpa zea* and *Heliothis virescens* (Lepidoptera: Noctuidae) populations to Cry1Ac insecticidal protein. J Econ Entomol, 99(1): 164-175.

Ali MW, Zhang Z, Xia S, et al. 2017a. Biofunctional analysis of vitellogenin and vitellogenin receptor in citrus red mites, *Panonychus citri* by RNA interference. Sci Rep-UK, 7: 16123.

Ali MW, Zheng WP, Sohail S, et al. 2017b. A genetically enhanced sterile insect technique against the fruit fly, *Bactrocera dorsalis* (Hendel) by feeding adult double-stranded RNAs. Sci Rep-UK, 7: 4063.

Allen ML, Walker III WB. 2012. Saliva of *Lygus lineolaris* digests double stranded ribonucleic acids. J Insect Physiol, 58(3): 391-396.

Alnylam. 2019a. Alnylam announces approval of GIVLAARI™ (givosiran) by the U.S. Food and Drug Administration (FDA). https://investors.alnylam.com/news-releases/news-release-details/alnylam-announces-approval-givlaaritm-givosiran-us-food-and-drug. [2019-11-20].

Alnylam. 2019b. New RNAi platform advances, including oral route of administration and CNS and ocular delivery. https://investors.alnylam.com/news-releases/news-release-details/alnylam-announces-progress-rnai-therapeutics-platform-including. [2019-06-21].

Alnylam. 2020. Vir and Alnylam identify RNAi therapeutic development candidate, VIR-2703 (ALN-COV), targeting SARS-CoV-2 for the treatment of COVID-19. https://investors.alnylam.com/press-release?id=24796. [2020-05-04].

Alvarez-Garcia I, Miska EA. 2005. MicroRNA functions in animal development and human disease. Development, 132(21): 4653-4662.

Alyokhin A, Baker M, Mota-Sanchez D, et al. 2008. Colorado potato beetle resistance to insecticides. Am J Potato Res, 85(6): 395-413.

Ambros V, Lee RC, Lavanway A, et al. 2003. MicroRNAs and other tiny endogenous RNAs in *C. elegans*. Curr Biol, 13(10): 807-818.

Amdam GV, Simões ZL, Guidugli KR, et al. 2003. Disruption of vitellogenin gene function in adult honeybees by intra-abdominal injection of double-stranded RNA. BMC Biotechnol, 3(1): 1.

Ammara U, Mansoor S, Saeed M, et al. 2015. RNA interference-based resistance in transgenic tomato plants against tomato yellow leaf curl virus-Oman (TYLCV-OM) and its associated beta satellite. Virol J, 12: 38.

Anderson EM, Birmingham A, Baskerville S, et al. 2008. Experimental validation of the importance of seed complement frequency to siRNA specificity. RNA, 14(5): 853-861.

Andika IB, Kondo H, Tamada T, et al. 2005. Evidence that RNA silencing-mediated resistance to Beet necrotic yellow vein virus is less effective in roots than in leaves. Mol Plant Microbe Interact, 18(3): 194-204.

Andrade ECD, Hunter WB. 2016. RNA interference-natural gene-based technology for highly specific pest control (HiSPeC) // Abdurakhmonov IY. RNA Interference. London: IntechOpen: 391-409.

Angelini D, Kaufman T. 2005. Functional analyses in the milkweed bug *Oncopeltus fasciatus* (Hemiptera) support a role for Wnt signaling in body segmentation but not appendage development. Dev Biol, 283(2): 409-423.

Ansari S, Troelenberg N, Richter T, et al. 2018. Double abdomen in a short-germ insect: zygotic control of axis formation revealed in the beetle *Tribolium castaneum*. Proc Natl Acad Sci USA, 115(8): 1819-1824.

Anupam G, Nomi S, Athanasios K. 2017. Plant insects and mites uptake double-stranded RNA upon its exogenous application on tomato leaves. Planta, 246(6): 1233-1241.

Aoki K, Moriguchi H, Yoshioka T, et al. 2007. *In vitro* analyses of the production and activity of secondary small interfering RNAs in *C. elegans*. EMBO J, 26(24): 5007-5019.

Apfeld J, Alper S. 2018. What can we learn about human disease from the nematode *C. elegans*? Methods Mol Biol, 1706: 53-75.

Arakane Y, Baguinon M, Jasrapuria S, et al. 2011. Both UDP N-acetylglucosamine pyrophosphorylases of *Tribolium castaneum* are critical for molting, survival and fecundity. Insect Biochem Mol Biol, 41(1): 42-50.

Arakane Y, Hogenkamp DG, Zhu YC, et al. 2004. Characterization of two chitin synthase genes of the red flour beetle, *Tribolium castaneum*, and alternate exon usage in one of the genes during development. Insect Biochem Mol Biol, 34(3): 291-304.

Arakane Y, Muthukrishnan S, Kramer KJ, et al. 2005. The *Tribolium* chitin synthase genes *TcCHS1* and *TcCHS2* are specialized for synthesis of epidermal cuticle and midgut peritrophic matrix. Insect Mol Biol, 14(5): 453-463.

Arakane Y, Specht CA, Kramer KJ, et al. 2008. Chitin synthases are required for survival, fecundity and egg hatch in the red flour beetle, *Tribolium castaneum*. Insect Biochem Mol Biol, 38(10): 959-962.

Araujo RN, Santos A, Pinto FS, et al. 2006. RNA interference of the salivary gland nitrophorin 2 in the triatomine bug *Rhodnius prolixus* (Hemiptera: Reduviidae) by dsRNA ingestion or injection. Insect Biochem Mol Biol, 36(9): 683-693.

Aravin A, Gaidatzis D, Pfeffer S, et al. 2006. A novel class of small RNAs bind to MILI protein in mouse testes. Nature, 442(7099): 203-207.

Aravin AA, Klenov MS, Vagin VV, et al. 2004. Dissection of a natural RNA silencing process in the *Drosophila melanogaster* germ line. Mol Cell Biol, 24(15): 6742-6750.

Aravin AA, Sachidanandam R, Girard A, et al. 2007. Developmentally regulated piRNA clusters implicate MILI in transposon control. Science, 316(5825): 744-747.

Arimatsu Y. 2007. Molecular characterization of a cDNA encoding extracellular dsRNase and its expression in the silkworm, *Bombyx mori*. Insect Biochem Mol Biol, 37(2): 176-183.

Arimatsu Y, Furuno T, Sugimura Y, et al. 2007. Purification and properties of double-stranded RNA-degrading nuclease, dsRNase, from the digestive juice of the silkworm, *Bombyx mori*. J Insect Biotechnol Sericol, 76(1): 57-62.

Aronstein K, Pankiw T, Saldivar E. 2006. SID-1 is implicated in systemic gene silencing in the honey bee. J Agric Res, 45(1): 20-24.

Aronstein K, Saldivar E. 2005. Characterization of a honey bee Toll related receptor gene *Am18w* and its potential involvement in antimicrobial immune defense. Apidologie, 36(1): 3-14.

Arrowhead. 2018. Arrowhead enters $3.7 billion license and collaboration agreements with Janssen. https://www.businesswire.com/news/home/20181004005195/en/Arrowhead-Enters-3.7-Billion-License-Collaboration-Agreements. [2018-10-04].

Auer C, Frederick R. 2009. Crop improvement using small RNAs: applications and predictive ecological risk assessments. Trends in Biotechnol, 27(11): 644-651.

Avila LA, Chandrasekar R, Wilkinson KE, et al. 2018. Delivery of lethal dsRNAs in insect diets by branched amphiphilic peptide capsules. J Control Release, 273: 139-146.

Avivi S, Mor A, Dotan I, et al. 2017. Visualizing nuclear RNAi activity in single living human cells. Proc Natl Acad Sci USA, 114(42): E8837-E8846.

Bachman PM, Bolognesi R, William J, et al. 2013. Characterization of the spectrum of insecticidal activity of a double-stranded RNA with targeted activity against Western Corn Rootworm (*Diabrotica virgifera virgifera* LeConte). Transgenic Res, 22(6): 1207-1222.

Bagnall NH, Kotze A. 2010. Evaluation of reference genes for real-time PCR quantification of gene expression in the Australian sheep blowfly, *Lucilia cuprina*. Med Vet Entomol, 24(2): 176-181.

Bai H, Zhu F, Shah K, et al. 2011. Large-scale RNAi screen of G protein-coupled receptors involved in larval growth, molting and metamorphosis in the red flour beetle. BMC Genomics, 12: 388.

Bally J, Mclntyre GJ, Doran RL, et al. 2016. In-plant protection against *Helicoverpa armigera* by production of long hpRNA in chloroplasts. Front Plant Sci, 7: 1453.

Bansal R, Praveen M, Mian R, et al. 2012. Validation of reference genes for gene expression studies in *Aphis glycines* (Hemiptera: Aphididae). J Econ Entomol, 105(4): 1432-1438.

Bao W, Cao B, Zhang Y, et al. 2016. Silencing of *Mythimna separata* chitinase genes via oral delivery of in planta-expressed RNAi effectors from a recombinant plant virus. Biotechnol Lett, 38(11): 1961-1966.

Barbee SA, Estes PS, Cziko AM, et al. 2006. Staufen- and FMRP-containing neuronal RNPs are structurally and functionally related to somatic P bodies. Neuron, 52(6): 997-1009.

Barral DC, Cavallari M, McCormick PJ, et al. 2008. CD1a and MHC class Ⅰ follow a similar endocytic recycling pathway. Traffic, 9(9): 1446-1457.

Barrat FJ, Meeker T, Gregorio J, et al. 2005. Nucleic acids of mammalian origin can act as endogenous ligands for Toll-like receptors and may promote systemic lupus erythematosus. J Exp Med, 202(8): 1131-1139.

Bartel DP. 2004. MicroRNAs: genomics, biogenesis, mechanism, and function. Cell, 116(2): 281-297.

Baulcombe DC. 2004. RNA silencing in plants. Nature, 431(7006): 356-363.

Baulcombe DC. 2015. VIGS, HIGS and FIGS: small RNA silencing in the interactions of viruses or filamentous organisms with their plant hosts. Curr Opin Plant Biol, 26: 141-146.

Baum JA, Bogaert T, Clinton W, et al. 2007. Control of coleopteran insect pests through RNA interference. Nat Biotechnol, 25(11): 1322-1326.

Baum JA, Roberts JK. 2014. Chapter five-progress towards RNAi-mediated insect pest management. Adv Insect Physiol, 47: 249-295.

Bautista MAM, Miyata T, Miura K, et al. 2009. RNA interference-mediated knockdown of a cytochrome P450, *CYP6BG1* from the diamondback moth, *Plutella xylostella*, reduces larval resistance topermethrin. Insect Biochem Mol Biol, 39(1): 38-46.

Belles X. 2017. MicroRNAs and the evolution of insect metamorphosis. Ann Rev Entomol, 62: 111-125.

Belles X, Cristino AS, Tanaka ED, et al. 2012. Insect microRNAs: From Molecular Mechanisms to Biological Roles Insect Molecular Biology and Biochemistry. San Diego: Academic Press: 30-56.

Bellés X. 2010. Beyond *Drosophila*: RNAi *in vivo* and functional genomics in insects. Ann Rev Entomol, 55: 111-128.

Bento FM, Marques RN, Campana FB, et al. 2020. Gene silencing by RNAi via oral delivery of dsRNA by bacteria in the South American tomato pinworm, *Tuta absoluta*. Pest Manag Sci, 76(1): 287-295.

Bernstein E, Caudy AA, Hammond SM, et al. 2001. Role for a bidentate ribonuclease in the initiation step of RNA interference. Nature, 409(6818): 363-366.

Bernstein E, Kim SY, Carmell MA, et al. 2003. Dicer is essential for mouse development. Nat Genet, 35(3): 215-217.

Bettencourt R, Terenius O, Faye I. 2002. *Hemolin* gene silencing by ds-RNA injected into *Cecropia* pupae is lethal to next generation embryos. Insect Mol Biol, 11(3): 267-271.

Bhatia V, Bhattacharya R. 2018. Host mediated RNAi of cuticular protein gene impaired fecundity in green peach aphid *Myzus persicae*. Pest Manag Sci, 74(20): 2059-2068.

Bhatia V, Bhattacharya R, Uniyal PL, et al. 2012. Host generated siRNAs attenuate expression of serine protease gene in *Myzus persicae*. PLoS ONE, 7(10): e46343.

Bingsohn L, Knorr E, Billion A, et al. 2017. Knockdown of genes in the Toll pathway reveals new lethal RNA interference targets for insect pest control. Insect Mol Biol, 26(1): 92-102.

Birmingham A, Anderson EM, Reynolds A, et al. 2006. 3′ UTR seed matches, but not overall identity, are associated with RNAi off-targets. Nat Methods, 3(3): 199-204.

Blagoveshchenskaya AD, Thomas L, Feliciangeli SF, et al. 2002. HIV-1 Nef downregulates MHC-I by a PACS-1- and PI3K-regulated ARF6 endocytic pathway. Cell, 111(6): 853-866.

Blandin S, Moita LF, Köcher T. 2002. Reverse genetics in the mosquito *Anopheles gambiae*: targeted disruption of the Defensin gene. EMBO Rep, 3(9): 852-856.

Blum SAE, Lorenz MG, Wackernagel W. 1997. Mechanism of retarded DNA degradation and prokaryotic origin of DNases in nonsterile soils. Syst Appl Microbiol, 20(4): 513-521.

Bobbin ML, Rossi JJ. 2016. RNA interference (RNAi)-based therapeutics: delivering on the promise? Annu Rev Pharmacol Toxicol, 56: 103-122.

Bock R. 2007. Plastid biotechnology: prospects for herbicide and insect resistance, metabolic engineering and molecular farming. Curr Opin Biotechnol, 18(2): 100-106.

Boisson B, Jacques JC, Choumet V, et al. 2006. Gene silencing in mosquito salivary glands by RNAi. FEBS Lett, 580(8): 1988-1992.

Bolognesi R, Ramaseshadri P, Anderson J, et al. 2012. Characterizing the mechanism of action of double-stranded RNA activity against western corn rootworm (*Diabrotica virgifera virgifera* LeConte). PLoS ONE, 7(10): e47534.

Bonfim KJ, Faria JC, Nogueira EOPL, et al. 2007. RNAi-mediated resistance to bean golden mosaic virus in genetically engineered common bean (*Phaseolus vulgaris*). Mol Plant Microbe Interact, 20(6): 717-726.

Bos JI, Prince D, Pitino M, et al. 2010. A functional genomics approach identifies candidate effectors from the aphid species *Myzus persicae* (green peach aphid). PLoS Genet, 6(11): e1001216.

Boutla A, Delidakis C, Livadaras I, et al. 2001. Short 5′-phosphorylated double-stranded RNAs induce RNA interference in *Drosophila*. Curr Biol, 11(22): 1776-1780.

Boutros M. 2004. Genome-wide RNAi analysis of growth and viability in *Drosophila* cells. Science, 303(5659): 832-835.

Braendle C, Friebe I, Caillaud MC, et al. 2005. Genetic variation for an aphid wing polyphenism is genetically linked to a naturally occurring wing polymorphism. PRoy Soc B-Bio Sci, 272(1563): 657.

Brennecke J, Aravin AA, Stark A, et al. 2007. Discrete small RNA-generating loci as master regulators of transposon activity in *Drosophila*. Cell, 128(6): 1089-1103.

Brennecke J, Stark A, Russell RB, et al. 2005. Principles of microRNA-target recognition. PLoS Biol, 3(3): 404-418.

Brower-Toland B, Findley SD, Jiang L, et al. 2007. *Drosophila* PIWI associates with chromatin and interacts directly with HP1a. Genes Dev, 21(18): 2300-2311.

Brown SJ, Mahaffey JP, Lorenzen MD, et al. 1999. Using RNAi to investigate orthologous homeotic gene function during development of distantly related insects. Evol Dev, 1(1): 11-15.

Bucher E, Lohuis D, van Poppel PMJA, et al. 2006. Multiple virus resistance at a high frequency using a single transgene construct. J Gen Virol, 87(12): 3697-3701.

Bucher G, Scholten J, Klingler M. 2002. Parental RNAi in *Tribolium* (Coleoptera). Curr Biol, 12(3): R85-R86.

Buhler DD. 2002. Challenges and opportunities for integrated weed management. Weed Sci, 50(3): 273-280.

Burgyán J, Havelda Z. 2011. Viral suppressors of RNA silencing. Trends in Plant Sci, 16(5): 265-272.

Bushati N, Cohen SM. 2007. microRNA functions. Annu Rev Cell Dev Biol, 23: 175-205.

Butler PJG. 1999. Self-assembly of tobacco mosaic virus: the role of an intermediate aggregate in generating both specificity and speed. Philosophical Transactions of the Royal Society of London Series B: Biological Sciences, 354(1383): 537-550.

Buzea C, Pacheco I, Robbie K. 2007. Nanomaterials and nanoparticles: sources and toxicity. Biointerphases, 2(4): MR17.

Cagliari D, Dias NP, Galdeano DM. 2019. Management of pest insects and plant diseases by non-transformative

RNAi. Front Plant Sci, 10: 3389.

Cai Q, He BY, Kogel KH, et al. 2018. Cross-kingdom RNA trafficking and environmental RNAi-natures blueprint for modern crop protection strategies. Curr Opin Microbiol, 46: 58-64.

Caljon G, De Ridder K, Stijlemans B, et al. 2012. Tsetse salivary gland proteins 1 and 2 are high affinity nucleic acid binding proteins with residual nuclease activity. PLoS ONE, 7(10): e47233.

Calo S, Nicolás FE, Vila A. 2012. Two distinct RNA-dependent RNA polymerases are required for initiation and amplification of RNA silencing in the basal fungus *Mucor circinelloides*. Mol Microbiol, 83(2): 379-394.

Calvo E, Ribeiro JMC. 2006. A novel secreted endonuclease from *Culex quinquefasciatus* salivary glands. J Exp Biol, 209(14): 2651-2659.

Camargo C, Wu K, Fishilevich E, et al. 2018. Knockdown of RNA interference pathway genes in western corn rootworm, *Diabrotica virgifera virgifera*, identifies no fitness costs associated with Argonaute 2 or Dicer-2. Pestic Biochem Physiol, 148: 103-110.

Campbell EM, Budge GE, Bowman AS. 2010. Gene-knockdown in the honey bee mite *Varroa destructor* by a non-invasive approach: studies on a glutathione S-transferase. Parasit Vectors, 3: 73.

Campbell EM, Budge GE, Watkins M, et al. 2016. Transcriptome analysis of the synganglion from the honey bee mite, *Varroa destructor* and RNAi knockdown of neural peptide targets. Insect Biochem Mol Biol, 70: 116-126.

Cao M, Gatehouse JA, Fitches EC. 2018. A systematic study of RNAi effects and dsrna stability in *Tribolium castaneum* and *Acyrthosiphon pisum*, following injection and ingestion of analogous dsRNAs. Int J Mol Sci, 19(4): 1079.

Cao TL, Revers F, Cazenave C. 1994. Production of double-stranded RNA during synthesis of bromouracil-substituted RNA by transcription with T7 RNA polymerase. FEBS Lett, 351(2): 253-256.

Caplen NJ, Fleenor J, Fire A, et al. 2000. dsRNA-mediated gene silencing in cultured *Drosophila* cells: a tissue culture model for the analysis of RNA interference. Gene, 252(1-2): 95-105.

Caplen NJ, Zheng Z, Falgout B, et al. 2002. Inhibition of viral gene expression and replication in mosquito cells by dsRNA-triggered RNA interference. Mol Ther, 6(2): 243-251.

Cappelle K, de Oliveira CFR, Van Eynde B, et al. 2016. The involvement of clathrin-mediated endocytosis and two sid-1-like transmembrane proteins in double-stranded RNA uptake in the colorado potato beetle midgut. Insect Mol Biol, 25(3): 315-323.

Cardoso G, Matiolli C, Azeredo-Espin A, et al. 2014. Selection and validation of reference genes for functional studies in the Calliphoridae family. J Insect Sci, 14(1): 2.

Carlson J, Suchman E, Buchatsky L. 2006. Densoviruses for control and genetic manipulation of mosquitoes. Adv Virus Res, 68: 361-392.

Carmell MA, Girard A, van de Kant HJ, et al. 2007. MIWI2 is essential for spermatogenesis and repression of transposons in the mouse male germline. Dev Cell, 12(4): 503-514.

Caroline MC, Ffrench-Constant RH. 2010. Dissecting the insecticide-resistance- associated cytochrome P450 gene *Cyp6g1*. Pest Manag Sci, 64(6): 639-645.

Carter GC, Bernstone L, Baskaran D, et al. 2011. HIV-1 infects macrophages by exploiting an endocytic route dependent on dynamin, Rac1 and Pak1. Virology, 409(2): 234-250.

Carter R, Drouin G. 2009. Structural differentiation of the three eukaryotic RNA polymerases. Genomics, 94(6): 388-396.

Carthew RW, Sontheimer EJ. 2009. Origins and Mechanisms of miRNAs and siRNAs. Cell, 136(4): 642-655.

Casagrande RA. 1987. The Colorado potato beetle: 125 years of mismanagement. Bulletin of the Entomological Society of America, 33(3): 142-150.

Castel SE, Martienssen RA. 2013. RNA interference in the nucleus: roles for small RNAs in transcription, epigenetics and beyond. Nat Rev Genet, 14(2): 100-112.

Castellanos NL, Smagghe G, Sharma R, et al. 2019. Liposome encapsulation and EDTA formulation of dsRNA targeting essential genes increase oral RNAi-caused mortality in the Neotropical stink bug *Euschistus heros*. Pest Manag Sci, 75(2): 537-548.

Catalanotto C, Pallotta M, ReFalo P, et al. 2004. Redundancy of the two Dicer genes in transgene-induced posttranscriptional gene silencing in *Neurospora crassa*. Mol Cell Biol, 24(6): 2536-2545.

Caudy AA, Myers M, Hannon GJ, et al. 2002. Fragile X-related protein and VIG associate with the RNA interference machinery. Genes Dev, 16(19): 2491-2496.

Chadda R, Howes MT, Plowman SJ, et al. 2007. Cholesterol-sensitive Cdc42 activation regulates actin polymerization for endocytosis via the GEEC pathway. Traffic, 8(6): 702-717.

Chagnon M, Kreutzweiser D, Mitchell EA, et al. 2015. Risks of large-scale use of systemic insecticides to ecosystem functioning and services. Environ Sci Pollut Res Int, 22(1): 119-134.

Chanbusarakum LJ, Ullman DE. 2009. Distribution and ecology of *Frankliniella occidentalis* (Thysanoptera: Thripidae) bacterial symbionts. Environ Entomol, 38(4): 1069-1077.

Chang H, Liu Y, Ai D, et al. 2017. A pheromone antagonist regulates optimal mating time in the moth *Helicoverpa armigera*. Curr Biol, 27(11): 1610-1615.

Charoonnart P, Worakajit N, Zedler JAZ, et al. 2019. Generation of microalga *Chlamydomonas reinhardtii* expressing shrimp antiviral dsRNA without supplementation of antibiotics. Sci Rep-UK, 9(1): 3164.

Chaudhari SS, Arakane Y, Specht CA, et al. 2011. Knickkopf protein protects and organizes chitin in the newly synthesized insect exoskeleton. Proc Natl Acad Sci USA, 108(41): 17028-17033.

Chaudhari SS, Moussian B, Specht CA, et al. 2014. Functional specialization among members of Knickkopf family of proteins in insect cuticle organization. PLoS Genet, 10(8): e1004537.

Chen C, Pan J, Di Y, et al. 2017. Protein kinase C delta phosphorylates ecdysone receptor B1 to promote gene expression and apoptosis under 20-hydroxyecdysone regulation. Proc Natl Acad Sci USA, 114(34): 7121-7130.

Chen J, Tang B, Chen H, et al. 2010a. Different functions of the insect soluble and membrane-bound trehalase genes in chitin biosynthesis revealed by RNA interference. PLoS ONE, 5(4): e10133.

Chen J, Zhang DW, Yao Q, et al. 2010b. Feeding-based RNA interference of a trehalose phosphate synthase gene in the brown planthopper, *Nilaparvata lugens*. Insect Mol Biol, 19(6): 777-786.

Chen L, Dahlstrom JE, Lee SH, et al. 2012. Naturally occurring endo-siRNA silences LINE-1 retrotransposons in human cells through DNA methylation. Epigenetics, 7(7): 758-771.

Chen M, Shelton A, Ye GY. 2011. Insect-resistant genetically modified rice in China: from research to commercialization. Annu Rev Entomol, 56: 81-101.

Chen SL, Dai SM, Lu KH, et al. 2008. Female-specific doublesex dsRNA interrupts yolk protein gene expression and reproductive ability in oriental fruit fly, *Bactrocera dorsalis* (Hendel). Insect Biochem Mol Biol, 38(2): 155-165.

Chen W, Chen L, Li D, et al. 2020. Two alternative splicing variants of a sugar gustatory receptor modulate fecundity through different signalling pathways in the brown planthopper, *Nilaparvata lugens*. J Insect Physiol, 119: 103966.

Chen WW, Kang K, Yang P, et al. 2019. Identification of a sugar gustatory receptor and its effect on fecundity of the brown planthopper *Nilaparvata lugens*. Insect Sci, 26(3): 441-452.

Chen X, Li L, Hu Q, et al. 2015. Expression of dsRNA in recombinant *Isaria fumosorosea* strain targets the TLR7 gene in *Bemisia tabaci*. BMC Biotechnol, 15: 64.

Chen XF, Yang X, Kumar NS, et al. 2007. The class A chitin synthase gene in *Spodoptera exigua*: molecular cloning and expressional patterns. Insect Biochem Mol Biol, 37(5): 409-417.

Chen XH, Mangala LS, Rodriguez-Aguayo C, et al. 2018. RNA interference-based therapy and its delivery systems. Cancer Metast Rev, 37(1): 107-124.

Cheng C, Xuan C, Xin YH, et al. 2014. Amino acid substitutions of acetylcholinesterase associated with carbofuran resistance in *Chilo suppressalis*. Pest Manag Sci, 70(12): 1930-1935.

Cheng W, Song XS, Li HP, et al. 2015. Host-induced gene silencing of an essential chitin synthase gene confers durable resistance to *Fusarium* head blight and seedling blight in wheat. Plant Biotechnol J, 13(9): 1335-1345.

Cheng ZJ, Singh RD, Sharma DK, et al. 2006. Distinct mechanisms of clathrin-independent endocytosis have unique sphingolipid requirements. Mol Biol Cell, 17(7): 3197-3210.

Choi IK, Hyun S. 2012. Conserved microRNA miR-8 in fat body regulates innate immune homeostasis in *Drosophila*. Dev Comp Immunol, 37: 50-54.

Choi J, Kim KT, Jeon J, et al. 2014. FunRNA: a fungi-centered genomics platform for genes encoding key components of RNAi. BMC Genom, 15(Suppl 9): S14.

Christensen J, Litherland K, Faller T, et al. 2014. Biodistribution and metabolism studies of lipid nanoparticle-formulated internally [^{3}H]-labeled siRNA in mice. Drug MetabDispos, 42(3): 431-440.

Christiaens O, Swevers L, Smagghe G. 2014. DsRNA degradation in the pea aphid (*Acyrthosiphon pisum*) associated with lack of response in RNAi feeding and injection assay. Peptides, 53: 307-314.

Christiaens O, Tardajos MG, Reyna ZM, et al. 2018. Increased RNAi efficacy in *Spodoptera exigua* via the formulation of dsRNA with guanylated polymers. Front Physiol, 9: 316.

Chu CC, Sun W, Spencer JL, et al. 2014. Differential effects of RNAi treatments on field populations of the western corn rootworm. Pestic Biochem Physiol, 110: 1-6.

Ciafrè SA, Galardi S, Mangiola A, et al. 2005. Extensive modulation of a set of microRNAs in primary glioblastoma. Biochem Biophys Res Commun, 334(4): 1351-1358.

Clark PR, Pober JS, Kluger MS. 2008. Knockdown of TNFR1 by the sense strand of an ICAM-1 siRNA: dissection of an off-target effect. Nucleic Acids Res, 36(4): 1081-1097.

Clayton AM, Cirimotich CM, Dong Y, et al. 2013. Caudal is a negative regulator of the *Anopheles* IMD pathway that controls resistance to *Plasmodium falciparum* infection. Dev Comp Immunol, 39(4): 323-332.

Clemens JC, Worby CA, Simonson-Leff N, et al. 2000. Use of double-stranded RNA interference in *Drosophila* cell lines to dissect signal transduction pathways. Proc Natl Acad Sci USA, 97(12): 6499-6503.

Cody WB, Scholthof HB, Mirkov TE. 2017. Multiplexed gene editing and protein overexpression using a tobacco mosaic virus viral vector. Plant Physiol, 175(1): 23-35.

Coleman AD, Wouters RHM, Mugford ST, et al. 2015. Persistence and transgenerational effect of plant-mediated RNAi in aphids. J Exp Bot, 66(2): 541-548.

Conde J, Artzi N. 2015. Are RNAi and miRNA therapeutics truly dead? Trends in Biotechnol, 33(3): 141-144.

Conolly RB, Lutz WK. 2004. Nonmonotonic dose-response relation-ships: mechanistic basis, kinetic modeling, and implications for risk assessment. Toxicol Sci, 77(1): 151-157.

Cooper AM, Silver K, Zhang J, et al. 2019. Molecular mechanisms influencing efficiency of RNA interference in insects. Pest Manag Sci, 75(1): 18-28.

Cooper B, Campbell KB. 2017. Protection against common bean rust conferred by a gene-silencing method. Phytopathology, 107(8): 920-927.

Cox DN, Chao A, Lin H. 2000. Piwi encodes a nucleoplasmic factor whose activity modulates the number and division rate of germline stem cells. Development, 127(3): 503-514.

Cramer P, Armache KJ, Baumli S, et al. 2008. Structure of eukaryotic RNA polymerases. Annu Rev Biophys, 37(1): 337-352.

Cruz J, Mané-Padrós D, Bellés X, et al. 2006. Functions of the ecdysone receptor isoform-A in the hemimetabolous insect *Blattella germanica* revealed by systemic RNAi *in vivo*. Dev Biol, 297(1): 158-171.

Csorba T, Kontra L, Burgyán J. 2015. Viral silencing suppressors: tools forged to fine-tune host-pathogen coexistence. Virology, 479-480: 85-103.

Cui W, Wang B, Guo M, et al. 2018. A receptor-neuron correlate for the detection of attractive plant volatiles in *Helicoverpa assulta* (Lepidoptera: Noctuidae). Insect Biochem Mol Biol, 97: 31-39.

Czech B, Hannon GJ. 2016. One loop to rule them all: the ping-pong cycle and piRNA-guided silencing. Trends in Biochem Sci, 41(4): 324-337.

Dalakouras A, Jarausch W, Buchholz G, et al. 2018. Delivery of hairpin RNAs and small RNAs into woody and herbaceous plants by trunk injection and petiole absorption. Front Plant Sci, 9: 1253.

Dalakouras A, Wassenegger M, Dadami E, et al. 2020. Genetically modified organism-free RNA interference: exogenous application of RNA molecules in plants. Plant Physiology, 182(1): 38-50.

Dalmay T, Hamilton A, Rudd S, et al. 2000. An RNA-dependent RNA polymerase gene in *Arabidopsis* is required for posttranscriptional gene silencing mediated by a transgene but not by a virus. Cell, 101(5): 543-553.

Dang Y, Yang Q, Xue Z, et al. 2011. RNA interference in fungi: pathways, functions, and applications. Eukaryot Cell, 10(9): 1148-1155.

Das S, Debnath N, Cui Y, et al. 2015. Chitosan, carbon quantum dot, and silica nanoparticle mediated dsRNA delivery for gene silencing in *Aedes aegypti*: a comparative analysis. ACS Appl Mater Inter, 7(35): 19530-19535.

Dasgupta R, Cheng LL, Bartholomay LC, et al. 2003. Flock house virus replicates and expresses green fluorescent protein in mosquitoes. J Gen Virol, 84(Pt 7): 1789-1797.

Dasgupta R, Free HM, Zietlow SL, et al. 2007. Replication of flock house virus in three genera of medically important insects. J Med Entomol, 44(1): 102-110.

Dávalos A, Henriques R, Latasa MJ, et al. 2019. Literature review of baseline information on non-coding RNA (ncRNA) to support the risk assessment of ncRNA-based genetically modified plants for food and feed.

EFSA Supporting Publications, 16(8): 1688E.

Davis ME, Zuckerman JE, Choi CH, et al. 2010. Evidence of RNAi in humans from systemically administered siRNA via targeted nanoparticles. Nature, 464(7291): 1067-1070.

de Fouchier A, Walker III WB, Montagne N, et al. 2017. Functional evolution of Lepidoptera olfactory receptors revealed by deorphanization of a moth repertoire. Nat Commun, 8: 15709.

de Vries EJ, Breeuwer JA, Jacobs G, et al. 2001. The association of Western flower thrips, *Frankliniella occidentalis*, with a near *Erwinia* species gut bacteria: transient or permanent? J Invertebr Pathol, 77(2): 120-128.

Del Hoyo C. 2007. Layered double hydroxides and human health: an overview. Appl Clay Sci, 36(1/3): 103-121.

Delaney B, Astwood JD, Cunny H, et al. 2008. Evaluation of protein safety in the context of agricultural biotechnology. Food Chem Toxicol, 46(Suppl 2): S71-S97.

Deleris A, Gallego-Bartolome J, Bao J, et al. 2006. Hierarchical action and inhibition of plant Dicer-like proteins in antiviral defense. Science, 313(5783): 68-71.

Delihas N, Forst S. 2001. MicF: an antisense RNA gene involved in response of *Escherichia coli* to global stress factors. J Mol Biol, 313(1): 1-12.

Denecke S, Swevers L, Douris V, et al. 2018. How do oral insecticidal compounds cross the insect midgut epithelium? Insect Biochem Mol Biol, 103: 22-35.

Deng F, Zhao Z. 2014. Influence of catalase gene silencing on the survivability of *Sitobion avenae*. Arch Insect Biochem Physiol, 86(1): 46-57.

Deng H, Zhang J, Li Y, et al. 2012. Homeodomain POU and Abd-A proteins regulate the transcription of pupal genes during metamorphosis of the silkworm, *Bombyx mori*. Proc Natl Acad Sci USA, 109(31): 12598-12603.

Denli AM, Tops BB, Plasterk RH, et al. 2004. Processing of primary microRNAs by the Microprocessor complex. Nature, 432(7014): 231-235.

DeVincenzo J, LambkinWR, Wilkinson T, et al. 2010. A randomized, double-blind, placebo-controlled study of an RNAi-based therapy directed against respiratory syncytial virus. Proc Natl Acad Sci USA, 107(109): 8800-8805.

DeWitte-Orr SJ, Mehta DR, Collins SE, et al. 2009. Long double-stranded RNA induces an antiviral response independent of IFN regulatory factor 3, IFNbeta promoter stimulator 1, and IFN. J Immunol, 183(10): 6545-6553.

Dhandapani RK, Gurusamy D, Howell JL, et al. 2019. Development of CS-TPP-dsRNA nanoparticles to enhance RNAi efficiency in the yellow fever mosquito, *Aedes aegypti*. Sci Rep-UK, 9: 8775.

Dietzl G, Chen D, Schnorrer F, et al. 2007. A genome-wide transgenic RNAi library for conditional gene inactivation in *Drosophila*. Nature, 448(7150): 151-156.

Dieudonne A, Torres D, Blanchard S, et al. 2012. Scavenger receptors in human airway epithelial cells: role in response to double-stranded RNA. PLoS ONE, 7(8): e41952.

Dinh PTY, Zhang L, Brown C, et al. 2014. Plant-mediated RNA interference of effector gene Mc16D10L confers resistance against *Meloidogyne chitwoodi* in diverse genetic backgrounds of potato and reduces pathogenicity of nematode offspring. Nematology, 16(10): 1098-1106.

Doherty GJ, Lundmark R. 2009. GRAF1-dependent endocytosis. Biochem Soc Trans, 37(Pt 5): 1061-1065.

Doherty GJ, McMahon HT. 2009. Mechanisms of endocytosis. Annu Rev Biochem, 78(1): 857-902.

Dolgov S, Mikhaylov R, Serova T, et al. 2010. Pathogen-derived methods for improving resistance of transgenic plums (*Prunus domestica* L.) for plum pox virus infection. 21st Int Confererence Viruses Other Graft Transm Dis Fruit Crop. Julius-Kühn-Archiv, 427: 133-140.

Dong XL, Li QJ, Zhang HY. 2016. The *noa* gene is functionally linked to the activation of the Toll/Imd signaling pathways in *Bactrocera dorsalis* (Hendel). Dev Comp Immunol, 55: 233-240.

Dong XL, Zhai YF, Zhang JQ, et al. 2011. Fork head transcription factor is required for ovarian mature in the brown planthopper, *Nilaparvata lugens*. BMC Mol Biol, 12: 53.

Dong Y, Cirimotich CM, Pike A, et al. 2012. *Anopheles* NF-κB-regulated splicing factors direct pathogen-specific repertoires of the hypervariable pattern recognition receptor AgDscam. Cell Host Microbe, 12(4): 521-530.

Dong Y, Friedrich M. 2005. Nymphal RNAi: systemic RNAi mediated gene knockdown in juvenile grasshopper. BMC Biotechnol, 5(1): 25.

Dönitz J, Gerischer L, Hahnke S, et al. 2018. Expanded and updated data and a query pipeline for iBeetle-Base. Nucleic Acids Res, 46(D1): D831-D835.

Dönitz J, Schmitt-Engel C, Grossmann D, et al. 2015. iBeetle-Base: a database for RNAi phenotypes in the red flour beetle *Tribolium castaneum*. Nucleic Acids Res, 43(D1): D720-D725.

Drinnenberg IA, Weinberg DE, Xie KT, et al. 2009. RNAi in budding yeast. Science, 326(5952): 544-550.

Dubelman S, Fischer J, Zapata F, et al. 2014. Environmental fate of double-stranded RNA in agricultural soils. PLoS ONE, 9(3): e93155.

Dubey VK. 2017. Agroinfiltration-based expression of hairpin RNA in soybean plants for RNA interference against *Tetranychus urticae*. Pestic Biochem Physiol, 142: 53-58.

Dubreuil G, Magliano M, Dubrana MP, et al. 2009. Tobacco rattle virus mediates gene silencing in a plant parasitic root-knot nematode. J Exp Bot, 60(14): 4041-4050.

Dufourmantel D, Dubald M, Matringe M, et al. 2007. Generation and characterization of soybean and marker-free tobacco plastid transformants over-expressing a bacterial 4-hydroxyphenylpyruvate dioxygenase which provides strong herbicide tolerance. Plant Biotechnol J, 5(1): 118-133.

Duman-Scheel M. 2019. *Saccharomyces cerevisiae* (Baker's Yeast) as an interfering RNA expression and delivery system. Current Drug Targets, 20(9): 942-952.

Duportets L, Belles X, Rossignol F, et al. 2000. Molecular cloning and structural analysis of 3-hydroxy-3methyglutaryl coenzyme A reductase of the moth *Agrotis ipsilon*. Insect Mol Biol, 9(4): 385-392.

Durniak KJ, Bailey S, Steitz TA. 2008. The structure of a transcribing T7 RNA polymerase in transition from initiation to elongation. Science, 322(5901): 553-557.

Dutta TK, Banakar P, Rao U. 2014. The status of RNAi-based transgenic research in plant nematology. Front Microbiol, 5: 760.

Duxbury M, Ashley SW, Whang EE. 2005. RNA interference: a mammalian SID-1 homologue enhances siRNA uptake and gene silencing efficacy in human cells. Biochem Biophys Res Commun, 331(2): 459-463.

Dzitoyeva S, Dimitrijevic N, Manev H. 2001. Intra-abdominal injection of double-stranded RNA into anesthetized adult *Drosophila* triggers RNA interference in the central nervous system. Mol Psychiatry, 6(6): 665-670.

Eakteiman G. 2018. Targeting detoxification genes by phloem-mediated RNAi: a new approach for controlling phloem-feeding insect pests. Insect Biochem Mol Biol, 100: 10-21.

Eamens A, Wang MB, Smith NA, et al. 2008. RNA silencing in plants: yesterday, today, and tomorrow. Plant Physiol, 147(2): 456-468.

Eaton BA, Fetter RD, Davis GW. 2002. Dynactin is necessary for synapse stabilization. Neuron, 34(5): 729-741.

Ebert MS, Sharp PA. 2012. Roles for microRNAs in conferring robustness to biological processes. Cell, 149(3): 515-524.

EFSA. 2006. Opinion of the scientific panel on Genetically Modified Organisms on a request from the commission related to the notification for the placing on the market of genetically modified potato EH92-527-1 with altered starch composition, for cultivation and production of starch, under Part C of Directive 2001/18/EC from BASF plant science. EFSA J, 323: 1-20.

Elbashir SM, Harborth J, Lendeckel W, et al. 2001a. Duplexes of 21-nucleotide RNAs mediate RNA interference in cultured mammalian cells. Nature, 411(6836): 494-498.

Elbashir SM, Lendeckel W, Tuschl T. 2001b. RNA interference is mediated by 21- and 22-nucleotide RNAs. Genes Dev, 15(2): 188-200.

Elbashir SM, Martinez J, Patkaniowska A, et al. 2001c. Functional anatomy of siRNAs for mediating efficient RNAi in *Drosophila melanogaster* embryo lysate. EMBO J, 20(23): 6877-6888.

Elhassan MO, Christie J, Duxbury M. 2012. *Homo sapiens* systemic RNA interference-defective-1 transmembrane family member 1 (SIDT1) protein mediates contact-dependent small RNA transfer and microRNA-21-driven chemoresistance. J Biol Chem, 287(8): 5267-5277.

Elodie N, Géraldine D, Philippe G, et al. 2015. A secreted MIF cytokine enables aphid feeding and represses plant immune responses. Curr Biol, 25(14): 1898-1903.

El-Sayed A, Harashima H. 2013. Endocytosis of gene delivery vectors: from clathrin-dependent to lipid Raft-mediated endocytosis. Mol Ther, 21(6): 1118-1130.

Elzaki ME, Zhang W, Feng A, et al. 2016. Constitutive overexpression of cytochrome P450 associated with imidacloprid resistance in *Laodelphax striatellus* (Fallén). Pest Manag Sci, 72(5): 1051-1058.

Enrique R, Siciliano F, Favaro MA, et al. 2011. Novel demonstration of RNAi in citrus reveals importance of citrus callose synthase in defence against *Xanthomonas citri* subsp. *citri*. Plant Biotechnol J, 9(3): 394-407.

EPA. 2014. White Paper on RNAi technology as a pesticide: problem formulation for human health and ecological risk assessment. January 28, 2014. Accessible in the Office of Pesticide Programs public regulatory e-docket, EPA-HQ-OPP-2016-0349-0005: http://www.regulations.gov/#%21documentDetail;D=EPA-HQ-OPP-2016-0349-0005[2019-09-20].

EPA. 2018. Determination of whether or not any organism is a new organism under section 26 of the Hazardous Substances and New Organisms (HSNO) Act 1996. May 1, 2018. https://www.epa.govt.nz/assets/FileAPI/hsno-ar/APP203395/APP203395-Decision-FINAL-.pdf [2020-05-01].

Epstein Y, Perry N, Volin M, et al. 2017. *miR-9a* modulates maintenance and ageing of *Drosophila* germline stem cells by limiting *N*-cadherin expression. Nat Commun, 8(1): 600.

Erdelyan CNG, Mahood TH, Bader TSY, et al. 2012. Functional validation of the carbon dioxide receptor genes in *Aedes aegypti* mosquitoes using RNA interference. Insect Mol Biol, 21(1): 119-127.

Eschen-Lippold L, Landgraf R, Smolka U, et al. 2012. Activation of defense against *Phytophthora infestans* in potato by down-regulation of syntaxin gene expression. New Phytol, 193(4): 985-996.

Escobar MA, Dandekar AM. 2003. *Agrobacterium tumefaciens* as an agent of disease. Trends in Plant Sci, 8(8): 380-386.

Facey PD, Méric G, Hitchings MD, et al. 2015. Draft genomes, phylogenetic reconstruction, and comparative genomics of two novel cohabiting bacterial symbionts isolated from *Frankliniella occidentalis*. Genome Biol Evol, 7(8): 2188-2202.

Fagegaltier D, Bougé AL, Berry B, et al. 2009. The endogenous siRNA pathway is involved in heterochromatin formation in *Drosophila*. Proc Natl Acad Sci USA, 106(50): 21258-21263.

Fan BC, Zhu L, Chang XJ, et al. 2019. Mortalin restricts porcine epidemic diarrhea virus entry by downregulating clathrin-mediated endocytosis. Vet Microbiol, 239: 108455.

Fan J, Zhang Y, Francis F, et al. 2015. *Orco* mediates olfactory behaviors and winged morph differentiation induced by alarm pheromone in the grain aphid, *Sitobion avenae*. Insect Biochem Mol Biol, 64: 16-24.

Fang X, Qi Y. 2016. RNAi in plants: an argonaute-centered view. Plant Cell, 28(2): 272-285.

Farooqui T, Robinson K, Vaessin H, et al. 2003. Modulation of early olfactory processing by an octopaminergic reinforcement pathway in the honeybee. J Neurosci, 23(12): 5370-5380.

Farooqui T, Vaessin H, Smith BH. 2004. Octopamine receptors in the honeybee (*Apis mellifera*) brain and their disruption by RNA-mediated interference. J Insect Physiol, 50(8): 701-713.

Feinberg EH, Hunter CP. 2003. Transport of dsRNA into cells by the transmembrane protein SID-1. Science, 301(5639): 1545-1547.

Feng K, Ou S, Zhang P, et al. 2020. The cytochrome P450 CYP389C16 contributes to the cross-resistance between cyflumetofen and pyridaben in *Tetranychus cinnabarinus* (Boisduval). Pest Manag Sci, 76(2): 665-675.

Fernando DD, Marr EJ, Zakrzewski M, et al. 2017. Gene silencing by RNA interference in *Sarcoptes scabiei*: a molecular tool to identify novel therapeutic targets. Parasit Vectors, 10(1): 289.

Filipowicz W. 2005. RNAi: the nuts and bolts of the RISC machine. Cell, 122(1): 17-20.

Finnegan EJ, Matzke MA. 2003. The small RNA world. J Cell Sci, 116(Pt23): 4689-4693.

Fire A, Albertson D, Harrison SW, et al. 1991. Production of antisense RNA leads to effective and specific inhibition of gene expression in *C. elegans* muscle. Development, 113(2): 503-514.

Fire A, Xu SQ, Montgomery MK, et al. 1998. Potent and specific genetic interference by double-stranded RNA in *Caenorhabditis elegans*. Nature, 391(6669): 806-811.

Fischer JR, Zapata F, Dubelman S, et al. 2016. Characterizing a novel and sensitive method to measure dsRNA in soil. Chemosphere, 161: 319-324.

Fishilevich E, Bowling AJ, Frey MLF, et al. 2019. RNAi targeting of rootworm Troponin I transcripts confers root protection in maize. Insect Biochem Mol Biol, 104: 10-29.

Fishilevich E, Vélez AM, Khajuria C, et al. 2016a. Use of chromatin remodeling ATPases as RNAi targets for parental control of western corn rootworm (*Diabrotica virgifera virgifera*) and Neotropical brown stink bug (*Euschistus heros*). Insect Biochem Mol Biol, 71: 58-71.

Fishilevich E, Vélez AM, Storer NP, et al. 2016b. RNAi as a management tool for the western corn rootworm, *Diabrotica virgifera virgifera*. Pest Manag Sci, 72(9): 1652-1663.

Flannagan RS, Jaumouillé V, Grinstein S. 2012. The cell biology of phagocytosis. Annu Rev Pathol, 7: 61-98.

Foley E, O'Farrell PH. 2004. Functional dissection of an innate immune response by a genome-wide RNAi screen. PLoS Biol, 2(8): e203.

Forgash AJ. 1985. Insecticide resistance in the Colorado potato beetle. Research Bulletin Massachusetts Agricultural Experiment Station, 86(704): 33-52.

Friedhoff P, Kolmes B, Gimadutdinow O, et al. 1996a. Analysis of the mechanism of the serratia nuclease using site-directed mutagenesis. Nucleic Acids Res, 24(14): 2632-2639.

Friedhoff P, Meiss G, Kolmes B, et al. 1996b. Kinetic analysis of the cleavage of natural and synthetic substrates by the serratia nuclease. FEBS J, 241(2): 572-580.

Fu X, Li TC, Chen J, et al. 2015. Functional screen for microRNAs of *Nilaparvata lugens* reveals that targeting of glutamine synthase by miR-4868b regulates fecundity. J Insect Physiol, 83: 22-29.

Fuentes A, Carlos N, Ruiz Y, et al. 2016. Field trial and molecular characterization of RNAi-transgenic tomato plants that exhibit resistance to tomato yellow leaf curl geminivirus. Mol Plant Microbe Interact, 29(3): 197-209.

Funke T, Han H, Healy-Fried ML, et al. 2006. Molecular basis for the herbicide resistance of roundup ready crops. Proc Natl Acad Sci USA, 103(35): 13010-13015.

Gago-Zachert S, Schuck J, Weinholdt C, et al. 2019. Highly efficacious antiviral protection of plants by small interfering RNAs identified *in vitro*. Nucleic Acids Res, 47(17): 9343-9357.

Galiana-Arnoux D, Dostert C, Schneemann A, et al. 2006. Essential function *in vivo* for Dicer-2 in host defense against RNA viruses in *Drosophila*. Nat Immunol, 7(6): 590-597.

Galvani A, Sperling L. 2002. RNA interference by feeding in *Paramecium*. Trends in Genet, 18(1): 11-12.

Gammon DB, Mello CC. 2015. RNA interference-mediated antiviral defense in insects. Curr Opin Insect Sci, 8: 111-120.

Gan D, Zhang J, Jiang H, et al. 2010. Bacterially expressed dsRNA protects maize against SCMV infection. Plant Cell Rep, 29(11): 1261-1268.

Gan L, Zhuo W, Li J, et al. 2013. A novel Cph-like gene involved in histogenesis and maintenance of midgut in *Bombyx mori*. Pest Manag Sci, 69(12): 1298-1306.

Ganbaatar O, Cao B, Zhang Y, et al. 2017. Knockdown of *Mythimna separata* chitinase genes via bacterial expression and oral delivery of RNAi effectors. BMC Biotechnol, 17(1): 9.

Gandhe AS, John SH, Nagaraju J. 2007. Noduler, a novel immune up-regulated protein mediates nodulation response in insects. J Immunol, 179(10): 6943-6951.

Gantz VM, Jasinskiene N, Tatarenkova O, et al. 2015. Highly efficient Cas9-mediated gene drive for population modification of the malaria vector mosquito *Anopheles stephensi*. Proc Natl Acad Sci USA, 112(49): E6736-E6743.

Gao L, Wang YL, Fan YH, et al. 2020. Multiple Argonaute family genes contribute to the siRNA-mediated RNAi pathway in *Locusta migratoria*. Pestic Biochem Physiol, 170: 104700.

Gao XM, Jia FX, Shen GM, et al. 2013. Involvement of superoxide dismutase in oxidative stress in the oriental fruit fly, *Bactrocera dorsalis*: molecular cloning and expression profiles. Pest Manag Sci, 69(12): 1315-1325.

Gao Z, Huang W, Zheng Y, et al. 2016. Facile synthesis of core-shell magnetic-fluorescent nanoparticles for cell imaging. RSC Adv, 6(52): 46226-46230.

Garber K. 2016. Alnylam terminates revusiran program, stock plunges. Nat Biotechnol, 34(12): 1213-1214.

Garbian Y, Maori E, Kalev H, et al. 2012. Bidirectional transfer of RNAi between honey bee and varroa destructor: varroa gene silencing reduces varroa population. PLoS Pathog, 8(12): e1003035.

Garbutt JS, Belles X, Richards EH, et al. 2013. Persistence of double-stranded RNA in insect hemolymph as a potential determiner of RNA interference success: evidence from *Manduca sexta* and *Blattella germanica*. J Insect Physiol, 59(2): 171-178.

Garbutt JS, Reynolds SE. 2012. Induction of RNA interference genes by double-stranded RNA; implications for susceptibility to RNA interference. Insect Biochem Mol Biol, 42(9): 621-628.

Garbuzov A, Tatar M. 2010. Hormonal regulation of *Drosophila* microRNA *let-7* and *miR-125* that target innate immunity. Fly(Austin), 4(4): 306-311.

Garver LS, Bahia AC, Das S, et al. 2012. *Anopheles* Imd pathway factors and effectors in infection intensity-dependent anti-*Plasmodium* action. PLoS Pathog, 8(6): e1002737.

Gatehouse HS, Gatehouse LN, Malone LA, et al. 2004. Amylase activity in honey bee hypopharyngeal glands reduced by RNA interference. J Apicult Res, 43(1): 9-13.

Gatehouse JA, Price DRG. 2011. Protection of crops against insect pests using RNA interference // Vilcinskas A. In Insect Biotechnology. Biologically-Inspired Systems, Vol 1. Dordrecht: Springer: 145-168.

Ge LQ, Jiang YP, Xia T, et al. 2015. Silencing a sugar transporter gene reduces growth and fecundity in the brown planthopper, *Nilaparvata lugens* (Stål) (Hemiptera: Delphacidae). Sci Rep-UK, 5: 12194.

Ge W, Chen YW, Weng R, et al. 2012. Overlapping functions of microRNAs in control of apoptosis during *Drosophila* embryogenesis. Cell Death Differ, 19(5): 839-846.

Georg D, Doris C, Frank S, et al. 2007. A genome-wide transgenic RNAi library for conditional gene inactivation in *Drosophila*. Nature, 448(7150): 151-156.

Gertler FB, Chiu CY, Richter-Mann L, et al. 1988. Developmental and metabolic regulation of the *Drosophila melanogaster* 3-hydroxy-3-methylglutaryl coenzyme A reductase. Mol Cell Biol, 8(7): 2713-2721.

Ghag SB, Shekhawat UK, Ganapathi TR. 2014. Host-induced post-transcriptional hairpin RNA-mediated gene silencing of vital fungal genes confers efficient resistance against *Fusarium* wilt in banana. Plant Biotechnol J, 12(5): 541-553.

Ghanim M, Kontsedalov S. 2007a. Gene expression in pyriproxyfen-resistant *Bemisia tabaci* Q biotype. Pest Manag Sci, 63(8): 776-783.

Ghanim M, Kontsedalv S, Czosneck H. 2007b. Tissue-specific gene silencing by RNA interference in the whitefly *Bemisia tabaci* (Gennadius). Insect Biochem Mol Biol, 37(7): 732-738.

Ghildiyal M, Seitz H, Horwich MD, et al. 2008. Endogenous siRNAs derived from transposons and mRNAs in *Drosophila* somatic cells. Science, 320(5879): 1077-1081.

Ghildiyal M, Zamore PD. 2009. Small silencing RNAs: an expanding universe. Nat Rev Genet, 10(2): 94-108.

Ghosh AK, Coppens I, Gardsvoll H, et al. 2011. *Plasmodium* ookinetes coopt mammalian plasminogen to invade the mosquito midgut. Proc Natl Acad Sci USA, 108(41): 17153-17158.

Ghosh SKB, Gundersen-Rindal DE. 2017. Double strand RNA-mediated RNA interference through feeding in larval gypsy moth, *Lymantria dispar* (Lepidoptera: Erebidae). Eur J Entomol, 114(1): 170-178.

Ghosh SKB, Hunter WB, Park AL, et al. 2018. Double-stranded RNA oral delivery methods to induce RNA interference in phloem and plant-sap-feeding hemipteran insects. J Vis Exp, (135): e57390.

Ghosheh Y, Seridi L, Ryu T, et al. 2016. Characterization of piRNAs across postnatal development in mouse brain. Sci Rep-UK, 6: 25039.

Gibert M, Monier MN, Ruez R, et al. 2011. Endocytosis and toxicity of clostridial binary toxins depend on a clathrin-independent pathway regulated by Rho-GDI. Cell Microbiol, 13(1): 154-170.

Gillet FX, Garcia RA, Macedo LLP, et al. 2017. Investigating engineered ribonucleoprotein particles to improve oral RNAi delivery in crop insect pests. Front Physiol, 8: 256.

Girard A, Sachidanandam R, Hannon GJ, et al. 2006. A germline-specific class of small RNAs binds mammalian Piwi proteins. Nature, 442(7099): 199-202.

Gleiter H. 2000. Nanostructured materials: basic concepts and microstructure. Acta Mater, 48(1): 1-29.

Gogoi A, Sarmah N, Kaldis A, et al. 2017. Plant insects and mites uptake double-stranded RNA upon its exogenous application on tomato leaves. Planta, 246(6): 1233-1241.

Gomez-Orte E, Belles X. 2009. MicroRNA-dependent metamorphosis in hemimetabolan insects. Proc Natl Acad Sci USA, 106(51): 21678-21682.

Gong L, Chen Y, Hu Z, et al. 2013. Testing insecticidal activity of novel chemically synthesized siRNA against *Plutella xylostella* under laboratory and field conditions. PLoS ONE, 8(5): e62990.

Gong YH, Yu XR, Shang QL, et al. 2014. Oral delivery mediated RNA interference of a carboxylesterase gene results in reduced resistance to organophosphorus insecticides in the cotton aphid, *Aphis gossypii* Glover. PLoS ONE, 9(8): e102823.

Gonsalves D, Street A, Ferreira S. 2014. Transgenic virus resistant papaya: from hope to reality for controlling papaya ringspot virus in Hawaii. APSnet. https://www.aspnet.org/publications/aspnetfeaturea/Pages/papayaringspot.aspx [2017-06-10].

Good L, Stach JEM. 2011. Synthetic RNA silencing in bacteria-antimicrobial discovery and resistance breaking. Front Microbiol, 2: 185.

Goodman RE, Hefle SL, Taylor SL, et al. 2005. Assessing genetically modified crops to minimize the risk of increased food allergy: a review. Int Arch Allergy Immunol, 137(2): 153-166.

Goodman RE, Vieths S, Sampson HA, et al. 2008. Allergenicity assessment of genetically modified crops-what makes sense? Nat Biotechnol, 26(1): 73-81.

Gordon KHJ, Waterhouse PM. 2007. RNAi for insect-proof plants. Nat Biotechnol, 25(11): 1231-1232.

Gou LT, Dai P, Yang JH, et al. 2014. Pachytene piRNAs instruct massive mRNA elimination during late spermiogenesis. Cell Research, 24(6): 680-700.

Grassart A, Dujeancourt A, Lazarow PB, et al. 2008. Clathrin-independent endocytosis used by the IL-2 receptor is regulated by Rac1, Pak1 and Pak2. EMBO Rep, 9(4): 356-362.

Gray ME, Sappington TW, Miller NJ, et al. 2009. Adaptation and invasiveness of Western Corn Rootworm: intensifying research on a worsening pest. Annu Rev Entomol, 54: 303-321.

Grbić M, Van Leeuwen T, Clark RM, et al. 2011. The genome of *Tetranychus urticae* reveals herbivorous pest adaptations. Nature, 479(7374): 487-492.

Grishok A. 2005. RNAi mechanisms in *Caenorhabditis elegans*. FEBS Lett, 579(26): 5932-5939.

Gu J, Liu M, Deng Y, et al. 2011. Development of an efficient recombinant mosquito densovirus-mediated RNA interference system and its preliminary application in mosquito control. PLoS ONE, 6(6): e21329.

Gu KX, Song XS, Xiao XM, et al. 2019. A *β-tubulin* dsRNA derived from *Fusarium asiaticum* confers plant resistance to multiple phytopathogens and reduces fungicide resistance. Pestic Biochem Physiol, 153: 36-46.

Gu L, Knipple DC. 2013. Recent advances in RNA interference research in insects: implications for future insect pest management strategies. Crop Prot, 45(3): 36-40.

Guan R, Hu S, Li H, et al. 2018a. The *in vivo* dsRNA cleavage has sequence preference in insects. Front Physiol, 9: 1768.

Guan R, Li H, Fan Y, et al. 2018b. A nuclease specific to lepidopteran insects suppresses RNAi. J Biol Chem, 293(16): 6011-6021.

Guan R, Li H, Miao X, et al. 2017. RNAi pest control and enhanced BT insecticidal efficiency achieved by dsRNA of chymotrypsin-like genes in *Ostrinia furnacalis*. J Pest Sci, 90(2): 745-757.

Guang S, Bochner AF, Pavelec DM, et al. 2008. An argonaute transports siRNAs from the cytoplasm to the nucleus. Science, 321(5888): 537-541.

Gunawardane LS, Saito K, Nishida KM, et al. 2007. A slicer-mediated mechanism for repeat-associated siRNA 5′ end formation in *Drosophila*. Science, 315(5818): 1587-1590.

Guo L, Tang B, Dong W, et al. 2012. Cloning, characterisation and expression profiling of the cDNA encoding the ryanodine receptor in diamondback moth, *Plutella xylostella* (L.) (Lepidoptera: Plutellidae). Pest Manag Sci, 68(12): 1605-1614.

Guo Q, Liu Q, Smith NA, et al. 2016a. RNA silencing in plants: mechanisms, technologies and applications in horticultural crops. Curr Genomics, 17(6): 476-489.

Guo S, Kemphues KJ. 1995. *par-1*, a gene required for establishing polarity in *C. elegans* embryos, encodes a putative Ser/Thr kinase that is asymmetrically distributed. Cell, 81(4): 611-620.

Guo W, Wu Z, Yang L, et al. 2019. Juvenile hormone-dependent Kazal-type serine protease inhibitor Greglin safeguards insect vitellogenesis and egg production. FASEB J, 33(1): 917-927.

Guo Y, Wu H, Zhang X, et al. 2016b. RNA interference of cytochrome P450 CYP6F subfamily genes affects susceptibility to different insecticides in *Locusta migratoria*. Pest Manag Sci, 72(11): 2154-2165.

Guo Y, Zhang J, Yu R, et al. 2012. Identification of two new cytochrome P450 genes and RNA interference to evaluate their roles in detoxification of commonly used insecticides in *Locusta migratoria*. Chemosphere, 87(7): 709-717.

Guo Z, Kang S, Zhu X, et al. 2015. The novel ABC transporter ABCH1 is a potential target for RNAi-based insect pest control and resistance management. Sci Rep-UK, 5(1): 13728.

Hajeri S, Killiny N, Ei-Mohtar C, et al. 2014. Citrus tristeza virus based RNAi in citrus plants induces gene silencing in *Diaphorina citri*, a phloem-sap sucking insect vector of citrus greening disease (Huanglongbing). J Biotechnol, 176: 42-49.

Hamakawa M, Hirotsu T. 2017. Establishment of time- and cell-specific RNAi in *Caenorhabditis elegans*. Methods Mol Biol, 1507: 67-79.

Hamilton A, Voinnet O, Chappell L, et al. 2002. Two classes of short interfering RNA in RNA silencing. EMBO J, 21(17): 4671-4679.

Hammond A, Galizi R, Kyrou K, et al. 2016. A CRISPR-Cas9 gene drive system targeting female reproduction in the malaria mosquito vector *Anopheles gambiae*. Nat Biotechnol, 34(1): 78-83.

Hammond SM, Bernstein E, Beach D, et al. 2000. An RNA-directed nuclease mediates post-transcriptional gene silencing in *Drosophila* cells. Nature, 404(6775): 293-296.

Han Q, Wang Z, He Y, et al. 2017. Transgenic cotton plants expressing the *HaHR3* gene conferred enhanced resistance to *Helicoverpa armigera* and improved cotton yield. Int J Mol Sci, 18(9): 1874.

Hansen IA, Attardo GM, Roy SG, et al. 2005. Target of rapamycin-dependent activation of S6 kinase is a central step in the transduction of nutritional signals during egg development in a mosquito. J Biol Chem, 280(21): 20565-20572.

Hapairai LK, Mysore K, Chen Y, et al. 2017. Lure-and-Kill yeast interfering RNA larvicides targeting neural genes in the human disease vector mosquito *Aedes aegypti*. Sci Rep-UK, 7(1): 13223.

Harborth J, Elbashir SM, Bechert K, et al. 2001. Identification of essential genes in cultured mammalian cells using small interfering RNAs. J Cell Sci, 114(Pt 24): 4557-4565.

Haruna I, Nozu K, Ohtaka Y, et al. 1963. An RNA "replicase" induced by and selective for a viral RNA: isolation and properties. Proc Natl Acad Sci USA, 50(5): 905-911.

Hassan A, Timerman Y, Hamdan R, et al. 2018. An RNAi screen identifies new genes required for normal morphogenesis of larval chordotonal organs. G3: Genes / Genomes / Genetic, 8(6): 1871-1884.

He B, Chu Y, Yin M, et al. 2013. Fluorescent nanoparticle delivered dsRNA toward genetic control of insect pests. Adv Mater, 25(33): 4580-4584.

He K, Lin K, Ding S, et al. 2019a. The vitellogenin receptor has an essential role in vertical transmission of rice stripe virus during oogenesis in the small brown plant hopper. Pest Manag Sci, 75(5): 1370-1382.

He K, Sun Y, Xiao H, et al. 2017. Multiple miRNAs jointly regulate the biosynthesis of ecdysteroid in the holometabolous insects, *Chilo suppressalis*. RNA, 23(12): 1817-1833.

He K, Xiao H, Sun Y, et al. 2019b. Transgenic microRNA-14 rice shows high resistance to rice stem borer. Plant Biotechnol J, 17(2): 461-471.

He K, Xiao H, Sun Y, et al. 2019c. microRNA-14 as an efficient suppressor to switch off ecdysone production after ecdysis in insects. RNA Biology, 16(9): 1313-1325.

He L, Hannon GJ. 2004. MicroRNAs: small RNAs with a big role in gene regulation. Nat Rev Genet, 5(7): 522-531.

He ZB, Cao YQ, Xia YX. 2010. Optimization of parental RNAi conditions for hunchback gene in *Locusta migratoria manilensis* (Meyen). Insect Sci, 17(1): 1-6.

He ZB, Cao YQ, Yin YP. 2006. Role of hunchback in segment patterning of *Locusta migratoria manilensis* revealed by parental RNAi. Dev Growth Differ, 48(7): 439-445.

Head GP, Carroll MW, Evans SP, et al. 2017. Evaluation of Smart Stax and Smart Stax PRO maize against western corn rootworm and northern corn rootworm: efficacy and resistance management. Pest Manag Sci, 73(9): 1883-1899.

Heil F, Hemmiet H, Hochrein H, et al. 2004. Species-specific recognition of single-stranded RNA via Toll-like receptor 7 and 8. Science, 303(5663): 1526-1529.

Hernaez B, Alonso C. 2010. Dynamin- and clathrin-dependent endocytosis in African swine fever virus entry. J Virol, 84(4): 2100-2109.

Hicks J, Liu HC. 2013. Involvement of eukaryotic small RNA pathways in host defense and viral pathogenesis.

Viruses, 5(11): 2659-2678.

Hinas A, Wright AJ, Hunter CP. 2012. SID-5 is an endosome-associated protein required for efficient systemic RNAi in *C. elegans*. Curr Biol, 22(20): 1938-1943.

Hirakata S, Siomi MC. 2019. Assembly and Function of Gonad-Specific Non-Membranous Organelles in *Drosophila* piRNA Biogenesis. Non-Coding RNA, 5(4): 52.

Hou Q. 2019. Plant-mediated gene silencing of an essential olfactory-related *Gqα* gene enhances resistance to grain aphid in common wheat in greenhouse and field. Pest Manag Sci, 75(6): 1718-1725.

Houwing S, Kamminga LM, Berezikov E, et al. 2007. A role for Piwi and piRNAs in germ cell maintenance and transposon silencing in zebrafish. Cell, 129(1): 69-82.

Howard KA, Rahbek UL, Liu X, et al. 2006. RNA interference *in vitro* and *in vivo* using a novel chitosan/siRNA nanoparticle system. Mol Ther, 14(4): 476-484.

Hu DB, Luo BQ, Li J, et al. 2013. Genome-wide analysis of *Nilaparvata lugens* nymphal responses to high-density and low-quality rice hosts. Insect Sci, 20(6): 703-716.

Hu J, Xia Y. 2016. F1-ATP synthase α-subunit: a potential target for RNAi-mediated pest management of *Locusta migratoria manilensis*. Pest Manag Sci, 72(7): 1433-1439.

Hu J, Xia Y. 2019. Increased virulence in the locust-specific fungal pathogen *Metarhizium acridum* expressing dsRNAs targeting the host F1F0-ATPase subunit genes. Pest Manag Sci, 75(1): 180-186.

Hu Q, Wu W. 2016. Recombinant fungal entomopathogen RNAi target insect gene. Bioengineered, 7(6): 504-507.

Huang CY, Dai SM, Chang C. 2016. Introduction of the RTA-Bddsx gene induces female-specific lethal effects in transformed *Bactrocera dorsalis* (Hendel). Pest Manag Sci, 72(6): 1160-1167.

Huang G, Allen R, Davis EL, et al. 2006. Engineering broad root-knot resistance in transgenic plants by RNAi silencing of a conserved and essential root-knot nematode parasitism gene. Proc Natl Acad Sci USA, 103(39): 14302-14306.

Huang HJ, Liu CW, Cai YF, et al. 2015. A salivary sheath protein essential for the interaction of the brown planthopper with rice plants. Insect Biochem Mol Biol, 66: 77-87.

Huang XW, Toth KF, Aravin AA. 2017. piRNA biogenesis in *Drosophila melanogaster*. Trends in Genetics, 33(11): 882-894.

Hughes CL, Kaufman TC. 2000. RNAi analysis of deformed, proboscipedia and sex combs reduced in the milkweed bug *Oncopeltus fasciatus*: novel roles for Hox genes in the hemipteran head. Development, 127(17): 3683-3694.

Hummel AW, Chauhan RD, Cermak T, et al. 2018. Allele exchange at the EPSPS locus confers glyphosate tolerance in cassava. Plant Biotechnol J, 16(7): 1275-1282.

Hunter W, Ellis J, van Engelsdorp D, et al. 2010. Large-scale field application of RNAi technology reducing israeli acute paralysis virus disease in honey bees (*Apis mellifera*, Hymenoptera: Apidae). PLoS Pathog, 6(12): e1001160.

Hunter WB, Glick E, Paldi N, et al. 2012. Advances in RNA interference: dsRNA treatment in trees and grapevines for insect pest suppression. Southwest Entomol, 37(1): 85-87.

Huntzinger E, Izaurralde E. 2011. Gene silencing by microRNAs: contributions of translational repression and mRNA decay. Nature Reviews Genetics, 12(2): 99-110.

Hussain T, Aksoy E, Caliskan ME, et al. 2019. Transgenic potato lines expressing hairpin RNAi construct of molting-associated EcR gene exhibit enhanced resistance against *Colorado potato* beetle (*Leptinotarsa decemlineata*, Say). Transgenic Res, 28(1): 151-164.

Huvenne H, Smagghe G. 2010. Mechanisms of dsRNA uptake in insects and potential of RNAi for pest control: a review. J Insect Physiol, 56(3): 227-235.

Hyun S, Lee JH, Jin H, et al. 2009. Conserved microRNA miR-8/miR-200 and its target USH/FOG2 control growth by regulating PI3K. Cell, 139(6): 1096-1108.

Ibrahim AB. 2017. RNAi-mediated resistance to whitefly (*Bemisia tabaci*) in genetically engineered lettuce (*Lactuca sativa*). Transgenic Res, 26(5): 613-624.

Ishizuka A, Siomi MC, Siomi H. 2002. A *Drosophila* fragile X protein interacts with components of RNAi and ribosomal proteins. Genes Dev, 16(19): 2497-2508.

Isobe R, Kojima K, Matsuyama T, et al. 2004. Use of RNAi technology to confer enhanced resistance to BmNPV on transgenic silkworms. Arch Virol, 149(10): 1931-1940.

Ivashuta S, Zhang Y, Wiggins BE, et al. 2015. Environmental RNAi in herbivorous insects. RNA, 21(5): 840-850.

Jackson AL, Bartz SR, Janell S, et al. 2003. Expression profiling reveals off-target gene regulation by RNAi. Nat Biotechnol, 21(6): 635-637.

Jackson AL, Burchard J, Leake D, et al. 2006. Position-specific chemical modification of siRNAs reduces "off-target" transcript silencing. RNA, 12(7): 1197-1205.

Jalaluddin NSM, Othman RY, Harikrishna JA. 2019. Global trends in research and commercialization of exogenous and endogenous RNAi technologies for crops. Crit Rev Biotechnol, 39(1): 67-78.

Jensen PD, Zhang Y, Wiggins BE, et al. 2013. Computational sequence analysis of predicted long dsRNA transcriptomes of major crops reveals sequence complementarity with human genes. GM Crops Food, 4(2): 90-97.

Ji R, Ye W, Chen H, et al. 2017. A salivary endo-β-1,4-glucanase acts as an effector that enables the brown planthopper to feed on rice. Plant Physiol, 173(3): 1920-1932.

Jiang H, Lkhagva A, Daubnerová I, et al. 2013. Natalisin, a tachykinin-like signaling system, regulates sexual activity and fecundity in insects. Proc Natl Acad Sci USA, 110(37): E3526-E3534.

Jiang H, Zhang JM, Wang JP, et al. 2007. Genetic engineering of *Periplaneta fuliginosa* densovirus as an improved biopesticide. Arch Virol, 152(2): 383-394.

Jiang L, Ding L, He B, et al. 2014. Systemic gene silencing in plants triggered by fluorescent nanoparticle-delivered double-stranded RNA. Nanoscale, 6(17): 9965-9969.

Jiang L, Liu W, Guo H, et al. 2019a. Distinct functions of *Bombyx mori* peptidoglycan recognition protein 2 in immune responses to bacteria and viruses. Front Immunol, 10(776): 1-14.

Jiang S, Wu H, Liu H, et al. 2016. The overexpression of insect endogenous small RNAs in transgenic rice inhibits growth and delays pupation of striped stem borer (*Chilo suppressalis*). Pest Manag Sci, 73(7): 1453-1461.

Jiang Y, Zhang CX, Chen R, et al. 2019b. Challenging battles of plants with phloem-feeding insects and prokaryotic pathogens. Proc Natl Acad Sci USA, 116(47): 23390-23397.

Jin S, Singh ND, Li L, et al. 2015. Engineered chloroplast dsRNA silences cytochrome P450 monooxygenase, V-ATPase and chitin synthase genes in the insect gut and disrupts *Helicoverpa armigera* larval development and pupation. Plant Biotechnol J, 13(3): 435-446.

Jin Z, Xie T. 2007. Dcr-1 maintains *Drosophila* ovarian stem cells. Curr Biol, 17(6): 539-544.

Jinek M, Doudna JA. 2009. A three-dimensional view of the molecular machinery of RNA interference. Nature, 457(7228): 405-412.

Jing YP, An H, Zhang S, et al. 2018. Protein kinase C mediates juvenile hormone-dependent phosphorylation of Na^+/K^+-ATPase to induce ovarian follicular patency for yolk protein uptake. J Biol Chem, 293(52): 20112-20122.

Joga MR, Zotti MJ, Smagghe G, et al. 2016. RNAi efficiency, systemic properties, and novel delivery methods for pest insect control: what we know so far. Front Physiol, 7: 553.

Jose AM, Kim YA, Leal-Ekman S, et al. 2012. Conserved tyrosine kinase promotes the import of silencing RNA into *Caenorhabditis elegans* cells. Proc Natl Acad Sci USA, 109(36): 14520-14525.

Jose AM, Smith JJ, Hunter CP. 2009. Export of RNA silencing from *C. elegans* tissues does not require the RNA channel SID-1. Proc Natl Acad Sci USA, 106(7): 2283-2288.

Kaldis A, Berbati M, Melita O, et al. 2018. Exogenously applied dsRNA molecules deriving from the zucchini yellow mosaic virus (ZYMV) genome move systemically and protect cucurbits against ZYMV. Mol Plant Pathol, 19(4): 883-895.

Kamachi S, Mochizuki A, Nishiguchi M, et al. 2007. Transgenic *Nicotiana benthamiana* plants resistant to cucumber green mottle mosaic virus based on RNA silencing. Plant Cell Rep, 26(8): 1283-1288.

Kamath R, Martinez-Campos M, Zipperlen P. 2001. Effectiveness of specific RNA-mediated interference through ingested double-stranded RNA in *Caenorhabditis elegans*. Genome Biol, 2(1): RESEARCH0002.

Kameda T, Ikegami K, Liu Y, et al. 2004. A hypothermic-temperature-sensitive gene silencing by the mammalian RNAi. Biochem Biophys Res Commun, 315(3): 599-602.

Kamruzzaman ASM, Mikani A, Mohamed AA, et al. 2020. Crosstalk among indoleamines, neuropeptides and JH/20E in regulation of reproduction in the american cockroach, *Periplaneta americana*. Insects, 11(3): 155.

Kanasty R, Dorkin JR, Vegas A, et al. 2013. Delivery materials for siRNA therapeutics. Nat Mater, 12(11): 967-977.

Kanasty RL, Whitehead KA, Vegas AJ, et al. 2012. Action and reaction: the biological response to siRNA and its delivery vehicles. Mol Ther, 20(3): 513-524.

Kandasamy SK, Zhu L, Fukunaga R. 2017. The C-terminal dsRNA-binding domain of *Drosophila* Dicer-2 is crucial for efficient and high-fidelity production of siRNA and loading of siRNA to Argonaute2. RNA, 23(7): 1139-1153.

Kanehisa M, Sato Y. 2019. Kegg mapper for inferring cellular functions from protein sequences. Protein Sci, 29(1): 28-35.

Kang WJ, Bang-Berthelsen CH, et al. 2017. Survey of 800+ data sets from human tissue and body fluid reveals XenomiRs are likely artifacts. RNA, 23(4): 433-445.

Kanginakudru S, Royer C, Edupalli SV, et al. 2010. Targeting *ie-1* gene by RNAi induces baculoviral resistance in lepidopteran cell lines and in transgenic silkworms. Insect Mol Biol, 16(5): 635-644.

Kannan S, Audet A, Huang H, et al. 2008. Cholesterol-rich membrane rafts and Lyn are involved in phagocytosis during *Pseudomonas aeruginosa* infection. J Immunol, 180(4): 2396-2408.

Kant MR, Jonckheere W, Knegt B, et al. 2015. Mechanisms and ecological consequences of plant defence induction and suppression in herbivore communities. Ann Bot, 115(7): 1015-1051.

Karim S, Troiano E, Mather TN. 2010. Functional genomics tool: gene silencing in *Ixodes scapularis* eggs and nymphs by electroporated dsRNA. BMC Biotechnol, 10: 1.

Karlikow M, Goic B, Saleh MC. 2014. RNAi and antiviral defense in *Drosophila*: setting up a systemic immune response. Dev Comp Immunol, 42(1): 85-92.

Kawai T, Akira S. 2010. The role of pattern-recognition receptors in innate immunity: update on Toll-like receptors. Nat Immunol, 11(5): 373-384.

Keene KM, Foy BD, Sanchez-Vargas I, et al. 2004. RNA interference acts as a natural antiviral response to O'nyong-nyong virus (*Alphavirus*; Togaviridae) infection of *Anopheles gambiae*. Proc Natl Acad Sci USA, 101(49): 17240-17245.

Kennerdell JR, Carthew RW. 1998. Use of dsRNA-mediated genetic interference to demonstrate that *frizzled* and *frizzled 2* act in the wingless pathway. Cell, 95(7): 1017-1026.

Kennerdell JR, Carthew RW. 2000. Heritable gene silencing in *Drosophila* using double-stranded RNA. Nat Biotechnol, 18(8): 896-898.

Khajuria C, Ivashuta S, Wiggins E, et al. 2018. Development and characterization of the first dsRNA-resistant insect population from western corn rootworm, *Diabrotica virgifera virgifera* LeConte. PLoS ONE, 13(5): e0197059.

Khajuria C, Vélez AM, Rangasamy M, et al. 2015. Parental RNA interference of genes involved in embryonic development of the western corn rootworm, *Diabrotica virgifera virgifera* LeConte. Insect Biochem Mol Biol, 63: 54-62.

Khalid A, Zhang Q, Yasir M, et al. 2017. Small RNA based genetic engineering for plant viral resistance: application in crop protection. Front Microbiol, 8: 43.

Khalil IA, Kogure K, Akita H, et al. 2006. Uptake pathways and subsequent intracellular trafficking in nonviral gene delivery. Pharmacol Rev, 58(1): 32-45.

Khan AA, Betel D, Miller ML, et al. 2009. Transfection of small RNAs globally perturbs gene regulation by endogenous microRNAs. Nat Biotechnol, 27(6): 549-555.

Khan AM, Ashfaq M, Khan AA, et al. 2015. Inoculation of *Nicotiana tabacum* with recombinant potato virus X induces RNA interference in the solenopsis mealybug, *Phenacoccus solenopsis* Tinsley (Hemiptera: Pseudococcidae). Biotechnol Lett, 37(10): 2083-2090.

Khan AM, Ashfaq M, Khan AA, et al. 2018. Evaluation of potential RNA-interference-target genes to control cotton mealybug, *Phenacoccus solenopsis* (Hemiptera: Pseudococcuidae). Insect Sci, 25(5): 778-786.

Khan AM, Ashfaq M, Kiss Z, et al. 2013. Use of recombinant tobacco mosaic virus to achieve RNA interference in plants against the citrus mealybug, *Planococcus citri* (Hemiptera: Pseudococcidae). PLoS ONE, 8(9): e73657.

Khila A, Grbic M. 2007. Gene silencing in the spider mite *Tetranychus urticae*: dsRNA and siRNA parental silencing of the *Distal-less* gene. Dev Genes Evol, 217(3): 241-251.

Khvorova A, Reynolds A, Jayasena SD. 2003. Functional siRNAs and miRNAs exhibit strand bias. Cell, 115(2): 209-216.

Killiny N, Hajeri S, Tiwari S, et al. 2014. Double-stranded RNA uptake through topical application, mediates silencing of five CYP4 genes and suppresses insecticide resistance in *Diaphorina citri*. PLoS ONE, 9(10): e110536.

Killiny N, Kishk A. 2017. Delivery of dsRNA through topical feeding for RNA interference in the citrus sap piercing-sucking hemipteran, *Diaphorina citri*. Arch Insect Biochem Physiol, 95(2): e21394.

Kim E, Park Y, Kim Y. 2015. A transformed bacterium expressing double-stranded RNA specific to integrin beta 1 enhances Bt toxin efficacy against a polyphagous insect pest, *Spodoptera exigua*. PLoS ONE, 10(7): e0132631.

Kim YK, Minai-Tehrani A, Lee JH, et al. 2013. Therapeutic efficiency of folated poly(ethylene glycol)-chitosan-graft-polyethylenimine-*Pdcd4* complexes in H-*ras*12V mice with liver cancer. Int J Nanomed, 8: 1489-1498.

Kinjoh T, Kaneko Y, Itoyama K, et al. 2007. Control of juvenile hormone biosynthesis in *Bombyx mori*: cloning of the enzymes in the mevalonate pathway and assessment of their developmental expression in the corpora allata. Insect Biochem Mol Biol, 37(8): 808-818.

Kirino Y, Kim N, de Planell-Saguer M, et al. 2009. Arginine methylation of Piwi proteins catalysed by dPRMT5 is required for Ago3 and Aub stability. Nat Cell Biol, 11(5): 652-658.

Kiuchi T, Koga H, Kawamoto M, et al. 2014. A single female-specific piRNA is the primary determiner of sex in the silkworm. Nature, 509(7502): 633-648.

Klattenhoff C, Theurkauf W. 2008. Biogenesis and germline functions of piRNAs. Development, 135(1): 3-9.

Kleinman ME, Yamada K, Takeda A, et al. 2008. Sequence- and target-independent angiogenesis suppression by siRNA via TLR3. Nature, 452(7187): 591-597.

Klink VP, Kim KH, Martins V, et al. 2009. A correlation between host-mediated expression of parasite genes as tandem inverted repeats and abrogation of development of female *Heterodera glycines* cyst formation during infection of *Glycine max*. Planta, 230(1): 53-71.

Knorr E, Bingsohn L, Kanost MR, et al. 2013. *Tribolium castaneum* as a model for high-throughput RNAi screening. Adv Biochem Eng Biotechnol, 136: 163-178.

Knorr R, Karacsonyi C, Lindner R. 2009. Endocytosis of MHC molecules by distinct membrane rafts. J Cell Sci, 122(10): 1584-1594.

Ko NY, Kim HS, Kim JK, et al. 2015. Developing an alternanthera mosaic virus vector for efficient cloning of whitefly cDNA RNAi to screen gene function. J Faculty of Agriculture Kyushu University, 60(1): 139-149.

Kobayashi H, Tomari Y. 2016. RISC assembly: coordination between small RNAs and Argonaute proteins. BBA-Gene Regul Mech, 1859(1): 71-81.

Kobayashi I, Tsukioka H, Kômoto N, et al. 2012. SID-1 protein of *Caenorhabditis elegans* mediates uptake of dsRNA into *Bombyx* cells. Insect Biochem Mol Biol, 42(2): 148-154.

Koch A, Biedenkopf D, Furch A, et al. 2016. An RNAi-based control of *Fusarium graminearum* infections through spraying of long dsRNAs involves a plant passage and is controlled by the fungal silencing machinery. PLoS Pathog, 12(10): e1005901.

Koch A, Höfle L, Werner BT, et al. 2019. SIGS vs HIGS: a study on the efficacy of two dsRNA delivery strategies to silence *Fusarium FgCYP51* genes in infected host and non-host plants. Mol Plant Pathol, 20(12): 1636-1644.

Koch A, Kumar N, Weber L, et al. 2013. Host-induced gene silencing of cytochrome P450 lanosterol C-14α-demethylase-encoding genes confers strong resistance to *Fusarium* species. Proc Natl Acad Sci USA, 110(48): 19324-19329.

Koci J, Ramaseshadri P, Bolognesi R, et al. 2014. Ultrastructural changes caused by Snf7 RNAi in larval terocytes of western corn rootworm (*Diabrotica virgifera virgifera* LeConte). PLoS ONE, 9(1): e83985.

Kola VS, Renuka P, Madhav MS, et al. 2015. Key enzymes and proteins of crop insects as candidate for RNAi based gene silencing. Front Physiol, 6: 119.

Kolliopoulou A, Taning CNT, Smagghe G, et al. 2017. Viral delivery of dsRNA for control of insect agricultural pests and vectors of human disease: prospects and challenges. Front Physiol, 8: 399.

Konakalla NC, Kaldis A, Berbati M, et al. 2016. Exogenous application of double-stranded RNA molecules from TMV p126 and CP genes confers resistance against TMV in tobacco. Planta, 244(4): 961-969.

Kontogiannatos D, Swevers L, Maenaka K, et al. 2013. Functional characterization of a juvenile hormone esterase related gene in the moth *Sesamia nonagrioides* through RNA interference. PLoS ONE, 8(9): e73834.

Kookana RS, Boxall ABA, Reeves PT, et al. 2014. Nanopesticides: guiding principles for regulatory evaluation of environmental risks. J Agr Food Chem, 62(19): 4227-4240.

Kouwaki T, Okamoto M, Tsukamoto H, et al. 2017. Extracellular vesicles deliver host and virus RNA and regulate innate immune response. Int J Mol Sci, 18(3): 666.

Krempl C, Heidel-Fischer HM, Jimenez-Aleman GH, et al. 2016. Gossypol toxicity and detoxification in *Helicoverpa armigera* and *Heliothis virescens*. Insect Biochem Mol Biol, 78: 69-77.

Krieg AM. 2011. Is RNAi dead? Mol Ther, 19: 1001-1002.

Krieger SE, Kim C, Zhang L, et al. 2013. Echovirus 1 entry into polarized Caco-2 cells depends on dynamin, cholesterol, and cellular factors associated with macropinocytosis. J Viro, 87(16): 8884-8895.

Krishnan M, Bharathiraja C, Pandiarajan JP, et al. 2014. Insect gut microbiome–an unexploited reserve for biotechnological application. Asian Pac J Trop Biomed, 4(Suppl. 1): S16-S21.

Kristina C, Laura S, Christina MG, et al. 2015. Recent insights into the structure, regulation, and function of the V-ATPases. Trends in Biochem Sci, 40(10): 611-622.

Kroemer JA, Bonning BC, Harrison RL. 2015. Expression, delivery and function of insecticidal proteins expressed by recombinant baculoviruses. Viruses, 7(1): 422-455.

Krol J, Loedige I, Filipowicz W. 2010. The widespread regulation of microRNA biogenesis, function and decay. Nat Rev Genet, 11(9): 597-610.

Krubphachaya P, Juricek M, Kertbundit S, et al. 2007. Induction of RNA-mediated resistance to papaya ringspot virus type W. J Biochem Mol Biol, 40(3): 404-411.

Kumagai MH, Donson J, Dellacioppa G, et al. 1995. Cytoplasmic inhibition of carotenoid biosynthesis with virus-derived RNA. Proc Natl Acad Sci USA, 92(5): 1679-1683.

Kumar M. 2011. RNAi-mediated targeting of acetylcholinesterase gene of *Helicoverpa armigera* for insect resistance in transgenic tobacco and tomato. PhD thesis, University of Delhi.

Kumar M, Gupta GP, Rajam MV. 2009. Silencing of acetylcholinesterase gene of *Helicoverpa armigera* by siRNA affects larval growth and its life cycle. J Insect Physiol, 55(3): 273-278.

Kumar P, Pandit SS, Baldwin IT. 2012. Tobacco rattle virus vector: a rapid and transient means of silencing *Manduca sexta* genes by plant mediated RNA interference. PLoS ONE, 7: e31347.

Kunte N, McGraw E, Bell Sydney, et al. 2020. Prospects, challenges and current status of RNAi through insect feeding. Pest Manage Sci, 76(1): 26-41.

Kuramochi-Miyagawa S, Kimura T, Yomogida K, et al. 2001. Two mouse *Piwi*-related genes: *miwi* and *mili*. Mech Dev, 108(1-2): 121-133.

Kuthati Y, Kankala RK, Lee CH. 2015. Layered double hydroxide nanoparticles for biomedical applications: current status and recent prospects. Appl Clay Sci, 112: 100-116.

Kwak PB, Tomari Y. 2012. The N domain of Argonaute drives duplex unwinding during RISC assembly. Nat Struct Mol Biol, 19(2): 145-151.

Kwon DH, Park JH, Ashok PA, et al. 2016. Screening of target genes for RNAi in *Tetranychus urticae* and RNAi toxicity enhancement by chimeric genes. Pestic Biochem Physiol, 130: 1-7.

Lacaille F, Hiroi M, Twele R, et al. 2007. An inhibitory sex pheromone tastes bitter for *Drosophila* males. PLoS ONE, 2(7): e661.

Lai EC. 2002. Micro RNAs are complementary to 3′ UTR sequence motifs that mediate negative post-transcriptional regulation. Nat Genet, 30(4): 363-364.

Lamitina T, Huang CG, Strange K. 2006. Genome-wide RNAi screening identifies protein damage as a regulator of osmoprotective gene expression. Proc Natl Acad Sci USA, 103(32): 12173-12178.

Lane AN, Fan TWM. 2015. Regulation of mammalian nucleotide metabolism and biosynthesis. Nucleic Acids Res, 43(4): 1-20.

Langhorst MF, Reuter A, Jaeger FA, et al. 2008. Trafficking of the microdomain scaffolding protein reggie-1/flotillin-2. Eur J Cell Biol, 87(4): 211-226.

Lau S, Mazumdari P, Hee T, et al. 2014. Crude extracts of bacterially-expressed dsRNA protect orchid plants against Cymbidium mosaic virus during transplantation from *in vitro* culture. J Horti Sci & Biotech, 89(5): 569-576.

Lavine MD, Strand MR. 2002. Insect hemocytes and their role in immunity. Insect Biochem Mol Biol, 32(10): 1295-1309.

Law PT, Qin H, Ching AK, et al. 2013. Deep sequencing of small RNA transcriptome reveals novel non-coding RNAs in hepatocellular carcinoma. J Hepatol, 58(6): 1165-1173.

Lawrence PA, Struhl G. 1996. Morphogens, compartments, and pattern: lessons from *Drosophila*? Cell, 85(7): 951-961.

Ledger SE, Janssen BJ, Karunairetnam S, et al. 2010. Modified carotenoid cleavage dioxygenase8 expression correlates with altered branching in kiwifruit (*Actinidia chinensis*). New Phytol, 188(3): 803-813.

Lee CHR, Mohamed HK, Chu JJH. 2019. Macropinocytosis dependent entry of Chikungunya virus into human muscle cell. PLoS Negl Trop Dis, 13(8): e0007610.

Lee DW, Shrestha S, Kim AY, et al. 2011. RNA interference of pheromone biosynthesis-activating neuropeptide receptor suppresses mating behavior by inhibiting sex pheromone production in *Plutella xylostella* (L.). Insect Biochem Mol Biol, 41(4): 236-243.

Lee HS, Seok H, Lee DH, et al. 2015. Abasic pivot substitution harnesses target specificity of RNA interference. Nat Commun, 6: 10154.

Lee RC, Feinbaum RL, Ambros V. 1993. The *C. elegans* heterochronic gene *lin-4* encodes small RNAs with antisense complementarity to *lin-14*. Cell, 75(5): 843-854.

Lee Y, Ahn C, Han J, et al. 2003. The nuclear RNase III Drosha initiates microRNA processing. Nature, 425(6956): 415-419.

Lee Y, Jeon K, Lee JT, et al. 2002. MicroRNA maturation: stepwise processing and subcellular localization. EMBO J, 21(17): 4663-4670.

Lee YS, Pressmanl S, Andress AP, et al. 2009. Silencing by small RNAs is linked to endosome trafficking. Nat Cell Biol, 11(9): 1150-1156.

Leonard SP, Powell JE, Perutka J, et al. 2020. Engineered symbionts activate honey bee immunity and limit pathogens. Science, 367(6477): 573-576.

Levin DM, Breuer LN, Zhuang S, et al. 2005. A hemocyte-specific integrin required for hemocytic encapsulation in the tobacco hornworm, *Manduca sexta*. Insect Biochem Mol Biol, 35(5): 369-380.

Levine E, Spencer JL, Isard SA, et al. 2002. Adaptation of the western corn rootworm to crop rotation: evolution of a new strain in response to a cultural management practice. American Entomologist, 48(2): 94-107.

Levine SL, Jianguo T, Mueller GM, et al. 2015. Independent action between DvSnf7 RNA and Cry3Bb1 protein in southern corn rootworm, *Diabrotica undecimpunctata howardi* and Colorado potato beetle, *Leptinotarsa decemlineata*. PLoS ONE, 13(5): e0197059.

Levy-Booth DJ, Campbell RG, Gulden RH, et al. 2007. Cycling of extracellular DNA in the soil environment. Soil Biol Biochem, 39(12): 2977-2991.

Lewis WH. 1931. Pinocytosis. Johns Hopkins Hosp Bull, 49: 17-27.

Lezzerini M, van de Ven K, Veerman M, et al. 2015. Specific RNA interference in *Caenorhabditis elegans* by ingested dsRNA expressed in Bacillus subtilis. PLoS ONE, 10(4): e0124508.

Li C, Zamore PD. 2019a. Preparation of dsRNAs for RNAi by *In Vitro* Transcription. Cold Spring Harb Protoc, (3): 10.1101/pdb.prot097469.

Li DQ, Zhang JQ, Wang Y, et al. 2015a. Two chitinase 5 genes from *Locusta migratoria*: molecular characteristics and functional differentiation. Insect Biochem Mol Biol, 58: 46-54.

Li F, Zhao X, Li M, et al. 2019a. Insect genomes: progress and challenges. Insect Mol Biol, 28(6): 739-758.

Li G, Niu J, Zotti M, et al. 2017a. Characterization and expression patterns of key ecdysteroid biosynthesis and signaling genes in a spider mite (*Panonychus citri*). Insect Biochem Mol Biol, 87: 136-146.

Li G, Sun QZ, Liu XY, et al. 2019b. Expression dynamics of key ecdysteroid and juvenile hormone biosynthesis genes imply a coordinated regulation pattern in the molting process of a spider mite, *Tetranychus urticae*. Exp Appl Acarol, 78(3): 361-372.

Li GP, Wu KM, Gould F, et al. 2004. Frequency of Bt resistance genes in *Helicoverpa armigera* populations from the Yellow River cotton-farming region of China. Entomol Exp Appl, 112(2): 135-143.

Li GP, Wu KM, Gould F, et al. 2007. Increasing tolerance to Cry1Ac cotton from cotton bollworm, *Helicoverpa armigera*, was confirmed in Bt cotton farming area of China. Ecol Entomol, 32(4): 366-375.

Li H, Guan R, Guo H. 2015b. New insights into an RNAi approach for plant defence against piercing-sucking and stem-borer insect pests. Plant Cell Environ, 38(11): 2277-2285.

Li H, Zhang H, Guan R, et al. 2013a. Identification of differential expression genes associated with host selection and adaptation between two sibling insect species by transcriptional profile analysis. BMC Genomics, 14(1): 582.

Li J, Li X, Bai R, et al. 2015c. RNA interference of the P450 *CYP6CM1* gene has different efficacy in B and Q biotypes of *Bemisia tabaci*. Pest Manag Sci, 71(8): 1175-1181.

Li J, Qian J, Xu Y, et al. 2019c. A facile-synthesized star polycation constructed as a highly efficient gene vector in pest management. ACS Sustain Chem Eng, 7(6): 6316-6322.

Li J, Todd TC, Oakley TR, et al. 2010. Host-derived suppression of nematode reproductive and fitness genes decreases fecundity of *Heterodera glycines* Ichinohe. Planta, 232(3): 775-785.

Li J, Wang X, Wang M, et al. 2013b. Advances in the use of the RNA interference technique in Hemiptera. Insect Sci, 20(1): 31-39.

Li L, Wang R, Wilcox D, et al. 2013c. Developing lipid nanoparticle-based siRNA therapeutics for hepatocellular carcinoma using an integrated approach. Mol Cancer Ther, 12(11): 2308-2318.

Li MH, Yan P, Liu ZN, et al. 2020. Muscovy duck reovirus enters susceptible cells via a caveolae-mediated endocytosis-like pathway. Virus Res, 276: 197806.

Li QJ, Dong XL, Zheng WW. 2017b. The *PLA2* gene mediates the humoral immune responses in *Bactrocera dorsalis* (Hendel). Dev Comp Immunol, 67: 293-299.

Li S, Zhu S, Jia Q, et al. 2018b. The genomic and functional landscapes of developmental plasticity in the American cockroach. Nat Commun, 9(1): 1008.

Li T, Chen J, Fan X, et al. 2017c. MicroRNA and dsRNA targeting chitin synthase A reveal a great potential for pest management of the hemipteran insect *Nilaparvata lugens*. Pest Manag Sci, 73: 1529-1537.

Li W. 2015d. Systemic RNA interference deficiency-1 (SID-1) extracellular domain selectively binds long double-stranded RNA and is required for RNA transport by SID-1. J Biol Chem, 290(31): 18904-18913.

Li X, Dong X, Zou C, et al. 2015d. Endocytic pathway mediates refractoriness of insect *Bactrocera dorsalis* to RNA interference. Sci Rep-UK, 5: 8700.

Li X, Liu F, Wu C, et al. 2019d. Decapentaplegic function in wing vein development and wing morph transformation in brown planthopper, *Nilaparvata lugens*. Dev Biol, 449(2): 143-150.

Li XX, Zhang MY, Zhang HY. 2011. RNA interference of four genes in adult *Bactrocera dorsalis* by feeding their dsRNAs. PLoS ONE, 6: e17788.

Li Z, You L, Yan D, et al. 2018a. *Bombyx mori* histone methyltransferase *BmAsh2* is essential for silkworm piRNA-mediated sex determination. PLoS Genet, 14(2): e1007245.

Liang GF, Zhu YL, Sun B, et al. 2011. PLGA-based gene delivering nanoparticle enhance suppression effect of miRNA in HePG2 cells. Nanoscale Res Lett, 6(1): 447-456.

Liang W, Lam JKW. 2012. Endosomal escape pathways for non-viral nucleic acid delivery systems // Ceresa B. Molecular Regulation of Endocytosis. InTech Open Croatia, Chapter 17: 429-456.

Liang XH, Liu Q, Michaeli S. 2003. Small nucleolar RNA interference induced by antisense or double-stranded RNA in trypanosomatids. Proc Natl Acad Sci USA, 100(13): 7521-7526.

Liao C, Xia W, Feng Y, et al. 2016. Characterization and functional analysis of a novel glutathione S-transferase gene potentially associated with the abamectin resistance in *Panonychus citri* (McGregor). Pestic Biochem Physiol, 132: 72-80.

Liberali P, Kakkonen E, Turacchio G, et al. 2008. The closure of Pak1-dependent macropinosomes requires the phosphorylation of CtBP1/BARS. Embo journal, 27(7): 970-981.

Lilley CJ, Davies LJ, Urwin PE. 2012. RNA interference in plant parasitic nematodes: a summary of the current status. Parasitology, 139(5): 630-640.

Lim DH, Oh CT, Lee L, et al. 2011. The endogenous siRNA pathway in *Drosophila* impacts stress resistance and lifespan by regulating metabolic homeostasis. FEBS Lett, 585(19): 3079-3085.

Lin X, Xu Y, Jiang J, et al. 2018. Host quality induces phenotypic plasticity in a wing polyphenic insect. Proc Natl Acad Sci USA, 115(29): 7563-7568.

Lin X, Xu Y, Yun Y, et al. 2016a. JNK signaling mediates wing form polymorphism in brown planthoppers (*Nilaparvata lugens*). Insect Biochem Mol Biol, 73: 55-61.

Lin X, Yun Y, Bo W, et al. 2016b. FOXO links wing form polyphenism and wound healing in the brown planthopper, *Nilaparvata lugens*. Insect Biochem Mol Biol, 70: 24-31.

Lin Y, Meng Y, Wang YX, et al. 2013. Vitellogenin receptor mutation leads to the oogenesis mutant phenotype "scanty vitellin" of the silkworm, *Bombyx mori*. J Biol Chem, 288(19): 13345-13355.

Lin YH, Lee CM, Huang JH, et al. 2014. Circadian regulation of permethrin susceptibility by glutathione S-transferase (BgGSTD1) inthe German cockroach (*Blattella germanica*). J Insect Physiol, 65: 45-50.

Lindbo JA. 2007. TRBO: A high-efficiency tobacco mosaic virus RNA-Based overexpression vector. Plant Physiol, 145(4): 1232-1240.

Lindbo JA, Silva-Rosales L, Proebsting WM, et al. 1993. Induction of a highly specific antiviral state in transgenic plants: implications for regulation of gene expression and virus resistance. Plant Cell, 5(12): 1749-1759.

Ling L, Ge X, Li Z, et al. 2014. MicroRNA Let-7 regulates molting and metamorphosis in the silkworm, *Bombyx mori*. Insect Biochem Mol Biol, 53: 13-21.

Liu F. 2015a. Silencing the *HaAK* gene by transgenic plant-mediated RNAi impairs larval growth of *Helicoverpa armigera*. Int J Biol Sci, 11(1): 67-74.

Liu F, Huang W, Wu K, et al. 2017. Exploiting innate immunity for biological pest control // Ligoxygakis P. Advances in Insect Physiology. London: Academic Press: 199-230.

Liu H, Cottrell TR, Pierini LM, et al. 2002a. RNA interference in the pathogenic fungus *Cryptococcus neoformans*. Genetics, 160(2): 463-470.

Liu J, Swevers L, Iatrou K, et al. 2012. *Bombyx mori* DNA/RNA non-specific nuclease: expression of isoforms in insect culture cells, subcellular localization and functional assays. J Insect Physiol, 58(8): 1166-1176.

Liu JB, Wang RY, Ma DJ, et al. 2016a. Branch-PCR constructed stable shRNA transcription nanoparticles have long-lasting RNAi effect. Chem Bio Chem, 17(11): 1038-1042.

Liu L, Zheng M, Librizzi D, et al. 2016b. Efficient and tumor targeted siRNA delivery by polyethylenimine-*graft*-polycaprolactone-*block*-poly (ethylene glycol)-folate (PEI-PCL-PEG-Fol). Mol Pharmaceut, 13(1): 134-143.

Liu Q, Rand TA, Kalidas S, et al. 2003. R2D2, a bridge between the initiation and effector steps of the *Drosophila* RNAi pathway. Science, 301(5641): 1921-1925.

Liu Q, Singh SP, Green AG. 2002b. High-stearic and high-oleic cottonseed oils produced by hairpin RNA-mediated post-transcriptional gene silencing. Plant Physiol, 129(4): 1732-1743.

Liu S, Jaouannet M, Dempsey DA, et al. 2020. RNA-based technologies for insect control in plant production. Biotechnol Adv, 39: 107463.

Liu S, Liang QM, Zhou WW, et al. 2015b. RNA interference of NADPH-cytochrome P450 reductase of the rice brown planthopper, *Nilaparvata lugens*, increases susceptibility to insecticides. Pest Manag Sci, 71(1): 32-39.

Liu SH, Ding ZP, Zhang CW. 2010. Gene knockdown by intro-thoracic injection of double-stranded RNA in the brown planthopper, *Nilaparvata lugens*. Insect Biochem Mol Biol, 40(9): 666-671.

Liu X, Jiang F, Kalidas S, et al. 2006. Dicer-2 and R2D2 coordinately bind siRNA to promote assembly of the siRISC complexes. RNA, 12(8): 1514-1520.

Liu X, Li F, Li D, et al. 2013. Molecular and functional analysis of UDP-N-acetylglucosamine pyrophosphorylases from the migratory locust, *Locusta migratoria*. PLoS ONE, 8(8): e71970.

Liu XJ, Sun YW, Li DQ, et al. 2018a. Identification of *LmUAP1* as a 20-hydroxyecdysone response gene in the chitin biosynthesis pathway from the migratory locust *Locusta migratoria*. Insect Sci, 25: 211-221.

Liu Y, Ge Q, Chan B, et al. 2016c. Whole-animal genome-wide RNAi screen identifies networks regulating male germline stem cells in *Drosophila*. Nature Commun, 7(1): 12149.

Liu Y, Ye X, Jiang F, et al. 2009. C3PO, an endoribonuclease that promotes RNAi by facilitating RISC activation. Science, 325(5941): 750-753.

Liu Z, Ling L, Xu J, et al. 2018b. MicroRNA-14 regulates larval development time in *Bombyx mori*. Insect Biochem Mol Biol, 93: 57-65.

Lomate PR, Bonning BC. 2016. Distinct properties of proteases and nucleases in the gut, salivary gland and saliva of southern green stink bug, *Nezara viridula*. Sci Rep-UK, 6: 1-10.

Lord JC, Hartzer K, Toutges M, et al. 2010. Evaluation of quantitative PCR reference genes for gene expression studies in *Tribolium castaneum* after fungal challenge. J Microbiol Methods, 80(2): 219-221.

Lorenzen MD, Brown SJ, Denell RE, et al. 2002. Cloning and characterization of the *Tribolium castaneum* eye-color genes encoding tryptophan oxygenase and kynurenine 3-monooxygenase. Genetics, 160(1): 225-234.

Lourenço A, Florecki M, Simões Z, et al. 2017. Silencing of *Apis mellifera* dorsal genes reveals their role in expression of the antimicrobial peptide defensin-1. Insect Mol Biol, 27(5): 577-589.

Lu Dh, Wu M, Pu J, et al. 2013. A functional study of two dsRNA binding protein genes in *Laodelphax striatellus*. Pest Manag Sci, 69(9): 1034-1039.

Lu K, Shu Y, Zhou J, et al. 2015a. Molecular characterization and RNA interference analysis of vitellogenin receptor from *Nilaparvata lugens* (Stål). J Insect Physiol, 73: 20-29.

Lu Y, Wu K, Jiang Y, et al. 2010. Mirid bug outbreaks in multiple crops correlated with wide-scale adoption of Bt cotton in China. Science, 328(5982): 1151-1154.

Lu Y, Zheng X, Liang Q, et al. 2015b. Evaluation and validation of reference genes for SYBR Green qRT-PCR normalization in *Sesamia inferens* (Lepidoptera: Noctuidae). J Asia-Pac Entomol, 18(4): 669-675.

Lu YH, Yuan M, Gao XW, et al. 2013. Identification and validation of reference genes for gene expression analysis using quantitative PCR in *Spodoptera litura* (Lepidoptera: Noctuidae). PLoS ONE, 8(7): e68059.

Lü ZC, Wang LH, Dai RL, et al. 2014. Evaluation of endogenous reference genes of *Bactrocera* (*Tetradacus*) *minax* by gene expression profiling under various experimental conditions. Fla Entomol, 97(2): 597-604.

Luan W, Shen A, Jin Z, et al. 2013. Knockdown of *OsHox33*, a member of the class III homeodomain-leucine zipper gene family, accelerates leaf senescence in rice. Sci China Life Sci, 56(12): 1112-1123.

Lübeck J. 2010. Potato // Kempken F, Jung C. Genetic Modification of Plants: Agriculture, Horticulture and Forestry. Berlin: Springer: 393-408.

Lucas KJ, Zhao B, Roy S, et al. 2015. Mosquito-specific microRNA-1890 targets the juvenile hormone-regulated serine protease JHA15 in the female mosquito gut. RNA Biol, 12(12): 1383-1390.

Ludwig C, Wagner R. 2007. Virus-like particles-universal molecular toolboxes. Curr Opin Biotec, 18(6): 537-545.

Lund PE, Hunt RC, Gottesman MM, et al. 2010. Pseudovirions as vehicles for the delivery of siRNA. Pharm Res-Dordr, 27(3): 400-420.

Lundgren JG, Duan JJ. 2013. RNAi-based insecticidal crops: potential effects on nontarget species. BioScience, 63(8): 657-665.

Luo Y, Wang X, Yu D, et al. 2012. The SID-1 double-stranded RNA transporter is not required for systemic RNAi in the migratory locust. RNA Biol, 9: 663-671.

Luo Y, Wang X, Yu D, et al. 2013. Differential responses of migratory locusts to systemic RNA interference via double-stranded RNA injection and feeding. Insect Mol Biol, 22(5): 574-583.

Ma Z, Guo W, Guo X, et al. 2011. Modulation of behavioral phase changes of the migratory locust by the catecholamine metabolic pathway. Proc Natl Acad Sci USA, 108(10): 3882-3887.

Ma Z, Li J, He F, et al. 2005. Cationic lipids enhance siRNA-mediated interferon response in mice. Biochem Biophys Res Commun, 330(3): 755-759.

Ma ZZ, Zhou H, Wei YL, et al. 2020. A novel plasmid-*Escherichia coli* system produces large batch dsRNAs for insect gene silencing. Pest Manag Sci, 76(7): 2505-2512.

MacRae IJ, Zhou K, Doudna JA. 2007. Structural determinants of RNA recognition and cleavage by Dicer. Nat Struct Mol Biol, 14(10): 934-940.

Maeda I, Kohara Y, Yamamoto M, et al. 2001. Large-scale analysis of gene function in *Caenorhabditis elegans* by high-throughput RNAi. Curr Biol, 11(3): 171-176.

Magenau A, Benzing C, Proschogo N, et al. 2011. Phagocytosis of IgG-coated polystyrene beads by macrophages induces and requires high membrane order. Traffic, 12(12): 1730-1743.

Mahmutovic-Persson I, Akbarshahi H, Bartlett NW, et al. 2014. Inhaled dsRNA and rhinovirus evoke neutrophilic exacerbation and lung expression of thymic stromal lymphopoietin in allergic mice with established experimental asthma. Allergy, 69(3): 348-358.

Mai D, Ding P, Tan L, et al. 2018. Piwi-interacting RNA-54265 is oncogenic and a potential therapeutic target in colorectal adenocarcinoma. Theranostics, 8(19): 5213-5230.

Majerowicz D, Alves-Bezerra M, Logullo R, et al. 2011. Looking for reference genes for real-time quantitative PCR experiments in *Rhodnius prolixus* (Hemiptera: Reduviidae). Insect Mol Biol, 20(6): 713-722.

Malik HJ. 2016. RNAi-mediated mortality of the whitefly through transgenic expression of double-stranded RNA homologous to acetylcholinesterase and ecdysone receptor in tobacco plants. Sci Rep-UK, 6: 38469.

Mallory AC, Parks G, Endres MW, et al. 2002. The amplicon-plus system for high-level expression of transgenes in plants. Nat Biotechnol, 20(6): 622-625.

Mamidala P, Rajarapu SP, Jones SC, et al. 2011. Identification and validation of reference genes for quantitative real-time polymerase chain reaction in *Cimex lectularius*. J Med Entomol, 48(4): 947-951.

Mamta B, Rajam MV. 2017. RNAi technology: a new platform for crop pest control. Physiol Mol Biol Plants, 23(3): 487-501.

Mamta K, Reddy KR, Rajam MV. 2016. Targeting chitinase gene of *Helicoverpa armigera* by host-induced RNA interference confers insect resistance in tobacco and tomato. Plant Mol Biol, 90(3): 281-292.

Mansur JF, Alvarenga ESL, Figueira-Mansur F, et al. 2014. Effects of chitin synthase double-stranded RNA on molting and oogenesis in the Chagas disease vector *Rhodnius prolixus*. Insect Biochem Mol Biol, 51: 110-121.

Mao J, Zeng F. 2012. Feeding-based RNA interference of a gap gene is lethal to the pea aphid, *Acyrthosiphon pisum*. PLoS ONE, 7: e48718.

Mao J, Zeng F. 2014. Plant-mediated RNAi of a gap gene-enhanced tobacco tolerance against the *Myzus persicae*. Transgenic Res, 23(1): 145-152.

Mao Y. 2013. Cysteine protease enhances plant-mediated bollworm RNA interference. Plant Mol Biol, 83(1-2): 119-129.

Mao YB, Cai WJ, Wang JW, et al. 2007. Silencing a cotton bollworm P450 monooxygenase gene by plant-mediated RNAi impairs larval tolerance of gossypol. Nat Biotechnol, 25(11): 1307-1313.

Mao YB, Tao XY, Xue XY, et al. 2011. Cotton plants expressing *CYP6AE14* double-stranded RNA show enhanced resistance to bollworms. Transgenic Res, 20(3): 665-673.

Maori E, Garbian Y, Kunik V, et al. 2019. A transmissible RNA pathway in honey bees. Cell Rep, 27(7): 1949-1959.

Maori E, Paldi N, Shafir S, et al. 2009. IAPV, a bee-affecting virus associated with Colony Collapse Disorder can be silenced by dsRNA ingestion. Insect Mol Biol, 18(1): 55-60.

March JC, Bentley WE. 2007. RNAi-based tuning of cell cycling in *Drosophila* S2 cells: effects on recombinant protein yield. Appl Microbiol Biotechnol, 73(5): 1128-1135.

Marco P, Coleman AD, Maffei ME, et al. 2011. Silencing of aphid genes by dsRNA feeding from plants. PLoS ONE, 6(10): e25709.

Margis R, Fusaro AF, Smith NA, et al. 2006. The evolution and diversification of Dicers in plants. FEBS Lett, 580: 2442-2450.

Marillonnet S, Thoeringer C, Kandzia R, et al. 2005. Systemic *Agrobacterium* tumefaciens-mediated transfection of viral replicons for efficient transient expression in plants. Nat Biotechnol, 23(6): 718-723.

Marker S, Le Mouel A, Meyer E, et al. 2010. Distinct RNA-dependent RNA polymerases are required for RNAi triggered by double-stranded RNA versus truncated transgenes in *Paramecium tetraurelia*. Nucleic Acids Res, 38(12): 4092-4107.

Markus CK, Rohan DT. 2009. Defining Macropinocytosis. Traffic, 10(4): 364-371.

Maroniche GA, Sagadín M, Mongelli VC, et al. 2011. Reference gene selection for gene expression studies using RT-qPCR in virus-infected planthoppers. Virol J, 8(1): 308.

Marrone PG. 2014. The market and potential for biopesticides. Europe, 12: 13-608.

Marrone PG. 2019. Pesticidal natural products-status and future potential. Pest Manag Sci, 75(9): 2325-2340.

Martin DP, Biagini P, Lefeuvre P, et al. 2011. Recombination in eukaryotic single stranded DNA virus. Viruses, 3(9): 1699-1738.

Martinez-Gonzalez J, Buesa C, Piulachs MD, et al. 1993. Molecular cloning, developmental pattern and tissue expression of 3-hydroxy-3-methylglutaryl coenzyme A reductase of the cockroach *Blattella germanica*. Eur J Biochem, 213(1): 233-241.

Matten SR, Head GP, Quemada HD. 2008. How governmental regulation can help or hinder the integration of Bt crops within IPM programs // Romeis J, Shelton AM, Kennedy GG. Integration of Insect-Resistant Genetically Modified Crops within IPM Programs, Vol. 5. Dordrecht: Springer: 27-39.

Maule AG, McVeigh P, Dalzell JJ, et al. 2011. An eye on RNAi in nematode parasites. Trends in Parasitol, 27(11): 505-513.

Maxwell B, Boyes D, Tang J, et al. 2019. Enabling the RNA revolution; Cell-free dsRNA production and control of Colorado potato beetle. http://www.globalengage.co.uk/pgc/docs/PosterMaxwell.pdf [2019-09-23].

McEwan DL, Weisman AS, Hunter CP. 2012. Uptake of extracellular double-stranded RNA by SID-2. Mol Cell, 47(5): 746-754.

McHale L, Tan XP, Koehl P, et al. 2006. Plant NBS-LRR proteins: adaptable guards. Genome Biol, 7: 212.

Mcmahon HT, Boucrot E. 2011. Molecular mechanism and physiological functions of clathrin-mediated endocytosis. Nat Rev Mol Cell Biol, 12(8): 517-533.

Medicines. 2019. The Medicines Company enters into definitive agreement to be acquired by Novartis AG for $9.7 billion. https://www.themedicinescompany.com/investor/pr/4241119/. [2019-11-24].

Medina-Kauwe LK, Xie J, Hamm-Alvarez S. 2005. Intracellular trafficking of nonviral vectors. Gene Ther, 12: 1734-1751.

Meister G, Tuschl T. 2004. Mechanisms of gene silencing by double-stranded RNA. Nature, 431(7006): 343-349.

Mellbye BL, Puckett SE, Tilley LD, et al. 2009. Variations in amino acid composition of antisense peptide-phosphorodiamidate morpholino oligomer affect potency against *Escherichia coli in vitro* and *in vivo*. Antimicrob Agents Ch, 53(2): 525-530.

Mello CC, Conte D Jr. 2004. Revealing the world of RNA interference. Nature, 431(7006): 338-342.

Meng F, Li Y, Zang Z, et al. 2017. Expression of the double-stranded RNA of the soybean pod borer *Leguminivora glycinivorella* (Lepidoptera: Tortricidae) ribosomal protein *P0* gene enhances the resistance of transgenic soybean plants. Pest Manag Sci, 73(12): 2447-2455.

Meng QW, Liu XP, Lü FG, et al. 2015. Involvement of a putative allatostatin in regulation of juvenile hormone titer and the larval development in *Leptinotarsa decemlineata* (Say). Gene, 554(1): 105-113.

Mercer J, Schelhaas M, Helenius A. 2010. Virus entry by endocytosis. Annu Rev Biochem, 79(1): 803-833.

Merzendorfer H. 2006. Insect chitin synthases: a review. J Comp Physiol, 176(1): 1-15.

Metcalfe DD, Astwood JD, Townsend R, et al. 1996. Assessment of the allergenic potential of foods derived from genetically engineered crop plants. Crit Rev Food Sci Nutr, 36: 165-186.

Mettlen M, Chen PH, Srinivasan S, et al. 2018. Regulation of clathrin-mediated endocytosis. Annu Rev Biochem, 87: 871-896.

Meyering-Vos M, Müller A. 2007. RNA interference suggests sulfakinins as satiety effectors in the cricket *Gryllus bimaculatus*. J Insect Physiol, 53(8): 840-848.

Michael MZ, O' Connor SM, van Holst Pellekaan NG, et al. 2003. Reduced accumulation of specific microRNAs in colorectal neoplasia. Mol Cancer Res, 1(12): 882-891.

Miguel KS, Scott JG. 2016. The next generation of insecticides: dsRNA is stable as a foliar-applied insecticide. Pest Manag Sci, 72(4): 801-809.

Miller SC, Miyata K, Brown SJ, et al. 2012. Dissecting systemic RNA interference in the red flour beetle *Tribolium castaneum*: parameters affecting the efficiency of RNAi. PLoS ONE, 7(10): e47431.

Misquitta L, Paterson BM. 1999. Targeted disruption of gene function in *Drosophila* by RNA interference (RNAi): a role for nautilus in embryonic somatic muscle formation. Proc Natl Acad Sci USA, 96(4): 1451-1456.

Mitter N, Worrall EA, Robinson KE, et al. 2017a. Clay nanosheets for topical delivery of RNAi for sustained protection against plant viruses. Nat Plants, 3: 16207.

Mitter N, Worrall EA, Robinson KE, et al. 2017b. Induction of virus resistance by exogenous application of double-stranded RNA. Curr Opin Virol, 26: 49-55.

Miyata K, Ramaseshadri P, Zhang YJ, et al. 2014. Establishing an *in vivo* assay system to identify components involved in environmental RNA interference in the western corn rootworm. PLoS ONE, 9: e101661.

Moar W, Khajuria C, Pleau M, et al. 2017. Cry3Bb1-resistant western corn rootworm, *Diabrotica virgifera virgifera* (LeConte) does not exhibit cross-resistance to DvSnf7 dsRNA. PLoS ONE, 12(1): e0169175.

Moazed D. 2009. Small RNAs in transcriptional gene silencing and genome defence. Nature, 457(7228): 413-420.

Mohammed AMA, Diab MR, Abdelsattar M, et al. 2017. Characterization and RNAi-mediated knockdown of chitin synthase A in the potato tuber moth, *Phthorimaea operculella*. Sci Rep-UK, 7(1): 9502.

Mohn F, Sienski G, Handler D, et al. 2014. The rhino-deadlock-cutoff complex licenses noncanonical transcription of dual-strand piRNA clusters in *Drosophila*. Cell, 157(6): 1364-1379.

Molina-Cruz A, Canepa GE, Kamath N, et al. 2015. *Plasmodium* evasion of mosquito immunity and global malaria transmission: the lock-and-key theory. Proc Natl Acad Sci USA, 112(49): 15178-15183.

Mon H, Kobayashi I, Ohkubo S, et al. 2012. Effective RNA interference in cultured silkworm cells mediated by overexpression of *Caenorhabditis elegans* SID-1. RNA Biol, 9(1): 40-46.

Montgomery MK, Fire A. 1998. Double-stranded RNA as a mediator in sequence-specific genetic silencing and co-suppression. Trends in Genet, 14(7): 255-258.

Moon SJ, Köttgen M, Jiao Y, et al. 2006. A taste receptor required for the caffeine response *in vivo*. Curr Biol, 16(18): 1812-1817.

Moretti DM, Ahuja LG, Nunes RD, et al. 2014. Molecular analysis of *Aedes aegypti* classical protein tyrosine phosphatases uncovers an ortholog of mammalian PTP-1B implicated in the control of egg production in mosquitoes. PLoS ONE, 9(8): e104878.

Morille M, Passirani C, Vonarbourg A, et al. 2008. Progress in developing cationic vectors for non-viral systemic gene therapy against cancer. Biomaterials, 29(24): 3477-3496.

Moriyama Y, Sakamoto T, Karpova S, et al. 2008. RNA interference of the clock gene period disrupts circadian rhythms in the cricket *Gryllus bimaculatus*. J Biol Rhythms, 23(4): 308-318.

Moriyama Y, Sakamoto T, Matsumoto A, et al. 2009. Functional analysis of the circadian clock gene period by RNA interference in nymphal crickets *Gryllus bimaculatus*. J Insect Physiol, 55(5): 396-400.

Morjaria R, Chong NV. 2014. Pharmacokinetic evaluation of pegaptanib octasodium for the treatment of diabetic edema. Expert Opin Drug Metab Toxicol, 10(8): 1185-1192.

Mosher RA, Baulcombe DC. 2008. Bacterial pathogens encode suppressors of RNA-mediated silencing. Genome Biol, 9(10): 237.

Mourrain P, Beclin C, Elmayan T, et al. 2000. *Arabidopsis SGS2* and *SGS3* genes are required for posttranscriptional gene silencing and natural virus resistance. Cell, 101(5): 533-542.

Mullis KB, Faloona FA. 1987. Specific synthesis of DNA *in vitro* via a polymerase-catalyzed chain reaction. Methods Enzymol, 155: 335-350.

Mummery-Widmer JL, Yamazaki M, Stoeger T, et al. 2009. Genome-wide analysis of Notch signalling in

Drosophila by transgenic RNAi. Nature, 458(7241): 987-992.

Murphy KA, Tabuloc CA, Cervantes KR, et al. 2016. Ingestion of genetically modified yeast symbiont reduces fitness of an insect pest via RNA interference. Sci Rep-UK, 6: 22587.

Mutti NS, Dolezal AG, Wolschin F, et al. 2011. IRS and TOR nutrient-signaling pathways act via juvenile hormone to influence honey bee caste fate. J Exp Biol, 214(23): 3977-3984.

Mutti NS, Louis J, Pappan LK, et al. 2008. A protein from the salivary glands of the pea aphid, *Acyrthosiphon pisum*, is essential in feeding on a host plant. Proc Natl Acad Sci USA, 105(29): 9965-9969.

Mutti NS, Park Y, Reese JC. 2006. RNAi knockdown of a salivary transcript leading to lethality in the pea aphid, *Acyrthosiphon pisum*. J Insect Sci, 6: 1-7.

Mysore K, Flannery EM, Tomchaney M, et al. 2013. Disruption of *Aedes aegypti* olfactory system development through chitosan/siRNA nanoparticle targeting of semaphorin-1a. PLoS Neglected Trop Dis, 7(5): e2215.

Mysore K, Hapairai L, Sun L, et al. 2017. Yeast interfering RNA larvicides targeting neural genes induce high rates of *Anopheles* larval mortality. Malar J, 16: 461.

Mysore K, Sun L, Tomchaney M, et al. 2015. siRNA-mediated silencing of doublesex during female development of the dengue vector mosquito *Aedes aegypti*. PLoS Neglected Trop Dis, 9(11): e0004213.

Naessens E, Dubreuil G, Giordanengo P, et al. 2015. A secreted MIF cytokine enables aphid feeding and represses plant immune responses. Curr Biol, 25(14): 1898-1903.

Nair JK, Willoughby JL, Chan A, et al. 2014. Multivalent *N*-acetylgalactosamine-conjugated siRNA localizes in hepatocytes and elicits robust RNAi-mediated gene silencing. J Am Chem Soc, 136(49): 16958-16961.

Nakanishi K. 2016. Anatomy of RISC: how do small RNAs and chaperones activate Argonaute proteins? Wiley Interdiscip Rev RNA, 7(5): 637-660.

Napoli C, Lemieux C, Jorgensen R. 1990. Introduction of a chimeric chalcone synthase gene into petunia results in reversible co-suppression of homologous genes *in trans*. Plant Cell, 2(4): 279-289.

Naqvi AR, Sarwat M, Hasan S, et al. 2012. Biogenesis, functions and fate of plant microRNAs. J Cell Physiol, 227(9): 3163-3168.

Navarro L, Jay F, Nomura K, et al. 2008. Suppression of the microRNA pathway by bacterial effector proteins. Science, 321(5891): 964-967.

Neumuiiller RA, Perrimon N. 2011. Where gene discovery turns into systems biology: genome-scale RNAi screens in *Drosophila*. Wileys System Biol Med, 3(4): 471-478.

Nguyen T, Wei ML. 2007. Hermansky-Pudlak HPS1/pale ear gene regulates epidermal and dermal melanocyte development. J Invest Dermatol, 127(2): 421-428.

Ni JZ, Kalinava N, Mendoza SG, et al. 2018. The spatial and temporal dynamics of nuclear RNAi-targeted retrotransposon transcripts in *Caenorhabditis elegans*. Development, 145(20): dev167346.

Ni M, Ma W, Wang X, et al. 2017. Next-generation transgenic cotton: pyramiding RNAi and Bt counters insect resistance. Plant Biotechnology Journal, 15(9): 1204-1213.

Ni YG, Wang N, Cao DJ, et al. 2007. FoxO transcription factors activate Akt and attenuate insulin signaling in heart by inhibiting protein phosphatases. Proc Natl Acad Sci USA, 104(51): 20517-20522.

Nicolás FE, Garre V. 2016. RNA interference in fungi: retention and loss. Microbiol Spectr, 4(6): DOI: 10.1128/microbiolspec.funk-0008-2016.

Nidhi T, Kumar US, Verma PC, et al. 2014. Enhanced whitefly resistance in transgenic tobacco plantsexpressing double stranded RNA of V-ATPase A gene. PLoS ONE, 9(3): e87235.

Niehl A, Heinlein M. 2019. Perception of double-stranded RNA in plant antiviral immunity. Mol Plant Pathol, 20(9): 1203-1210.

Niehl A, Soininen M, Poranen MM, et al. 2018. Synthetic biology approach for plant protection using dsRNA. Plant Biotechnol J, 16(9): 1679-1687.

Nishida KM, Miyoshi K, Ogino A, et al. 2013. Roles of R2D2, a cytoplasmic D2 body component, in the endogenous siRNA pathway in *Drosophila*. Mol Cell, 49(4): 680-691.

Niu D, Lii YE, Chellappan P, et al. 2016. miRNA863-3p sequentially targets negative immune regulator ARLPKs and positive regulator SERRATE upon bacterial infection. Nat Commun, 7: 11324.

Niu J, Shen G, Christiaens O, et al. 2018. Beyond insects: current status and achievements of RNA interference in mite pests and future perspectives. Pest Manag Sci, 74(12): 2680-2687.

Niu JZ, Yang WJ, Tian Y. 2019. Topical dsRNA delivery induces gene silencing and mortality in the pea aphid. Pest Manag Sci, 75(11): 2873-2881.

Niu QW, Lin SS, Reyes JL, et al. 2006. Expression of artificial microRNAs in transgenic *Arabidopsis thaliana* confers virus resistance. Nat Biotechnol, 24(11): 1420-1428.

Niu X, Kassa A, Hu X, et al. 2017. Control of western corn rootworm (*Diabrotica virgifera virgifera*) reproduction through plant-mediated RNA interference. Sci Rep-UK, 7: 12591.

Noh MY, Muthukrishnan S, Kramer KJ, et al. 2018. A chitinase with two catalytic domains is required for organization of the cuticular extracellular matrix of a beetle. PLoS Genet, 14(3): e1007307.

Nonnenmacher M, Weber T. 2011. Adeno-associated virus 2 infection requires endocytosis through the CLIC/GEEC pathway. Cell Host Microbe, 10(6): 563-576.

Nowara D, Gay A, Lacomme C, et al. 2010. HIGS: host-induced gene silencing in the obligate biotrophic fungal pathogen *Blumeria graminis*. Plant Cell, 22(9): 3130-3141.

Ntui VO, Kong K, Azadi P, et al. 2014. RNAi-mediated resistance to cucumber mosaic virus (CMV) in genetically engineered tomato. American J Plant Sci, 5: 554-572.

Nunes CC, Dean RA. 2012. Host-induced gene silencing: a tool for understanding fungal host interaction and for developing novel disease control strategies. Mol Plant Pathol, 13(5): 519-529.

Ogita S, Uefuji H, Yamaguchi Y, et al. 2003. Producing decaffeinated coffee plants. Nature, 423(6942): 823.

Omar MAA, Ao Y, Li M, et al. 2019. The functional difference of eight chitinase genes between male and female of the cotton mealybug, *Phenacoccus solenopsis*. Insect Mol Biol, 28(4): 550-567.

Omarov RT, Ciomperlik JJ, Scholthof HB. 2007. RNAi-associated ssRNA-specific ribonucleases in Tombusvirus P19 mutant-infected plants and evidence for a discrete siRNA-containing effector complex. Proc Natl Acad Sci USA, 104(5): 1714-1719.

Orii H, Mochii M, Watanabe K. 2003. A simple "soaking method" for RNA interference in the planarian *Dugesia japonica*. Dev Genes Evol, 213(3): 138-141.

Ossowski S, Schwab R, Weigel D. 2008. Gene silencing in plants using artificial microRNAs and other small RNAs. Plant J, 53(4): 674-690.

Ozaki K, Ryuda M, Yamada A, et al. 2011. A gustatory receptor involved in host plant recognition for oviposition of a swallowtail butterfly. Nat Comm, 2: 542.

Ozawa R, Matsumoto S, Kim GH, et al. 1995. Intracellular signal transduction of PBAN action in lepidopteran insects: inhibition of sex pheromone production by compactin, an HMG CoA reductase inhibitor. Regul Pept, 57(3): 319-327.

Pachebat JA, van Keulen G, Whitten MM, et al. 2013. Draft genome sequence of *Rhodococcus rhodnii* strain LMG5362, a symbiont of *Rhodnius prolixus* (Hemiptera, Reduviidae, Triatominae), the principle vector of *Trypanosoma cruzi*. Genome Announc, 1(3): e00329-13.

Pack DW, Hoffman AS, Pun S, et al. 2005. Design and development of polymers for gene delivery. Nat Rev Drug Discov, 4(7): 581-593.

Paim R, Pereira M, Ponzio R, et al. 2012. Validation of reference genes for expression analysis in the salivary gland and the intestine of *Rhodnius prolixus* (Hemiptera, Reduviidae) under different experimental conditions by quantitative real-time PCR. BMC Res Notes, 5(1): 128-138.

Paim RM, Araujo RN, Lehane MJ, et al. 2013. Long-term effects and parental RNAi in the blood feeder *Rhodnius prolixus* (Hemiptera, Reduviidae). Insect Biochem Mol Biol, 43(11): 1015-1020.

Palauqui JC, Elmayan T, Pollien JM, et al. 1997. Systemic acquired silencing: transgene-specific post-transcriptional silencing is transmitted by grafting from silenced stocks to non-silenced scions. EMBO J, 16(15): 4738-4745.

Palazzo AF, Lee ES. 2015. Non-coding RNA: what is functional and what is junk? Front Genet, 6: 2.

Paldi N, Glick E, Oliva M, et al. 2010. Effective gene silencing in a microsporidian parasite associated with honeybee (*Apis mellifera*) colony declines. Appl Environ Microbiol, 76(17): 5960-5964.

Palli SR. 2014. RNA interference in Colorado potato beetle: steps toward development of dsRNA as a commercial insecticide. Insect Sci, 6: 1-8.

Palma L, Delia M, Berry C, et al. 2014. *Bacillus thuringiensis* toxins: an overview of their biocidal activity. Toxins, 6(12): 3296-3325.

Pan PL, Ye YX, Lou YH, et al. 2018. A comprehensive omics analysis and functional survey of cuticular proteins in the brown planthopper. Proc Natl Acad Sci USA, 115(20): 5175-5180.

Pang R, Chen M, Liang ZK, et al. 2016. Functional analysis of CYP6ER1, a P450 gene associated with imidacloprid resistance in *Nilaparvata lugens*. Sci Rep-UK, 6: 34992.

Pang R, Qiu JQ, Li TC, et al. 2017. The regulation of lipid metabolism by a hypothetical P-loop NTPase and its impact on fecundity of the brown planthopper. BBA-Gen Subjects, 1861(7): 1750-1758.

Pang SZ, Jan FJ, Carney K, et al. 1996. Post-transcriptional transgene silencing and consequent tospovirus resistance in transgenic lettuce are affected by transgene dosage and plant development. Plant J, 9(6): 899-909.

Panwar V, McCallum B, Bakkeren G. 2013. Host-induced gene silencing of wheat leaf rust fungus *Puccinia triticina* pathogenicity genes mediated by the Barley stripe mosaic virus. Plant Mol Biol, 81(6): 595-608.

Park C, Jeker LT, Carver-Moore K, et al. 2012. A resource for the conditional ablation of microRNAs in the mouse. Cell Rep, 1(4): 385-391.

Park MG, Kim WJ, Choi JY, et al. 2019. Development of a *Bacillus thuringiensis* based dsRNA production platform to control sacbrood virus in *Apiscerana*. Pest Manag Sci, 76(5): 1699-1704.

Park SM, Lee JS, Jegal S, et al. 2005. Transgenic watermelon rootstock resistant to CGMMV (cucumber green mottle mosaic virus) infection. Plant Cell Rep, 24(6): 350-356.

Parker BJ, Brisson JA. 2019a. A laterally transferred viral gene modifies aphid wing plasticity. Curr Biol, 29(12): 2098-2103.

Parker KM, BarraganBorrero V, van Leeuwen DM, et al. 2019b. Environmental fate of RNA interference pesticides: adsorption and degradation of double-stranded RNA molecules in agricultural soils. Environ Sci Technol, 53(6): 3027-3036.

Parrish S, Fleenor J, Xu S, et al. 2000. Functional anatomy of a dsRNA trigger: differential requirement for the two trigger strands in RNA interference. Mol Cell, 6(5): 1077-1087.

Parrott W, Chassy B, Ligon J, et al. 2010. Application of food and feed safety assessment principles to evaluate transgenic approaches to gene modulation in crops. Food Chem Toxicol, 48(7): 1773-1790.

Pasupathy K, Lin S, Hu Q, et al. 2008. Direct plant gene delivery with a poly (amidoamine) dendrimer. Biotech J, 3(8): 1078-1082.

Patil ML, Zhang M, Taratula O, et al. 2009. Internally cationic polyamidoamine PAMAM-OH dendrimers for siRNA delivery: effect of the degree of quaternization and cancer targeting. Biomacromolecules, 10(2): 258-266.

Patra SK. 2008. Dissecting lipid raft facilitated cell signaling pathways in cancer. Biochim Biophys Acta, 1785(2): 182-206.

Payne CK, Jones SA, Chen C, et al. 2007. Internalization and trafficking of cell surface proteoglycans and proteoglycan-binding ligands. Traffic, 8(4): 389-401.

Pelaez P, Sanchez F. 2013. Small RNAs in plant defense responses during viral and bacterial interactions: similarities and differences. Front Plant Sci, 4: 343.

Peng L, Zhao Y, Wang H, et al. 2017. Functional study of cytochrome P450 enzymes from the brown planthopper (*Nilaparvata lugens* Stål) to analyze its adaptation to BPH-resistant rice. Front Physiol, 30(8): 972.

Peng T, Pan Y, Yang C, et al. 2016. Over-expression of CYP6A2 is associated with spirotetramat resistance and cross-resistance in the resistant strain of *Aphis gossypii* Glover. Pestic Biochem Physiol, 126: 64-69.

Peng Y, Wang K, Zhu G, et al. 2019. Identification and characterization of multiple dsRNases from a lepidopteran insect, the tobacco cutworm, *Spodoptera litura* (Lepidoptera: Noctuidae). Pestic Biochem Physiol, 162: 86-95.

Perrimon N, Mathey-Prevot B. 2007. Applications of high-throughput RNA interference screens to problems in cell and developmental biology. Genetics, 175(1): 7-16.

Persengiev SP, Zhu XC, Green MR. 2004. Nonspecific, concentration-dependent stimulation and repression of mammalian gene expression by small interfering RNAs (siRNAs). RNA, 10(1): 12-18.

Petrick JS, Frierdich GE, Carleton SM, et al. 2016. Corn rootworm-active RNA DvSnf7: repeat dose oral toxicology assessment in support of human and mammalian safety. Regul Toxicol Pharm, 81: 57-68.

Petrick JS, Toland BB, Jackson AL, et al. 2013. Safety assessment of food and feed from biotechnology-derived crops employing RNA-mediated gene regulation to achieve desired traits: a scientific review. Regul Toxicol Ph, 66(2): 167-176.

Piot N, Snoeck S, Vanlede M, et al. 2015. The effect of oral administration of dsRNA on viral replication and mortality in *Bombus terrestris*. Viruses, 7(6): 3172-3185.

Pitino M, Coleman AD, Maffei ME, et al. 2011. Silencing of aphid genes by ds RNA feeding from plants. PLoS ONE, 6: e25709.

Pooggin MM. 2017. RNAi-mediated resistance to viruses: a critical assessment of methodologies. Curr Opin Virol, 26: 28-35.

Posiri P, Ongvarrasopone C, Panyim S. 2013. A simple one-step method for producing dsRNA from *E. coli* to inhibit shrimp virus replication. J Virol Methods, 188(1-2): 64-69.

Poudel S, Lee Y. 2016. Gustatory receptors required for avoiding the toxic compound coumarin in *Drosophila melanogaster*. Molr Cells, 39(4): 310-315.

Prentice K, Smagghe G, Gheysen G, et al. 2019. Nuclease activity decreases the RNAi response in the sweetpotato weevil *Cylas puncticollis*. Insect Biochem Mol Biol, 110: 80-89.

Price DRG, Gatehouse JA. 2008. RNAi-mediated crop protection against insects. Trends in Biotechnol, 26: 393-400.

Pridgeon JW, Liming Z, Becnel JJ, et al. 2008. Topically applied *AaeIAP1* double-stranded RNA kills female adults of *Aedes aegypti*. J Med Entomol, 45(3): 414-420.

Prins M, Laimer M, Noris E, et al. 2008. Strategies for antiviral resistance in transgenic plants. Mol Plant Pathol, 9(1): 73-83.

Pumplin N, Voinnet O. 2013. RNA silencing suppression by plant pathogens: defence, counter-defence and counter-counter-defence. Nat Rev Microbiol, 11(11): 745-760.

Purkayastha A, Dasgupta I. 2009. Virus-induced gene silencing: a versatile tool for discovery of gene functions in plants. Plant Physiol Bioch, 47(11-12): 967-976.

Qi H, Watanabe T, Ku HY, et al. 2011. The Yb body, a major site for *Piwi*-associated RNA biogenesis and a gateway for *Piwi* expression and transport to the nucleus in somatic cells. J of Biol Chem, 286(5): 3789-3797.

Qiao YL, Liu L, Xiong Q, et al. 2013. Oomycete pathogens encode RNA silencing suppressors. Nat Genet, 45(3): 330-333.

Qiu J, He Y, Zhang J, et al. 2016. Discovery and functional identification of fecundity-related genes in the brown planthopper by large-scale RNA interference. Insect Mol Biol, 25(6): 724-733.

Qiu L, Sun Y, Jiang Z, et al. 2019. The midgut V-ATPase subunit A gene is associated with toxicity to crystal 2Aa and crystal 1Ca-expressing transgenic rice in *Chilo suppressalis*. Insect Mol Biol, 28(4): 520-527.

Qu J, Ye J, Fang RX, et al. 2007. Artificial microRNA-mediated virus resistance in plants. J Virol, 81(12): 6690-6699.

Rader R, Cunningham SA, Howlett BG, et al. 2020. Non-bee insects as visitors and pollinators of crops: biology, ecology and management. Annu Rev Entomol, 65: 1-17.

Ragelle H, Riva R, Vandermeulen G, et al. 2014. Chitosan nanoparticles for siRNA delivery: optimizing formulation to increase stability and efficiency. J Control Release, 176: 54-63.

Rajagopal R, Sivakumar S, Neema A, et al. 2002. Silencing of midgut aminopeptidase N of *Spodoptera litura* by double-stranded RNA establishes its role as *Bacillus thuringiensis* toxin receptor. J Biol Chem, 277(49): 46849-46851.

Rajarapu SP, Mamidala P, Mittapalli O. 2012. Validation of reference genes for gene expression studies in the emerald ash borer (*Agrilus planipennis*). Insect Sci, 19(1): 41-46.

Ramaseshadri P, Segers G, Flannagan R, et al. 2013. Physiological and cellular responses caused by RNAi-mediated suppression of Snf7 orthologue in western corn rootworm (*Diabrotica virgifera virgifera*) larvae. PLoS ONE, 8(1): e54270.

Ramirez J, Dunlap C, Muturi E, et al. 2018. Entomopathogenic fungal infection leads to temporospatial modulation of the mosquito immune system. PLoS Negl Trop Dis, 12(4): e0006433.

Ramsey SD, Ochoa R, Bauchan G, et al. 2019. Varroa destructor feeds primarily on honey bee fat body tissue and not hemolymph. Proc Natl Acad Sci USA, 116(5): 1792-1801.

Rangasamy M, Siegfried BD. 2012. Validation of RNA interference in western corn rootworm *Diabrotica virgifera virgifera* LeConte (Coleoptera: Chrysomelidae) adults. Pest Manag Sci, 68(4): 587-591.

Raphemot R, Estévez-Lao TY, Rouhier MF, et al. 2014. Molecular and functional characterization of *Anopheles gambiae* inward rectifier potassium (Kir1) channels: A novel role in egg production. Insect Biochem Mol Biol, 51: 10-19.

Ratcliff F, Martin-Hernandez AM, Baulcombe DC. 2001. Tobacco rattle virus as a vector for analysis of gene function by silencing. Plant J, 25(2): 237-245.

Ray KK, Landmesser U, Leiter LA, et al. 2017. Inclisiran in patients at high cardiovascular risk with elevated LDL cholesterol. New Engl J Med, 376(15): 1430-1440.

Raza A. 2016. RNA Interference based approach to down regulate osmoregulators of whitefly (*Bemisia tabaci*): potential technology for the control of whitefly. PLoS ONE, 11: e0153883.

Rebijith KB, Asokan R, Hande HR, et al. 2016. RNA interference of odorant-binding protein 2 (OBP2)of the cotton aphid, *Aphis gossypii* (Glover), resulted in altered electrophysiological responses. Appl Biochem Biotechnol, 178(2): 251-266.

Reinhart BJ, Slack FJ, Basson M, et al. 2000. The 21-nucleotide *let-7* RNA regulates developmental timing in *Caenorhabditis elegans*. Nature, 403(6672): 901-906.

Ren R, Xu X, Lin T, et al. 2011. Cloning, characterization, and biological function analysis of the *SidT2* gene from *Siniperca chuatsi*. Dev Comp Immunol, 35(6): 692-701.

Riento K, Frick M, Schafer I, et al. 2009. Endocytosis of flotillin-1 and flotillin-2 is regulated by Fyn kinase. J Cell Sci, 122(Pt 7): 912-918.

Robinson CM, Jesudhasan PR, Pfeiffer JK. 2014. Bacterial lipopolysaccharide binding enhances virion stability and promotes environmental fitness of an enteric virus. Cell Host Microbe, 15(1): 36-46.

Rocco DA, Garcia ASG, Scudeler EL, et al. 2019. Glycoprotein hormone receptor knockdown leads to reduced reproductive success in male *Aedes aegypti*. Front Physiol, 10: 266.

Rocha JJ, Korolchuk VI, Robinson IM, et al. 2011. A phagocytic route for uptake of double-stranded RNA in RNAi. PLoS ONE, 6: 1-6.

Rodrigues TB, Duan JJ, Palli SR, et al. 2018. Identification of highly effective target genes for RNAi-mediated control of emerald ash borer, *Agrilus planipennis*. Sci Rep-UK, 8(1): 5020.

Rodriguez-Cabrera L, Trujillo-Bacallao D, Borrás-Hidalgo O, et al. 2010. RNAi-mediated knockdown of a *Spodoptera frugiperda* trypsin-like serine-protease gene reduces susceptibility to a *Bacillus thuringiensis* Cry1Ca1 protoxin. Environ Microbiol, 12(11): 2894-2903.

Rogers DW, Baldini F, Battaglia F, et al. 2009. Transglutaminase-mediated semen coagulation controls sperm storage in the malaria mosquito. PLoS Biol, 7(12): e1000272.

Romano N, Macino G. 1992. Quelling: transient inactivation of gene expression in *Neurospora crassa* by transformation with homologous sequences. Mol Microbiol, 6(22): 3343-3353.

Rong Y. 2014. The insect ecdysone receptor is a good potential target for RNAi-based pest control. Int J Biol Sci, 10(10): 1171-1180.

Rosa C, Kuo YW, Wuriyanghan H, et al. 2018. RNA interference mechanisms and applications in plant pathology. Annu Rev Phytopathol, 56: 581-610.

Rothman-Denes LB. 2013. Structure of *Escherichia coli* RNA polymerase holoenzyme at last. Proc Natl Acad Sci USA, 110(49): 19662-19663.

Rouget C, Papin C, Boureux A, et al. 2010. Maternal mRNA deadenylation and decay by the piRNA pathway in the early *Drosophila* embryo. Nature, 467(7319): 1128-1132.

Ruf S, Forner J, Hasse C, et al. 2019. High-efficiency generation of fertile transplastomic *Arabidopsis* plants. Nat Plants, 5: 282-289.

Ruf S, Hermann M, Berger IJ, et al. 2001. Stable genetic transformation of tomato plastids and expression of a foreign protein in fruit. Nat Biotechnol, 19(9): 870-875.

Ruhlman TA. 2014. Plastid transformation in lettuce (*Lactuca sativa* L.) by biolistic DNA delivery. Methods Mol Biol, 1132: 331-343.

Ruiz MT, Voinnet O, Baulcombe DC. 1998. Initiation and maintenance of virus-induced gene silencing. Plant Cell, 10(6): 937-946.

Safarova D, Brazda P, Navratil M. 2014. Effect of artificial dsRNA on infection of pea plants by pea seed-borne mosaic virus. Czech J Genet Plant Breed, 50(2): 105-108.

Saini RP, Raman V, Dhandapani G, et al. 2018. Silencing of *HaAce1* gene by host-delivered artificial microRNA disrupts growth and development of *Helicoverpa armigera*. PLoS ONE, 13: e0194150.

Saito K, Nishida KM, Mori T, et al. 2006. Specific association of Piwi with rasiRNAs derived from retrotransposon and heterochromatic regions in the *Drosophila* genome. Genes Dev, 20(16): 2214-2222.

Saito K, Sakaguchi Y, Suzuki T, et al. 2007. Pimet, the *Drosophila* homolog of HEN1, mediates 2′-*O*-methylation of Piwi-interacting RNAs at their 3′ ends. Genes Dev, 21(13): 1603-1608.

Saleh MC, Rij RP, Hekele A, et al. 2006. The endocytic pathway mediates cell entry of dsRNA to induce RNAi silencing. Nat Cell Biol, 8(8): 793-802.

San Miguel K, Scott JG. 2016. The next generation of insecticides: dsRNA is stable as a foliar applied insecticide. Pest Manag Sci, 72(4): 801-809.

Sanitt P, Apiratikul N, Niyomtham N, et al. 2016. Cholesterol-based cationic liposome increases dsRNA protection of yellow head virus infection in *Penaeus vannamei*. J Biotechnol, 228: 95-102.

Sapetschnig A, Miska EA. 2014. Getting a grip on piRNA cluster transcription. Cell, 157(6): 1253-1254.

Sapountzis P, Duport G, Balmand S, et al. 2014. Newinsight into the RNA interference response against *cathepsin-L* gene in the pea aphid, *Acyrthosiphon pisum*: molting or gut phenotypes specifically induced by injection or feeding treatments. Insect Biochem Mol Biol, 51: 20-32.

Sastry SS, Ross BM. 1997. Nuclease activity of T7 RNA polymerase and the heterogeneity of transcription elongation complexes. J Biol Chem, 272(13): 8644-8652.

Sato A, Sokabe T, Kashio M, et al. 2014. Embryonic thermosensitive TRPA1 determines transgenerational diapause phenotype of the silkworm, *Bombyx mori*. Proc Natl Acad Sci USA, 111: E1249-E1255.

Sato K, Nishida KM, Shibuya A, et al. 2011. Maelstrom coordinates microtubule organization during *Drosophila* oogenesis through interaction with components of the MTOC. Genes Dev, 25(22): 2361-2373.

Sato ME, Veronez B, Stocco RSM, et al. 2016. Spiromesifen resistance in *Tetranychus urticae* (Acari:

Tetranychidae): selection, stability, and monitoring. Crop Prot, 89: 278-283.

Schauer SE, Jacobsen SE, Meinke DW, et al. 2002. *DICER-LIKE1*: blind men and elephants in *Arabidopsis* development. Trends in Plant Sci, 7(11): 487-491.

Schiemann J, Dietz-Pfeilstetter A, Hartung F, et al. 2019. Risk assessment and regulation of plants modified by modern biotechniques: current status and future challenges. Annu Rev Plant Biol, 70: 699-726.

Schlachter CR, Daneshian L, Amaya J, et al. 2019. Structural and functional characterization of an intradiol ring-cleavage dioxygenase from the polyphagous spider mite herbivore *Tetranychus urticae* Koch. Insect Biochem Mol Biol, 107: 19-30.

Schmid A, Schindelholz B, Zinn K. 2002. Combinatorial RNAi: a method for evaluating the functions of gene families in *Drosophila*. Trends in Neurosci, 25(2): 71-74.

Schmitt-Engel C, Schultheis D, Schwirz J, et al. 2015. The iBeetle large-scale RNAi screen reveals gene functions for insect development and physiology. Nat Commun, 6: 7822.

Schneider MD, Najand N, Chaker S, et al. 2006. Gawky is a component of cytoplasmic mRNA processing bodies required for early *Drosophila* development. J Cell Biol, 174(3): 349-358.

Schnorrer F, Schönbauer C, Langer C, et al. 2010. Systematic genetic analysis of muscle morphogenesis and function in *Drosophila*. Nature, 464(7826): 287-291.

Schroder R. 2003. The genes orthodenticle and hunchback substitute for bicoid in the beetle *Tribolium*. Nature, 422(6932): 621-625.

Schultheis D, Weißkopf M, Schaub C, et al. 2019. A large scale systemic RNAi screen in the red flour beetle *Tribolium castaneum* identifies novel genes involved in insect muscle development.G3: Genes / Genomes / Genetic, 9(4): 1009-1026.

Schwab R, Ossowski S, Riester M, et al. 2006. Highly specific gene silencing by artificial microRNAs in *Arabidopsis*. Plant Cell, 18(5): 1121-1133.

Schwarz DS, Tomari Y, Zamore PD. 2004. The RNA-induced silencing complex is a Mg^{2+}-dependent endonuclease. Curr Biol, 14(9): 787-791.

Schwind N, Zwiebel M, Itaya A, et al. 2009. RNAi-mediated resistance to potato spindle tuber viroid in transgenic tomato expressing a viroid hairpin RNA construct. Mol Plant Pathol, 10(4): 459-469.

Scorza R, Callahan A, Dardick C, et al. 2013. Genetic engineering of plum pox virus resistance: 'HoneySweet' plum-from concept to product. Plant Cell Tiss Org, 115(1): 1-12.

Scorza R, Callahan A, Lew L, et al. 2001. Post-transcriptional gene silencing in plum pox virus resistant transgenic European plum containing the plum pox potyvirus coat protein gene. Transgenic Res, 10(3): 201-209.

Scott JG, Michel K, Bartholomay LC, et al. 2013. Towards the elements of successful insect RNAi. J Insect Physiol, 59(12): 1212-1221.

Seesao Y, Gay M, Merlin S, et al. 2017. A review of methods for nematode identification. J Microbiol Methods, 138: 37-49.

Semizarov D, Frost L, Sarthy A, et al. 2003. Specificity of short interfering RNA determined through gene expression signatures. Proc Natl Acad Sci USA, 100(11): 6347-6352.

Sempere LF, Dubrovsky EB, Dubrovskaya VA, et al. 2002. The expression of the *let-7* small regulatory RNA is controlled by ecdysone duriniz metamorphosis in *Drosophila melanogaster*. Dev Biol, 244: 170-179.

Sempere LF, Sokol NS, Dubrovsky EB, et al. 2003. Temporal regulation of microRNA expression in *Drosophila melanogaster* mediated by hormonal signals and broad-Complex gene activity. Dev Biol, 259(1): 9-18.

Sen GL, Blau HM. 2006. A brief history of RNAi: the silence of the genes. FASEB J, 20: 1293-1299.

Senti KA, Brennecke J. 2010. The piRNA pathway: a fly's perspective on the guardian of the genome. Trends in Genet, 26(12): 499-509.

Setten RL, Rossi JJ, Han SP. 2019. The current state and future directions of RNAi-based therapeutics. Nat Rev Drug Discov, 18(6): 421-446.

Shabab M, Sher AK, Voge H, et al. 2014. OPDA isomerase GST16 is involved in phytohormone detoxification and insect development. FEBS J, 281(12): 2769-2783.

Shakeel M, Zhu X, Kang T, et al. 2015. Selection and evaluation of reference genes for quantitative gene expression studies in cotton bollworm, *Helicoverpa armigera* (Lepidoptera: Noctuidae). J Asia-Pac Entomol, 18(2): 123-130.

Shakesby A, Wallace I, Isaacs H. 2009. A water-specific aquaporin involved in aphid osmoregulation. Insect Biochem Mol Biol, 39(1): 1-10.

Shaner DL, Beckie HJ. 2014. The future for weed control and technology. Pest Manag Sci, 70(9): 1329-1339.

Shang F, Ding B, Ye C, et al. 2020a. Evaluation of a cuticle protein gene as a potential RNAi target in aphids. Pest Manag Sci, 76(1): 134-140.

Shang F, Niu J, Ding BY, et al. 2020b. The miR-9b microRNA mediates dimorphism and development of wing in aphids. Proc Natl Acad Sci USA, 117(15): 8404-8409.

Shekhawat UKS, Ganapathi TR, Hadapad AB, et al. 2012. Transgenic banana plants expressing small interfering RNAs targeted against viral replication initiation gene display high-level resistance to banana bunchy top virus infection. J Gen Virol, 93(8): 1804-1813.

Shen D, Zhou F, Xu Z, et al. 2014a. Systemically interfering with immune response by a fluorescent cationic dendrimer delivered gene suppression. J Mater Chem B, 2(29): 4653-4659.

Shen GM, Chen W, Li CZ, et al. 2019. RNAi targeting ecdysone receptor blocks the larva to adult development of *Tetranychus cinnabarinus*. Pestic Biochem Physiol, 159: 85-90.

Shen GM, Jiang HB, Wang XN, et al. 2010. Evaluation of endogenous references for gene expression profiling in different tissues of the oriental fruit fly *Bactrocera dorsalis* (Diptera: Tephritidae). BMC Mol Biol, 11: 76.

Shen W, Yang G, Chen Y, et al. 2014b. Resistance of non-transgenic papaya plants to papaya ringspot virus (PRSV) mediated by intron-containing hairpin dsRNAs expressed in bacteria. Acta Virol, 58: 261-266.

Shen X, Liao C, Lu X, et al. 2016. Involvement of three esterase genes from *Panonychus citri* (McGregor) in fenpropathrin resistance. Int J Mol Sci, 17(8): 1361.

Sheng ZT, Xu JJ, Bai H, et al. 2011. Juvenile hormone regulates vitellogenin gene expression through insulin-like peptide signaling pathway in the red flour beetle, *Tribolium castaneum*. J Biol Chem, 286: 41924-41936.

Shenoy A, Blelloch RH. 2014. Regulation of microRNA function in somatic stem cell proliferation and differentiation. Nat Rev Mol Cell Bio, 15(9): 565-576.

Shi L, Wei P, Wang X, et al. 2016a. Functional analysis of esterase *TCE2* gene from *Tetranychus cinnabarinus* (Boisduval) involved in acaricide resistance. Sci Rep-UK, 6: 18646.

Shi L, Zhang J, Shen G, et al. 2016b. Collaborative contribution of six cytochrome P450 monooxygenase genes to fenpropathrin resistance in *Tetranychus cinnabarinus* (Boisduval). Insect Mol Biol, 25(5): 653-665.

Shih JD, Hunter CP. 2011. SID-1 is a dsRNA-selective dsRNA-gated channel. RNA, 17(6): 1057-1065.

Shimizu T, Ogamino T, Hiraguri A, et al. 2013. Strong resistance against rice grassy stunt virus is induced in transgenic rice plants expressing double-stranded RNA of the viral genes for nucleocapsid or movement proteins as targets for RNA interference. Phytopathology, 103(5): 513-519.

Shiu PK, Hunter CP. 2017. Early developmental exposure to dsRNA is critical for initiating efficient nuclear RNAi in *C. elegans*. Cell Rep, 18(12): 2969-2978.

Shlyapnikov S, Lunin V, Perbandt M, et al. 2000. Atomic structure of the *Serratia marcescens* endonuclease at 1.1 Å resolution and the enzyme reaction mechanism. Acta Crystallogr Sect D: Biol Crystallogr, 56: 567-572.

Shoji M, Tanaka T, Hosokawa M, et al. 2009. The TDRD9-MIWI2 complex is essential for piRNA-mediated retrotransposon silencing in the mouse male germline. Dev Cell, 17(6): 775-787.

Shukla E, Thorat LL, Nath B, et al. 2015. Insect trehalase: physiological significance and potential applications. Glycobiology, 25(4): 357-367.

Shukla JN, Kalsi M, Sethi A, et al. 2016. Reduced stability and intracellular transport of dsRNA contribute to poor RNAi response in lepidopteran insects. RNA Biol, 13(7): 656-669.

Shukla JN, Palli SR. 2014. Production of all female progeny: evidence for the presence of the male sex determination factor on the Y chromosome. J Exp Biol, 217(10): 1653-1655.

Siflingerbirnboim A, Goligorsky MS, Delvecchio PJ, et al. 1992. Activation of protein kinase C pathway contributes to hydrogen peroxide-induced increase in endothelial permeability. Lab Invest, 67(1): 24-30.

Sigle LT, Hillyer JF. 2018. Eater and draper are involved in the periosteal haemocyte immune response in the mosquito *Anopheles gambiae*. Insect Mol Biol, 27(4): 429-438.

Sijen T, Fleenor J, Simmer F, et al. 2001. On the role of RNA amplification in dsRNA-triggered gene silencing. Cell, 107(4): 465-476.

Simon-Loriere E, Holmes EC. 2011. Why do RNA viruses recombine? Nat Rev Microbiol, 9(8): 617-626.

Sindhu AS, Maier TR, Mitchum MG, et al. 2009. Effective and specific in planta RNAi in cyst nematodes: expression interference of four parasitism genes reduces parasitic success. J Exp Bot, 60(1): 315-324.

Singh IK, Singh S, Mogilicherla K, et al. 2017. Comparative analysis of double-stranded RNA degradation and processing in insects. Sci Rep-UK, 7(1): 17059.

Siomi H, Siomi MC. 2009. On the road to reading the RNA-interference code. Nature, 457(7228): 396-404.

Sioud M. 2005. Induction of inflammatory cytokines and interferon responses by double-stranded and single-stranded siRNAs is sequence-dependent and requires endosomal localization. J Mol Biol, 348(5): 1079-1090.

Sivakumar S, Rajagopal R, Venkatesh GR, et al. 2007. Knockdown of aminopeptidase-N from *Helicoverpa armigera* larvae and in transfected *Sf21* cells by RNA interference reveals its functional interaction with *Bacillus thuringiensis* insecticidal protein Cry1Ac. J Biol Chem, 282(10): 7312-7319.

Smith ML, Corbo J, Bernales JA, et al. 2007. Assembly of trans-encapsidated recombinant viral vectors engineered from Tobacco mosaic virus and Semliki Forest virus and their evaluation as immunogens. Virology, 358(2): 321-333.

Somchai P, Jitrakorn S, Thitamadee S, et al. 2016. Use of microalgae *Chlamydomonas reinhardtii* for production of double-stranded RNA against shrimp virus. Aquacult Rep, 3: 178-183.

Song H, Fan Y, Zhang J, et al. 2019a. Contributions of dsRNases to differential RNAi efficiencies between the injection and oral delivery of dsRNA in *Locusta migratoria*. Pest Manag Sci, 75(6): 1707-1717.

Song H, Zhang J, Li D, et al. 2017a. A double-stranded RNA degrading enzyme reduces the efficiency of oral RNA interference in migratory locust. Insect Biochem Mol Biol, 86: 68-80.

Song J, Li W, Zhao H, et al. 2018a. The microRNAs let-7 and miR-278 regulate insect metamorphosis and oogenesis by targeting the juvenile hormone early-response gene *Krüppel-homolog 1*. Development, 145(24): dev170670.

Song J, Li W, Zhao H, et al. 2019b. Clustered miR-2, miR-13a, miR-13b and miR-71 coordinately target Notch gene to regulate oogenesis of the migratory locust *Locusta migratoria*. Insect Biochem Mol Biol, 106: 39-46.

Song JJ, Smith SK, Hannon GJ, et al. 2004. Crystal structure of Argonaute and its implications for RISC slicer activity. Science, 305: 1434-1437.

Song MS, Rossi JJ. 2017b. Molecular mechanisms of Dicer: endonuclease and enzymatic activity. Biochem J, 474: 1603-1618.

Song XS, Gu KX, Duan XX, et al. 2018b. Secondary amplification of siRNA machinery limits the application of spray-induced gene silencing. Mol Plant Pathol, 19(12): 2543-2560.

Souvannaseng L, Hun LV, Baker H, et al. 2018. Inhibition of JNK signaling in the Asian malaria vector *Anopheles stephensi* extends mosquito longevity and improves resistance to *Plasmodium falciparum* infection. PLoS Pathog, 14(11): e1007418.

Spit J, Philips A, Wynant N, et al. 2017. Knockdown of nuclease activity in the gut enhances RNAi efficiency in the Colorado potato beetle, *Leptinotarsa decemlineata*, but not in the desert locust, *Schistocerca gregaria*. Insect Biochem Mol Biol, 81: 103-116.

Stark A, Brennecke J, Bushati N, et al. 2005. Animal microRNAs confer robustness to gene expression and have a significant impact on 3′UTR evolution. Cell, 123(6): 1133-1146.

Stark GR, Kerr IM, Williams BR, et al. 1998. How cells respond to interferons. Ann Rev of Biochem, 67: 227-264.

Steeves RM, Todd TC, Essig JS. 2006. Transgenic soybeans expressing siRNAs specific to a major sperm protein gene suppress *Heterodera glycines* reproduction. Funct Plant Biol, 33(11): 991-999.

Stoorvogel W, Kleijmeer MJ, Geuze HJ, et al. 2010. The biogenesis and functions of exosomes. Traffic, 3(5): 321-330.

Studier FW, Moffatt BA. 1986. Use of bacteriophage T7 RNA polymerase to direct selective high-level expression of cloned genes. J Mol Biol, 189(1): 113-130.

Su C, Tu G, Huang S, et al. 2016. Genome-wide analysis of chitinase genes and their varied functions in larval moult, pupation and eclosion in the rice striped stem borer, *Chilo suppressalis*. Insect Mol Biol, 25(4): 401-412.

Suazo A, Gore C, Schal C. 2009. RNA interference-mediated knock-down of Bla g 1 in the German cockroach, *Blattella germanica* L., implicates this allergen-encoding gene in digestion and nutrient absorption. Insect Mol Biol, 18(6): 727-736.

Subbaiah EV, Royer C, Kanginakudru S, et al. 2013. Engineering silkworms for resistance to baculovirus through multigene RNA interference. Genetics, 193(1): 63-75.

Sugimoto A. 2004. High-throughput RNAi in *Caenorhabditis elegans*: genome-wide screens and functional genomics. Differentiation, 72: 81-91.

Sun W, Jin Y, He L, et al. 2010. Suitable reference gene selection for different strains and developmental stages of the carmine spider mite, *Tetranychus cinnabarinus*, using quantitative real-time PCR. J Insect Sci, 10: 20.

Sun XQ, Zhang MX, Yu JY, et al. 2013. Glutathione S-transferase of brown planthoppers (*Nilaparvata lugens*) is essential for their adaptation to gramine-containing host plants. PLoS ONE, 8(5): e64026.

Sun Y, Sparks C, Jones H, et al. 2019. Silencing an essential gene involved in infestation and digestion in grain aphid through plant-mediated RNA interference generates aphid-resistant wheat plants. Plant Biotechnology J, 17: 852-854.

Sun Y, Xiao L, Cao G, et al. 2016. Molecular characterisation of the vitellogenin gene (*AlVg*) and its expression after *Apolygus lucorum* had fed on different hosts. Pest Manag Sci, 72(9): 1743-1751.

Sun ZX, Zhai YF, Zhang JQ, et al. 2015. The genetic basis of population fecundity prediction across multiple field populations of *Nilaparvata lugens*. Mol Ecol, 24(4): 771-784.

Suzuki T, Nunes MA, Espana MU, et al. 2017. RNAi-based reverse genetics in the chelicerate model *Tetranychus urticae*: a comparative analysis of five methods for gene silencing. PLoS ONE, 12: e0180654.

Svab Z, Maliga P. 1993. High-frequency plastid transformation in tobacco by selection for a chimeric *aadA* gene. Proc Natl Acad Sci USA, 90(3): 913-917.

Swarts DC, Makarova K, Wang Y, et al. 2014. The evolutionary journey of Argonaute proteins. Nat Struct Mol Biol, 21: 743-753.

Swevers L, Huvenne H, Menschaert G, et al. 2013a. Colorado potatobeetle (Coleoptera) gut transcriptome analysis: expression of RNA interference-related genes. Insect Mol Biol, 22(6): 668-684.

Swevers L, Liu JS, Huvenne H, et al. 2011. Search for limiting factors in the RNAi pathway in silkmoth tissues and the Bm5 cell line: the RNA-binding proteins R2D2 and Translin. PLoS ONE, 6(5): e20250.

Swevers L, VandenBroeck J, Smagghe G. 2013b. The possible impact of persistent virus infection on the function of the RNAi machinery in insects: a hypothesis. Front Physiol, 4: 319.

Sylentis. 2019. Sylentis (PharmaMar Group) presents new results of tivanisiran for the treatment of dry eye disease. https://www.sylentis.com/index.php/en/news/general-news/151-sylentis-pharmamar-group-presents-new-results-of-tivanisiran-for-the-treatment-of-dry-eye-disease. [2019-05-06].

Szittya G, Silhavy D, Molnar A, et al. 2003. Low temperature inhibits RNA silencing-mediated defence by the control of siRNA generation. EMBO J, 22(3): 633-640.

Tabara H, Grishok A, Mello CC. 1998. RNAi in *C. elegans*: soaking in the genome sequence. Science, 282(5388): 430-431.

Tabara H, Sarkissian M, Kelly WG, et al. 1999. The *rde-1* gene, RNA interference, and transposon silencing in *C. elegans*. Cell, 99(2): 123-132.

Tabashnik BE, Carriere Y. 2017. Surge in insect resistance to transgenic crops and prospects for sustainability. Nat Biotechnol, 35(10): 926-935.

Tabashnik BE, Gassmann AJ, Crowder DW, et al. 2008. Insect resistance to Bt crops: evidence versus theory. Nat Biotechnol, 26(2): 199-202.

Tan J, Levine SL, Bachman PM, et al. 2016. No impact of DvSnf7 RNA on honey bee (*Apis mellifera* L.) adults and larvae in dietary feeding tests. Environ Toxicol Chem, 35(2): 287-294.

Tanaka K, Uda Y, Ono Y, et al. 2009. Highly selective tuning of a silkworm olfactory receptor to a key mulberry leaf volatile. Curr Biol, 19(11): 881-890.

Tang B, Chen J, Yao Q, et al. 2010a. Characterization of a trehalose-6-phosphate synthase gene from *Spodoptera exigua* and its function identification through RNA interference. J Insect Physiol, 56(7): 813-821.

Tang B, Wang S, Zhang F. 2010b. Two storage hexamerins from the beet armyworm *Spodoptera exigua*: cloning, characterization and the effect of gene silencing on survival. BMC Mol Biol, 11(1): 65.

Tang T, Zhao C, Feng X, et al. 2012. Knockdown of several components of cytochrome P450 enzyme systems by RNA interference enhances the susceptibility of *Helicoverpa armigera* to fenvalerate. Pest Manag Sci, 68(11): 1501-1511.

Tao XY, Xue XY, Huang YP, et al. 2012. Gossypol-enhanced P450 gene pool contributes to cotton bollworm tolerance to a pyrethroid insecticide. Mol Ecol, 21(17): 4371-4385.

Taracena ML, Oliveira PL, Almendares O, et al. 2015. Genetically modifying the insect gut microbiota to control chagas disease vectors through systemic RNAi. PLoS Negl Trop Dis, 9: e0003358.

Tassetto M, Kunitomi M, Andino R. 2017. Circulating immune cells mediate a systemic RNAi-based adaptive antiviral response in *Drosophila*. Cell, 169(2): 314-325.

Taylor MJ, Lampe M, Merrifield CJ. 2012. A feedback loop between dynamin and actin recruitment during clathrin-mediated endocytosis. PLoS Biol, 10(4): 1-17.

Tenllado F, Diaz-Ruiz JR. 2001. Double-stranded RNA-mediated interference with plant virus infection. J Virol, 75(24): 12288-12297.

Tenllado F, Llave C, Diaz-Ruiz JR. 2004. RNA interference as a new biotechnological tool for the control of virus diseases in plants. Virus Res, 903(102): 85-96.

Tenllado F, Martinez-Garcia B, Vargas M, et al. 2003. Crude extracts of bacterially expressed dsRNA can be used to protect plants against virus infections. BMC Biotechnol, 3: 3.

Terenius O, Papanicolaou A, Garbutt JS, et al. 2011. RNA interference in Lepidoptera: an overview of successful and unsuccessful studies and implications for experimental design. J Insect Physiol, 57: 231-245.

Thailayil J, Magnusson K, Godfray HCJ, et al. 2011. Spermless males elicit large-scale female responses to mating in the malaria mosquito *Anopheles gambiae*. Proc Natl Acad Sci USA, 108(33): 13677-13681.

Thakur N, Upadhyay SK, Verma PC, et al. 2014. Enhanced whitefly resistance in transgenic tobacco plants expressing double stranded RNA of V-ATPase A gene. PLoS ONE, 9: e87235.

Thomas K, Bannon G, Hefle S, et al. 2005. In silico methods for evaluating human allergenicity to novel proteins: Bioinformatics Workshop Meeting Report, 23-24 February 2005. Toxicol Sci, 88(2): 307-310.

Thomason MK, Storz G. 2010. Bacterial antisense RNAs: how many are there, and what are they doing? Annu Rev Genet, 44, 167-188.

Thomsen P, Roepstorff K, Stahlhut M, et al. 2002. Caveolae are highly immobile plasma membrane microdomains, which are not involved in constitutive endocytic trafficking. Mol Biol Cell, 13(1): 238-250.

Thümecke S, Schröder R. 2018. UTR-specific knockdown of *Distal-less* and *Sp8* leads to new phenotypic variants in the flour beetle *Tribolium*. Dev Genes Evol, 228(3-4): 163-170.

Tian G, Cheng L, Qi X, et al. 2015. Transgenic cotton plants expressing double-stranded RNAs target HMG-CoA reductase (HMGR) gene inhibits the growth, development and survival of cotton bollworms. Int J Biol Sci, 11(11): 1296-1305.

Tian H, Peng H, Yao Q, et al. 2009. Developmental control of a Lepidopteran pest *Spodoptera exigua* by ingestion of bacteria expressing dsRNA of a non-midgut gene. PLoS ONE, 4(7): e6225.

Tijsterman M, May RC, Simmer F, et al. 2004. Genes required for systemic RNA interference in *Caenorhabditis elegans*. Curr Biol, 14(2): 111-116.

Timmons L, Court D L, Fire A. 2001. Ingestion of bacterially expressed dsRNAs can produce specific and potent genetic interference in *Caenorhabditis elegans*. Gene, 263(1): 103-112.

Timmons L, Fire A. 1998. Specific interference by ingested dsRNA. Nature, 395(6705): 854.

Tiwari M, Sharma D, Trivedi PK. 2014. Artificial microRNA mediated gene silencing in plants: progress and perspectives. Plant Mol Biol, 86(1-2): 1-18.

Tomari Y, Du T, Haley B, et al. 2004. RISC assembly defects in the *Drosophila* RNAi mutant armitage. Cell, 16(6): 831-841.

Tomari Y, Zamore PD. 2005. Perspective: machines for RNAi. Genes Dev, 19(5): 517-529.

Tomoyasu Y, Denell RE. 2004. Larval RNAi in *Tribolium* (Coleoptera) for analyzing adult development. Dev Genes Evol, 214(11): 575-578.

Tomoyasu Y, Miller SC, Tomita S, et al. 2008. Exploring systemic RNA interference in insects: a genome-wide survey for RNAi genes in *Tribolium*. Genome Biol, 9(1): R10.

Toutges MJ, Hartzer K, Lord J, et al. 2010. Evaluation of reference genes for quantitative polymerase chain reaction across life cycle stages and tissue types of *Tribolium castaneum*. J Agric Food Chem, 58(16): 8948-8951.

Travanty EA, Adelman ZN, Franz AWE, et al. 2004. Using RNA interference to develop dengue virus resistance in genetically modified *Aedes aegypti*. Insect Biochem Mol Biol, 34(7): 607-613.

Treiber T, Treiber N, Meister G. 2012. Regulation of microRNA biogenesis and function. Thrombosis Haemostasis, 107: 605-610.

Trivedi. 2010. Bug silencing: the next generation of of pesticides. New Scientist, 205(2752): 34-37.

Tschuch C, Schulz A, Pscherer A, et al. 2008. Off-target effects of siRNA specific for GFP. BMC Mol Biol, 9: 60.

Tsuboyama K, Tadakuma H, Tomari Y. 2018. Conformational activation of argonaute by distinct yet coordinated actions of the Hsp70 and Hsp90 chaperone systems. Mol Cell, 70(4): 722-729.

Tunitskaya VL, Kochetkov SN. 2002. Structural-functional analysis of bacteriophage T7 RNA polymerase. Biochemistry (Mosc), 67(10): 1124-1135.

Turner CT, Davy MW, MacDiarmid RM, et al. 2006. RNA interference in the light brown applemoth, *Epiphyas postvittana* (Walker) induced by double-stranded RNA feeding. Insect Mol Biol, 15(3): 383-391.

Tusun A, Li M, Liang X, et al. 2017. Juvenile hormone epoxide hydrolase: a promising target for Hemipteran pest management. Sci Rep-UK, 7(1): 789.

Uhlirova M, Foy BD, Beaty BJ, et al. 2003. Use of Sindbis virus-mediated RNA interference to demonstrate a conserved role of Broad-Complex in insect metamorphosis. Proc Natl Acad Sci USA, 100(26): 15607-15612.

Ui-Tei K, Naito Y, Nishi K, et al. 2008. Thermodynamic stability and Watson-Crick base pairing in the seed duplex are major determinants of the efficiency of the siRNA-based off-target effect. Nucleic Acids Res, 36(22): 7100-7109.

Ullah F, Gul H, Wang X, et al. 2020. RNAi-mediated knockdown of chitin synthase 1 (*CHS1*) gene causes mortality and decreased longevity and fecundity in *Aphis gossypii*. Insects, 11(1): 22.

Ulrich J, Dao VA, Majumdar U, et al. 2015. Large scale RNAi screen in *Tribolium* reveals novel target genes for pest control and the proteasome as prime target. BMC Genomics, 16(1): 674.

Ulvila J, Parikka M, Kleino A, et al. 2006. Double-stranded RNA is internalized by scavenger receptor-mediated endocytosis in *Drosophila* S2 cells. J Biol Chem, 281(20): 14370-14375.

Umbach JL, Cullen BR. 2009. The role of RNAi and microRNAs in animal virus replication and antiviral immunity. Genes Dev, 23(10): 1151-1164.

Unniyampurath U, Pilankatta R, Krishnan MN. 2016. RNA interference in the age of CRISPR: will CRISPR interfere with RNAi? Int J Mol Sci, 17(3): 291.

Upadhyay SK, Chandrashekar K, Thakur N, et al. 2011. RNA interference for the control of whiteflies (*Bemisia tabaci*) by oral route. J Biosci, 36: 153-161.

Uryu O, Kamae Y, Tomioka K, et al. 2013. Long-term effect of systemic RNA interference on circadian clock genes inhemimetabolous insects. J Insect Physiol, 59(4): 494-499.

Vaistij FE, Jones L, Baulcombe DC. 2002. Spreading of RNA targeting and DNA methylation in RNA silencing requires transcription of the target gene and a putative RNA-dependent RNA polymerase. Plant Cell, 14(4): 857-867.

Valdes VJ, Athie A, Salinas LS, et al. 2012. CUP-1 is a novel protein involved in dietary cholesterol uptake in *Caenorhabditis elegans*. PLoS ONE, 7: e33962.

Van Ekert E, Powell CA, Shatters RG, et al. 2014. Control of larval and egg development in *Aedes aegypti* with RNA interference against juvenile hormone acid methyl transferase. J Insect Physiol, 70: 143-150.

Van Hiel MB, Van Wielendaele P, Temmerman L, et al. 2009. Identification and validation of housekeeping genes in brains of the desert locust *Schistocerca gregaria* under different developmental conditions. BMC Mol Biol, 10: 56.

Van Leeuwen T, Vontas J, Tsagkarakou A, et al. 2010. Acaricide resistance mechanisms in the two-spotted spider mite *Tetranychus urticae* and other important acari: a review. Insect Biochem Mole Biol, 40: 563-572.

van Rensburg JBJ. 2007. First report of field resistance by the stem borer, *Busseola fusca* (Fuller) to Bt-transgenic maize. South African J Plant Soil, 24(3): 147-151.

Vanderschuren H, Alder A, Zhang P, et al. 2009. Dose-dependent RNAi-mediated geminivirus resistance in the tropical root crop cassava. Plant Mol Biol, 70(3): 265-272.

Varghese J, Cohen SM. 2007. microRNA miR-14 acts to modulate a positive autoregulatory loop controlling steroid hormone signaling in *Drosophila*. Genes Dev, 21(18): 2277-2282.

Varghese J, Lim SF, Cohen SM. 2010. *Drosophila* miR-14 regulates insulin production and metabolism through its target, sugarbabe. Genes Dev, 24(24): 2748-2753.

Vatanparast M, Ahmed S, Sajjadian SM, et al. 2019. A prophylactic role of a secretory PLA2 of *Spodoptera exigua* against entomopathogens. Dev Comp Immunol, 95: 108-117.

Vatanparast M, Kim Y. 2017. Optimization of recombinant bacteria expressing dsRNA to enhance insecticidal activity against a lepidopteran insect, *Spodoptera exigua*. PLoS ONE, 12(8): e0183054.

Vélez AM, Fishilevich E. 2018. The mysteries of insect RNAi: a focus on dsRNA uptake and transport. Pestic Biochem Physiol, 151: 25-31.

Vélez AM, Jursenski J, Matz N, et al. 2015. Developing an *in vivo* toxicity assay for RNAi risk assessment in honey bees, *Apis mellifera* L. Chemosphere, 144: 1083-1090.

Vélez AM, Khajuria C, Wang HC, et al. 2016. Knockdown of RNA interference pathway genes in western corn rootworms (*Diabrotica virgifera virgifera* LeConte) demonstrates a possible mechanism of resistance to lethal dsRNA. PLoS ONE, 11(6): e0157520.

Vellichirammal NN, Gupta P, Hall TA, et al. 2017. Ecdysone signaling underlies the pea aphid transgenerational wing polyphenism. Proc Natl Acad Sci USA, 114(6): 1419-1423.

Vellichirammal NN, Madayiputhiya N, Brisson JA. 2016. The genomewide transcriptional response underlying the pea aphid wing polyphenism. Mol Ecol, 25(17): 4146-4160.

Vercauteren D, Deschout H, Remaut K, et al. 2011. Dynamic colocalization microscopy to characterize intracellular trafficking of nanomedicines. ACS Nano, 5(10): 7874-7884.

Vidigal JA, Ventura A. 2015. The biological functions of miRNAs: lessons from *in vivo* studies. Trends in Cell Biol, 25(3): 137-147.

Villalobos-Escobedo JM, Herrera-Estrella A, Carreras-Villasenor N. 2016. The interaction of fungi with the environment orchestrated by RNAi. Mycologia, 108(3): 556-571.

Vinokurov KS, Elpidina EN, Oppert B, et al. 2006. Diversity of digestive proteinases in *Tenebrio molitor* (Coleoptera: Tenebrionidae) larvae. Comp Biochem Physiol B Biochem Mol Biol, 145(2): 126-137.

Vogel KJ, Brown MR, Strand MR. 2015. Ovary ecdysteroidogenic hormone requires a receptor tyrosine kinase to activate egg formation in the mosquito *Aedes aegypti*. Proc Natl Acad Sci USA, 112(16): 5057-5062.

Voinnet O, Lederer C, Baulcombe DC. 2000. A viral movement protein prevents spread of the gene silencing signal in *Nicotiana benthamiana*. Cell, 166(3): 780.

Voloudakis AE, Holeva MC, Sarin LP, et al. 2015. Efficient double-stranded RNA production methods for utilization in plant virus control. Methods Mol Biol, 1236: 255-274.

Walker GW, Kookana RS, Smith NE, et al. 2018. Ecological risk assessment of nano-enabled pesticides: a perspective on problem formulation. J Agr Food Chem, 66(26): 6480-6486.

Wan H, Liu Y, Li M, et al. 2014. Nrf2/Maf-binding-site-containing functional Cyp6a2 allele is associated with DDT resistance in *Drosophila melanogaster*. Pest Manag Sci, 70(7): 1048-1058.

Wan PJ, Fu KY, Lü FG, et al. 2015b. Knocking down a putative Δ1-pyrroline-5-carboxylate dehydrogenase gene by RNA interference inhibits flight and causes adult lethality in the Colorado potato beetle *Leptinotarsa decemlineata* (Say). Pest Manag Sci, 71(10): 1387-1396.

Wan PJ, Jia S, Li N, et al. 2015a. A Halloween gene shadow is a potential target for RNA-interference-based pest management in the small brown planthopper *Laodelphax striatellus*. Pest Manag Sci, 71(2): 199-206.

Wang D, Ma DJ, Han JX, et al. 2018a. CRISPR RNA array-guided multisite cleavage for gene disruption by *Cas9* and *Cpf1*. Chembiochem, 19(20): 2195-2205.

Wang J, Wu M, Wang B, et al. 2013a. Comparison of the RNA interference effects triggered by dsRNA and siRNA in *Tribolium castaneum*. Pest Manag Sci, 69(7): 781-786.

Wang JL, Saha TT, Zhang Y, et al. 2017a. Juvenile hormone and its receptor methoprene-tolerant promote ribosomal biogenesis and vitellogenesis in the *Aedes aegypti* mosquito. J Biol Chem, 292(24): 10306-10315.

Wang K, Peng Y, Chen J, et al. 2019b. Comparison of efficacy of RNAi mediated by various nanoparticles in the rice striped stem borer (*Chilo suppressalis*). Pestic Biochem Physiol, 165: 104467.

Wang K, Peng Y, Fu W, et al. 2019a. Key factors determining variations in RNA interference efficacy mediated by different double-stranded RNA lengths in *Tribolium castaneum*. Insect Mol Biol, 28(2): 235-245.

Wang K, Peng Y, Pu J, et al. 2016a. Variation in RNAi efficacy among insect species is attributable to dsRNA degradation *in vivo*. Insect Biochem Mol Biol, 77: 1-9.

Wang M, Jin HL. 2017b. Spray-induced gene silencing: a powerful innovative strategy for crop protection. Trends in Microbiol, 25(1): 4-6.

Wang M, Liu X, Shi L, et al. 2018b. Functional analysis of *UGT201D3* associated with abamectin resistance in *Tetranychus cinnabarinus* (Boisduval). Insect Sci, 27(2): 276-291.

Wang M, Weiberg A, Lin FM, et al. 2016b. Bidirectional cross-kingdom RNAi and fungal uptake of external RNAs confer plant protection. Nat Plants, 2(10): 16151.

Wang MM, Soyano T, Machida S, et al. 2011a. Molecular insights into plant cell proliferation disturbance by *Agrobacterium* protein 6b. Genes Dev, 25(1): 64-76.

Wang QQ, Han CZ, Ferreira AO, et al. 2011b. Transcriptional programming and functional interactions within the *Phytophthora sojae* RXLR effector repertoire. Plant Cell, 23(6): 2064-2086.

Wang RL, Zhu-Salzman K, Baerson SR, et al. 2017b. Identification of a novel cytochrome P450 *CYP321B1* gene from tobacco cutworm (*Spodoptera litura*) and RNA interference to evaluate its role in commonly used insecticides. Insect Sci., 24(2): 235-247.

Wang S, Ghosh AK, Bongio N, et al. 2012c. Fighting malaria with engineered symbiotic bacteria from vector mosquitoes. Proc Natl Acad Sci USA, 109(31): 12734-12739.

Wang W, Dai H, Zhang Y, et al. 2015a. Armet is an effector protein mediating aphid-plant interactions. FASEB J, 29(5): 2032-2045.

Wang W, Luo L, Lu H, et al. 2015b. Angiotensin-converting enzymes modulate aphid-plant interactions. Sci Rep-UK, 5(1): 8885.

Wang X, Fang X, Yang P, et al. 2014. The locust genome provides insight into swarm formation and long-distance flight. Nat Commun, 5(5): 2957.

Wang XX, Zhang Y, Zhang ZF, et al. 2016c. Deciphering the function of octopaminergic signaling on wing polyphenism of the pea aphid *Acyrthosiphon pisum*. Front Physiol, 7: 603.

Wang Y, Brent C, Fennern E, et al. 2012a. Gustatory perception and fat body energy metabolism are jointly affected by vitellogenin and juvenile hormone in honey bees. PLoS Genet, 8: e1002779.

Wang Y, Fan HW, Huang HJ, et al. 2012b. Chitin synthase 1 gene and its two alternative splicing variants from two sap-sucking insects, *Nilaparvata lugens* and *Laodelphax striatellus* (Hemiptera: Delphacidae). Insect Biochem Mol Biol, 42(9): 637-646.

Wang Y, Juranek S, Li H, et al. 2008. Structure of an argonaute silencing complex with a seed-containing guide DNA and target RNA duplex. Nature, 456(7224): 921-926.

Wang Y, Zhang H, Li H, et al. 2011c. Second-generation sequencing supply an effective way to screen RNAi targets in large scale for potential application in pest insect control. PLoS ONE, 6(4): e18644.

Wang ZJ, Dong YC, Desneux N, et al. 2013b. RNAi silencing of the HaHMG-CoA reductase gene inhibits oviposition in the *Helicoverpa armigera* cotton bollworm. PLoS ONE, 8(7): e67732.

Wangila DS, Gassmann AJ, Petzold-Maxwell JL, et al. 2015. Susceptibility of Nebraska western corn rootworm (Coleoptera: Chrysomelidae) populations to Bt corn events. J Econ Entomol, 108(2): 742-751.

Warthmann N, Chen H, Ossowski S, et al. 2008. Highly specific gene silencing by artificial miRNAs in rice. PLoS ONE, 3(3): e1829.

Wassenegger M, Heimes S, Riedel L, et al. 1994. RNA-directed *de novo* methylation of genomic sequences in plants. Cell, 76: 567-576.

Watanabe T, Totoki Y, Toyoda A, et al. 2008. Endogenous siRNAs from naturally formed dsRNAs regulate transcripts in mouse oocytes. Nature, 453(7194): 539-543.

Watson JM, Fusaro AF, Wang M, et al. 2005. RNA silencing platforms in plants. FEBS Lett, 579(26): 5982-5987.

Webster A, Li S, Hur JK, et al. 2015. Aub and Ago3 are recruited to nuage through two mechanisms to form a ping-pong complex assembled by krimper. Mol Cell, 59(4): 564-575.

Wei J, He YZ, Guo Q, et al. 2017. Vector development and vitellogenin determine the transovarial transmission of begomoviruses. Proc Natl Acad Sci USA, 114(26): 6746-6751.

Wei JN, Shao WB, Cao MM, et al. 2019a. Phenylacetonitrile in locusts facilitates an antipredator defense by acting as an olfactory aposematic signal and cyanide precursor. Sci Adv, 5(1): eaav5495.

Wei P, Chen M, Nan C, et al. 2019b. Downregulation of carboxylesterase contributes to cyflumetofen resistance in *Tetranychus cinnabarinus* (Boisduval). Pest Manag Sci, 75(8): 2166-2173.

Wei P, Li J, Liu X, et al. 2019c. Functional analysis of four upregulated carboxylesterase genes associated with fenpropathrin resistance in *Tetranychus cinnabarinus* (Boisduval). Pest Manag Sci, 75(1): 252-261.

Wei PP, Ning MX, Yuan MJ, et al. 2019d. *Spiroplasma eriocheiris* enters *Drosophila* Schneider 2 cells and relies on clathrin-mediated endocytosis and macropinocytosis. Infect Immun, 87(11): e00233-19.

Weiberg A, Wang M, Lin FM, et al. 2013. Fungal small RNAs suppress plant immunity by hijacking host RNA interference pathways. Science, 342(6154): 118-123.

Weitzer S, Martinez J. 2007. The human RNA kinase hClp1 is active on 3′ transfer RNA exons and short interfering RNAs. Nature, 447(7141): 222-226.

Wesley SV, Helliwell CA, Smith NA, et al. 2001. Construct design for efficient, effective and high-throughput gene silencing in plants. Plant J, 27(6): 581-590.

Whangbo JS, Hunter CP. 2008. Environmental RNA interference. Trends in Genet, 24(6): 297-305.

Wheeler SR, Carrico ML, Wilson BA, et al. 2003. The expression and function of the achaete-scute genes in *Tribolium castaneum* reveals conservation and variation in neural pattern formation and cell fate specification. Development, 130(18): 4373-4381.

Whitehead KA, Dahlman JE, Langer RS, et al. 2011. Silencing or stimulation? siRNA delivery and the immune system. Annu Rev Chem Biomol, 2: 77-96.

Whitten M, Dyson P. 2017. Gene silencing in non-model insects: overcoming hurdles using symbiotic bacteria for trauma-free sustainable delivery of RNA interference. Bio Essays, 39(3): 1600247.

Whitten MMA, Facey PD, Del Sol R, et al. 2016. Symbiont-mediated RNA interference in insects. P R Soc Lond B Bio, 283(1825): 20160042.

Whyard S. 2015. Plant science. Insecticidal RNA, the long and short of it. Science, 347(6225): 950-951.

Whyard S, Erdelyan CNG, Partridge AL, et al. 2015. Silencing the buzz: a new approach to population suppression of mosquitoes by feeding larvae double-stranded RNAs. Parasit Vectors, 8(1): 96.

Whyard S, Singh AD, Wong S. 2009. Ingested double-stranded RNAs can act as species-specific insecticides. Insect Biochem Mol Biol, 39(11): 824-832.

Wilkins C, Dishongh R, Moore SC, et al. 2005. RNA interference is an antiviral defence mechanism in *Caenorhabditis elegans*. Nature, 436(7053): 1044-1047.

Will T, Vilcinskas A. 2015. The structural sheath protein of aphids is required for phloem feeding. Insect Biochem Mol Biol, 57: 34-40.

Wingard SA. 1928. Hosts and symptoms of ring spot, a virus disease of plants. J Agric Res, 37: 127-153.

Winston WM, Molodowitch C, Hunter CP. 2002. Systemic RNAi in *C. elegans* requires the putative transmembrane protein SID-1. Science, 295(5564): 2456-2459.

Winston WM, Sutherlin M, Wright AJ, et al. 2007. *Caenorhabditis elegans* SID-2 is required for environmental RNA interference. Proc Natl Acad Sci USA, 104(25): 10565-10570.

Worrall EA, Bravo-Cazar A, Nilon AT, et al. 2019. Exogenous application of RNAi-inducing double-stranded RNA inhibits aphid-mediated transmission of a plant virus. Front Plant Sci, 10: 265.

Wu JG, Yang ZR, Wang Y, et al. 2015. Viral-inducible Argonaute18 confers broad-spectrum virus resistance in rice by sequestering a host microRNA. Elife, 4: e05733.

Wu K, Hoy MA. 2014. Clathrin heavy chain is important for viability, oviposition, embryogenesis and, possibly, systemic RNAi response in the predatory mite *Metaseiulus occidentalis*. PLoS ONE, 9(10): e110874.

Wu KM, Lu YH, Feng HQ, et al. 2008. Suppression of cotton bollworm in multiple crops in China in areas with Bt toxin-containing cotton. Science, 321(5896): 1676-1678.

Wu W, Gu D, Yan SC, et al. 2019. RNA interference of endoglucanases in the formosan subterranean termite *Coptotermes formosanus* Shiraki (Blattodea: Rhinotermitidae) by dsRNA injection or ingestion. J Insect Physiol, 112: 15-22.

Wu Y. 2017. *In vivo* assembly in *Escherichia coli* of transformation vectors for plastid genome engineering. Front Plant Sci, 8: 1454.

Wu Y. 2019. *Bacillus thuringiensis* cry1C expression from the plastid genome of poplar leads to high mortality of leaf-eating caterpillars. Tree Physiol, 39(9): 1525-1532.

Wuriyanghan H, Falk BW. 2013. RNA interference towards the potato psyllid, *Bactericera cockerelli*, is induced in plants infected with recombinant tobacco mosaic virus (TMV). PLoS ONE, 8(6): e66050.

Wynant N, Santos D, Wielendaele PV, et al. 2014b. Scavenger receptor-mediated endocytosis facilitates RNA interference in the desert locust, *Schistocerca gregaria*. Insect Mol Biol, 23(3): 320-329.

Wynant N, Santos DCD, Verdonck R, et al. 2014a. Identification, functional characterization and phylogenetic analysis of double stranded RNA degrading enzymes present in the gut of the desert locust, *Schistocerca gregaria*. Insect Biochem Mol Biol, 46: 1-8.

Wynant N, Verlinden H, Breugelmans B, et al. 2012. Tissue-dependence and sensitivity of the systemic RNA interference response in the desert locust, *Schistocerca gregaria*. Insect Biochem Mol Biol, 42: 911-917.

Xi Y, Pan P, Ye Y. 2014. Chitinase-like gene family in the brown planthopper, *Nilaparvata lugens*. Insect Mol Biol, 24(1): 29-40.

Xia WK, Ding TB, Niu JZ, et al. 2014. Exposure to diflubenzuron results in an up-regulation of a chitin synthase

1 gene in citrus red mite, *Panonychus citri* (Acari: Tetranychidae). Int J Mol Sci, 15: 3711-3728.

Xia WK, Shen XM, Ding T B, et al. 2016. Functional analysis of a chitinase gene during the larval-nymph transition in *Panonychus citri* by RNA interference. Exp Appl Acarol, 70(1): 1-15.

Xia WQ, Liang Y, Chi Y, et al. 2018. Intracellular trafficking of begomoviruses in the midgut cells of their insect vector. PLoS Pathog, 14(1): 1-25.

Xiang H, Liu X, Li M, et al. 2018. The evolutionary road from wild moth to domestic silkworm. Nat Ecol Evol, 2(8): 1268-1279.

Xiao D, Gao XW, Xu JP, et al. 2015a. Clathrin-dependent endocytosis plays a predominant role in cellular uptake of double-stranded RNA in the red flour beetle. Insect Biochem Mol Biol, 60: 68-77.

Xiao D, Lu YH, Shang QL, et al. 2015b. Gene silencing of two acetylcholinesterases reveals their cholinergic and non-cholinergic functions in *Rhopalosiphum padi* and *Sitobion avenae*. Pest Manag Sci, 71(4): 523-530.

Xie Z, Johansen LK, Gustafson AM, et al. 2004. Genetic and functional diversification of small RNA pathways in plants. PLoS Biol, 2: E104.

Xiong KC, Wang J, Li JH, et al. 2016. RNA interference of a trehalose-6-phosphate synthase gene reveals its role during larval-pupal metamorphosis in *Bactrocera minax* (Diptera: Tephritidae). J Insect Physiol, 91-92: 84-92.

Xiong YH, Zeng HM, Zhang YL, et al. 2013. Silencing the *HaHR3* gene by transgenic plant-mediated RNAi to disrupt *Helicoverpa armigera* development. Int J Biol Sci, 9(3-4): 370-381.

Xu HJ, Chen T, Ma XF, et al. 2013. Genome-wide screening for components of small interfering RNA (siRNA) and micro-RNA (miRNA) pathways in the brown planthopper, *Nilaparvata lugens* (Hemiptera: Delphacidae). Insect Mol Biol, 22(6): 635-647.

Xu HJ, Xue J, Lu B, et al. 2015. Two insulin receptors determine alternative wing morphs in planthoppers. Nature, 519(7544): 464-467.

Xu HX, Qian LX, Wang XW, et al. 2019a. A salivary effector enables whitefly to feed on host plants by eliciting salicylic acid-signaling pathway. Proc Natl Acad Sci USA, 116(2): 490-495.

Xu L. 2014a. Silencing of an aphid carboxylesterase gene by use of plant-mediated RNAi impairs *Sitobion avenae* tolerance of Phoxim insecticides. Transgenic Res, 23(2): 389-396.

Xu W, Han Z. 2008. Cloning and phylogenetic analysis of sid-1-like genes from aphids. J Insect Sci, 8: 1-6.

Xu Z, He B, Wei W, et al. 2014b. Highly water-soluble perylenediimide-cored poly (amido amine)vector for efficient gene transfection. J Mater Chem B, 2(20): 3079-3086.

Xu Z, Liu P, Hu Y, et al. 2019b. Characterization of an intradiol ring-cleavage dioxygenase gene associated with abamectin resistance in *Tetranychus cinnabarinus* (Acari: Tetranychidae). J Econ Entomol, 112(4): 1858-1865.

Xue J, Zhou X, Zhang CX, et al. 2014. Genomes of the rice pest brown planthopper and its endosymbionts reveal complex complementary contributions for host adaptation. Genome Biol, 15(12): 521.

Yadav BC, Veluthambi K, Subramaniam K, et al. 2006. Host-generated double stranded RNA induces RNAi in plant-parasitic nematodes and protects the host from infection. Mol Biochem Parasitol, 148(2): 219-222.

Yan S, Qian J, Cai C, et al. 2020a. Spray method application of transdermal dsRNA delivery system for efficient gene silencing and pest control on soybean aphid *Aphis glycines*. J Pest Sci, 93(1): 449-459.

Yan S, Yu J, Han M, et al. 2020b. Intercrops can mitigate pollen-mediated gene flow from transgenic cotton while simultaneously reducing pest densities. Sci Total Environ, 711: 134855.

Yan S, Zhu J, Zhu W, et al. 2015. Pollen-mediated gene flow from transgenic cotton under greenhouse conditions is dependent on different pollinators. Sci Rep-UK, 5: 15917.

Yan S, Zhu W, Zhang B, et al. 2018. Pollen-mediated gene flow from transgenic cotton is constrained by physical isolation measures. Sci Rep-UK, 8: 2862.

Yan Y, Hillyer JF. 2019. Complement-like proteins TEP1, TEP3 and TEP4 are positive regulators of periostial hemocyte aggregation in the mosquito *Anopheles gambiae*. Insect Biochem Mol Biol, 107: 1-9.

Yang C, Pan H, Noland J, et al. 2015. Selection of reference genes for RT-qPCR analysis in a predatory biological control agent, *Coleomegilla maculata* (Coleoptera: Coccinellidae). Sci Rep-UK, 5: 18201.

Yang F, Xi R. 2017. Silencing transposable elements in the *Drosophila* germline. Cell Mol Life Sci, 74: 435-448.

Yang M, Wang Y, Jiang F, et al. 2016a. miR-71 and miR-263 jointly regulate target genes chitin synthase and chitinase to control locust molting. PLoS Genet, 12(8): e1006257.

Yang M, Zhao L, Shen Q, et al. 2017. Knockdown of two trehalose-6-phosphate synthases severely affects chitin metabolism gene expression in the brown planthopper *Nilaparvata lugens*. Pest Manag Sci, 73(1): 206-216.

Yang MC, Shi XZ, Yang HT, et al. 2016b. Scavenger receptor C mediates phagocytosis of white spot syndrome virus and restricts virus proliferation in shrimp. PLoS Pathog, 12(12): e1006127.

Yang Y, Jittayasothorn Y, Chronis D, et al. 2013. Molecular characteristics and efficacy of 16D10 siRNAs in inhibiting root-knot nematode infection in transgenic grape hairy roots. PLoS ONE, 8: e69463.

Yang YY, Wen CJ, Mishra A, et al. 2009a. Development of the circadian clock in the German cockroach, *Blattella germanica*. J Insect Physiol, 55(5): 469-478.

Yang ZX, Wen LZ, Wu QJ, et al. 2009b. Effects of injecting cadherin gene dsRNA on growth and development in diamondback moth *Plutella xylostella* (Lep.: Plutellidae). J Appl Entomol, 133(2): 75-81.

Yao Q, Zhang D, Tang B, et al. 2010. Identification of 20-hydroxyecdysone late-response genes in the chitin biosynthesis pathway. PLoS ONE, 5: e14058.

Yao ZC, Wang AL, Li YS. 2016. The dual oxidase gene *BdDuox* regulates the intestinal bacterial community homeostasis of *Bactrocera dorsalis*. Isme J, 10(5): 1037-1050.

Ye C, An X, Jiang Y, et al. 2019a. Induction of RNAi core machinery's gene expression by exogenous dsRNA and the effects of pre-exposure to dsRNA on the gene silencing efficiency in the pea aphid (*Acyrthosiphon pisum*). Front Physiol, 9: 1906.

Ye C, Jiang YD, An X, et al. 2019b. Effects of RNAi-based silencing of chitin synthase gene on moulting and fecundity in pea aphids (*Acyrthosiphon pisum*). Sci Rep-UK, 9(1): 3694.

Ye G, Xiao Q, Chen M, et al. 2014. Tea: biological control of insect and mite pests in China. Biol Control, 68: 73-91.

Ye W, Yu H, Jian Y, et al. 2017a. A salivary EF-hand calcium-binding protein of the brown planthopper *Nilaparvata lugens* functions as an effector for defense responses in rice. Sci Rep-UK, 7: 40498.

Ye X, Xu L, Li X, et al. 2019c. miR-34 modulates wing polyphenism in planthopper. PLoS Genet, 15(6): e1008235.

Ye Y, Zheng Y, Ji C, et al. 2017b. Self-assembly and disassembly of amphiphilic zwitterionic perylenediimide vesicles for cell membrane imaging. ACS Appl Mater Inter, 9(5): 4534-4539.

Yigit E, Batista PJ, Bei Y, et al. 2006. Analysis of the *C. elegans* Argonaute family reveals that distinct

Argonautes act sequentially during RNAi. Cell, 127(4): 747-757.

Yin C, Shen G, Guo D, et al. 2016. InsectBase: a resource for insect genomes and transcriptomes. Nucleic Acids Res, 44(D1): D801-D807.

Yin G, Sun Z, Liu N, et al. 2009. Production of double stranded RNA for interference with TMV infection utilizing a bacterial prokaryotic expression system. Appl Microbiol Biotechnol, 84(2): 323-333.

Yin GH, Sun ZN, Song YZ, et al. 2010. Bacterially expressed double-stranded RNAs against hot-spot sequences of tobacco mosaic virus or potato virus Y genome have different ability to protect tobacco from viral infection. Appl Biochem Biotechnol, 162(7): 1901-1914.

Yin H, Lin H. 2007. An epigenetic activation role of Piwi and a Piwi-associated piRNA in *Drosophila melanogaster*. Nature, 450(7167): 304-308.

Yin ZM, Murawska Z, Xie FL, et al. 2019. microRNA response in potato virus Y infected tobacco shows strain-specificity depending on host and symptom severity. Virus Res, 260: 20-32.

Ylla G, Fromm B, Piulachs MD, et al. 2016. The microRNA toolkit of insects. Sci Rep-UK, 6: srep7736.

Yogindran S, Rajam MV. 2016. Artificial miRNA-mediated silencing of ecdysone receptor (EcR) affects larval development and oogenesis in *Helicoverpa armigera*. Insect Bioch Mole Biol, 77: 21-30.

Yoon JS, Mogilicherla K, Gurusamy D, et al. 2018a. Double-stranded RNA binding protein, Staufen, is required for the initiation of RNAi in coleopteran insects. Proc Natl Acad Sci USA, 115(33): 8334-8339.

Yoon JS, Shukla J, Gong ZJ, et al. 2016. RNA interference in the colorado potato beetle, *Leptinotarsa decemlineata*: identification of key contributors. Insect Biochem Mol Biol, 78: 78-88.

Yoon S, Sahoo DK, Maiti IB, et al. 2018b. Identification of target genes for RNAi-mediated control of the twospotted spider mite. Sci Rep-UK, 8: 14687.

You S, Cai Q, Zheng Y, et al. 2014. Perylene-cored star-shaped polycations for fluorescent gene vectors and bioimaging. ACS Appl Mater Inter, 6(18): 16327-16334.

Yu CJ, Nwabuisi-Heath E, Laxton K, et al. 2010. Endocytic pathways mediating oligomeric Abeta42 neurotoxicity. Mol Neurodegener, 5: 19.

Yu H, Ji R, Ye W, et al. 2014a. Transcriptome analysis of fat bodies from two brown planthopper (*Nilaparvata lugens*) populations with different virulence levels in rice. PLoS ONE, 9(2): e88528.

Yu R, Xu X, Liang Y, et al. 2014b. The insect ecdysone receptor is a good potential target for RNAi-based pest control. Int J Biol Sci, 10(10): 1171-1180.

Yu RR, Liu WM, Li DQ, et al. 2016a. Helicoidal organization of chitin in the cuticle of the migratory locust requires the function of the chitin deacetylase 2 enzyme (LmCDA2). J Biol Chem, 291(47): 24352-24363.

Yu X, Killiny N. 2018. RNA interference of two glutathione S-transferase genes, *Diaphorina citri* DcGSTe2 and DcGSTd1, increases the susceptibility of Asian citrus psyllid (Hemiptera: Liviidae)to the pesticides fenpropathrin and thiamethoxam. Pest Manag Sci, 74(3): 638-647.

Yu XD, Liu ZC, Huang SL. 2016b. RNAi-mediated plant protection against aphids. Pest Manag Sci, 72(6): 1090-1098.

Yu ZT, WangYW, Zhao XM, et al. 2017. The ABC transporter ABCH-9C is needed for cuticle barrier construction in *Locusta migratoria*. Insect Biochem Mol Biol, 87: 90-99.

Yu ZT, Zhang XY, Wang YW, et al. 2016c. *LmCYP4G102*: an oenocyte-specific cytochrome P450 gene required for cuticular waterproofing in the migratory locust, *Locusta migratoria*. Sci Rep-UK, 6(1): 29980.

Yuan M, Lu Y, Zhu X, et al. 2014. Selection and evaluation of potential reference genes for gene expression analysis in the brown planthopper, *Nilaparvata lugens* (Hemiptera: Delphacidae) using reverse-transcription quantitative PCR. PLoS ONE, 9(1): e86503.

Zamore PD, Tuschl T, Sharp PA, et al. 2000. RNAi: double-stranded RNA directs the ATP-dependent cleavage of mRNA at 21 to 23 nucleotide intervals. Cell, 101(1): 25-33.

Zha WJ, Peng XX, Chen RZ, et al. 2011. Knockdown of midgut genes by ds RNA-transgenic plant-mediated RNA interference in the hemipteran insect *Nilaparvata lugens*. PLoS ONE, 6: e20504.

Zhai YF, Sun ZX, Zhang JQ, et al. 2015. Activation of the TOR signalling pathway by glutamine regulates insect fecundity. Sci Rep-UK, 5: 10694.

Zhai YF, Zhang JQ, Sun ZX, et al. 2013. Proteomic and transcriptomic analyses of fecundity in the brown planthopper *Nilaparvata lugens* (Stål). J Proteome Res, 12(11): 5199-5212.

Zhang D, Chen J, Yao Q, et al. 2012a. Functional analysis of two chitinase genes during the pupation and eclosion stages of the beet armyworm *Spodoptera exigua* by RNA interference. Arch Insect Biochem, 79(4-5): 220-234.

Zhang F, Guo H, Zhang J, et al. 2017a. Identification of the caveolae/raft-mediated endocytosis as the primary entry pathway for aquareovirus. Virology, 513: 195-207.

Zhang F, Wang J, Xu J, et al. 2012b. UAP56 couples piRNA clusters to the perinuclear transposon silencing machinery. Cell, 151(4): 871-884.

Zhang H, Kolb FA, Jaskiewicz L, et al. 2004. Single processing center models for human Dicer and bacterial RNase III. Cell, 118: 57-68.

Zhang H, Li H, Guan R, et al. 2015a. Lepidopteran insect species-specific, broad-spectrum, and systemic RNA interference by spraying dsRNA on larvae. Entomol Exp Appl, 155(3): 218-228.

Zhang H, Li H, Miao X. 2013. Feasibility, limitation and possible solutions of RNAi-based technology for insect pest control. Insect Sci, (1): 15-30.

Zhang J, Guan W, Huang C, et al. 2019a. Combining next-generation sequencing and single-molecule sequencing to explore brown plant hopper responses to contrasting genotypes of japonica rice. BMC Genomics, 20(1): 1-18.

Zhang J, He Q, Zhang CD, et al. 2014. Inhibition of BmNPV replication in silkworm cells using inducible and regulated artificial microRNA precursors targeting the essential viral gene *lef-11*. Antiviral Res, 104(1): 143-152.

Zhang J, Khan S, Heckel DG, et al. 2017b. Next-generation insect-resistant plants: RNAi-mediated crop protection. Trends in Biotechn, 35(9): 871-882.

Zhang J, Khan SA, Hasse C, et al. 2015b. Full crop protection from an insect pest by expression of long double stranded RNAs in plastids. Science, 347(6225): 991-994.

Zhang J, Zhang J, Yang M, et al. 2011. Genomics-based approaches to screening carboxylesterase-like genes potentially involved in malathion resistance in oriental migratory locust (*Locusta migratoria manilensis*). Pest Manag Sci, 67(2): 183-190.

Zhang J, Zhang Y, Han R. 2016a. The high-throughput production of dsRNA against sacbrood virus for use in the honey bee *Apiscerana* (Hymenoptera: Apidae). Virus Genes, 52(5): 698-705.

Zhang J, Zhang Z, Zhang R. 2019b. Identification of COP9 signalosome subunit genes in *Bactrocera dorsalis* and functional analysis of *csn3* in female fecundity. Front Physiol, 10: 162.

Zhang JZ, Liu XJ, Zhang JQ, et al. 2010a. Silencing of two alternative splicing-derived mRNA variants of chitin synthase 1 gene by RNAi is lethal to the oriental migratory locust, *Locusta migratoria manilensis* (Meyen). Insect Biochem Mol Biol, 40(11): 824-833.

Zhang R, Wang B, Grossi G, et al. 2017c. Molecular basis of alarm pheromone detection in aphids. Curr Biol, 27(1): 55-61.

Zhang S, An S, Li Z, et al. 2015c. Identification and validation of reference genes for normalization of gene expression analysis using qRT-PCR in *Helicoverpa armigera* (Lepidoptera: Noctuidae). Gene, 555(2): 393-402.

Zhang T, Jin Y, Zhao JH, et al. 2016b. Host-induced gene silencing of the target gene in fungal cells confers effective resistance to the cotton wilt disease pathogen *Verticillium dahliae*. Mol Plant, 9: 939-942.

Zhang X, Mysore K, Flannery E, et al. 2015d. Chitosan/interfering RNA nanoparticle mediated gene silencing in disease vector mosquito larvae. J Vis Exp, (97): 181-191.

Zhang X, Zhang J, Zhu K. 2010b. Chitosan/double-stranded RNA nanoparticle-mediated RNA interference to silence chitin synthase genes through larval feeding in the African malaria mosquito (*Anopheles gambiae*). Insect Mol Biol, 19(5): 683-693.

Zhang XR, Yuan YR, Pei Y, et al. 2006. Cucumber mosaic virus-encoded 2b suppressor inhibits *Arabidopsis* Argonaute1 cleavage activity to counter plant defense. Genes Dev, 20(23): 3255-3268.

Zhang Y, Fan J, Sun JR, et al. 2015e. Cloning and RNA interference analysis of the salivary protein C002 gene in *Schizaphis graminum*. J Integr Agric, 14(4): 698-705.

Zhang Y, Feng K, Hu J, et al. 2018. A microRNA-1 gene, *tci-miR-1-3p*, is involved in cyflumetofen resistance by targeting a glutathione S-transferase gene, *TCGSTM4*, in *Tetranychus cinnabarinus*. Insect Mol Biol, 27(3): 352-364.

Zhang Y, Lu Z. 2015f. Peroxiredoxin 1 protects the pea aphid *Acyrthosiphon pisum* from oxidative stress induced by *Micrococcus luteus* infection. J Invertebr Pathol, 127: 115-121.

Zhang Y, Xia R, Kuang HH, et al. 2016c. The diversification of plant NBS-LRR defense genes directs the evolution of microRNAs that target them. Mol Biol Evol, 33(10): 2692-2705.

Zhang Y, Xu L, Li S, et al. 2019c. Bacteria-mediated RNA interference for management of *Plagiodera versicolora* (Coleoptera: Chrysomelidae). Insects, 10(12): E415.

Zhang YL, Zhang SZ, Kulye M, et al. 2012c. Silencing of molt-regulating transcription factor gene, *CiHR3*, affects growth and development of sugarcane stem borer, *Chilo infuscatellus*. J Insect Sci, 12(91): 1-12.

Zhang ZJ, Zhang SS, Niu BL, et al. 2019d. A determining factor for insect feeding preference in the silkworm, *Bombyx mori*. PLoS Biol, 17: e3000162.

Zhao C, Tang T, Feng X, et al. 2013. Cloning and characterisation of NADPH-dependent cytochrome P450 reductase gene in the cotton bollworm, *Helicoverpa armigera*. Pest Manag Sci, 70(1): 130-139.

Zhao D. 2016. RNA interference of the nicotine demethylase gene *CYP82E4v1* reduces nornicotine content and enhances *Myzus persicae* resistance in *Nicotiana tabacum* L. Plant Physiol Biochem, 107: 214-221.

Zhao X, Situ G, He K, et al. 2018b. Functional analysis of eight chitinase genes in rice stem borer and their potential application in pest control. Insect Mol Biol, 27(6): 835-846.

Zhao XM, Gou X, Liu WM, et al. 2019a. The wing-specific cuticular protein LmACP7 is essential for normal wing morphogenesis in the migratory locust. Insect Biochem Mol Biol, 112: 103206.

Zhao XM, Qin ZY, Liu WM, et al. 2018b. Nuclear receptor HR3 controls locust molt by regulating chitin synthesis and degradation genes of *Locusta migratoria*. Insect Biochem Mol Biol, 92: 1-11.

Zhao XM, Qin ZY, Zhang J, et al. 2019b. Nuclear receptor HR39 is required for locust molting by regulating the chitinase and carboxypeptidase genes. Insect Mol Biol, 28(4): 537-549.

Zhao Y, Sui X, Xu L, et al. 2018c. Plant-mediated RNAi of grain aphid CHS1 gene confers common wheat resistance against aphids. Pest Manag Sci, 74(12): 2754-2760.

Zheng LL, Qu LH. 2015. Application of microRNA gene resources in the improvement of agronomic traits in rice. Plant Biotechnol J, 13(3): 329-336.

Zheng WW, Yang DT, Wang JX. 2010. Hsc70 binds to ultraspiracle resulting in the upregulation of 20-hydroxyecdsone-responsive genes in *Helicoverpa armigera*. Mol Cell Endocrinol, 315(1): 282-291.

Zheng X, Zhang D, Li Y, et al. 2019a. Incompatible and sterile insect techniques combined eliminate mosquitoes. Nature, 572(7767): 56-61.

Zheng Y, Hu YS, Yan S, et al. 2019b. A polymer/detergent formulation improves dsRNA penetration through the body wall and RNAi-induced mortality in the soybean aphid *Aphis glycines*. Pest Manag Sci, 75(7): 1993-1999.

Zheng YT, Li HB, Lu MX, et al. 2014. Evaluation and validation of reference genes for qRT-PCR normalization in *Frankliniella occidentalis* (Thysanoptera: Thripidae). PLoS ONE, 9: e111369.

Zhong M, Wang X, Wen JF, et al. 2013. Selection of reference genes for quantitative gene expression studies in the house fly (*Musca domestica* L.) using reverse transcription quantitative real-time PCR. Acta Biochim Biophys Sin, 45(12): 1069-1073.

Zhou F, Chen RT, Lu Y, et al. 2014. piggyBac transposon-derived targeting shRNA interference against the *Bombyx mori* nucleopolyhedrovirus (BmNPV). Mol Biol Rep, 41(12): 8247-8254.

Zhou R, Hotta I, Denli AM, et al. 2008b. Comparative analysis of argonaute-dependent small RNA pathways in *Drosophila*. Mol Cell, 32(4): 592-599.

Zhou X, Wheeler MM, Oi FM, et al. 2008a. RNA interference in the termite *Reticulitermes flavipes* through ingestion of double-stranded RNA. Insect Biochem Mol Biol, 38(8): 805-815.

Zhu B, Shan JQ, Li R, et al. 2019. Identification and RNAi-based function analysis of chitinase family genes in diamondback moth, *Plutella xylostella*. Pest Manag Sci, 75(7): 1951-1961.

Zhu F, Xu JJ, Palli R, et al. 2011. Ingested RNA interference for managing the populations of the Colorado potatobeetle, *Leptinotarsa decemlineata*. Pest Manag Sci, 67(2): 175-182.

Zhu JQ, Liu S, Ma Y, et al. 2012. Improvement of pest resistance in transgenic tobacco plants expressing dsRNA of an insect-associated gene *EcR*. PLoS ONE, 7(6): e38572.

Zhu KY, Merzendorfer H, Zhang WQ, et al. 2016a. Biosynthesis, turnover, and functions of chitin in insects. Annu Rev Entomol, 61: 177-196.

Zhu KY, Palli SR. 2020. Mechanisms, applications, and challenges of insect RNA interference. Annu Rev Entomol, 65: 1-19.

Zhu Q, Arakane Y, Banerjee D. 2008a. Domain organization and phylogenetic analysis of the chitinase-like family of proteins in three species of insects. Insect Biochem Mol Biol, 38(4): 452-466.

Zhu Q, Arakane Y, Beeman RW, et al. 2008b. Functional specialization among insect chitinase family genes revealed by RNA interference. Proc Natl Acad Sci USA, 105(18): 6650-6655.

Zhu WY, Yu RR, Wu HH, et al. 2016b. Identification and characterization of two *CYP9A* genes associated with pyrethroid detoxification in *Locusta migratoria*. Pestic Biochem Physiol, 132: 65-71.

Zhu X, Rudolf H, Healey L, et al. 2017. Speed regulation of genetic cascades allows for evolvability in the body plan specification of insects. Proc Natl Acad Sci USA, 114(41): E8646-E8655.

Zhuang S, Kelo L, Nardi JB, et al. 2008. Multiple α subunits of integrin are involved in cell-mediated responses of the *Manduca* immune system. Dev Comp Immunol, 32(4): 365-379.

Zimmermann TS, Lee ACH, Akinc A, et al. 2006. RNAi-mediated gene silencing in non-human primates. Nature, 441(7089): 111-114.

Zografidis A, Van Nieuwerburgh F, Kolliopoulou A, et al. 2015. Viral small RNA analysis of *Bombyx mori* larval midgut during persistent and pathogenic cytoplasmic polyhedrosis virus infection. J Virol, 89(22): 11473-11486.

Zotti M, Dos Santos EA, Cagliari D, et al. 2018. RNAi technology in crop protection against arthropod pests, pathogens and nematodes. Pest Manag Sci, 74(6): 1239-1250.

Zotti MJ, Smagghe G. 2015. RNAi technology for insect management and protection of beneficial insects from diseases: lessons, challenges and risk assessments. Neotrop Entomol, 44(3): 197-213.